网络安全应急响应
基础理论及关键技术

主　编　刘永刚
副主编　罗金华

電子工業出版社
Publishing House of Electronics Industry
北京·BEIJING

内 容 简 介

本书介绍了网络安全应急响应方面的应对举措，还介绍了我国应急响应体系与机构建设和网络安全方面的法律法规，并对应急响应所涉及的基础理论和关键技术进行了重点阐述，希望能帮助从业人员全面了解国内外有关应急响应的法律法规、行业标准及规范、关键技术原理及应用。本书注重理论和实践相结合，通过案例分析和工具使用，帮助读者加深对理论的理解，也有助于提高读者的动手操作能力。

本书主要针对网络安全专业的从业者、学生、爱好者。

图书在版编目（CIP）数据

网络安全应急响应基础理论及关键技术 / 刘永刚主编. —北京：电子工业出版社，2022.6

ISBN 978-7-121-43731-1

Ⅰ. ①网… Ⅱ. ①刘… Ⅲ. ①计算机网络－网络安全－安全技术 Ⅳ. ①TP393.08

中国版本图书馆 CIP 数据核字(2022)第 101817 号

责任编辑：祁玉芹
印　　刷：中国电影出版社印刷厂
装　　订：中国电影出版社印刷厂
出版发行：电子工业出版社
　　　　　北京市海淀区万寿路 173 信箱　邮编：100036
开　　本：787×1092　1/16　印张：19　字数：462 千字
版　　次：2022 年 6 月第 1 版
印　　次：2022 年 6 月第 1 次印刷
定　　价：69.00 元

凡所购买电子工业出版社图书有缺损问题，请向购买书店调换。若书店售缺，请与本社发行部联系，联系及邮购电话：（010）88254888，88258888。

质量投诉请发邮件至 zlts@phei.com.cn，盗版侵权举报请发邮件至 dbqq@phei.com.cn。

本书咨询联系方式：qiyuqin@phei.com.cn。

编　委　会

指导专家　宋焱淼　王晓海　穆　源　李敏业

策　　划　孙海峰　李　智

校　　对　王晓海　黄鑫权　穆　源　孙海峰　李　智　刘　青　牛　杰　张　阳　瞿志强　刘永刚　罗金华

主　　编　刘永刚

副 主 编　罗金华

编　委

章	编委	章	编委
第1章	张宇轩　瞿志强　刘　鑫	第10章	邱星硕
第2章	刘　青　张　健	第11章	李　渤
第3章	张　健　陈　静	第12章	张宇轩
第4章	陈一鸣	第13章	赵　瑾　陈　晨
第5章	牛　杰	第14章	黄明周
第6章	黄鑫权	第15章	刘子隆
第7章	黄鑫权	第16章	陈宇涵　管乐乐
第8章	赵亚威	第17章	张　阳　周广宇
第9章	高天峰	第18章	王立业

前　言

当前，人们的日常生活和工作与网络信息技术息息相关。随着网络信息技术不断融入社会的方方面面，它在给人们带来便利的同时，也记录着越来越多影响人们生活和工作的敏感信息与关键数据。海量增长的数据使其安全问题日益凸显，安全问题带来的破坏力不容小觑。各类网络瘫痪、信息泄露、个人隐私信息被交易、网络谣言等网络安全事件的发生，使得人们的生活和工作受到严重的影响。在一些场合下，安全事件损害的不只是个人和企业的利益，更关系到国家的稳定与安全。通常情况下，网络安全事件的持续时间越长，对社会造成的损失越大。网络安全应急响应业务是应对网络信息系统可能发生的突发事件的有力手段。它可以减少这一类事件带来的损失，在更短时间内发现和处置安全问题，恢复网络的安全、正常运行。

现在市场上已经存在很多网络应急响应的实施案例、理论文献、工具手册，它们或针对部分场景，或针对部分网络事件，系统化、体系化地介绍网络安全应急响应的相关图书相对缺乏。因此，我们综合了许多专业应急响应从业人员在实际网络环境中进行网络安全应急响应服务的经验，并结合国内外研究者的学术研究成果、理论和技术，编写了本书，将工作中的经验、理念、实践方法和技术分享给广大读者。本书旨在为从事应急响应工作的团队提供理论知识、实践指导，为打算从事或关注网络安全应急响应问题的人员提供帮助和指引。

本书共18章，从内容上可分为两个部分。第一部分为本书1至8章，主要介绍了网络安全应急响应业务的必要知识点、基础理论和体系框架，为后续章节的学习打下基础。这部分的主要目的是让读者了解网络安全应急响应的概念及其重要意义，并从宏观层面掌握一些方法论，形成思维体系。第二部分为本书9至18章，主要介绍了网络安全应急响应业务中的常用技术、经典案例以及相关工具的操作技巧等，通过示例展示不同网络安全事件环境下的从业人员常用的软件需求和操作技巧。这部分内容还介绍了常用的命令和在具体案例中的用法，这些命令能够帮助从业人员提升工作效率，所以了解和掌握它们至关重要。相信读者在读完本书后，能够充分了解在实际工作中可能遇到的网络安全事件和应急响应处理方法。

本书通俗易懂，书中不涉及复杂的公式推导和系统细节，旨在通过基本的体系框架、典型案例和基本工具的操作技巧，培养读者对应急响应业务的兴趣和面对安全事件的一种解决思路。事实上，读者不需要具备通信、计算机或网络安全方面的专业知识，也可顺畅阅读本书的大部分内容。

由于编者水平有限，本书难免存在不足之处，恳请同行、专家及读者批评指正。

编　者

目　　录

第1章　网络安全应急响应业务的发展简史……1
1.1　网络安全应急响应业务的由来……1
1.2　国际网络安全应急响应组织的发展……2
1.2.1　FIRST 介绍……2
1.2.2　APCERT 介绍……2
1.2.3　国家级 CERT 情况……2
1.3　我国网络安全应急响应组织体系的发展简介……3
第2章　网络安全应急响应概述……5
2.1　网络安全应急响应相关概念……5
2.2　网络安全与信息安全……5
2.3　产生网络安全问题的原因分析……6
2.3.1　技术方面的原因……6
2.3.2　管理方面的原因……8
第3章　网络安全应急响应法律法规……9
3.1　我国网络安全应急响应相关法律法规、政策……9
3.2　《网络安全法》的指导意义……10
3.2.1　建立网络安全监测预警和信息通报制度……10
3.2.2　建立网络安全风险评估和应急工作机制……11
3.2.3　制定网络安全事件应急预案并定期演练……12
3.3　《信息安全技术 信息安全应急响应计划规范》（GB/T 24363—2009）……13
3.3.1　应急响应需求分析和应急响应策略的确定……14
3.3.2　编制应急响应计划文档……14
3.3.3　应急响应计划的测试、培训、演练……14
3.3.4　应急响应计划的管理和维护……14
3.4　信息安全事件分类分级……15
3.4.1　分类分级规范的重要意义……15
3.4.2　信息安全事件分类原则……16
3.4.3　信息安全事件分级原则……16

第4章 网络安全应急响应的常用模型……18
4.1 网络杀伤链与反杀伤链模型……18
4.2 钻石模型……19
4.3 自适应安全框架……21
4.4 网络安全滑动标尺模型……22
第5章 应急响应处置流程……24
5.1 准备阶段……24
5.1.1 准备的目的……24
5.1.2 准备的实施……25
5.2 检测阶段……27
5.2.1 检测的目的……27
5.2.2 检测的实施……27
5.3 遏制阶段……28
5.3.1 遏制的目的……28
5.3.2 遏制的实施……29
5.4 根除阶段……30
5.4.1 根除的目的……30
5.4.2 根除的实施……30
5.5 恢复阶段……31
5.5.1 恢复的目的……31
5.5.2 恢复的实施……31
5.6 总结阶段……32
5.6.1 总结的目的……32
5.6.2 总结的实施……33
第6章 网络安全应急响应的实施体系……34
6.1 应急响应实施体系的研究背景与重要性……34
6.1.1 应急响应实施体系的研究背景……34
6.1.2 应急响应实施体系的重要性……34
6.2 应急响应人员体系……35
6.2.1 应急响应小组的主要工作及目标……35
6.2.2 人员组成……35
6.2.3 职能划分……36
6.3 应急响应技术体系……36

6.3.1 事前技术……37
6.3.2 事中技术……39
6.3.3 事后技术……40
6.4 应急响应实施原则……40
6.4.1 可行性原则……41
6.4.2 信息共享原则……41
6.4.3 动态性原则……42
6.4.4 可审核性原则……42
6.5 应急响应实施制度……42
6.5.1 实施制度总则……42
6.5.2 日常风险防范制度……43
6.5.3 定期演训制度……43
6.5.4 定期会议交流制度……43

第7章 重大活动网络安全保障……45

7.1 重大活动网络安全保障的研究背景与其独特性……45
7.1.1 研究背景……45
7.1.2 重保的独特性……45
7.2 重保体系建设的基础……46
7.2.1 明确重保对象……46
7.2.2 确立重保目标……47
7.2.3 梳理重保资产清单……47
7.3 重保体系设计……49
7.3.1 管理体系……49
7.3.2 组织体系……50
7.3.3 技术体系……50
7.3.4 运维体系……50
7.4 重保核心工作……51
7.4.1 风险识别……51
7.4.2 风险评估……52
7.4.3 风险应对计划……52
7.4.4 风险的监控与调整……53
7.5 重保实现过程……53
7.5.1 备战阶段……53
7.5.2 临战阶段……53

7.5.3 实战阶段…………54
7.5.4 决战阶段…………54

第8章 数据驱动的应急响应处理机制…………55

8.1 概念分析…………55
8.1.1 数据驱动的产业革命…………55
8.1.2 数据驱动的应急响应处理机制…………56
8.2 需求分析…………57
8.2.1 大数据场景中的应急响应处理的特殊要求…………57
8.2.2 无人化战场中的应急响应处理机制的必要选择…………60
8.2.3 精细化管理中的应急响应处理机制的有效方法…………62
8.3 解决方案…………63
8.3.1 数据驱动的事故预防机制…………63
8.3.2 数据驱动的事故处置机制…………65
8.3.3 数据驱动的事故寻因机制…………66

第9章 操作系统加固优化技术…………68

9.1 简介…………68
9.2 操作系统加固技术原理…………68
9.2.1 身份鉴别…………69
9.2.2 访问控制…………69
9.2.3 安全审计…………70
9.2.4 安全管理…………70
9.2.5 资源控制…………71
9.3 操作系统加固实际操作…………71
9.3.1 系统口令加固…………71
9.3.2 系统账户优化…………76
9.3.3 系统服务优化…………81
9.3.4 系统日志设置…………84
9.3.5 远程登录设置…………87
9.3.6 系统漏洞修补…………90
9.4 经典案例分析与工具介绍…………92
9.4.1 “一密管天下”…………92
9.4.2 臭名昭著的勒索病毒—WannaCry…………93
9.4.3 主机安全加固软件…………93

第10章 网络欺骗技术 …… 105
10.1 综述 …… 105
10.2 网络欺骗技术 …… 105
10.2.1 蜜罐 …… 106
10.2.2 影子服务技术 …… 113
10.2.3 虚拟网络拓扑技术 …… 113
10.2.4 蜜标技术 …… 113
10.3 欺骗技术发展趋势 …… 114
10.4 欺骗技术的工具介绍 …… 114
10.5 欺骗技术运用原则与案例 …… 122
10.5.1 运用原则 …… 122
10.5.2 运用案例 …… 123
第11章 追踪与溯源 …… 126
11.1 追踪与溯源概述 …… 126
11.1.1 追踪与溯源的含义及作用 …… 126
11.1.2 追踪与溯源的分类 …… 126
11.2 追踪溯源技术 …… 127
11.2.1 网络流量追踪溯源技术 …… 127
11.2.2 恶意代码样本分析溯源技术 …… 129
11.3 追踪溯源工具及系统 …… 135
11.3.1 Traceroute 小程序 …… 135
11.3.2 科来网络回溯分析系统 …… 136
11.4 攻击溯源的常见思路 …… 138
11.4.1 组织内部异常操作者 …… 138
11.4.2 组织内部攻击者 …… 138
11.4.3 组织外部攻击者 …… 139
11.5 溯源分析案例 …… 139
第12章 防火墙技术 …… 143
12.1 防火墙的定义及功能 …… 143
12.1.1 防火墙的定义 …… 143
12.1.2 防火墙的功能 …… 143
12.2 防火墙的分类 …… 144
12.2.1 包过滤防火墙 …… 144

12.2.2 状态检测防火墙 …… 145
12.2.3 应用代理防火墙 …… 146
12.3 防火墙的体系结构 …… 146
12.3.1 双重宿主主机体系结构 …… 147
12.3.2 主机屏蔽型体系结构 …… 147
12.3.3 子网屏蔽型体系结构 …… 149
12.4 防火墙的发展 …… 149
12.4.1 防火墙的应用 …… 149
12.4.2 防火墙的发展趋势 …… 155
第13章 恶意代码分析技术 …… 157
13.1 恶意代码概述 …… 157
13.1.1 恶意代码的概念 …… 157
13.1.2 恶意代码的分类 …… 157
13.1.3 恶意代码的传播途径 …… 158
13.1.4 恶意代码存在的原因分析 …… 159
13.1.5 恶意代码的攻击机制 …… 159
13.1.6 恶意代码的危害 …… 160
13.2 恶意代码分析技术 …… 160
13.2.1 恶意代码分析技术概述 …… 160
13.2.2 静态分析技术 …… 161
13.2.3 动态分析技术 …… 171
13.3 面对恶意代码攻击的应急响应 …… 180
13.3.1 应急响应原则 …… 180
13.3.2 应急响应流程 …… 181
13.4 实际案例分析 …… 182
13.4.1 查看恶意代码基本信息 …… 183
13.4.2 查看恶意代码的主要行为 …… 183
13.4.3 工具分析恶意代码 …… 185
13.4.4 应急响应措施 …… 186
第14章 安全取证技术 …… 187
14.1 安全取证技术基本介绍 …… 187
14.1.1 目标 …… 187
14.1.2 特性 …… 187
14.1.3 原则 …… 188

14.1.4 现状 …… 188
14.1.5 发展趋势 …… 188
14.1.6 注意事项 …… 188
14.2 安全取证基本步骤 …… 189
14.2.1 保护现场 …… 189
14.2.2 获取证据 …… 189
14.2.3 保全证据 …… 189
14.2.4 鉴定证据 …… 190
14.2.5 分析证据 …… 190
14.2.6 进行追踪 …… 190
14.2.7 出示证据 …… 190
14.3 安全取证技术介绍 …… 190
14.3.1 安全扫描 …… 190
14.3.2 流量采集与分析 …… 193
14.3.3 日志采集与分析 …… 194
14.3.4 源码分析 …… 201
14.3.5 数据收集与挖掘 …… 201
14.4 安全取证工具介绍 …… 202
14.4.1 工具概况 …… 202
14.4.2 工具介绍 …… 203
14.4.3 厂商研制工具 …… 217
14.5 安全取证案例剖析 …… 217
14.5.1 勒索病毒爆发 …… 217
14.5.2 网络攻击 …… 219
第15章 计算机病毒事件应急响应 …… 222
15.1 计算机病毒事件处置 …… 222
15.1.1 计算机病毒分类 …… 222
15.1.2 计算机病毒检测与清除 …… 224
15.1.3 计算机病毒事件应急响应 …… 226
15.2 计算机病毒事件处置工具示例 …… 228
15.2.1 常用系统工具 …… 228
15.2.2 计算机病毒分析工具 …… 229
15.2.3 计算机病毒查杀工具 …… 235
15.2.4 系统恢复及加固工具 …… 237

15.3 计算机病毒事件应急响应处置思路及案例 …… 240
15.3.1 计算机病毒事件应急响应思路 …… 240
15.3.2 勒索病毒处置案例 …… 240
15.3.3 某未知文件夹病毒处置案例 …… 242

第16章 分布式拒绝服务攻击事件应急响应 …… 243
16.1 DDoS攻击介绍 …… 243
16.1.1 DoS 攻击 …… 243
16.1.2 DDoS 攻击 …… 243
16.1.3 DDoS 攻击分类 …… 244
16.1.4 DDoS 攻击步骤 …… 248
16.2 DDoS攻击应急响应策略 …… 249
16.2.1 预防和防范（攻击前） …… 249
16.2.2 检测和过滤（攻击时） …… 250
16.2.3 追踪和溯源（攻击后） …… 252
16.3 DDoS常见检测防御工具 …… 252
16.3.1 DDoS 攻击测试工具 …… 252
16.3.2 DDoS 监测防御工具 …… 256
16.4 DDoS攻击事件处置相关案例 …… 261
16.4.1 GitHub 攻击（2018 年） …… 261
16.4.2 Dyn 攻击（2016 年） …… 262
16.4.3 Spamhaus 攻击（2013 年） …… 264

第17章 信息泄露事件处置策略 …… 266
17.1 信息泄露事件基本概念和理论 …… 266
17.2 信息防泄露技术介绍 …… 267
17.2.1 信息存储防泄露技术介绍 …… 267
17.2.2 信息传输防泄露技术介绍 …… 267
17.2.3 信息使用防泄露技术介绍 …… 268
17.2.4 信息防泄露技术趋势分析 …… 268
17.3 信息防泄露策略分析 …… 269
17.3.1 立法 …… 270
17.3.2 管控 …… 270
17.3.3 技术 …… 271

第18章 高级持续性威胁 …… 273
18.1 APT攻击活动 …… 273
18.1.1 活跃的APT组织 …… 273
18.1.2 典型的APT攻击案例 …… 275
18.2 APT概述 …… 276
18.2.1 APT含义与特征 …… 276
18.2.2 APT攻击流程 …… 277
18.2.3 APT技术手段 …… 278
18.3 APT攻击的检测与响应 …… 280
18.4 APT行业产品和技术方案 …… 281
18.4.1 绿盟威胁分析系统 …… 281
18.4.2 天融信高级威胁检测系统 …… 285
参考文献 …… 287

第 1 章　网络安全应急响应业务的发展简史

1.1　网络安全应急响应业务的由来

在古书《易传》中有这样一句话："无危则安，无缺则全"，第一次对"安全"一词进行了简洁而清晰的解释。

自Internet建成以来，其应用的安全问题一直如影随形地影响着人们的生活，并成为人们关注的热门话题。这是因为随着Internet的迅速发展，计算机网络规模不断扩张，人们对计算机系统的需求也在不断扩大，计算机存储处理的有关涉密信息或个人敏感、隐私信息已经成为不法分子的攻击目标，如果没有相应的、可靠的防护手段，必然使这些信息处于危险之中；其次，由于软件规模空前膨胀，其缺陷、漏洞在所难免，另外网络系统的软硬件故障、相关工作人员的操作失误以及恶意病毒传播都将危及数据安全和网络的可靠运行需要对出现的各种问题作出应对和处置，所以网络安全应急响应应运而生，为此下面简单阐述一下网络安全应急响应业务的由来。

Internet起源于美国国防部高级研究计划局（DARPA）于1968年主持研制的用于支持军事研究的计算机实验网ARPANET。1985年，美国国家科学基金会（NSF）组建了第一个网络并命名为NSFnet，随着TCP/IP协议的完善，NSFnet于1986年建成，并取代ARPANET成为Internet的主干网，即当今世界上最大的计算机互联网。

Internet建成的第二年（1988年），第一个网络病毒——Morris病毒（莫里斯蠕虫）诞生。Morris病毒的创造者是美国康奈尔大学的一年级研究生罗伯特·莫里斯。这个程序利用了UNIX系统中的缺陷，用finger命令轮询联机用户的名单，然后破解用户口令，用邮件系统复制、传播本身的源程序，再编译生成代码。他却万万没想到，1988年11月2日该蠕虫病毒在互联网上大肆传播，使得数千台联网的计算机停止运行，并造成巨额损失。莫里斯蠕虫事件是第一次受到主流媒体强烈关注的网络安全事件，同时也是依据美国1986年的《计算机欺诈和滥用法案》定罪的第一宗案件。

在该事件之后，美国国防部高级研究计划局在卡内基梅隆大学的软件工程研究所建立了世界上第一个计算机紧急事件响应小组/协调中心（CERT/CC），随着互联网的飞速发展，出于对网络安全的需要，一大批的网络安全应急响应组织相继成立。

多年来国际社会展开对网络安全应急响应的技术研讨，1996年世界黑客大会开始组织CTF（Capture The Flag）形式的网络安全竞赛。这种比赛对选手的基础知识和技能掌握的程度要求比较高，考察的是选手对于网络安全问题的理解、具体技术的应用，以及寻找问题、判断问题、解决问题的能力。目前，网络安全竞赛从顶尖黑客间的擂台逐渐走向了各行各业，吸引了越来越多的信息安全从业者和爱好者参与其中，对网络安全应急响应业务的发展起到了很好的促进作用。国际比较知名的CTF赛事包括DEFCON CTF、UCSB iCTF、Plaid CTF、Boston Key Party、Codegate CTF、XXC3 CTF等。这些赛事为网络安全应急响应业务的发展输送了大量的人才，提供了大量的技术，已经成为整个网络安全事业前进发展不可或缺的重要平台。

1.2　国际网络安全应急响应组织的发展

随着互联网技术的飞速发展，网络安全也逐渐引起世界各国的重视，自美国在1988年建立了世界上第一个计算机紧急事件响应小组/协调中心（CERT/CC）以来，一大批应急响应组织如雨后春笋般应运而生，比如美国联邦的FedCIRC、德国的DFNCERT、亚太地区的APCERT、欧洲的EuroCERT以及由各国CERT组织自主发起成立的国际事件响应与安全组织论坛（FIRST），都已成为各国网络安全保障领域不可或缺的专业力量。

1.2.1　FIRST 介绍

FIRST作为全球网络安全应急响应领域的联盟，于1990年正式成立，现有成员组织520多个，来自美国、俄罗斯、英国、德国、澳大利亚、中国等95个经济体。FIRST主要通过向成员提供可信的联系渠道、分享最佳实践和工具等途径，促进成员间对网络安全事件的快速响应。

FIRST下设董事会和秘书处，对其成员的组织运行等不存在任何控制权力。董事会由10人组成，由成员选举产生，任期两年，负责日常运作的政策、程序和相关事务的修订和决策。秘书处负责网站、邮件列表的维护，财务管理，以及年会的筹办等工作。

1.2.2　APCERT 介绍

APCERT作为亚太地区计算机应急响应组织的联盟，成立于2003年，现有成员组织32个，来自中国、澳大利亚、日本、韩国、马来西亚等23个经济体，其目标是通过国际合作帮助亚太地区建立安全、干净、可信的网络空间。

APCERT下设指导委员会和秘书处，对其成员的组织运行等不存在任何控制权力。指导委员会由7个成员组织组成，由成员选举产生，任期两年，负责日常运作的政策、程序和相关事务的修订和决策。秘书处负责网站、邮件列表的维护等工作。

1.2.3　国家级 CERT 情况

目前，“没有网络安全就没有国家安全”成为世界各国的普遍认识，随着跨境网络安全事件日益增多，各国政府开始从国家层面关注CERT组织的建设和发展，建立国家级CERT组织，使之作为国内外的主要联络点，负责协调处置涉及本国的网络安全事件和威胁。

1. 美国 CISA 介绍

2018年11月，特朗普签署了《2018年网络安全和基础设施安全局法案》，提高了国土安全部（DHS）国家保护和计划局（NPPD）的使命，通过国家网络安全和通信整合中心（NCCIC）建立了网络安全和基础设施安全局（CISA）。CISA是美国的风险顾问机构，致力于同合作伙伴建立更安全、更具弹性的基础设施，共同捍卫网络安全，同时作为国家级CERT组织，提供网络安全技术支持和基础设施安全实践，实现风险管理，保护国家的基本资源。

2. 英国 NCSC 介绍

为贯彻《英国网络安全战略》和《英国数字化战略》，2017年英国女王伊丽莎白二世宣告由网络评估中心、计算机应急响应小组和情报机构政府通信总部的信息安全小组合并成立英国国家网络安全中心（NCSC），主要工作包括电子邮件安全、系统漏洞发现、完善软件生态系统、减少攻击和应对网络安全事件，以及在研究、创新和技能上提升网络安全能力等。此外，它还涉及国家基础设施保护中心与网络相关的部分工作。

1.3　我国网络安全应急响应组织体系的发展简介

1999年，由中国教育和科研计算机网资助，在清华大学成立了我国第一个计算机安全应急响应组织——中国教育和科研计算机网紧急响应组（CCERT），面向用户提供网络安全应急服务。2000年，在美国召开的FIRST年会上，CCERT第一次在国际舞台上介绍了中国网络安全应急响应的发展。

2001年8月，中央网络安全和信息化委员会办公室（以下简称“中央网信办”）牵头成立了国家计算机网络应急技术处理协调中心（CNCERT/CC），作为国家级网络安全应急机构，其主要任务是建设国家级的网络安全监测预警中心，以支撑政府主管部门履行网络安全相关的社会管理和公共服务职能，支持基础信息网络的安全防护和安全运行，支援重要信息系统的网络安全监测、预警和处置。

目前，我国各省、自治区、直辖市也建立起了相应的网络安全应急响应部门，与CNCERT形成了我国网络安全应急响应体系，如图1-1所示。

国家网络安全应急响应体系是由国家网络安全主管部门、CNCERT、国家级网络安全技术队伍等组织构成的。

其中，中央网信办研究制定网络安全和信息化发展战略、宏观规划和重大政策，建立健全跨部门联动处置机制，统筹安全事件应对工作。必要时成立国家指挥部，负责特别重大事件处置的组织指挥和协调。

工业和信息化部网络安全应急办公室，组织拟订电信网、互联网及其相关网络与信息安全规划、政策和标准并组织实施；承担电信网、互联网网络与信息安全技术平台的建设和使用管理；承担电信和互联网行业网络安全审查相关工作，组织推动电信网、互联网安全自主可控工作；承担建立电信网、互联网新技术新业务安全评估制度并组织实施；指导督促电信企业和互联网企业落实网络与信息安全管理责任；承担电信网、互联网网络与信息安全监测预警、威胁治理、信息通报和应急管理与处置；承担电信网、互联网网络数据和用户信息安全保护管理等工作。

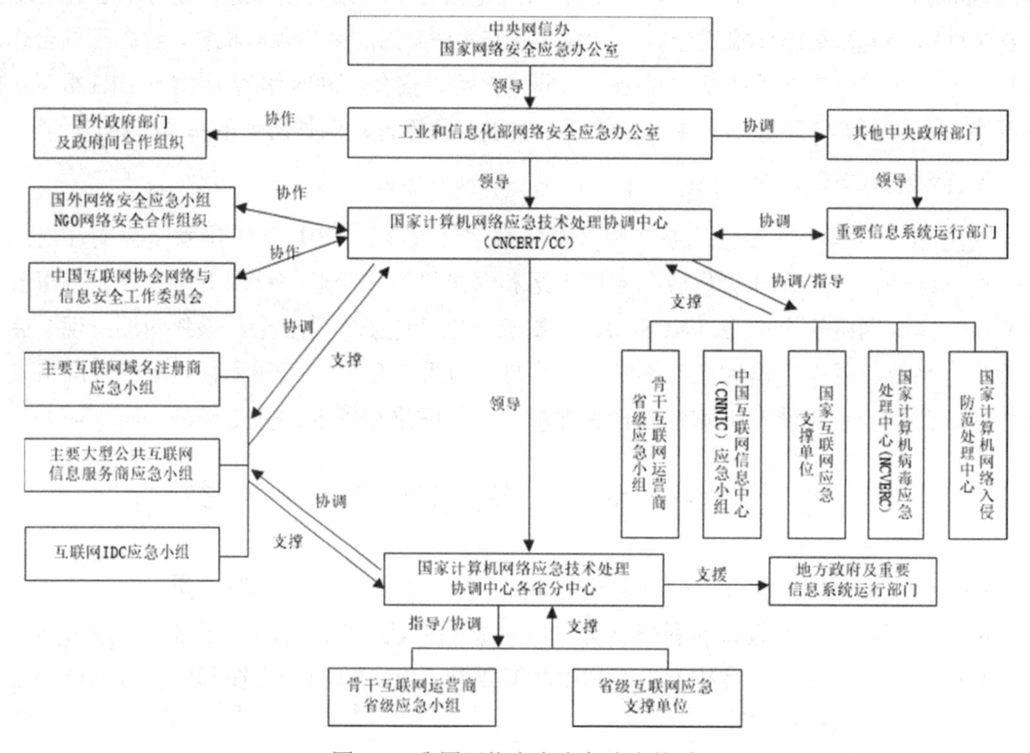

图 1-1　我国网络安全应急响应体系

CNCERT主要负责协调国家各行业相关主管部门及各计算机网络安全事件应急小组共同处理网络安全紧急事件，为国家重要信息系统、公共互联网以及关键部门提供监测预警、应急处置等安全服务和技术支持，及时收集、核实、汇总、发布有关互联网安全的权威性信息，组织国内网络安全应急响应单位进行国际合作和交流。

CNCERT不但与国内的基础电信企业、增值电信企业、域名注册服务机构、网络安全服务厂商等建立信息共享、漏洞通报等工作机制，还发起成立了国家信息安全漏洞共享平台（CNVD）、中国反网络病毒联盟（ANVA）和中国互联网网络安全威胁治理联盟（CCTGA），为实现网络强国战略、构建中国国家网络安全应急响应体系添砖加瓦。

同时，CNCERT还积极开展网络安全国际合作，作为FIRST的正式成员以及APCERT的副主席，致力于构建跨境网络安全事件的快速响应和协调处置机制。截至2021年，CNCERT已与81个国家和地区的274个组织建立了“CNCERT国际合作伙伴”关系。通过构建的国内国外网络安全应急响应联系体系，CNCERT成功处置了WannaCry勒索病毒、某电商服务器遭受持续性DDoS攻击等一系列网络安全事件，极大维护了我国在网络空间的相关利益，同时促进了国际社会对我国互联网管理政策和思路的理解和认识，树立我国负责任的大国形象。

第 2 章　网络安全应急响应概述

网络安全应急响应是网络安全体系中不可缺少的重要环节。任何网络都存在安全隐患。随着漏洞、病毒、恶意代码等多种网络攻击手段不断升级，网络安全形势依旧复杂多变。虽然很多安全问题可以通过技术和管理的方法进行限制，但没有任何一种安全策略或防护措施能够提供绝对安全的保护。即使采取了严格的网络安全防护措施，仍可能存在难以发现的弱点，使网络安全防护被攻破，从而导致业务中断、数据泄露、系统宕机、网络瘫痪等突发、重大信息安全事件发生，对组织和业务的运行产生直接或间接的负面影响。

为减少信息安全事件对组织和业务的影响，及时应对各类突发的网络安全事件，网络安全应急响应相关概念应运而生。本章主要从网络安全应急响应相关概念、网络安全与信息安全、产生网络安全问题的原因分析三个方面，对网络安全应急响应进行概要描述。

2.1　网络安全应急响应相关概念

认识网络安全应急响应，我们应该首先熟悉一些常用的网络安全应急响应概念、名词和术语。

网络安全：是指网络系统的硬件、软件及其系统中的数据受到保护，不因偶然的或者恶意的原因而遭到破坏、更改、泄露，系统连续可靠正常地运行，网络服务不中断。

网络安全事件：则是指由于自然、人为和软件本身存在缺陷或故障等原因，对网络和信息系统或者其中的数据造成危害，对社会造成负面影响的事件。

网络安全应急响应：是指为了应对突发重大网络安全事件所做的准备工作，在事件发生时所采取的应对手段，以及在事件发生后的恢复措施的全过程。

信息系统：由计算机硬件、网络和通信设备、计算机软件、信息资源、信息用户构成，按照一定的应用目标和规则对信息进行采集、加工、存储、传输、检索的系统。

安全策略：是指在某个安全区域内，用于所有与安全相关活动的规则。

安全服务：指提供数据处理和数据传输安全性的一系列措施。

访问控制：按用户身份及其所属的某预定义组来限制用户对某些信息项的访问，或限制对某些控制功能的使用。

业务影响分析：对信息系统业务功能及相关资产进行分析，评估特定信息安全事件对各类业务功能影响的过程。

2.2　网络安全与信息安全

网络安全更侧重于保护网络环境下的计算机及应用系统的安全，例如通过部署防火墙、入侵检测等硬件设备来实现网络层面的安全防护；通过风险评估、病毒防护等软件系统实现应用层面的安全防护。

信息安全是指为保护信息免受未经授权的访问和使用而采取的措施，是从技术和管理两个方面为信息系统建立的安全防护，保护计算机硬件、软件和数据不因偶然和恶意的原因遭到破坏、更改和泄露。信息安全侧重于计算机数据和信息的安全。

近年来，国内外媒体、学术界对网络安全和信息安全的关系存在两种看法。一种观点认为网络安全包含信息安全。从纯技术角度看，信息安全专业的主要研究内容为密码学，如各种加密算法、公钥基础设施、数字签名、数字证书等，而这些只是保障网络安全的手段之一。而另一种观点则认为，网络安全是信息安全的一部分，信息安全包括网络安全。信息安全从数据的角度进行安全防护。安全防护不仅关注网络层面，更关注应用层面，可以说信息安全更贴近用户的实际需求和想法。此外，信息安全还包括操作系统安全、数据库安全、硬件设备和设施安全、物理安全、人员安全、软件应用安全等方面。

由于网络安全与信息安全两个概念密不可分，且两者的关系目前没有明确的界定，而在实际工作中，网络安全事件和信息安全事件又互为因果、相互交错，难以理清。所以在本书中，为表述方便，我们认同第一种观点，即网络安全包含信息安全，并在后续内容中不进行严格区分。

2.3 产生网络安全问题的原因分析

随着互联网的普及，我们已经全面进入信息化社会。一方面，信息产业和网络技术高速发展，呈现出空前繁荣的景象，另一方面，网络安全事件不断发生，安全形势非常严峻。网络安全事关国家安全和社会稳定，因此必须采取措施确保网络安全。下面我们从技术角度和管理角度来分析网络安全问题产生的原因。

2.3.1 技术方面的原因

1．计算机系统结构安全问题

个人计算机为了降低成本和提高计算效率，可能去掉了许多成熟的安全机制，包括加密机制、数字签名机制、访问控制机制、数据完整性机制、认证机制、路由控制机制等。

其中，加密机制对应数据保密性服务。通过对数据进行加密，有效的防止数据在传输过程中被窃取。常用的加密算法有：对称加密算法（如DES算法）和非对称加密算法（如RSA算法）。

数字签名机制对应认证（鉴别）服务。利用数字签名技术可以实施用户身份认证和消息认证。是认证（鉴别）服务的最核心技术。常用的签名算法有：RSA算法和DSA算法。

访问控制机制通过预先设定的规则对用户访问的数据进行限制。

数据完整性机制对应数据完整性服务。完整性作用是为了数据在传输过程中不受到干扰、篡改。通常使用单向加密算法对数据加密，生产唯一验证码，用以校验数据完整性。

常用的加密算法有MD5、SHA等。

认证机制对应认证(鉴别)服务。认证的目的在于验证接收方所接收到的数据是否来源于所期望的发送方。通常使用数字签名来进行认证，常用的算法有RSA和DSA算法。

路由控制机制对应访问控制服务。路由控制机制为数据发送方选择安全的网络通讯路径，避免发送方使用不安全的路径发送数据，提供数据安全性。

去除这些安全机制将会导致程序的执行可以不经过认证而被恶意修改。这样，病毒、蠕虫、木马等恶意程序就乘机泛滥，给计算机安全防护带来了巨大的挑战。

2．网络发展的无边界化

网络技术的发展把计算机变成网络中的一个组成部分，在连接上突破了机房的地理隔离，单个节点上的信息通过数据传输扩大到了整个网络。任何人可以制造病毒、木马等恶意程序，并借助网络快速传播到整个网络，从而攻击其它终端。随着网络规模的发展，信息在网络中传播的速度不断加快。渗透进网络中的恶意代码将会快速地对网络中的终端产生危害。尤其是随着云计算、物联网等技术的发展，大量的数据中心网络以及移动智能体组成的网络渗透进工作和生活的方方面面。随着网络发展的无边界化，恶意代码带来的损害可能影响到入网的每个终端。

3．协议安全性难以验证

网络安全协议是营造网络安全环境的基础，是构建安全网络的关键技术。设计并保证网络安全协议的安全性和正确性能够从基础上保证网络安全，避免因网络安全等级不够而导致网络数据信息丢失或文件损坏等信息泄露问题。然而，网络协议的复杂性使得协议的安全证明和验证变得十分困难。目前人们只能证明和验证部分网络协议，所以网络协议通常无法避免地存在安全缺陷。即使网络协议是正确的，也不能确保百分之百安全。正确的协议在某种条件下，也可以当作网络攻击的工具。例如，攻击者完全可以根据哲学上“量变到质变”的原理，通过发起大量的正常访问，耗尽计算机或网络的资源，从而使计算机瘫痪，这就是拒绝服务攻击的原理。

4．操作系统的安全缺陷

操作系统是计算机最主要的系统软件，是网络安全和信息安全的基础之一。然而，因为操作系统程序过于庞大和复杂（例如，Windows操作系统有上千万行程序），通常难以做到完全正确。如果操作系统的缺陷被攻击者利用，则造成的安全后果难以忽略。

操作系统面临的安全威胁通常包括机密性威胁、完整性威胁、可用性威胁。

其中，信息的机密性是指原始信息的隐藏能力，让原始信息对非授权用户呈现不可见状态。机密性威胁指可能导致机密信息和隐私信息发生泄露的意图、事件、策略、机制、软硬件等。常见的机密性威胁包括窃听（嗅探）、后门（天窗）、间谍软件、隐蔽通道等。

信息的完整性是指系统中所使用的信息与原始信息相比没有发生变化，未遭受偶然或恶意的修改、破坏。完整性威胁通常包括计算机病毒、计算机欺骗等。

可用性指系统能够正常运行或提供必要服务的能力，是系统可靠性的一个重要因素。常见的可用性威胁主要指DOS攻击等。

2.3.2 管理方面的原因

1. 风险意识淡薄

网络安全和信息安全风险产生的一个重要原因是人们的安全风险意识淡薄，没有充分重视信息安全的破坏性和灾难性。与传统犯罪不同，以网络攻击为主的网络犯罪每时每刻都在发生，但是除非发现的漏洞或密码被破解，这些网络攻击并不会立刻产生安全威胁。因此容易导致网络安全的假象。

以希拉里的“邮件门”事件为例，按照规定，美国涉密人员严禁通过私人邮箱系统发送公务邮件，时任国务卿的希拉里原本只能在加密网络中通过公务邮箱收发公务邮件，这样做不仅十分麻烦而且非常不方便。希拉里因缺乏网络安全意识，犯了以下两个重大错误：

一是在家中建立了一个私人服务器，同时收发公务邮件，并为图省事一直用这个私人邮箱处理公务直至东窗事发；

二是相信永久删除后就没人能找到被删除的邮件。

因为安全意识淡薄，希拉里最终因为私自处理机密邮件，导致大选落败。除了个人因素之外，管理部门的网络安全意识淡薄，通常表现在大量使用弱口令，系统及应用漏洞频发，关键信息基础设施面临较大安全风险。

2. 管理制度欠缺

目前，某些行业或部门信息安全风险管理制度方面存在一定的漏洞。一是部分指导性法规文件并没有强制性，主要还是依靠企业的运营管理为自身的安全负责，这样就导致部分企业并没有对信息安全引起足够的重视，信息安全事件频繁发生；二是组织机制不健全以及相关职能部门权责划分不明确。健全的风险防范组织是网络信息安全的支撑，但是目前某些行业或部门在这方面还存在很大的问题。由于人们对突发事件有一个认识过程，所以主管部门的反应通常滞后于风险的蔓延速度，难以及时、准确地采取行动。目前，我国的信息安全风险处理机制主要还是以政府主导为主，相关企业配合完成，各类机构之间的交流沟通机制还需要很长时间的磨合与调整。

为了能够减少网络安全事件对组织和业务的影响，不断建设和提升应急响应能力显得非常重要。近年来，我国越来越关注网络安全应急响应体系建设，初步建立了应急响应组织机构，形成了一整套应急响应流程，制订了一系列应急响应预案。但面对日益严峻的网络安全形势，当前做法仍有很多不适应、不规范的问题亟待解决。

网络安全应急响应工作是一项系统性、综合性工作，应在国家、地方、行业密切配合、相互协同，社会公众和社会力量的广泛参与的基础上，通过强化网络安全事件应急的体制，机制和法制建设，应急响应技术的提升、人才队伍的建设、应急培训、演练、意识提升活动基础性工作，加快提升网络安全事件预防和应急处置能力。

第 3 章　网络安全应急响应法律法规

"立善法于天下，则天下治；立善法于一国，则一国治"。健全法律制度一方面可以推动法治社会建设，另一方面也为社会治理提供制度化保障。虽然网络空间是现实社会的延伸，但它也要受到法律法规的约束，所以完善网络安全领域的法律法规，形成规范化的网络治理环境，成为当前社会工作的重中之重。目前网络安全应急响应相关法律法规、政策正逐步趋于完善，特别是《中华人民共和国网络安全法》和《信息安全技术 信息安全应急响应计划规范》（GB/T 24363—2009）的出台弥补了网络安全应急响应在法律和规范上的空白。

3.1　我国网络安全应急响应相关法律法规、政策

当前，世界各国纷纷将网络空间安全纳入国家安全战略，制定和完善网络空间安全战略规划和法律法规。2007年至2018年，我国相继出台了一系列法律法规、政策，确定了我国网络空间安全的基本方略和行动指南，也将应急响应能力建设提升到了新的高度，各项法律法规从不同角度对应急响应标准体系进行了丰富和完善，具体情况如下：

（1）《中华人民共和国突发事件应对法》，针对突发事件的预防与应急准备、监测与预警、应急处置与救援、事后恢复与重建进行了立法。

（2）《中华人民共和国网络安全法》第五章专门对监测预警与应急处置提出了明确要求。

（3）《国家网络空间安全战略》对完善网络安全监测预警和网络安全重大事件应急处置机制进行了部署。

（4）《网络空间国际合作战略》提出要推动加强各国在预警防范、应急响应、技术创新、标准规范、信息共享等方面合作。

（5）《国家网络安全事件应急预案》为国家层面组织应对涉及多部门、跨地区、跨行业的特别重大网络安全事件的应急处置提供政策性、指导性和可操作性方案。随后各行业、各地区也纷纷制定了行业/地区网络安全事件应急预案。

（6）《关键信息基础设施安全保护条例（征求意见稿）》对关键信息基础设施范围、运营者安全保护义务、产品和服务安全、监测预警、应急处置和检测评估等一系列事项进行了详细的规定，构建了关键信息基础设施安全保护制度的具体框架。

（7）《公共互联网网络安全威胁监测与处置办法》指导公共互联网网络安全威胁监测与处置工作的开展。

（8）《公共互联网网络安全突发事件应急预案》进一步强化在电信主管部门的统一领

导、指挥和协调下，明确面向社会提供服务的基础电信企业、域名注册管理和服务机构、互联网企业（含工业互联网平台企业）、网络安全专业机构等相关单位的职责分工。

（9）《工业控制系统信息安全事件应急管理工作指南》对工业控制安全风险监测、信息报送与通报、应急处置、敏感时期应急管理等工作提出了一系列管理要求，明确了责任分工、工作流程和保障措施。

（10）《网络安全等级保护条例（征求意见稿）》第十三条监测预警和信息通报、第三十二条应急处置要求都对网络运营者在网络安全应急方面提出了要求。

3.2 《网络安全法》的指导意义

2017年6月1日起实施的《中华人民共和国网络安全法》（简称《网络安全法》）是我国第一部全面规范网络空间安全管理方面的问题的基础性法律，是全面规范网络安全工作的基本法，是将成熟的政策规定和措施上升为法律，是依法治网化解网络风险的具体体现。《中华人民共和国网络安全法》第五章重点将监测预警与应急处置工作制度化、法制化，为网络安全监测预警、信息通报、网络安全风险评估、应急工作机制、应急预案制定及演练等工作提供了法律依据，为完善网络安全防护体系，规范网络安全应急响应工作提供了法律保障。

3.2.1 建立网络安全监测预警和信息通报制度

《中华人民共和国网络安全法》第五十一条要求国家建立网络安全监测预警和信息通报制度。

当今社会关键基础设施的信息化程度越来越高，随着技术的发展和对信息安全认识的不断加深，如何发展和完善基础设施的信息网络安全监测预警和信息通报制度成为世界各国普遍重视的焦点问题。

1. 网络安全监测预警制度

随着Internet的迅速发展以及人类对计算机的依赖程度不断提高，网络技术向各领域的广泛渗透使计算机病毒网络化扩散速度急骤加快，其破坏性越来越大，提高计算机病毒和网络攻击的监测与预警能力，随时掌握网络安全的实时情况已经成为当前亟待解决的重大课题，网络安全监测预警技术、安全监测预警平台的研究成了首要任务。

为此，《中华人民共和国网络安全法》在第五十一条、五十二条对网络安全监测预警制度的建立健全、以及统一发布网络安全监测预警信息的责任部门给出了明确的规定。国家网信部门统筹协调有关部门加强网络安全信息收集、分析和通报工作，按照规定统一发布网络安全监测预警信息。负责关键信息基础设施安全保护工作的部门，建立健全本行业、本领域的网络安全监测预警和信息通报制度，并按照规定报送网络安全监测预警信息。

2. 信息通报制度

信息安全通报工作是国家网络安全工作的重要组成部分，加强信息通报机制和平台手段建设，整合资源和力量，及时收集、分析和通报网络安全信息，能有效防范、处置网络安全风险和威胁，维护网络与信息安全。

2017年，全国各省市开始陆续成立了网络与信息安全信息通报中心。信息通报中心负责网络安全事件的接收和通报工作。网络安全事件处置结束后，信息通报中心应督促主管部门和相关单位及时报送事件的详细情况、处置措施以及处置结果等，并及时通过网络安全态势感知与通报预警平台，向上级信息通报中心上报处置情况。

信息通报机制是协同有关部门、整合各方资源、实现网络安全信息交流共享的重要平台，是及时发现网络安全风险和隐患，有效应对网络安全威胁，妥善处置网络安全事件的重要支撑，因此必须建立并畅通信息通报机制，及时将搜索、汇总的网络安全信息和情况通报给相关单位。定期向上级信息通报中心报送当地网络与信息系统安全状况。有关重大网络安全事件信息、重大网络安全威胁信息、重要专题研究报告等应随时报告。通过建立信息通报共享平台和网站的方式，为各成员单位共享网络安全信息提供支撑。

信息通报主要包括以下内容：

（1）境内外敌对势力、黑客组织、不法分子等对我国实施网络攻击、破坏、渗透、窃密、入侵控制等情况，以及使用的攻击手段、策略和技术。

（2）我国网络与信息系统存在的安全漏洞、隐患风险等情况，被入侵、攻击、控制、信息泄露的行业单位以及信息系统情况。

（3）恶意程序传播、钓鱼网站等情况。

（4）因网络与信息系统软硬件故障，导致其瘫痪、应用服务中断或数据丢失等安全事故情况。

（5）利用信息网络从事违法犯罪活动情况。

（6）地下网络“黑产”活动情况。

（7）网络违法犯罪活动所使用的技术手段和方法情况。

（8）网络安全保障工作情况。

（9）国内外网络与信息安全动态情况。

（10）其他重要的网络与信息安全情况信息。

3.2.2　建立网络安全风险评估和应急工作机制

《中华人民共和国网络安全法》第五十三条要求国家网信部门协调有关部门建立健全网络安全风险评估和应急工作机制。《中华人民共和国网络安全法》之所以专门提出网络安全风险评估和应急工作机制，原因如下：

安全风险评估是参照风险评估标准和管理规范，对各种系统的资产价值、潜在威胁、薄弱环节、已采取的防护措施等进行分析，判断安全事件发生的概率以及可能造成的损失，提出风险管理措施的过程。风险评估不是某个系统或网络、事件特有的，风险评估随处可见，为了分析确定系统风险及风险大小，进而决定采取什么措施去减少、避免风险，把残余风险控制在可以接受的范围内。分析网络系统的安全风险，综合平衡风险和代价的过程就是风险评估，任何网络的安全性都可以通过风险的大小来衡量。明确网络系统的安全现状，确定网络系统的主要安全风险，是网络安全体系与管理体系建设的基础。

应急工作机制是指针对特殊事件、突发事件的紧急处理机制，事先做好防备及应对策略，避免事件进一步扩大或事态加重，使损失降到最低。应急工作机制的前提是安全风险评估，分析事件的性质、类型和影响，从而“防患于未然”。启动应急工作机制的前提是，首先分析判断事件的性质、类型及影响。应急工作机制的主要内容：组成应急小组，制定工作计划；确保联络方案，保障信息畅通；开设热线电话，收集各方资讯；协调有关单位共同开展工作。应急工作机制的启动，并非一种单纯的技术操作，它是面对突发事件反应能力增强的一种表现，它更代表处理突发事件的观念转变，危机意识在不断增强。统一指挥是应急机制的基础，也是整个应急体系的基础。

3.2.3　制定网络安全事件应急预案并定期演练

《中华人民共和国网络安全法》第五十三条要求，制定网络安全事件应急预案，并定期组织演练。网络安全是动态的，而不是静态的，是相对的，而不是绝对的，维护网络安全，必须“防患于未然”。网络安全事件与传统公共安全事件有很大不同，突出体现在以下四个方面：

（1）扩散速度快，影响范围大。信息网络的互联特性决定了很多网络安全事件不再限于局部，而是通过网络迅速扩散的。加之，由于经济社会发展已高度依赖关键信息基础设施，网络安全事件的影响往往十分严重。

（2）级联效应明显。国民经济各行各业之间有很强的相互依赖性，尤以依赖电力、通信为甚。这导致网络安全事件的后果很容易“雪崩”式放大，必须跨部门、跨行业协同处置。

（3）隐蔽性强。应对国家级网络攻击和一般黑客攻击，所需调动的应急资源和处置过程迥然不同。但在事件初始阶段，可能很难分辨事件的性质，这对态势感知、事件分析和情报支援提出了很高的要求。

（4）战时与平时没有清晰的界限。极端情况下，一些事件可能是他国网络战部队发起的攻击。但这类攻击多以电网、通信网等民用设施为目标，网络安全应急预案必须考虑到这类情况。

由以上特点所决定，国家必须建立统一的网络安全应急指挥体系，着力加强统筹协调，着力提升信息共享和情报分析能力。纵观全球，制定网络安全应急预案都是各国维护网络安全的“规定动作”。近年来，随着重大网络安全事件的增多，各国都在加强这方面的工作，纷纷修订已发布的预案。这些国家的预案普遍关注跨部门协调，甚至是国际协调问题，同时突出各网络安全职能部门、地方、行业的责任和义务，加强情报、执法等应急支撑技术队伍和机构建设。我国的《国家网络安全事件应急预案》在制定时充分借鉴了国外的有关经验，2017年6月，中央网络安全和信息化委员会办公室公布了《国家网络安全事件应急预案》，制定《国家网络安全事件应急预案》是网络安全的一项基础性工作，是落实国家《中华人民共和国突发事件应对法》的需要，更是实施《中华人民共和国网络安全法》、加强国家网络安全保障体系建设的本质要求。

应急演练一是检验应急预案的有效性、应急准备的完善性、应急响应能力的适应性；二是检验应急人员的协同性和实战水平；三是提高人们避免事故、防止事故、抵抗事故的能力和对事故的警惕性；四是取得改正应急预案的经验而进行的一种模拟应急响应的事件活动。

3.3 《信息安全技术 信息安全应急响应计划规范》（GB/T 24363—2009）

应急响应是指组织为了应对突发/重大信息安全事件的发生所做的准备以及在事件发生后所采取的措施。而安全事件则是指影响一个系统正常工作的情况。应急响应计划是指在突发/重大信息安全事件后对包括计算机运行在内的业务运行进行维持或恢复的策略和规程。

信息系统容易受到各种已知和未知的威胁而导致有害程序事件、网络攻击事件、信息破坏事件、信息内容安全事件、设备设施故障和灾害性事件等信息安全事件的发生。虽然很多信息安全事件的发生可以通过技术的、管理的、操作的方法予以消减，但没有任何一种信息安全策略或防护措施能够对信息系统提供绝对的保护，即便采取了措施，仍可能存在残留的弱点，使得信息安全防护可能被攻破，从而导致业务中断、系统宕机、网络瘫痪等突发/重大信息安全事件发生，并对组织和业务的运行产生直接或间接的负面影响，因此，为了减小信息安全事件对组织和业务的影响，应对应急响应工作进行总结，并进行周密的策划，形成一套思路缜密的规范。

《信息安全技术 信息安全应急响应计划规范》（GB/T 24363—2009）（以下简称《规范》）确定了应急响应计划文档的编制依据，以协助相关人员制定和维护有效的信息安全计划。使得信息安全事件能得到及时有效的处理，并能及时总结应急响应过程中的经验教训，改进信息安全事件的预防措施，提高应急响应处理能力，将信息安全事件对系统造成的损失降低到最小。《规范》将为国家信息安全保障提供强有力的技术支撑。

信息安全应急响应计划的制定是一个周而复始、持续改进的过程，包含以下四个阶段：

（1）应急响应需求分析和应急响应策略的确定。

（2）编制应急响应计划文档。

（3）应急响应计划的测试、培训、演练。

（4）应急响应计划的管理和维护。

3.3.1 应急响应需求分析和应急响应策略的确定

《规范》第五部分“应急响应计划的编制准备”规定业务影响分析是在风险评估的基础上，标识信息系统的资产价值，识别信息系统面临的自然和人为的威胁，识别信息系统的脆弱性，分析各种威胁发生的可能性和各种信息安全事件发生时对业务功能可能产生的影响，进而确定应急响应的恢复目标。分析业务功能和相关资源配置，确定信息系统相关资源，确定信息安全事件的影响，确定应急响应的恢复目标。

应急响应策略提供了在业务中断、系统宕机、网络瘫痪等突发/重大信息安全事件发生后，快速有效地恢复信息系统运行的方法，这些策略应涉及在业务影响分析中确定的应急响应的恢复目标。

3.3.2 编制应急响应计划文档

《规范》第六部分详细阐述了编制应急响应计划文档的规范，编制应急响应计划文档是应急响应规划中的关键一步，应急响应计划应描述支持应急操作的技术能力，并适应机构需求。应急响应计划需要在详细程度和灵活程度之间取得平衡，通常是计划越详细，其方法就越缺乏弹性和通用性。本标准说明了编制应急响应计划的要点。计划编制者应根据实际情况对其内容进行适当的调整、充实和本地化，以更好地满足特殊系统、操作和机构需求。应急响应计划文档包括总则、角色及职责、防护和预警机制、应急响应流程、应急响应保障措施和附件六个部分。

3.3.3 应急响应计划的测试、培训、演练

《规范》第七部分指出为了检验应急响应计划的有效性，同时使相关人员了解信息安全应急响应计划的目标和流程，熟悉应急响应的操作规程，组织应按以下要求组织应急响应计划的测试、培训和演练。

（1）预先制定测试、培训和演练的计划，在计划中说明测试和演练的场景。

（2）测试、培训和演练的整个过程应有详细的记录，并形成报告。

（3）测试和演练不能打断信息系统的正常业务运行。

（4）每年至少完成一次有最终用户参与的完整测试和演练。

3.3.4 应急响应计划的管理和维护

《规范》第七部分规定经过审核和批准的应急响应计划文档的保存与分发应按照以下程序进行：

（1）由专人负责保存与分发。

（2）具有多份拷贝，并在不同的地点保存。

（3）分发给参与应急响应工作的所有人员。

（4）在每次修订后所有拷贝统一更新，并保留一套，以备查阅。

（5）旧版本应按有关规定销毁。

为了保证应急响应计划的有效性，应从以下三个方面对应急响应计划文档进行严格的维护：

（1）业务流程的变化、信息系统的变更、人员的变更，都应在应急响应文档中及时进行反应。

（2）应急响应计划在测试、演练和信息安全事件发生后实际执行时，其过程应有详细的记录，并应对测试、演练和执行效果进行评估，同时对应急响应计划文档进行相应的修订。

（3）应急响应计划文档应定期评审和修订，至少每年一次。

3.4 信息安全事件分类分级

目前，随着国内企业或组织对信息安全保障需求的频次日趋增多，信息安全保障涉及的场景也日趋复杂和多样化。例如，保障场景可包括重大活动、学术会议、实战对抗演习等。在不同的保障场景下，信息安全事件的等级和需求是不一样的。因此，在这个背景下，信息安全事件的分类分级规范应运而生。本节将对分类分级规范的重要意义及制定分类分级规范的原则进行阐述。

3.4.1 分类分级规范的重要意义

合理和规范的信息安全事件分类分级，能够降低安全事件处置响应时间、推进自动化处置系统建设、规范应急管理体制。因此，一个合理规范的分类分级指南，对于实现信息安全事件高效处置和管理而言具有重要的意义。

1. 降低处置响应时间

信息安全事件分类分级，能够减少处置人员的应急响应时间。信息安全事件分类分级简化了人员之间的信息交流、共享和通报，加速了应急处置响应的速度。由于分类分级能够使个人和组织以一致的方式记录和传播事件，安全人员之间不需要使用烦琐的语言描述事件。通过一致化的语言，安全人员可以在短时间内完成事件交流、共享和通报，并及时做好应急处置准备、采取相应的应急措施。

2. 推进自动化处置系统建设

未来自动化处置系统旨在高强度的对抗下，让机器语言代替安全人员实现高效率的应急处置。为了让机器“识别”更宽的领域和更复杂的场景下的安全事件，需要分类分级指南将安全事件转化为一致的认知。基于此，通过将处置策略与相应类别、级别的安全事件进行绑定，自动化处置系统便可逻辑执行对相关事件的处置策略。

3. 规范应急管理体制

信息安全事件分类分级有助于应急管理体制的职责分工、分级管理。当对信息安全事件进行了分类分级之后，相应的企业或组织便可建立快速执行的标准化流程，使得人员调度协同统一。例如，根据事件所处类别、级别的特点，明确应急人员的分工机制：网络攻击类事件应找网络攻防专业性、技术性强的安全人员牵头；设备故障类事件应找设备维护专业性、技术性强的安全人员牵头。

3.4.2 信息安全事件分类原则

信息安全事件的分类和分级是两个相互独立的部分，制定分类和分级指南采用的原则也不尽相同。事件的分类主要通过科学总结、归纳各类信息安全事件的特点、发展规律和应对机理，对可能发生的信息安全事件进行分类。目前，信息安全事件的分类主要按照表现形式和事件诱因进行分类。本节将分别对这些原则进行阐述。

1. 按照表现形式进行分类

这种分类方法本质上主要是基于事件的客观表现进行分类的，这样做的意义在于：从事件所属的类别名可以大致确定事件的行为特征，进而快速将事件分配给专业技术对口的安全人员，并迅速采取相应的措施。例如，在标准化指导性技术文件《信息安全技术 信息安全事件分类分级指南》（GB/Z 20986—2007）中，信息安全事件从表现形式上被划分为有害程序事件、网络攻击事件、设备设施故障等。其中，有害程序事件主要表现为受到有害程序的影响，而设备设施故障事件主要表现为信息系统或外围保障设施故障。

2. 按照事件诱因进行分类

这种分类方法本质上主要是基于事件发生的诱因进行分类的，这样做的意义在于：从事件所属的类别名可以为事件的诱因提供线索，进而快速将事件分配给专业技术对口的安全人员。例如，在标准化指导性技术文件《信息安全技术 信息安全事件分类分级指南》（GB/Z 20986—2007）中，有害程序事件从事件诱因上被细分为计算机病毒事件、蠕虫事件、特洛伊木马事件、僵尸网络病毒事件、混合攻击程序事件、网页内嵌恶意代码事件以及其他有害程序事件。

3.4.3 信息安全事件分级原则

信息安全事件的分级主要从事件的危害程度和政府的控制能力来考虑，对可能发生的安全事件划分级别。分级的意义在于从相关企业或组织的应急管理能力出发，科学确定信息安全事件的级别。目前，信息安全事件主要按照事件的主观属性（影响程度、损失后果）和相关单位的客观属性（应对能力）进行分级。本节将分别对上述原则进行阐述。

1. 按照信息安全事件的主观属性分级

不同类型的信息安全事件导致的影响程度和范围、产生社会危害的严重程度以及系统损失程度都有很大差异。信息安全事件的影响程度或系统损失程度往往需要主观判断，它们是在事件发生时基于历史经验的一种总结性阐述。按照信息安全事件的影响程度或系统损失程度分级，可以使各企业和组织根据最小化损失目标，科学充分地调度应急响应力量（物质和人力储备）。例如，在标准化指导性技术文件《信息安全技术 信息安全事件分类分级指南》（GB/Z 20986—2007）中，信息安全事件按照主观属性可以划分为特别重大事件、重大事件、较大事件和一般事件。当判断发生重大事件时，除了调度自身专业性、技术性强的人员，还可以申请邀请其他企业或组织的专家团队协助研判。

2．按照应对能力分级

由于不同企业和组织的应急处置能力不一定相同，因此，相同类型的信息安全事件对不同企业和组织造成的影响和损失也不一定相同。基于此背景，许多机构和团队提出主要根据企业自身的应对能力对安全事件进行分级，即分级标准以应对能力为主，兼顾事件的客观属性。虽然这种分级标准可能会造成同样的事件在不同地方的分级不同，但这更符合实际情况。

由于涉及事件影响和损失程度，上述两种分级方案皆要借鉴、分析实际的历史资料和经验，采用统计方法分析事件的影响程度、影响范围以及损失程度。当按主观属性分级时，分级不是一次完成的，而是随着事件样本的扩充而不断地修改、调整和完善主观判断。这是因为随着时间改变，事件的影响和损失程度也会改变。

第4章　网络安全应急响应的常用模型

网络安全应急响应可根据任务特点和安全需求采用不同的参考模型。网络安全应急响应的常用模型是由网络安全工作者和组织机构结合大量的网络安全应急响应实践总结出来的，汇聚了优秀从业者的经验和智慧。这些模型可用来指导网络安全应急响应工作的规划与实施，使网络安全事件的响应流程更为清晰，为研究问题、分析问题和解决问题提供参考。在处理网络安全事件的实际过程中，可灵活运用这些模型。下文将根据这些参考模型提出时间的先后顺序对其进行阐述。

4.1　网络杀伤链与反杀伤链模型

美国军工企业洛克希德·马丁公司认为，网络攻击是利用网络存在的漏洞与安全缺陷，根据一系列计划流程实施的攻击活动。基于这一考虑，该公司于2011年提出了具有普适性的网络攻击流程与防御概念。这一网络攻击流程与防御概念参考军事上的“杀伤链”概念，使用了“网络杀伤链”一词。杀伤链是指从对军事目标的探测到破坏的整个处理过程，网络攻击也有类似的、连续的过程。若防御者能够成功阻止某一阶段的攻击，那么攻击者下一个阶段的攻击活动就会受到相应的限制。

网络空间的对抗正在成为高技术战争的一种日益重要的作战样式。洛克希德·马丁公司提出的网络杀伤链将网络攻击流程细分为侦察、武器化、散布、恶用、设置、命令与控制、目标达成等七个阶段[1]。

（1）侦察阶段：攻击者为达成目标，进行探测、识别及确定攻击对象（目标）的过程。在这个阶段，可通过网络收集与目标相关的情报。

（2）武器化阶段：通过侦察阶段确定目标后，准备网络武器的阶段。网络武器可由攻击者直接制造，也可利用自动化工具生成。

（3）散布阶段：将制造完成的网络武器向目标散布的阶段。使用最为频繁的散布手段有邮件附件、网站、移动存储介质等。

（4）恶用阶段：网络武器散布到目标系统后，启动恶意代码的阶段。在大部分情况下，往往会利用应用程序或操作系统的漏洞与缺陷。

（5）设置阶段：攻击者在目标系统中设置特洛伊木马、后门等，一定期限内在目标系统营造活动环境的阶段。

（6）命令与控制阶段：攻击者建立目标系统攻击路径的阶段。在大部分情况下，智能型网络攻击并非单纯的自动攻击，而是在攻击者的直接参与下实施的。一旦攻击路径确定后，攻击者将能够自由接近目标系统。

（7）目标达成阶段：攻击者达到预期目标的阶段。攻击目标呈现多样化的特点，具体有侦察、敏感情报收集、破坏数据的完整性、摧毁系统等目标[2]。

在网络杀伤链模型中可以看出，被攻击方越早发现并阻止攻击，由攻击带来的修复成本和时间消耗就越低。然而实际中的攻击策略并不是一成不变的，不是所有的攻击都严格按照这七步执行。为了识别和阻止网络攻击，提出了反杀伤链模型。网络反杀伤链模型主要有发现、定位、跟踪、瞄准、打击、评估这六个阶段。

（1）发现：该阶段的主要任务是构建完整的检测体系，只有通过基于特征匹配、虚拟执行、异常行为的安全检测，才能构建有效的反杀伤链。对于大型企业而言，发现能力是先决条件。

（2）定位：定位包含了时间、空间两个层面。时间定位用于判断攻击发起、持续的时间，空间定位用于判断攻击者所处的位置。

（3）跟踪：在完成定位后，防御者需要根据定位信息，判断是否进行跟踪。一般对大型企业而言，APT（Advanced Persistent Threat）类攻击在杀伤链的第四到第七阶段之间，仍有一定的时间窗口，因此只要时间、条件允许，防御者可以进行跟踪，以获取更多的入侵信息，从而进一步完善整个杀伤链场景。跟踪可提高后续瞄准、交战时的反击准确度和力度，让对手前功尽弃，至此再也无从下手。

（4）瞄准：瞄准阶段属于打击前的准备阶段，该阶段的主要任务是要确定选择和制作何种工具进行反击，确定打击点。该阶段类似于杀伤链第二步的武器化阶段，当然，这个武器不再是攻击性武器，而是防御性武器。

（5）打击：在完成瞄准后，为拦截入侵者的网络攻击，可实施打击。打击阶段是反杀伤链中的直接和关键的一步，决定了整个反杀伤链的成败。将攻击者所设计的恶意程序清除，采取访问控制措施将攻击者拦在门外。如果前期得到足够多的信息，还可以溯源或进行“反向打击”。

（6）评估：对打击效果进行评估主要由两个方面组成，一是要看实施打击的有效性，也就是本次打击能否完全阻拦攻击者的各种恶意行为，让其杀伤链失效；二是通过反杀伤链行动，分析场景，总结防护经验，加强并优化系统的安防手段，使攻击者今后难以实施入侵行为。

反杀伤链一般在杀伤链的第三到第六阶段起作用。要实现反杀伤链，还需要情报、监视、指挥、控制与协同等关键技术的支撑。

4.2 钻石模型

钻石模型是由塞尔吉奥·卡尔塔吉龙在2013年提出的一个入侵分析模型，该模型首次建立了一种可以将科学原理应用于入侵分析的正式方法。该模型通过四个核心特征来描述网络入侵活动事件，即对手、基础设施、能力和受害者。这些特征通过边连接，来表示它们之间的基本关系，最终排列成一个类似钻石的形状，因此被称为钻石模型。除了四个基本特征，钻石模型还定义了元特征以及扩展特征[3]。元特征主要用来进一步描述攻击事件，其主要包括时间戳、阶段、结果、方向、手段、资源等。扩展特征关注和定义更高级别的结构以及描述模型中基本特征之间的关系。在扩展的钻石模型中，社会政治和技术这两个关键的扩展特征的加入，既扩大了入侵分析的关系，也考虑了入侵分析的复杂性。

（1）社会政治特征定义了对手在所有的恶意活动中的基本意图或目标，这关系到对手的动机以及更大的攻击战略。对手的意图和目标选择了受害者，以及这些受害者在他们的目标中该如何发挥出作用。

（2）技术特征引入并扩大了基础设施和特征之间的关系。这个特征将所有的后端技术联系在一起，并使得特征与基础设施之间的通信成为可能。

通过建立钻石模型，可以进行支点分析，如图4-1所示，即任意提取一个核心特征或者扩展特征，并将该特征与数据源相结合来发现相关特征的分析技术。因此，它提供了一个对攻击活动进行信息记录、合成、关联的简单正式且全面的方法。这种科学的方法可以改善分析的效率、效能和准确性。

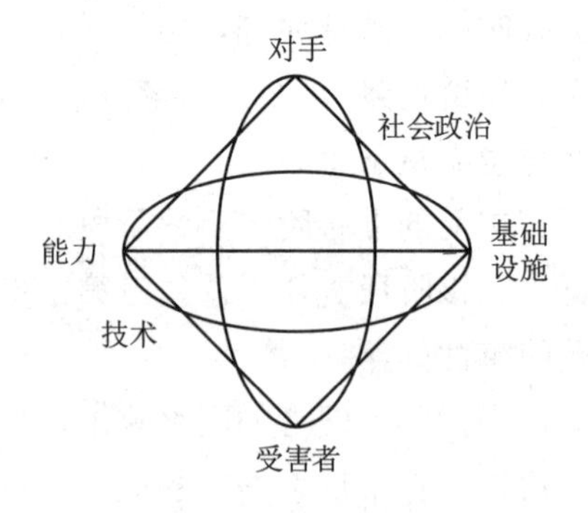

图 4-1　钻石模型

从任何一个特定的特征中，入侵分析人员均能够观察到其他链接元素（节点）的活动。例如，从受害者出发，入侵分析人员将能够识别事件中动用的能力和使用的基础设施。同样，从能力或基础设施出发，入侵分析人员也可以观察对手的情况。

（1）对手。

现实中存在着大量对手（可能是内部人员、外部人员、个人、团体或组织），其目的在于破坏计算机系统或网络以进一步实现其意图并满足其需求。

对手是一个为恶意行为负责的人的模型特征。虽然是个简单的概念，但它可以很容易地划分出对手消费者及其操作者。消费者是对手定义最终目标的行动和接收收集到的情报的组成部分。操作者是负责执行操作的技术组件。

（2）能力。

此模型特征侧重于描述和定义所使用的工具或技术，包括各种攻击手段和方法。对手所需要注意的是，在某个恶意事件或活动线内部，仅可能观察到对手能力的有限子集，也就是无法准确地衡量对手的所有能力。

（3）基础设施。

此模型特征描述了交付、策划、控制以及通信这些能力所使用到的物理的和逻辑的资产。基础设施被定义为两种类型：完全由对手控制或拥有的基础设施；由中间人控制或拥有的基础设施。

基础设施特征可以显示出关于对手的一些被调查的恶意行为的细节；然而，基础设施也可以用于将多个恶意行为链接到单个对手。互联网服务提供商（ISP）是基础设施功能的子组件，可以用作识别不同事件之间的潜在关系的选择器（攻击者通常在不同的行为中重复使用相同的ISP）。此外，可以对基础设施的类型进行特别观察，因为它反映了对手运用基础设施的方法，不过难以发现有组织分工且跨多种操作功能的对手。

（4）受害者。

受害者是对手的目标，对手利用受害者的漏洞和风险，并使用能力完成网络入侵。受害者的身份和资产在不同的分析中起到重要作用，脆弱性评估必然和资产相关。资产同时可能是攻击面或最终目标。

4.3　自适应安全框架

自适应安全框架（Adaptive Security Architecture）模型是Gartner Group公司在2014年提出的面向下一代的安全体系框架，用于应对云计算与物联网快速发展所带来的新型安全形势。

自适应安全框架模型从防御、检测、响应、预测四个维度，构建纵深防御体系结构的闭环安全管理，如图4-2所示。同时对安全威胁实时动态分析，系统可自动适应网络环境，实现终端的持续性智能安全防护，在多样化的业务环境下实现安全策略统一管理和高效运维。

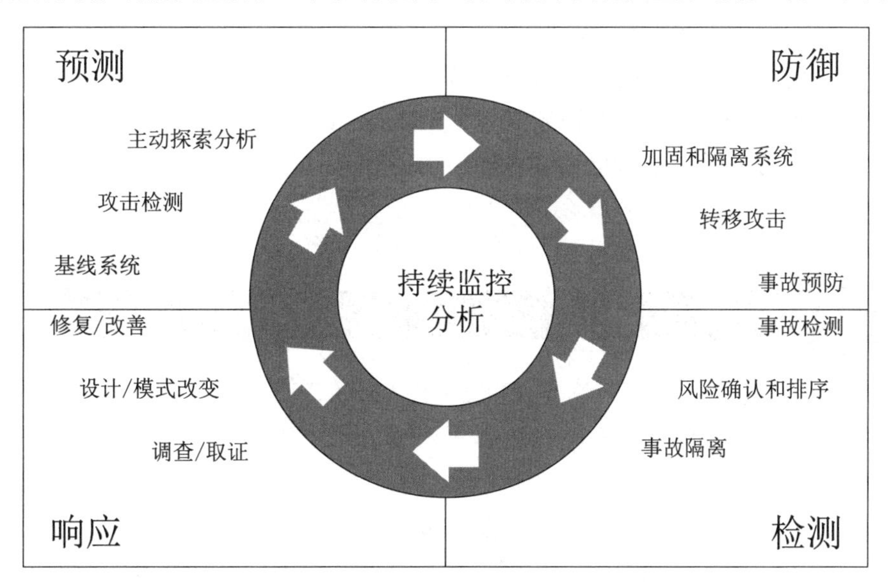

图 4-2　自适应安全框架模型

针对市场上的安全产品偏重防御和边界的问题，需要人们从防御和应急响应的思路中解放出来，相对应的是加强监测和响应能力以及持续的监控和分析，同时引入了全新的预测能力。下面对自适应安全框架模型的四大能力进行说明。

（1）防御：通过一系列的策略集、产品和服务等方式用于防御攻击。通过降低被攻击面、拦截攻击者和攻击动作来提高攻击门槛。

（2）检测：在尽可能短的时间内通过数据分析检测入侵行为，确认事件处理的优先级，降低威胁造成的损失。

（3）响应：调查并修复处置被检测功能查出的安全事件，提供取证服务，分析入侵来源，通过研发新增防范手段尽量避免以后可能发生的网络攻击事件。

（4）预测：防御、检测、响应功能的实现可不断优化基线系统，与此同时，各结果综合后可以对未知的网络攻击进行预测。主动探索现有信息，并进行分析，反馈到防御和检测功能，实现整个处理架构的闭环。

安全建设方可以按照此框架模型对整个组织的安全状况进行梳理，构建整个安全建设方案，尽量选择覆盖自适应能力更全的厂商来改善整体的安全态势；同时安全厂商可以根据此框架模型来规划功能和能力，不断增强和加深自适应的各项安全要求。

4.4 网络安全滑动标尺模型

网络安全滑动标尺模型是SANS公司的研究员在2015年发表的一份白皮书《网络安全滑动标尺模型》中建立的。该模型对组织机构在威胁防御方面的措施、能力以及所做的资源投入进行分类，以详细探讨网络安全的各个方面。模型的标尺用途广泛，如向非技术人员解释安全技术事宜、对资源和各项技能投资进行优先级排序和追踪、评估安全态势以及确保对事件的根本原因分析准确无误等。利用此模型，防御方可确保安全措施与时俱进。该模型表明，若做了充分的防护准备，攻击者想达到目的，需付出更大的代价。

该模型可划分为五大类别，分别为架构安全（Architecture）、被动防御（Passive Defense）、主动防御（Active Defense）、威胁情报（Threat Intelligence）和进攻（Offense）[4]，如图4-3所示。

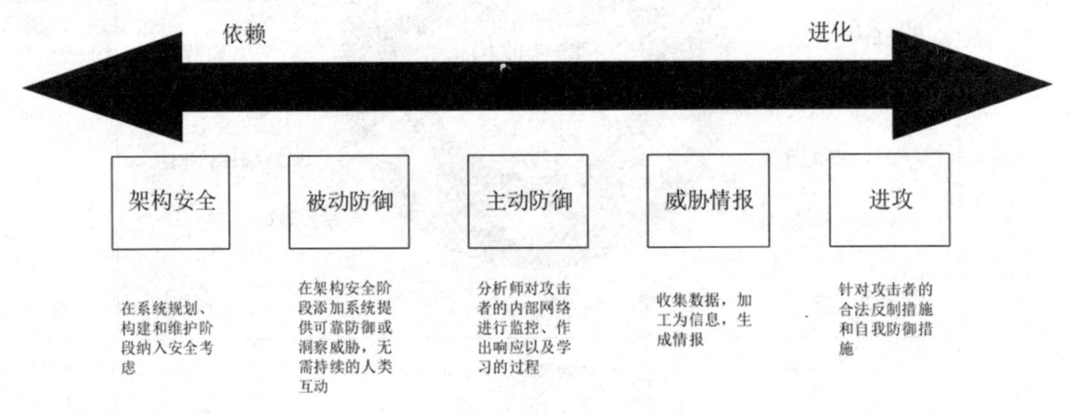

图 4-3　网络安全滑动标尺模型

网络安全滑动标尺模型的每个类别在安全方面的重要性并不均等。若系统构建和实现过程考虑安全，则会显著提升系统的防御态势。而技术足够先进、目标极其坚定的攻击者总会找到途径绕过完善的架构。因此，资源的投入不应仅限于架构本身。滑动标尺的每个类别不可或缺，在考虑如何实现安全以及关注其他类别时应以预期投资收益为导向。将安全能力划分为五个逐渐进化的能力，在建设期间应遵循从左向右的顺序。

（1）架构安全：指用安全思维规划、构建和维护系统。根据需求合理构建架构安全，可提升标尺的其他阶段的效率，降低开销。确保各安全要素被设计到系统中，为业务需求提供有力支撑。

（2）被动防御：建立在架构安全的基础上，提供持续威胁防护和检测，无须人工介入的系统。可提供资产防护、填补或缩小已知的安全缺口，减少与威胁交互的机会，并提供威胁洞察分析。

（3）主动防御：分析人员监控、响应网络内部威胁，从中汲取经验并将理解知识运用于其中的过程。承担主动防御的分析人员包括事件响应人、威胁分析师、网络安全监控分析师以及利用自己的环境探寻攻击者并进行响应的其他人员。

（4）威胁情报：收集数据、利用数据获取信息并进行评估的过程，以填补之前发现的知识缺口。威胁情报是一种特定类型的情报，为保护方提供攻击者、攻击者的行为、攻击能力以及策略、技术与过程的相关信息，目的是了解攻击者，以便更准确地识别攻击者，更有效地响应攻击活动[5]。

（5）进攻：作为滑动标尺模型的最后阶段，是以自卫为目的，除友方网络之外对攻击者采取的直接行动。采取进攻行动时，需要了解前面各阶段，具备相关技能。对于企业来说，进攻行动本质上必须是合法的，才能被视为网络安全行为。

根据实际场景和任务目标，可选择不同的应急响应模型。各类模型都是根据行业工作者的经验所设计的，具有参考价值，应灵活运用。在发生网络安全事件时，运用好响应模型，能够迅速对事件研判分析，并及时做好应对措施，避免造成严重的影响和损失。

第 5 章　应急响应处置流程

网络安全事件的频繁发生和巨大危害要求应急响应人员在事件发生时，需要快速有序地采取有效措施消除或降低安全事件带来的负面影响。安全事件往往种类多样、情况复杂，采取的处置方法也各不相同，但是我们可以制定比较规范的处置流程来帮助应急响应人员开展应急响应工作。

结合国际上权威的PDCERF应急响应模型和应急响应工作实践中总结的经验，可以制定如图5-1所示的应急响应处置流程。

图 5-1　应急响应处置流程

该流程把应急响应分成准备、检测、遏制、根除、恢复、总结六个阶段，对每个阶段定义适当的目的、任务和方法。值得一提的是，应急响应处置流程中的每一个阶段都是为后续阶段做准备，将处置流程循环周期化，不断完善应急响应体系，提高安全事件处置能力，使应急响应人员可以在被动防御中掌握主动，更好地维护网络安全。

5.1　准备阶段

5.1.1　准备的目的

准备阶段是应急响应流程中时间最长、要素最多、任务最杂的阶段，需要花费大量的时间和资源进行部署。应急响应是一种被动的安全体系，对于防御方来说，下次安全事件的发生时间、发生地点、事件类型及影响程度都是无法提前预估的。充足的准备是为了确保应急响应人员在安全事件发生时，能够迅速、高效地处置各类网络安全事件，应对响应过程中的各种突发状况。

5.1.2　准备的实施

维护网络安全，需要从两个方面进行准备：一是“未雨绸缪”，在安全事件发生前，针对防御目标网络中可能出现的风险，制定相应的安全策略和制度，降低安全事件发生的可能；二是“亡羊补牢”，就是提前制定安全事件发生后的应对措施，建立起能够处理突发安全事件的体系，将安全事件的影响降到最低。

应急响应准备工作主要从以下六个方面展开：

1．制定网络安全策略

网络安全策略指的是在网络安全领域内用于与安全相关活动的一套规则，这些规则定义了如何管理和保护网络系统软硬件、网络中数据信息等一系列与网络安全相关的内容。

常见的网络安全策略：保护网络硬件设备免受自然灾害、人为破坏和搭线攻击的物理安全策略；及时修复操作系统和应用软件漏洞，降低计算机被网络攻击的风险的漏洞修复策略；使用终端安全软件及时发现并清理计算机恶意代码和漏洞的安全防杀策略；在网络边界建立通信监控系统，隔离控制内部网络和外部网络的防火墙策略；通过设置用户权限，排除非法访问，保护信息安全的访问控制策略；通过加密软件和算法，保护数据信息存储和传输安全的数据加密策略等。

2．制定网络安全制度

当理想状态下的计算机网络逻辑缜密、运行可靠时（事实上并非如此），操作计算机网络运行的人就成为最大的漏洞。操作人员对网络安全配置不当造成的安全漏洞，用户安全意识不强、口令设置强度不足，维修人员整修线路时操作失误导致的内网外联等一系列行为都会为网络安全埋下隐患，甚至直接产生不可估量的损失。

如果说安全策略是从技术上保护计算机网络及信息数据的钢铁长城，那么网络安全制度就是从管理上规范用户行为，降低人为因素诱发网络安全风险的森严壁垒。制定健全的网络安全管理制度，配备网络安全管理专职人员，构建网络安全防范体系，提高网络抵御安全风险的能力，才能有效保证网络的安全运行。

3．制定应急响应预案

针对不同类型网络安全事件的特性，依据“迅速反应，协同应对”的原则，提前做好专类安全事件的应急响应预案，可以帮助应急响应人员在安全事件发生后，按照预案有序地开展响应工作，有助于在情况混乱的状态下迅速恢复对网络的控制。

应急响应预案需要明确不同类型的安全事件所要动用的人员和装备的方案、检测安全事件的方案、遏制和根除安全事件影响的方案、收集安全事件相关信息和数据的方案、评估安全事件造成损失的方案、恢复受影响系统和数据的方案、响应完成后总结优化安全策略的方案、响应过程中可能出现的突发情况和处置的方案等多方面内容。越是周到细致的预案越能够协助应急响应人员在面对各类突发状况时，有条不紊地对安全事件进行处置。

4．准备应急响应工具

应急响应对时效性有着严格的要求，高效的应急响应可以大大减少安全事件造成的系统暴露时间，降低安全事件的威胁。完善的应急响应工具能够代替人工操作、简化处置流程、降低响应人员的培训成本，对提高应急响应效率至关重要。

应急响应工具需要支撑应急响应处置流程中各个阶段工作任务的需求，可以归纳为两类：一类为安全应急处置工具，提供文件扫描、木马后门查找、病毒查杀、进程管理、注册表管理、系统恢复等功能；一类为数据处置保护工具，提供现场保护、数据恢复、信息取证、数据脱密、防护加固等功能。现有的应急响应工具大都功能较为单一，这需要应急响应组织准备和研究高度集成化的应急响应工具。

5．组建应急响应团队

应急响应工作具有很强的技术性，组建和训练高效的应急响应团队对提高应急响应能力至关重要。组建专业的应急响应团队需要从人员组建和人员培训两个方面展开工作。

一个成熟的应急响应团队应该至少包含领导小组、策略小组和技术小组三个构成要素。领导小组主要负责组织管理应急响应团队、指导应急响应工作的开展、审批应急预案的项目设置、监督已经通过的应急预案执行等工作；策略小组主要负责收集和整理相关知识材料、制定安全事件应急响应预案、制定安全事件预防措施和安全注意事项、及时修订补充和完善应急预案体系等工作；技术小组主要负责收集和整理辖区内资产信息、分析辖区内资产存在的风险与威胁、调查处置安全事件、技术支援等工作。

人员培训是提高应急响应人员的业务素质和能力的必由之路，培训主要是培养应急响应人员应对安全事件的处置能力，包括应急响应预案涉及的相关内容、应急响应工具的使用、事件处置过程中需要的技术知识和手段等多方面的能力。做好培训工作，是使得应急响应团队中的各个要素明确自身职责，提升网络安全事件的应变能力，做好应急响应工作的基础与前提。

6．建立支持应急响应的平台

当应急响应中心下辖地区广、主机数目庞大时，建立支持应急响应的平台就显得非常必要。

应急响应平台是应急响应中心对外发布安全情报、安全动态、漏洞公告、政策法规等一系列文件的门户网站，也是应急响应中心与用户之间沟通的一座桥梁；是用户获取安全资讯的便捷之所，也是应急响应中心接收用户提交漏洞、上报威胁的一个通道。应急响应平台使得用户在发生安全事件时求助有门，通过平台提供的大量安全策略，指导用户在安全事件发生时完成“自救”。

应急响应平台也可支持网络安全事件的集中管理和处置，协助应急响应人员对安全事件的检测、创建、处置、完结等全生命周期进行管理，支持过往安全事件的查询，帮助应急响应人员集中、统一管理各类网络安全事件。

5.2 检测阶段

5.2.1 检测的目的

检测是发现网络安全事件的基础，是应急响应行动能够开展的前提。事件响应的所有动作都依赖于检测。如果没有准确的检测手段，就无法确定网络是否已经遭受到了侵害，相应的后续处置就无法展开。在应急响应处置流程中，检测最重要的目的就是判断是否发生了网络安全事件。

5.2.2 检测的实施

检测是一个长期、持续的过程，从一台设备首次接入网络，针对该设备的检测工作就已经开始了，互联网中的设备数以千万计，检测的自动化和智能化就显得尤为重要。我们必须明白，仅仅依靠人力的检测是完全无法实现的，安全事件的检测往往需要依靠自动化的系统和工具的支持。

安全检测可分为实时安全监控检测和安全扫描检测两大类，安全扫描检测又可细分为主机安全扫描检测和网络安全扫描检测。所有检测手段使用的最终目的是判断安全事件的发生。

1. 实时安全监控检测

实时安全监控检测主要是通过软件或硬件对网络上的流量进行实时检查，将网络中的数据流与入侵特征数据库的数据进行匹配，可以及时发现已存在或潜在的网络攻击行为并立刻作出响应。

入侵检测系统（IDS）就是一种跨接在网络上的实时安全监控检测技术。在计算机网络中，IDS根据网络流量、安全日志、外部信息、网络行为、审计数据等信息，判断网络及主机的运行状态，识别网络攻击行为并发出安全事件告警。IDS能够补充和完善防火墙等安全防护措施存在的技术缺陷，且由于其跨接方式不会在检测过程中影响网络性能，因此得到了快速推广。

随着网络攻击技术的不断提高和网络安全漏洞的不断发现，传统防火墙技术加上传统IDS的技术，已经无法应对一些新兴的安全威胁，在这种情况下，入侵防御系统（IPS）应运而生。IPS采用串接方式接入网络，可以深度感知并检测流经的数据流量，通过协议分析跟踪、特征匹配、流量统计分析、事件关联分析等手段，可发现隐藏于数据流量中的网络攻击，并根据攻击立即采取抵御措施。与IDS相比，IPS的串接方式势必会降低网络的性能，因此IPS必须酌情部署。

2. 安全扫描检测

（1）主机安全扫描检测。

主机安全扫描一方面是通过检测目标主机操作系统的配置情况，及时发现安全漏洞并给出建议和修补措施。另一方面，检测系统上执行的进程是否存在用户、管理员和系统功能的非授权行为，反常的系统性能表明入侵者可能正在使用系统，异常的进程表明可能已经有入侵发生了。

主机安全扫描检测可以采用检查系统警告、系统错误报告、系统性能统计信息，监视进程动作和行为、用户行为、是否存在网络探测器等方式，也可运行网络扫描工具、漏洞扫描工具主动扫描。

（2）网络安全扫描检测。

网络安全扫描检测是一种主动的检测行为，一方面可以通过扫描更新网络中存活资产的类型、数目等信息；另一方面可以检测网络中终端的合规性、漏洞、弱口令及资产的策略配置等状况。端口扫描和漏洞扫描技术是网络安全扫描检测的核心技术。

端口是为计算机传输信息数据而设计的，也是黑客利用作为入侵的通道，尤其是一些存在漏洞的高危端口成为恶意代码传播的“帮凶”。端口扫描技术就是通过向目标主机的特定端口发送探测数据包，而后分析主机的反馈信息了解目标主机的安全风险。

系统漏洞指的是与系统安全规则存在冲突的错误，漏洞扫描能够检测主机中潜在的漏洞，包括不正确的文件属性和权限设置、脆弱的用户口令、错误的网络服务配置、操作系统底层非授权的更改以及攻击者破坏系统的迹象等，及时发现漏洞并予以修补，就可以降低系统安全风险。

3．生成安全事件

无论是安全监控还是安全扫描，都只能在应急响应系统中扮演侦察兵与预警员的角色，无法独自完成对网络的保护。检测阶段的最终任务还是要将监控和扫描得到的恶意代码、系统漏洞、网络攻击等告警，根据相应的安全策略生成需要处置的安全事件。

当然，并不是所有的告警都有建立安全事件的必要性，例如一些常见的病毒和系统漏洞，用户可以根据主机上安装的安全软件提示，很容易地完成病毒清理和漏洞修复工作，这些往往不需要消耗应急响应人员宝贵的精力去处置。

值得注意的是，一些譬如病毒反复感染、病毒大规模传播、网络攻击、信息泄露、设施设备故障等对网络影响范围大、程度深的状况，需要建立相应的安全事件开展应急响应事件处置工作。

5.3 遏制阶段

5.3.1 遏制的目的

遏制是检测到安全事件发生后采取的短期行动，也是应急响应中开始掌握主动权、实施应急措施的第一阶段。遏制阶段的主要目标是及时采取有效措施，限制事件的影响范围，防止潜在的损失和风险扩散，避免造成更大的损失。例如在病毒传播爆发时，快速采取措施将病毒传播控制在尽可能小的范围内，是遏制阶段需要完成的行动。

5.3.2　遏制的实施

遏制是整个应急响应流程中最短的阶段，也是对反应速度要求最高的阶段，“短平快”是遏制阶段的核心特征，因为太多的安全事件可能会导致整个网络迅速失控。遏制无法消除安全事件的影响，但可以大大限制当前的局面变得更糟。

常用的遏制方法有以下五种：

1．关闭存在安全风险的系统

当检测到正在运行的系统存在病毒传播、网络攻击等网络安全风险时，及时关闭存在安全风险的系统可以防止系统继续受到侵害，也为进一步更详细地分析提供充足的时间。

关闭系统虽然完全隔绝了系统遭受安全风险的可能，但也完全中断了系统的服务。对于有些已被攻击者完全控制，需要强制关闭的系统，还可能会造成文件损坏、数据丢失，甚至有可能造成硬件损坏。因此在采取关闭系统的遏制方法时，必须先衡量中断服务造成的影响以及强制关闭系统存在的风险，再决定是否采取此遏制方法。

2．断开存在安全风险系统的网络连接

当网络安全事件发生时，断开存在安全风险系统的网络连接是最简单粗暴的办法，但却也是最便捷高效的办法。几乎所有网络安全事件威胁的扩散都要依赖计算机网络，一旦网络连接断开，就从根本上切断了网络威胁的传播途径，达到遏制的目的。

从终端用户角度来讲，断开终端的网络连接，是消除网络安全风险，保护自己的终端不再继续被侵害的可行手段；从网络安全管理者角度来讲，及时切断存在安全风险的局域网与主干网络之间的连接，是防止安全风险跨局域网传播的有效途径。但不可避免的是，断开网络连接必然会影响系统的正常服务。

3．停用异常账号、程序和服务

无论是关闭系统还是断开网络连接，都会造成系统服务中断、运行受限。对于需要长期在线的网站、数据库等服务器，医院、政府、银行等单位的办公系统，以上两种遏制措施都无法长时间使用，这就需要我们采取针对性的遏制方法。

停用异常账号、程序和服务是在终端系统上采取的有效遏制方法：停用异常账号是指删除系统的非正常账号和隐藏账号，并更改加强系统账号的口令安全强度，增加攻击者的入侵难度；停用异常程序是指禁用未被授权的、可疑的应用程序和进程，删除系统各用户“启动”目录下未被授权自启动的程序，确保系统进程安全；停用异常服务是指关闭存在的非法服务和不必要的服务，禁用存在入侵风险的服务，切断攻击者的入侵途径。

4．修改防火墙过滤规则

在检测过程中，如果能够发现网络攻击者、病毒传播源等安全风险的源头，那么就可以通过设置防火墙的过滤规则的方式，禁止系统与存在安全风险的IP地址、MAC地址、网

址、域名、应用程序等之间的相互访问，降低系统遭受安全风险的可能。

同时防火墙还可以通过分析报文的内容和行为特征，检测识别拒绝服务型、扫描窥探型、畸形报文型等多种类型的攻击性报文，并对攻击行为采取合理的防范措施，保护网络主机或者网络设备。

5．设置蜜罐系统收集攻击者信息

蜜罐系统就是针对网络攻击者的“钓鱼执法”系统，通过布置诱饵主机、网络服务或信息等作为“蜜罐”，引诱攻击者对诱饵发起进攻。在攻击者进攻时记录其攻击行为，收集其攻击方式和攻击工具，推测其攻击意图和动机。蜜罐系统一方面有助于防御者从攻击者的角度了解系统存在的安全风险和漏洞，认识系统面对的安全威胁，并通过技术和管理手段来增强实际系统的安全防护能力；另一方面，收集攻击者的信息，可以作为法律诉讼的关键证据，让攻击者接受法律的制裁。

5.4 根除阶段

5.4.1 根除的目的

在对安全事件进行遏制后，通过有关事件或行为的分析结果找出事件根源，并采取补救措施彻底解决问题，是根除的主要目的。根除是保证恢复后的系统不再遭受相同的安全威胁、确保应急响应行动行之有效的前提。通常这一阶段需要借助准备阶段预备的各种安全工具对系统进行彻底的排查和清理。

5.4.2 根除的实施

根除需找到安全事件根源并彻底清除，这往往需要采取持续的安全改进过程才能实现，根除过程中的每一步都至关重要，任何一点小小的纰漏都有可能造成新的安全事件。

根除需要从以下四个方面入手：

1．更改账户及口令

一旦系统被攻击者成功入侵，就意味着攻击者很可能已经获得了系统账户和口令的所有信息，这种情况下的系统对攻击者而言，就仿佛一间敞开大门的屋子，里面所有的数据信息一览无余。因此，根除首先要做的就是更改被攻击系统的账户及口令，使用包含大小写字母、数字和符号组合的高安全级别口令并定期更换，防止系统再次被攻击者成功入侵。

一种更糟糕的情况是，攻击者有可能已经访问了密码文件，或使用密码探测工具截获了用户在网络上传输的明文密码，这种情况下，用户还需要更改经常在被入侵系统上登录的应用软件、网页、邮箱等账号的口令。

2．清除恶意代码

恶意代码是指故意编制或设置的，对网络或系统会产生威胁或潜在威胁的计算机代码，常见的恶意代码有病毒、木马和蠕虫。恶意代码一般利用软件漏洞来传播，有时也会诱导用户在不经意时接收并执行恶意代码。

绝大部分的恶意代码都可以使用安全软件进行查杀，用户只需要在系统上安装免费的安全软件、及时更新病毒库、定期查杀病毒，基本就可以使系统免受恶意代码的影响。也有一些针对特定类型恶意代码的专杀工具，这就需要应急响应组织在准备阶段提前预备好，以备不时之需。

3．修补漏洞

漏洞是应用软件或操作系统软件在逻辑设计上的缺陷或错误，可以被攻击者利用传播恶意代码或控制整个系统，窃取系统中的重要资料和信息，甚至破坏系统。

应用软件和操作系统软件的漏洞都会在新发布的版本中进行改正和修复，及时更新软件和系统版本就是一种修复漏洞的方法，但新版本往往又会带来新的漏洞；另一种修复漏洞的方法就是在官方网站上下载漏洞更新文件，通过安装漏洞更新文件修补漏洞；对于普通用户来说，借助第三方安全软件对漏洞进行修复是最为便捷简单的方法。

4．增强系统的防护能力

增强系统的防护能力，是保护系统再次遭受安全威胁时不受影响的关键。首先，要检查所有防护措施的配置，安装最新的防火墙和杀毒软件，根据本次事件响应过程中得到的信息，调整这些保护机制的配置并及时更新，对未受保护或者保护力度不够的系统增加新的保护措施；其次，对系统进行功能裁剪，通过设置功能关闭一些无用的高危端口，禁用远程登录之类的非必要服务等；同时要根据此次事件中检测分析的结果，找到并消除所有入侵者获取访问的方式；最后，增加新检测机制，例如入侵检测系统和其他的入侵报告工具，确保这些机制使检测系统以后能检测并报告此类安全风险。

5.5 恢复阶段

5.5.1 恢复的目的

恢复就是将遭受安全事件影响的系统重置到经历安全事件影响之前的状态，受影响系统的恢复程度与受影响的大小有关，但完善的备份机制可以帮助系统恢复到无限接近于受影响之前的状态。

5.5.2 恢复的实施

恢复主要涉及数据、系统和网络三个层面的工作，当然也需要对恢复后的系统进行跟踪，确保其正常运行。

1．数据恢复

如果一个系统曾经被攻击者成功入侵过，那么谁也无法保证入侵者对系统的文件数据和应用程序数据做了哪些修改或删除，使用数据恢复工具恢复用户数据，检查受侵害系统上的所有恢复文件的时间，可以简单判断文件是否被攻击者更改。

更糟糕的莫过于感染勒索病毒，勒索病毒会导致计算机上的文件数据被加密锁定，在这种情况下如果你不愿接受勒索，备份的重要性就体现无疑。养成良好的备份习惯，对重要文件定期进行备份，是让你在勒索病毒中全身而退的办法。

2．系统恢复

对计算机系统进行恢复，受影响较小的系统只需要重新启动系统，检测系统能否正常运行即可。

若计算机的软件系统遭受到严重破坏，就需要重新安装操作系统和应用程序，并及时安装操作系统和应用程序的最新补丁程序，确保这些修改不会引入其他的缺陷或漏洞。重装系统成功后，需要对系统进行全面的安全加固，提高系统的安全系数。

高科技企业、银行、军队等一些机密环境的计算机，采用低级的全盘格式化后重装系统是最优的恢复方式，可以彻底消除安全事件预埋的隐患。

3．网络恢复

当经过系统恢复，确保受侵害系统已经消除所有入侵者的修改和恶意程序，并且确保所在网络中的安全威胁已经排除或者系统经过安全加固已经具备了应对此次安全风险的能力之后，就可以将断开网络连接的系统重新接入网络，恢复系统的正常使用。

若网络管理者曾切断存在安全风险的局域网与主干网络之间的连接，那么在确保局域网中的安全风险排除之后，也需要将局域网重新与主干网络连接，恢复局域网网络。

4．恢复后的跟踪

大病初愈的人往往在恢复之后还要经过几次复查才能确保身体健康，计算机网络也遵循一样的道理。受侵害系统恢复后的跟踪是十分必要的，当应急响应处置完成后，应对安全事件涉及的系统和终端进行持续跟踪监测，不同类型的安全事件，设置不同的跟踪周期，确认安全事件无反复，事件影响已经完全消除，系统、网络的运行恢复到正常状态。

5.6 总结阶段

5.6.1 总结的目的

总结是一次应急响应事件处置的最后阶段，同时也是不断提高应急响应能力最重要的一个环节。总结是为了对此次安全事件应急响应处置过程中的所有信息进行一次回顾，查缺补漏，从技术上、装备上、人员设置上、应急响应预案上不断强化对安全事件的处置能力。总结阶段的工作，对于准备阶段工作的开展起到了重要的支持作用。

5.6.2 总结的实施

总结的内核是反思，反思在本次安全事件处置过程中的优点与不足，反思在日后应对相似事件时如何处置会更好。

常用的总结方法如下：

1．撰写应急响应事件处置报告

应急响应事件处置报告是为此次安全事件处置画一个句号。撰写应急响应事件处置报告，回顾安全事件处置的全过程，整理与事件相关的各种信息，并尽可能把所有的信息记录到处置报告中。

报告中应总结安全事件发生的现象，分析安全事件发生的原因，评估系统的损害程度，估计安全事件造成的损失，总结采取的主要应对措施，提出针对相关用户的安全建议。将应急响应事件处置报告撰写完整并存档，既是对此次安全事件的一个了结，也为日后处置同类事件提供经验参考。

2．召开应急响应事件处置总结会议

安全事件应急响应处置工作完成后，应急响应人员在一起讨论此次事件处置过程中发生的所有情况是非常必要的，而不是形式主义。

在会议中，每个人都需要回答以下几个问题：发生了什么事？我们在哪些方面做得很好？我们在哪些方面可以做得更好？下一次面对同样的事件我们要做什么不同的事情？

3．调整应急响应处置流程

针对此次应急响应事件处置过程中存在的现象和问题，通过总结，提出更有利于应急响应处置的新的方法和思路，并根据其调整准备、检测、遏制、根除和恢复五个阶段的方法及任务，正向反馈完善应急响应处置流程，对不断提高应急响应处置能力是非常有意义的。

第 6 章　网络安全应急响应的实施体系

在网络安全应急响应体系中，网络安全应急响应实施体系是其最重要的一环，因此受到了学术界和业界的广泛关注。应急响应实施体系阐述了应急响应工作具体实现的人员体系、技术体系、实施方案的制定原则以及相关制度的制定。本章我们将对网络安全应急响应实施体系中的各个内容展开讨论和研究。

6.1　应急响应实施体系的研究背景与重要性

6.1.1　应急响应实施体系的研究背景

网络安全事件，是指由于网络关键基础设施、信息共享系统以及相关软件应用系统遭受攻击或破坏，而导致网络瘫痪或无法正常运行的事件。网络安全事件包括但不限于电信基础设施遭攻击、骨干网瘫痪、关键信息基础设施服务中断等。为了减少这一类事件带来的损失，网络安全应急响应体系应运而生。

在网络安全应急响应体系中，实施体系是其重要分支，是对实际网络环境下应急响应工作的支撑。实施体系更加关注实际的网络环境，阐述了如何在不同的网络环境中，实现以下三个目标：一是在事件发生前，及时发现潜在的网络风险并尽可能将风险扼杀在源头；二是在事件发生时，及时采取措施消除风险，避免关键网络软硬件设施遭受持续性破坏，进而在最短时间内恢复网络的正常运行；三是在事件处置结束后，对攻击进行取证。

6.1.2　应急响应实施体系的重要性

网络安全事件的发生是不可避免的，且一旦此类事件发生，将对个人、企业、政府甚至国家造成不同程度的负面影响。通常情况下，网络安全事件持续时间越长，造成的损失越大。因此，避免网络安全事件的发生，或者在事件发生后，在尽可能短的时间内将损失减少到最小至关重要。

虽然目前已经存在很多网络安全应急响应实施案例，然而相关实施方案存在操作性欠缺的问题，且方案有效性仍有待验证。存在这些问题的原因主要是因为当前应急响应的实施工作总是突击式的，没有很好地结合实际网络环境形成体系化的处置方法。因此，需要针对不同的网络环境，在对关键技术进行深入、系统研究的基础上，构建一套可靠有效的应急响应实施体系。

6.2　应急响应人员体系

应急响应人员体系主要由应急响应小组（团队）构成。应急响应小组可以是正式的、固定的，也可以随着网络安全事件的发生而临时组建。通常情况下，网络安全应急响应小组由网络安全业务主管部门、网络运维部门和安全保密部门共同组成（对于企业来说，可以由内部网络运维部门负责应急响应的组织工作，不必设置专门的应急响应岗位，但是负责人的职责一定要事先明确）。应急响应小组负责应急响应预案审定、组织实施、技术协调和技术支援，是全网应急响应体系的运行核心。本节从工作范畴、人员组成等方面阐述应急响应人员体系。

6.2.1　应急响应小组的主要工作及目标

应急响应小组的工作主要包括发现、接收、复查、响应各类安全事件报告和活动，并进行相应的协调、研究、分析、统计和处理工作，甚至还可提供安全、培训、入侵检测、渗透测试或程序开发等服务。应急响应小组的主要目标是要保障网络安全应急响应快速、有效。

在安全事件未发生时，应急响应小组应基于监测、预测等技术手段对网络安全状态进行监控。当安全事件出现时，应急响应小组能够及时发现并采取进一步的措施。在进行应急处置的过程中，应急小组根据处置原则对事件进行处置。在事件处置之后，小组成员应保留系统日志相关的网络风险事件记录，通过审计日志追溯网络安全事件发生的源头或原因。

6.2.2　人员组成

一般情况下，负责网络安全应急响应工作和网络信息安全保障工作的是同一组人员。网络安全应急响应小组人员可划分为内部人员和外部人员，企业网络安全应急响应人员组织体系如图6-1所示。

内部人员主要包括企业或政府机构内部组建的网络安全应急响应领导小组（决策中心）、应急响应办公室（简称应急办）、相关业务线或受影响的业务部门、各专项保障组以及技术专家组、咨询顾问组、市场公关组。而外部人员主要包括各相关监管部门、业务关联方、供应商（包括相关的设备供应商、软件供应商、系统集成商、服务提供商等）等。

此外，外部人员还应包括专业安全服务厂商。这是由于企业或机构通常缺少高级安全人才，在发生重大安全事件后，还需要考虑引入专业安全厂商的力量，因为专业安全厂商的安全专家应对高级别的网络黑客行为和网络攻击更富有经验，在处理工具与策略上会更具有优势。

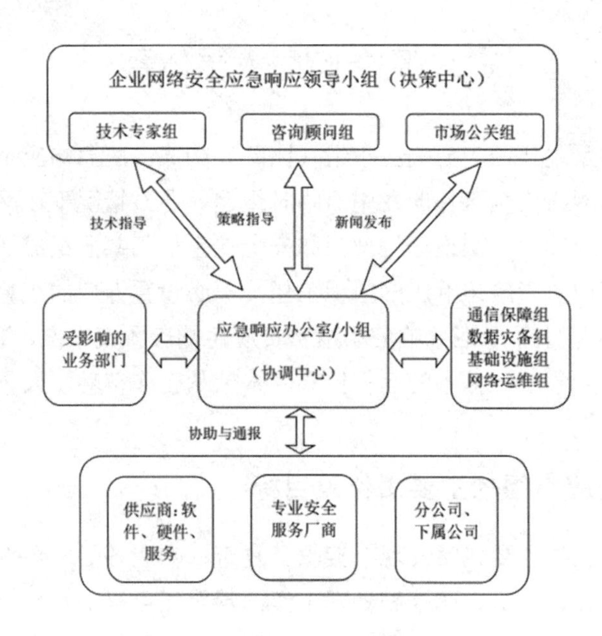

图 6-1　企业网络安全应急响应人员组织体系

6.2.3　职能划分

在具体职能上，网络安全应急响应领导小组对网络安全应急工作进行统一指挥及应急力量调配，其中技术专家组的任务是指导技术实施人员采取有效的技术措施，及时诊断网络安全事故、及时响应；咨询顾问组主要提供总体或者专项策略支持；市场公关组负责对外消息的发布，以及应急处置情况的公开沟通与回应。

应急办负责具体执行，例如，应急办应当负责各类上报信息的收集和整体态势的研判、信息的对外通报等。协调专业的第三方安全防护力量参与应急响应处置，为事件处置提供补丁支持、软件测试支持、漏洞检测支持等专业技术支撑。应急办是企业单位进行网络安全应急响应的核心部门，应配备足够能力的人员进行统筹协调工作，并具有一定的技术基础。

相关业务线或受影响的业务部门应当参与到应急响应处置的过程中，配合查明原因，迅速恢复业务。

各专项保障组在应急办的领导下，承担执行网络系统安全应急处置与保障工作。

应急响应组织是一个复杂的协作过程，一起安全事件的顺利处置，需要内部各个部门的共同努力、密切配合，以及外部力量的积极参与，方可获得一个比较满意的结果。

6.3　应急响应技术体系

应急响应实施的技术体系包括所有用于实现应急响应目标的技术手段。在本节中，我们将对应急响应事前、事中和事后不同阶段的关键技术进行简要探讨。

6.3.1　事前技术

应急响应事前技术指的是为了实现网络安全事件监测与预测的所有技术，它是应急响应技术体系中最重要的一环。应急响应的目的是尽可能减少安全事件对网络造成的危害。通过应急响应事前技术，能够及时发现网络风险并在风险影响扩散前及时规避风险。

目前，应急响应事前技术手段主要包括监测预警以及风险评估，它们均是为了在事前对安全事件发生的可能性进行监测和分析，以期及时发现网络威胁。

1．监测预警

监测预警，即对网络安全状态进行监测和分析，从而及时发现网络中存在的诸多安全隐患，进而实现威胁预警。监测的对象，即网络中可能出现的安全隐患，包括漏洞、病毒以及网络攻击行为。针对监测预警中的不同安全隐患，监测预警技术又可分为漏洞识别技术和病毒监控技术。

（1）漏洞识别技术。

漏洞是在硬件、软件、协议的具体实现或系统安全策略上存在的缺陷，从而可以使攻击者能够在未被授权的情况下访问或破坏系统。漏洞识别技术则是发现或扫描漏洞的一系列方法和工具的集合。对于企业或政府机构的关键业务系统而言，其容忍黑客攻击的程度往往较低。因此，对于这些业务系统，漏洞识别技术至关重要。通过及时发现可被利用的漏洞并进行修补，可以有效地阻止这些关键业务系统上入侵事件的发生。

表6-1列出了现有主流漏洞识别技术及相关软件工具。目前常用的漏洞识别技术主要包括手工测试、静态分析、模糊测试技术。下面分别介绍这三种常用的漏洞识别技术。

表6-1　现有主流漏洞识别技术及相关软件工具

技术手段	技术原理	软件工具
手工测试	测试者手工完成，实现简单	Telnet 指令、Web 弱口令登录
静态分析	分析程序源代码	Splint Bugscam
模糊测试技术	随机输入	Spike 和 Peach

手工测试是指测试者通过手工访问目标服务并与其进行交互，观察目标的响应，根据响应结果决定是否存在漏洞。手工测试的一个例子是使用Telnet会话的方式查看交换机的配置，观察是否存在漏洞。

静态分析是指通过分析程序源代码进而从代码中识别潜在漏洞的技术手段。其中，程序源代码包括高级语言代码（如C++、Python、JavaScript等）以及对目标二进制代码进行反汇编后得到的代码。在分析代码的过程中，通常根据是否存在异常语法、异常逻辑、异常上下文来判断是否存在潜在漏洞。

不同于静态分析，模糊测试技术不需要目标程序源代码，可用于识别网络协议、Web

应用程序、数据库编程协议、各种格式的文件等。模糊测试技术的核心思想是自动或半自动地生成随机数据输入到一个程序中，并监视程序的响应，如果响应产生错误，则可以判断程序存在漏洞。模糊测试技术中最重要的环节是设计随机数据的分布和格式，不同分布和格式的数据可能展现不同的模糊测试技术性能。

（2）病毒监控技术。

计算机病毒，是编制者在计算机程序中插入的破坏计算机功能或者数据的代码，能影响计算机使用、能自我复制的一组计算机指令或者程序代码。病毒的存在会对计算机网络安全造成重大的威胁，它不仅会降低系统运行速度，还会损坏计算机内的重要文件，阻塞网络带宽，严重影响网络的正常使用。破坏性强的病毒甚至威胁到国家、企业和个人的信息数据安全。因此，对于风险容忍能力较低的部分关键业务系统而言，利用病毒监控技术实时对网络中的潜在病毒进行发现及查杀具有重要的意义。

表6-2列出了现有主流病毒监控技术及相关软件工具。目前，病毒监控技术主要包括特征代码法、校验和法以及行为检测法。其中特征代码法的原理是，将目标代码与已知病毒的特征代码进行相似性比较。当相似度大于某个值时，则可以认为目标文件带有病毒。特征代码法需要定期维护和更新病毒库，存放已找到的病毒样本。校验和法是通过比较目标数据当前的校验和与最初计算的校验和，通过比较两个值是否一致来判断是否存在篡改类病毒。行为检测法利用了病毒行为区别于正常进程行为的特点。通过对病毒行为进行长期检测，总结出流行的病毒行为特征分为三种，即抢占主引导扇区、篡改系统内存总量、篡改COM和EXE等格式的文件。

表 6-2　现有主流病毒监控技术及相关软件工具

技术手段	技术原理	软件工具
特征代码法	病毒代码特征	VDS（Virus Detection System，网络病毒监控系统）
校验和法	文件数据校验和	
行为检测法	病毒行为特征	

2．风险评估

风险评估基于监测预警的结果，它是对潜在安全隐患发展成网络安全事件可能性的预测和其所产生的后果评估。换句话说，风险评估就是要对监测到的潜在风险进行评估并做出全面的评价，以便应急响应领导对当前面临的潜在网络风险有一个正确的认识，做出合理的部署与决策。

风险评估是实施风险管理程序所开展的一项基础性工作。风险管理的目的是通过合理的步骤，以防止所有对网络安全构成威胁的事件发生。为了实现高效的网络风险分析，应从网络环境搭建开始就明确安全事件的风险等级。这样当监测到潜在风险后，可以立即得出该潜在风险演变成事件的可能性和造成的破坏力，有利于实现高效的风险管理（对高优先级的事件重点关注、定期监测）。

目前，风险评估方法可分为基于大数据的方法和基于模糊层次分析的方法。

基于大数据的方法通过采用大数据算法对历史数据进行多维分析，能够直观、迅速地对风险事件进行综合性评估。

基于模糊层次分析的方法，首先通过主观经验人为地对某个风险事件中的因素按重要程度进行分层和量化。随后，该方法根据每一层的重要程度为不同层分配权重，并将不同层的量化值根据权重值进行融合，完成对该事件的评估。

6.3.2 事中技术

应急响应的事中技术，是网络风险发生时所采取的一系列消除风险的手段。网络风险是不可避免的，在风险发生后应及时采取措施，以便将损失降到最小。应急响应的事中技术主要包括安全事件管理技术和日志分析技术，本节将对其进行简单的分析讨论。

1. 安全事件管理

安全事件管理是指在安全事件发生后，对安全事件进行处置的一系列规范化操作，包括统一采集、跟踪处理、关联分析、集中存储等。通过对网络中的安全事件处置的规范化管理，以达到科学获取安全事件、识别安全威胁、协助处置策略制定、督促应急响应的目的。

在实际的网络环境中，安全事件的种类繁多，如黑客入侵、信息窃取、拒绝服务攻击、网络流量异常等。往往不同的事件具有不同的处置细节和步骤。因此，为了高效地对安全事件进行处置，安全事件的管理至关重要。

对于一个完善的安全事件管理系统而言，其应具备数据分析技术。数据分析技术基于分析算法，进而映射出主机脆弱性，或者根据事件库的安全事件重构整个攻击场景，降低误报率。此外，安全管理系统应具有流程化的前端Web界面，支持事件受理、事件管理（浏览、查询、统计等）、事件报告、事件跟踪、方案建议、事件审核。目前相关的安全事件管理产品主要有应急管理信息平台、应急指挥中心分布式综合管理平台等。

2. 日志分析

日志消息，是指在特定的操作下引发系统、设备、软件生成的记录的集合。日志大致可分为终端设备日志、网络设备日志，而设备日志又可细分为应用系统日志、安全日志。其中，应用系统日志，主要指进程中含有的异常信息、异常代码等。安全日志，是由设备中各种与安全相关的软硬件模块产生的日志，如防火墙日志和IDS日志等。而网络设备日志还包括服务器日志，它主要记录了服务器接收的请求信息以及反馈的响应信息等各种交互信息。通过采用日志分析算法对日志进行在线或离线分析，能够发现和定位恶意攻击行为。

随着日志数据的海量式增长，融合先进日志分析算法的自主日志分析检测系统应运而生。经典的日志分析算法主要有基于经验特征的算法和基于正则匹配的算法。然而，这两种算法都需要大量的先验知识，因此难以应对未知攻击，导致较高的漏报概率。目前，日志检测平台主要有ELK日志分析平台，它能够实现网络日志收集、统计、共享等互联网数据处理的功能。此外，还有许多开源日志分析工具，诸如Graylog、Nagios、Elastic Stack、

LOGalyze、Fluentd等。

6.3.3 事后技术

应急响应的事后技术，是网络风险控制到一定程度时所采取的一系列对风险溯源、取证等手段。攻击者在入侵之后都会想方设法抹去攻击记录以逃脱法律制裁，而应急响应事后技术的主要目的就是找到攻击者的电子证据。因此，应急响应的事后技术同样至关重要。应急响应的事后技术主要包括计算机取证技术，本节将对其进行简单的分析讨论。

计算机无论作为攻击目标还是攻击者的工具，都会留下大量与攻击有关的数据。计算机取证就是在相关计算机上对攻击数据进行获取、保存、分析和出示的过程。当前的计算机取证技术，主要包括物理证据获取阶段和信息发现阶段。

物理证据获取是计算机取证技术的基础，是指调查人员来到安全事件现场，寻找并扣留相关的计算机硬件。物理证据获取的目的是保证原始攻击数据不受非专业人士的损坏。信息发现基于物理证据获取，它是指从原始机器数据（如文件、日志等）中寻找可以证明攻击的证据。值得一提的是，信息发现所需的原始数据必须是物理证据的直接或间接拷贝。在信息发现阶段，需要调查人员熟悉关键字查询、文件特征分析、残留数据分析、网络嗅探、海量数据处理、数据挖掘、入侵检测、数据恢复等技术。

目前，市面上存在众多计算机取证软件，诸如TCT、EnCase、Tcpdump、Argus、NFR、TCP Wrapper、Sniffers、Honeypot、Tripwires、Network Monitor等。具体使用何种工具完成计算机取证的主要工作，取决于与攻击相关的计算机的系统、软件、攻击者行为等。

6.4 应急响应实施原则

应急处置是在网络安全事件发生后所采取的一系列应对措施和行动，是及时响应网络安全事件的必要手段。一旦监测发现网络发生终端违规外联、设备外联、病毒感染、木马植入等风险事件发生，必须及时组织安全事件处置小组对监测预警进行响应和处置，对高危行为进行阻断，保护网络内部信息和数据的安全。

为了实现高效的应急处置，需要事前遵循相关指导性原则制定应急响应实施方案。应急响应实施方案应详细制定适合当下网络场景的人员力量调配策略、事前风险预防技术和策略、事中风险处置技术和策略以及事后风险溯源技术和策略。在事前，往往会制定多套应急响应实施方案，而实施方案的指导性原则则是从多种方案中选出最优方案的重要参考依据。一旦在对安全应急响应实施方案进行设计和选择的过程中，没有遵循相应的指导性原则，就会使得最终响应方案缺乏必要的参考依据，无法保证方案的高效性。应急响应实施需要遵循可行性原则、信息共享原则、动态性原则、可审核性原则等基本原则。其中，后三个原则能够促进可行性原则的实现，同时可行性原则也贯穿在其他三个原则当中，如图6-2所示。

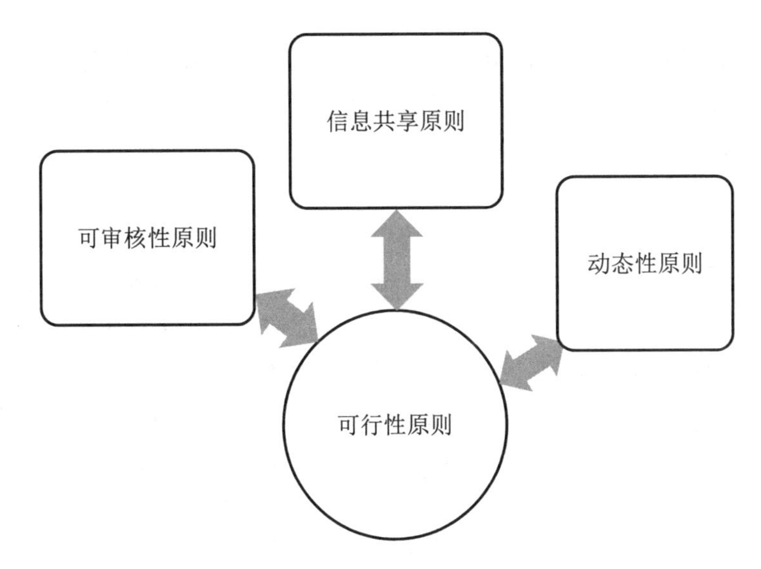

图 6-2　不同原则之间的关系

6.4.1　可行性原则

在制定了多套备选应急响应方案以后，通过对方案的可行性进行分析以判断方案是否合理。可行性原则旨在判断所制定的方案是否能在实际网络环境中发挥作用以及发挥多少作用。如果发现应急响应实施方案缺乏现实可行性，则需要重新进行设计。根据以往的应急响应案例，在对应急响应实施方案的可行性进行评估时，应考虑以下两个方面。

一是考虑方案的经济性。应急响应实施方案的经济性指的是为了完成应急响应任务所要投入的经济成本。对于同样的网络保障目标，一个优秀的方案应尽可能减少经济开销。

二是考虑方案的有效性。策划方案的有效性是指方案能否通过合理利用人力、物力、财力实现预期或超出预期的网络保障目标。应急响应方案与预期网络保障目标的关系具体来讲应该如下：方案应既能够符合当前业务状态的实际需求，也能够对其之后的发展情况进行一定程度的预测，防患风险于未然。为了实现应急响应方案的有效性，在设计的过程中要进行全方面的设计，要做到统筹兼顾，综合防范，整体联动，既对管理方面进行完善，也要对技术方面进行提升，避免出现“木桶效应”，使应急响应方案在应用时顺畅高效。

6.4.2　信息共享原则

在整个安全应急响应方案的设计过程中，应考虑到信息共享的重要性。在应急响应过程中，所需共享的信息包括告警事件、事件处理情况、人员情况、物资情况、任务分配情况等。只有在应急响应过程中，实现对关键信息的共享才能够确保在发生安全问题之后，快速地进行反应和预警，减小安全事件发生带来的不良后果。

在实施方案中考虑信息共享原则时，首先要注重信息共享的性能，如数据包传输时延、网络吞吐量等。为了实现信息共享的性能，需要设计或选取合适的网络协议。其次，要保证用于应急响应信息共享的通信成本不能太高，且不能影响正常的网络业务。最后，要注意对信息共享的对象和内容进行区分，针对不同的内容设置不同的权限并划分相应的等级，避免因为信息共享数量的庞大，而无法及时有效地发现其中所隐藏的重要信息。

6.4.3 动态性原则

安全应急响应方案在设计时还应注重动态性原则。实施方案的动态性原则是指实施方案应具备一定的灵活性，使其能够根据实时网络环境的变化不断进行更新和优化。在网络世界中，安全事件具有较强的复杂性。即使一开始对响应体系进行了较为完善的设置和建立，也无法达到全面预防的效果，有可能出现偏差的情况。此外，网络安全问题也是在不断发展和前进的，所以对于安全应急响应方案实施动态性设计的原则便显得尤为必要，要不断地对信息安全策略进行更新和完善，贯彻安全生命周期的核心思想和理念，推动安全应急响应体系能够紧随安全问题出现的脚步，甚至超过安全问题出现的速度。

为了实现应急响应方案的灵活性，首先应全面梳理可能发生的网络安全事件。通过参考国内外安全事件案例、各大安全类期刊文献，应急响应团队除了要掌握经典的安全事件，还需掌握新型安全事件类型。其次，针对应急响应的不同阶段和不同环节，实施方案应根据梳理的网络安全事件类型，设计多套应对策略。

6.4.4 可审核性原则

应急响应方案应该具备被审核的功能，即能够对组织内部各个部分的应急响应方案进行检查和评定，并根据考察结果给予一定的评价。通过这种方式，可以促进应急响应方案的自主优化和完善。

为了实现应急响应方案的可审核性原则，首先必须具备清晰的、科学的文档描述。实施方案的规范化描述不仅有利于实现其可审核性，还能够使得安全响应方案得到充分的落实和应用。此外，应急响应团队应建立统一的审核量化标准，包括对人员、策略的量化。可以在安全事件发生前，模拟应急响应过程。在模拟的过程中，根据相关人员是否遵循安全应急响应实施方案进行监督和审查，实现对团队人员的量化。此外，根据应急响应模拟的结果（如网络被破坏的程度），来对方案中的各个策略进行量化考核。

6.5 应急响应实施制度

为了在实际的网络环境中，切实落实应急响应实施体系，需要制定相关制度规范实施体系中的工具操作和工作流程。合理的制度能够最大化实施体系各项工作对网络风险的预防和控制能力。本节主要对应急响应实施制度进行简单的介绍。

6.5.1 实施制度总则

应急响应实施制度应遵循统一指挥、各司其职、整体作战的总则。首先，统一指挥是指在具体网络环境实施应急响应工作时，各专项保障组应严格落实应急响应领导小组所作出的决策和指令。只有落实统一指挥制度，各专项保障组才能在实施工作进程中保持高度配合协调一致状态。

其次，各司其职决定了各专项保障组首先要做好本组的本职工作。术业有专攻，不同专项保障组人员所拥有的经验和技能是不同的。因此，需要规范化不同保障组的工作内容，使其人员在实施应急响应工作中发挥最大优势。

最后，整体作战要求各专项保障组之间、专项组与应急响应领导之间要进行协调沟通。保障组之间要制定合理的协作制度，提高应急响应工作处置的效率。同时，制定保障组与应急响应领导小组之间的上传下达制度，使应急响应领导能实时根据不同的场景做出正确的决策。

6.5.2　日常风险防范制度

日常风险防范制度描述了未发生网络事件时，对网络进行监测的周期以及监测到潜在的安全隐患后的处置机制。如果日常风险的防范工作流程不规范、没有强制性、因人而异，将会导致无法及时发现潜在的安全隐患，从而进一步演变成安全事件，所以必须将一些合理、科学的做法形成人人必须执行的制度，才能做好日常风险防范工作。

一个合格的日常风险防范制度应该包括以下三个方面：

（1）组织网络安全人员，负责对网内运行状态进行监测，并根据网络安全情况及时发布预警信息。加强对各类网络与信息安全突发事件和可能引起安全事件的威胁信息进行收集、分析、判断和持续监测。

（2）由网络安全人员定期对单位网络进行安全评估，发现并修复网络安全漏洞，对网络和主机配置的合规性进行检查，及时制止违规行为。

（3）当潜在威胁程度升级后，及时将监测情况向网络安全主管部门报告。

6.5.3　定期演训制度

应急响应团队应按照应急响应体系中的工作定期进行模拟演练，并在演练前后对人员的技能进行考核，观察总体演练效果。在模拟演练过程中，通过不断发现问题并反馈给应急响应团队的所有人员，可以在新一轮的模拟演练中通过培训人员技能、修改实施方案等避免出现同样的问题。因此，定期模拟演练能够提高应急响应团队在实际网络环境中的应急响应能力，同时有利于能级管理和增强团队凝聚力，促进应急响应实施体系向贴近实际的方向不断优化。

6.5.4　定期会议交流制度

不同企业或政府机构的应急响应团队应定期进行会议交流，对各团队已处理过的事件案例中所采用的技术、总结的经验以及教训进行交流。往往不同企业的网络环境以及所采用的技术手段各有差异，通过吸取其他团队实施体系中先进的理念和技术、总结其他团队实施案例中的经验教训，能够促进国内应急响应团队向更好的方向发展。

另外，一支应急响应团队内部也要定期组织会议交流，对以往的应急响应处置工作中有益的经验进行推广，对一些教训也进行提醒，对一些新的应急响应技术进行培训交流，对应急响应方案进行查漏补缺，根据人员变动情况对应急响应人员进行调整和加强。

第 7 章　重大活动网络安全保障

重大活动的成功举办，能够提升政府乃至国家的形象，同时能够促进国家经济发展、人才以及文化的交流。随着信息技术的飞速发展，重大活动的举办方式也发生了深刻的变革，网络与信息系统成为当下重大活动有效开展的重要基石。保障活动开展期间网络与信息系统的安全可控运行，对重大活动的成功举办发挥着至关重要的作用。

7.1　重大活动网络安全保障的研究背景与其独特性

7.1.1　研究背景

重大活动是政府组织的具有重大影响力和特定规模的政治、经济、科技、文化、体育等活动[6]。按照影响程度，重大活动可划分为具有国际影响力的重大活动以及具有国内影响力的重大活动。例如，国庆庆典、重大国务活动、外交活动、重大赛事等都是具有国际影响力的重大活动。

信息技术的飞速发展使得重大活动的实现方式发生了深刻的变革。当下重大活动的开展离不开网络和信息系统。重大活动中的网络和信息系统，指的是在重大活动承办期间，为支撑活动有效开展而专门设计建设的，用于信息实时交互、处理、共享、分发的网络软硬件平台。其中硬件平台包括网络基础设施（如基站、路由器、交换机、网络节点以及连接网络中节点的线路等），而软件平台包括承载在这些基础设施之上的相关网站应用（如活动官方网站）、业务应用（如网络化办公系统、视频会议等）、服务应用（如活动票务系统）、管理应用（如监管系统、指挥调度业务等）。

重大活动网络安全保障（本章简称为重保[7]），即确保重大活动开展期间相关网络和信息系统的正常运行，尽可能规避或者消除活动期间网络信息系统的安全风险（网络风险），保证活动组织者、活动参与者、活动其他人员（如媒体记者等）正常参与活动，确保重大活动顺利举办。

网络信息系统在当下重大活动中扮演着至关重要的作用。网络信息系统瘫痪将使得重大活动无法有效开展。鉴于重大活动影响面广的特点，活动无法有效开展损害的不只是个人、主办方的利益，更关系到国家的国际影响力和政府的社会影响力。因此，重保在重大活动中扮演着重要的角色。

7.1.2　重保的独特性

与传统的网络信息系统（如企业内网或者城市骨干网）相比，重大活动中的网络信息系统具有独一无二的特点。因此，不同于传统的网络安全保障，重保具有独特的挑战性，体现在以下四个方面：

一是重大活动网络基础设施具有临时搭建、动态部署、厂商多样化（重大活动中的网络信息系统会采用多来源的硬件网络设施和软件信息系统）的特点，这使得所有保障人员无法保证对所有网络设施的熟练度。当网络风险出现时，传统的基于固定基础设施的网络保障体系将导致规避和消除风险需要更长的时间，增加了重大活动网络信息系统瘫痪的概率。

二是重大活动中的保障人员具有临时调配的特点。而传统的网络保障体系没有重点考虑该特点，这为短期内实现人员的有效组织、人员之间的沟通协调带来了巨大的挑战。

三是大部分重大活动通过采用新技术或网络信息设备来提高活动影响力。但是，许多新的技术或设备未经充分证实或未被活动保障人员充分掌握，增加了网络风险发生的概率，降低了保障人员对风险的掌控能力。

四是鉴于重大活动影响力大的特点，与传统的网络信息系统相比，它在安全性和稳定性等方面有着更高的要求。

因此，研究重大活动中的网络安全保障具有重大的意义。需要基于传统的网络保障体系，针对重大活动独有的特点，专门为重保设计一套体系和方案。目前，业内针对重保课题，往往采用突击式、经验式的工作模式，缺少统一、标准的重保体系。把经验式的工作模式转化为规范化的工作模式，是亟待解决的问题。本章结合历史重保案例，从理论上系统地阐述了重保工作，以期推动重保体系的进一步建设。

7.2 重保体系建设的基础

明确重保对象、确立重保目标、梳理重保资产清单，是高效完成重保工作的前提，也是重保体系化建设的基础。一个优秀的重保团队应能在重保工作实施前，使所有保障人员对此次重保对象有清晰的了解。同时，重保团队需要确立此次重保工作的最终目标，并基于该目标梳理需要用到的重保资产清单。

7.2.1 明确重保对象

重大活动网络安全保障的对象，即活动开展所需网络信息系统中所涉及的所有软硬件平台设施。

硬件设施：硬件设施是保证重大活动网络信息系统通畅的基础设施。通常情况下，重大活动的网络拓扑结构如图7-1所示。

从图7-1可以看出，重保的对象，即重大活动网络信息系统中的基础设施，主要包括：

- 活动会场设备：用于支撑活动各项服务的网络信息设备，如打印机、活动显示设备（投影仪、网络电视）、网络电话等。

- 活动外网基础设施：重大活动中实现与外界共享和实时通信的硬件设备，如连接到互联网的网关和无线接入节点。

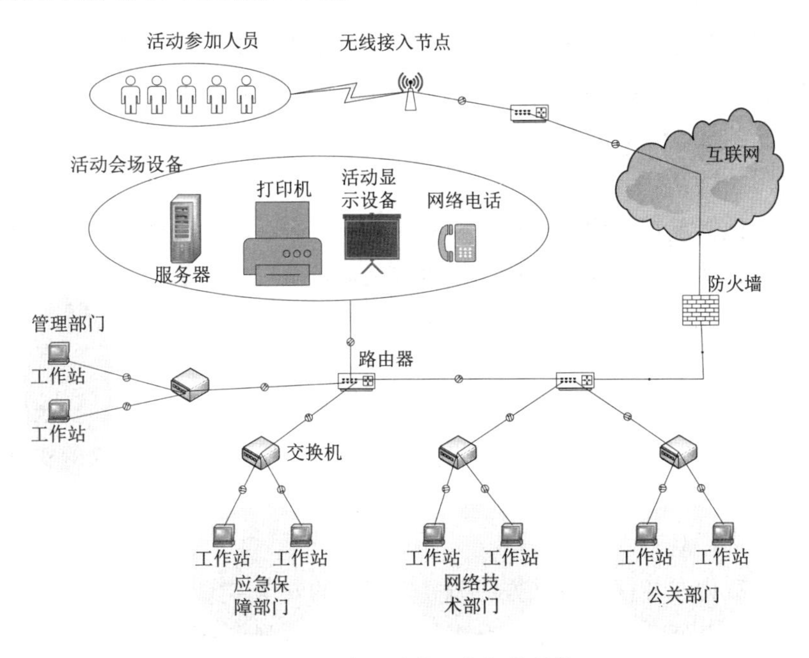

图 7-1　重大活动的网络拓扑结构

- 活动内网基础设施：重大活动中实现内部网络信息交互的硬件设备，如内网主机、内部工作站、内部服务器、路由器、交换机等[7]。
- 活动软件应用平台：重大活动中的软件应用平台包括保障类应用系统，如指挥调度系统、资产管理系统、病毒漏洞告警系统等，还有非保障类应用系统，如活动官网、活动查询系统等。

7.2.2　确立重保目标

重保目标是保障通信网络系统在重大活动期间的正常运行，最大限度减小网络风险发生的概率，降低网络风险对重保对象造成的影响。具体来说，重保目标包含以下两个方面：

一是最大限度减小网络风险发生的概率。网络风险是一个概率性事件，重保就是减小这种事件发生的概率，即尽可能规避网络风险。重保最重要的工作，就是风险的防范，应最大限度地在其变为问题或事故之前将其划界。

二是最大限度降低网络风险后果。当网络风险无法规避时，重保的工作就是风险的控制。重保团队应在尽可能短的时间内，最大限度降低网络风险对重保对象造成的不良后果。

7.2.3　梳理重保资产清单

重保团队应基于重保对象和重保目标，梳理可用的重保资产清单。重保资产主要包括人力保障资源和技术保障资源，它需要大量人员的投入，以及强大的技术平台作为支撑。

1. 人力保障资源

（1）硬件维护团队。

硬件维护团队需要在重保工作的不同阶段，对重大活动网络的基础设施开展安全检查和定期维护，保障网络信息系统物理上的安全。该团队需由安全技术过硬、检查经验丰富的专业安全人员组成。

（2）软件维护团队。

软件维护团队需要在重保工作的不同阶段，对重大活动中的软件应用系统开展安全检查和后期维护。该团队需由前端、后端技术过硬，以及对操作系统和数据库使用经验丰富的专业技术人员组成。

（3）网络安全团队。

网络安全团队属于重保服务团队的技术支撑力量，包括安全评估、安全监测和安全应急等技术人员。借助软件应用平台，网络安全团队可以实现对网络风险的实时告警、应急响应等工作。

（4）技术专家团队。

技术专家团队由在各行业或某方面研究较深入的安全专家组成，主要负责活动开展前网络风险的预测以及活动期间网络安全事件的分析和研判，为重保领导小组提供决策支持。

2. 技术保障资源

重保工作具有对象基数大、种类多、人员投入有限、时间要求高、安全威胁多样化的特点，仅仅依靠人力难以胜任，因此需要通过专业的安全设备或者安全检测平台，才能完成大量的重保工作。

（1）网络资产探测平台。

重保活动网络资产多样化的特点为活动的开展提供了极大便利，同时也对其自身的安全管理提出了挑战。网络资产探测是指追踪、掌握网络资产情况的过程，通常包括主机发现、操作系统识别、端口识别、服务进程识别等。准确、全面地进行网络资产探测是实现网络资产有效管理的前提，也是进行重保期间威胁分析的基础。一方面，通过网络资产探测可以发现旧版本的安全软件；另一方面，资产探测还可以发现非法资产，为及时分析、处理、最大限度地降低安全问题提供便利。当前网络资产探测主要有三种新型网络资产探测方法，即主动、被动和基于搜索引擎的方法[8]。

（2）网络威胁检测平台。

网络威胁检测平台，即发现网络中威胁（如黑客攻击、漏洞、病毒、网页篡改、网页挂马等）的系统。目前，网络威胁检测平台主要利用了三种方法，即沙箱检测技术、异常威胁检测技术、全流量审计技术和攻击溯源技术[9]。通过网络威胁检测平台，能够提前洞悉各类网络威胁，及时发现并消除风险。

（3）网络与信息安全管理平台。

安全保障平台能够大幅度提高重大活动保障期间安全管理的工作效率，降低组织管理成本和人员成本，同时提高了人员整体的协同能力，节约了大量的人力、物力、财力。如在新中国成立70周年庆典活动网络安全保障中，引入了网络与信息安全管理平台[10]。该管理平台可以面向决策层、管理层、执行层，具有可视化操作能力，简单明了地了解当前保障工作进展、责任单位和责任人，也可执行对保障各个阶段、各项工作的统筹控制。

7.3　重保体系设计

本节用图7-2的立体图来描述重保的工作框架。在图7-2中，重保工作从体系结构上划分为管理体系、组织体系、技术体系、运维体系。而从时间线上，该框架将重保工作划分为四个阶段，即备战阶段、临战阶段、实战阶段和决战阶段。最后，从核心工作（防范和控制风险）的角度出发，重保工作又可划分为风险识别、风险评估、风险应对计划、风险监控与调整四个方面。本节首先从该框架的体系结构出发，介绍重保工作的体系结构。

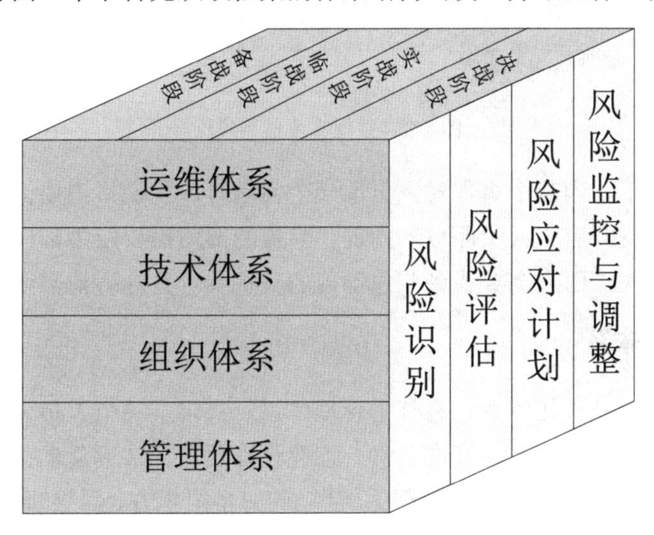

图 7-2　重保的工作框架

7.3.1　管理体系

管理体系描述了一个项目中资源与人员一一映射的关系[10,11]。重保管理体系，应该针对重保对象多样化、动态部署的特点，采用分级管理的思想。一个可行的重保管理体系设计如图7-3所示，其资源与人员关系为：

各类安全保障人力资源应按职能和技术领域划分为不同的人员分支，如划分为监测人员、评估人员、应急人员等；

该体系要为各个人员分支配备相应的负责人，管理和调配该分支的人员；

该体系要为不同的安全保障分支划分重保对象和可用重保资源。例如，网络威胁检测平台主要用于网络监测人员来保障重大活动网络信息系统中的软件应用平台。其中，网络威胁检测平台是划分给网络监测人员的重保资源，而该人员分支的重保对象即重大活动计算机系统的漏洞和病毒等风险。

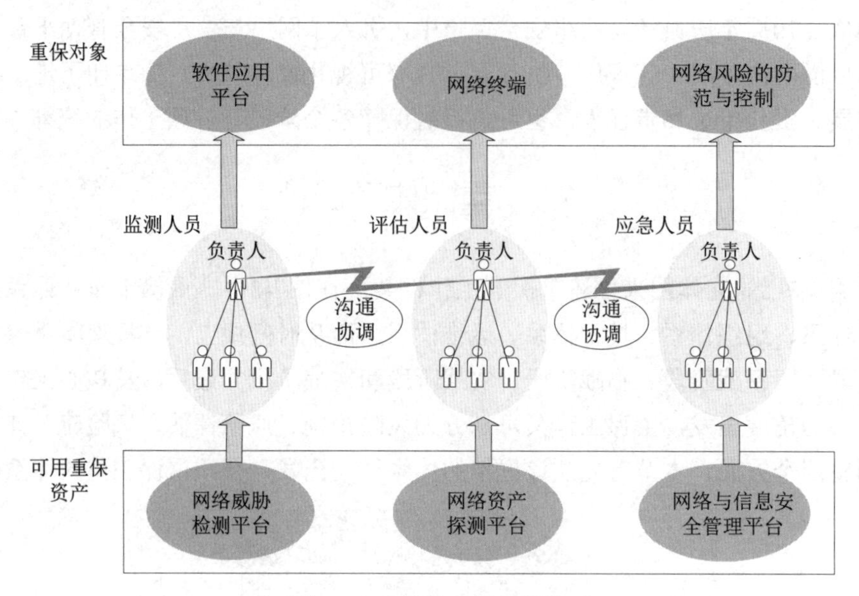

图 7-3　重保管理体系设计

在该管理体系下，当某个重保对象出现一个问题时，我们不需要像大海捞针一样盲目寻找，而只需要寻找对应的人员即可。同理，当监测部门需要应急部门协助时，不需要去找应急部门的每个人，而只需要找到应急部门的负责人，并告诉他需要协助的内容即可。

7.3.2　组织体系

组织体系同时也是责任体系，它基于管理体系，决定了各个人员分支的保障效率。首先，重保组织体系应依据“谁主管谁负责、谁建设谁负责、谁运营谁负责”的原则，落实每个相关部门和人员的网络安全保障责任。活动的筹备组织方、网络和信息系统的承建方、运维方、网络产品和服务提供方、基础设施提供方，安全保障人员需要明确自身的角色和职责，在需要的时候为保障团队提供有力的支持。其次，重保组织体系应设计合理的制度，最大化每个保障部门的工作效率，如规定人员到岗时间、调节人员中的文化氛围等。

7.3.3　技术体系

技术体系是指用于保障重大活动相关信息基础设施和业务应用系统的信息安全防护系统。技术体系应结合技术保障资源和终端网络安全基线策略，即总体网络保障技术和个体安全保障技术的结合。技术保障资源主要包括网络安全保障应用平台，而从重大活动网络安全保障的实践来看，个体安全保障技术包括安全边界防护、安全策略配置、日志安全审计、系统灾备等技术体系的关键点。

7.3.4　运维体系

应建立统一的信息安全运维体系，并成为重大活动网络和信息系统运行体系的有机组成部分。重保运维体系应建立在完善的管理体系、组织体系和技术体系上，并充分利用技术人员力量。一方面，组织和管理运维经验丰富的人员，利用技术体系定期对重大活动中的网络设施和软件应用平台进行运行和维护。另一方面，需要预先建立应急预案，提前对可能发生的告警事件提出解决方案。

7.4　重保核心工作

网络风险，是影响重大活动预期结果的一种概率性事件，而重保的核心工作是风险管理。传统的风险管理往往属于事后处理型，即在风险事件出现之后通过采取一些控制措施，来降低风险对系统造成的损失。重保项目需要在重保工作实施前就要制定充分的风险管理计划、预先对风险进行识别与评价、建立风险应对计划并在项目实施过程中进行全程监控。因此重保的风险管理更强调风险的防范与控制。

风险的防范和控制离不开完善的重保体系。合理的管理体系和组织体系，通过让不同部门防范和控制不同的风险，将网络风险化繁为简。而完善的技术体系又是风险防范与控制的基础与支撑。运维体系贯穿于重大活动风险防范和控制的整个过程中。同时，风险的防范与控制应贯穿于整个重保的不同时间阶段。本节就如何实现风险防范与控制从风险识别、风险评估、风险应对计划和风险的监控与调整进行阐述。

7.4.1　风险识别

风险识别，应贯穿于重大活动的事前、事中两个阶段，如图7-4所示。在事前，应针对重保对象梳理与预测出可能出现的风险。在事中，应能够提前根据网络上的异常现象及时发现风险出现的痕迹，在风险出现之前对其进行防范。重大活动的风险识别的工作方法主要包括以下四类：

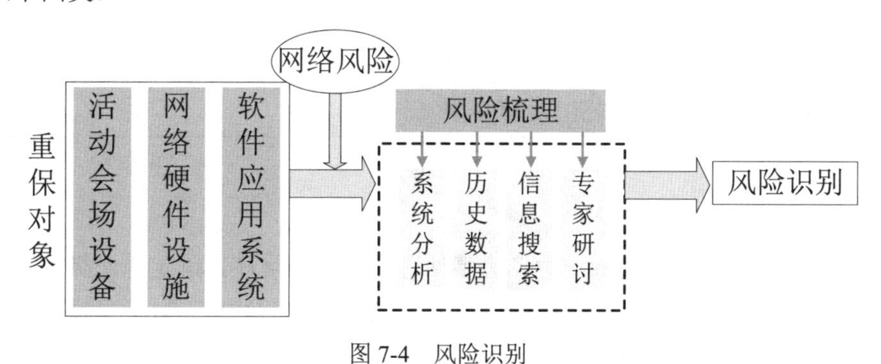

图7-4　风险识别

1. 系统分析

从OSI（Open System Interconnection，开放式系统互联）的七层模型出发，梳理出物理层、网络层、传输层等各层级的安全风险。

2. 历史数据

根据政务网络发生的历史安全事件总结安全风险，如设备故障、病毒爆发等。

3. 信息搜索

从国内外相关资料获取到尽可能全的信息技术面临的风险，此部分是系统分析的有效补充，也是识别风险的主要手段。

4. 专家研讨

通过和从事网络管理、信息安全的专家广泛沟通、交流，获取多方面的经验。

根据历史重保案例，重大活动中的网络风险主要包括三大类：物理及安全故障类风险、网络与系统安全风险和运维及应急管理风险。表7-1详细描述了重保活动中可能出现的网络风险。

表 7-1　网络风险分类及应对计划

风险分类	风险事件	风险应对计划
物理及安全故障类风险	汇聚节点故障（单节点失效）	双活部署，如青岛气象局为 2018 年上海合作组织成员国元首理事会提供气象保障，采用两台核心交换机[11]
	接入节点故障	
	会场服务终端故障	
网络与系统安全风险	黑客攻击，如 DDoS	1. 网络威胁检测平台 2. 开启安全防火墙策略 3. IPS 防御技术 4. 安装防病毒软件 5. 加密技术
	病毒	
	间谍软件	
	Botnet	
运维及应急管理风险	应急维修设备故障：应急维修设备的维护管理不当，造成应急维修工作无法得到保障的风险	加强管理和组织体系
	系统内部人员风险：系统内部人员造成的信息泄露、误操作、恶意破坏、非法访问、非授权网络接入等风险	

7.4.2 风险评估

风险评估，即采用一定的标准对风险事件进行优先级排序，确定优先级较高的几种风险。风险评估的标准应基于风险发生的可能性和风险造成的结果。对优先级较高的几种风险事件应重点关注、定期监测。

7.4.3 风险应对计划

确定防范风险或控制风险的处理方案，即为风险应对计划的主要内容。一方面，风险应对计划需要制定规避方案，实现对风险的提前防范，将风险发生的概率降到最低。表7-1列出了针对不同风险的应对计划。

另一方面，当风险发生之后，需要制定风险控制计划，将风险事件造成的不良后果降到最低；突发风险事件往往是难以预测的，因此针对突发风险事件的网络保障更加强调的是风险控制应急方案的设计，控制风险事件对重大活动网络信息系统造成的不良后果，将风险事件造成的不良后果降到最低。

根据历史重保事件[7]，风险防范和控制应对计划应主要包括以下六个方面：

（1）DDoS攻击事件处理预案。

（2）Web漏洞攻击事件处理预案。

（3）Web弱口令攻击事件处理预案。

（4）WebShell上传事件处理预案。

（5）跳板代理攻击事件处理预案。

（6）主机失陷事件处理预案。

7.4.4　风险的监控与调整

风险的监控与调整，指的是在重保的各个阶段对风险实施监控控制。管理的过程应基于风险识别和风险分析的结果，对优先级别高的风险进行重点监督。此外，在风险的监控与调整过程中，应继续采用风险识别技术和风险评估技术发现新的风险、生成新的风险优先级，以此来对风险监控过程予以相应的调整。变化是团队面临的主要不确定性因素之一，因此团队需在整个生命周期的每个阶段都持续地评估并提前管理风险。风险的监控与调整同时需要完善管理体系、组织体系和技术体系。

7.5　重保实现过程

根据时间顺序，可将重保实现过程划分为四个阶段，即备战阶段、临战阶段、实战阶段和决战阶段。根据图7-2可知，重保体系和重保核心工作贯穿于重保的四个阶段。本节通过总结历次保障经验，提炼出各阶段的核心任务清单和工作模板，它们是重保体系和重保核心工作的最终体现形式。

7.5.1　备战阶段

在备战阶段，首先要明确保障对象，并结合上级的要求确立此次重保的目标。其次，梳理资产清单，并根据清单情况决定是否引入其他重保资产。再次，重保部门明确参与保障的所有人员，使来自不同部门的保障人员签订网络与信息安全保障承诺书，统一部署，统一安排。其中前二点的执行效果依赖于管理体系，而最后一点的执行效果依赖于组织体系。

7.5.2　临战阶段

细化各个部门的保障工作方案和应急预案，开展应急演练，制定保障值班表，加强扫描评估。预先对本单位的重要系统开展自查整改，对各单位的重要网站、系统和业务组织监督检查，预先发现可能存在的网络风险，提前消除安全隐患。自查工作主要包括：网络存取控制是否符合安全要求；各接入节点网络的隔离情况；各区域网络接入设备的使用情况；网内DNS服务器、网关服务器等系统的使用情况。

可以通过渗透测试，对重大活动网络信息系统从攻击者的角度进行安全风险分析，在对现有信息系统不造成任何损害的前提下，模拟入侵者对指定系统进行攻击测试。以非常明显、直观的结果反映出系统的安全状况，更好地了解信息系统的安全现状。

临战阶段主要强调将保障工作由以往的事后处置变为事前整体布局。临战阶段的效果依赖于重保体系和重保关于风险的核心工作。

7.5.3 实战阶段

进一步梳理关键基础设施和网络设施相关系统，特别是互联网暴露面资产和关键基础设施、非核心业务系统考虑临时关停或减少关注度（这里强调的是重点关注部分基础设施和资产，完善网络安全检测体系，建立事件上报和信息共享机制）。

7.5.4 决战阶段

严格执行7*24小时值班备勤和每日“零报告”制度。这里强调事中处置，发现风险，按照预案果断处置，尽快降低风险的程度或消除风险，并总结保障经验。

第 8 章　数据驱动的应急响应处理机制

8.1　概 念 分 析

8.1.1　数据驱动的产业革命

云计算技术的快速发展推动了互联网产业的变革。从2003年起，Google公司先后公开了PageRank算法（网页排名算法）、GFS（分布式文件存储系统）、MapReduce（分布式计算框架）、BigTable（分布式数据库）等四项关键技术的原理，很快在学术界引起巨大轰动。在此基础上，云计算概念得到了学术界和产业界的认可。每年都有大批云计算技术的研究成果相继公开发表。各大互联网公司包括微软、IBM、Facebook、百度、阿里巴巴、腾讯等国内外知名的企业均依托云计算技术处理公司的现实业务。云计算技术依托数据中心提供强大的计算资源、存储资源。建设一个大型数据中心往往需要大量的资金投入，多数小型企业仅能够租用现有的云服务，无法建设自己的数据中心。因此，云计算技术的发展渐渐集中在互联网巨头公司、政府单位、军工集团等机构。经过多年的发展，云计算技术较之前更加成熟。知名互联网企业诸如百度、阿里巴巴、腾讯等均能为每个接入互联网的用户提供便利的云服务。

物联网技术的快速发展拓展了互联网产业的边界。随着无线通信技术的发展，以无线传感器节点、RFID射频芯片、智能手机、智能手环等为代表的物联网设备在实际生活中得到了广泛的应用。随处可见的WIFI热点、蓝牙设备等通信载体极大地增加了接入互联网的终端数量。传统的互联网主要是指由大量的电子计算机或服务器组成的网络，然而今天的互联网几乎是指包含了所有具有通信功能、能够上网的电子设备组成的网络。尤其是随着智能手机的普及，物联网技术的发展在学术界和产业界均取得了巨大的突破。在学术界先后产生了以移动计算、边缘计算、联邦计算为代表的物联网技术。这些新技术面向越来越多样化的应用场景，为满足复杂多样的用户需求提供了技术支撑。在产业界先后出现了智能公交、智能物流、智能出行，乃至智慧城市的变革。依托“万物互联，万物互通”的理念，物联网技术使人们即使足不出户也能知晓所在城市的方方面面。

大数据技术的快速发展引起了智慧型产业革命。云计算技术和物联网技术的发展为人们的生活带来了巨大的改变，在此基础上产生的大数据技术在人们生活方式的变革上更是产生了革命性的影响。现实世界中大量的互联网终端设备、传感器获取了海量数据。例如，每个人的上网浏览记录、网购历史记录、音乐播放记录、社交平台的分享等都可能存储在提供服务的商业服务器里。拥有这些数据的企业可以根据个人的历史数据为每个人做精准的推荐，也可以为每个人提供个性化的服务。当今社会，一个成年人的大部分生活需求仅仅通过智能手机就能实现了，包括数据挖掘、关联分析、行为建模等在内的大数据分析技术不断地在现实中改变着人们的生活。建立在大数据技术之上的模式识别和人工智能技术也在以人脸识别、指纹识别、语音识别、机器翻译、自动驾驶等为代表的实际应用场景中得到了广泛的应用。这些技术在未来会越来越多地出现在现实生活场景中。

8.1.2 数据驱动的应急响应处理机制

数据驱动的应急响应处理机制，其具体含义是指：以丰富的数据为支撑，利用智能化的数据分析手段，为应急响应的全过程各环节提供科学有效的处置方法。

首先，需要积累大量的数据，为智能化的分析手段提供数据支撑。这里的数据包括终端设备的配置参数、终端设备运行的实时状态数据、历史上应急响应处理时的档案数据等。其中，终端设备的配置参数是指设备出厂时的规格参数，一般由设备生产厂家制定。这类数据是固定的，不会随着时间的变化而变化，仅需在数据系统中录入一次即可。终端设备运行的实时状态数据一般是指设备运行时的参数，其中包括IP地址、账户名、密码、口令、驱动程序版本、固件程序版本、防火墙版本、操作系统参数、使用年限等数据。这类数据随着时间的变化而变化，在平时工作中需要不断积累。历史上应急响应处理时的档案数据包括在历次事故中应急响应处理的整个环节所收集和整理的数据，还包括事故发生时设备的状态数据、事故造成影响的数据、应急响应的处置方案的具体数据、处置后的效果评估的数据等。这些数据与具体的应急响应事故息息相关，在时间轴上呈现出离散分布、时间序列的特征。

其次，需要利用智能化的数据分析手段从数据中学习知识，为寻找应急响应处理的科学化方法提供技术支撑。智能化的数据分析手段在数据挖掘、知识发现、推荐系统、信息检索、模式识别、机器学习、人工智能等多个交叉学科中得到了深入的研究和广泛的应用。例如，利用关联分析手段，商家从消费者的购物行为数据中发现了不同商品间的隐含关系，可以为货架上的商品的摆放策略提供科学支撑，将有效地提升商品的销售量。最著名的例子是沃尔玛公司发现男人在为孩子购买尿布的时候往往喜欢顺便为自己购买啤酒。因此通过把尿布和啤酒摆放在一起，沃尔玛有效地提升了啤酒的销量。除此之外，互联网公司从用户的网页浏览数据中学习到用户的偏好模型，为用户做出精准的广告推送，有效地提升了广告的点击率，类似的案例数不胜数。从数据中学习规律，从数据中找到解决方案是经过大量实践证明的可行方法。

最后，需要将数据中发现的有效信息应用到应急响应处理的全过程环节，辅助制定科学化的处置方案。全过程环节是指事故发生前的预防、事故发生后的处置、处置后的总结。

事故发生前的预防是指通过数据分析发现未来可能要发生的事故，并及早处置，做到防患于未然。例如，通过对网络中的流量数据的分析可以发现疑似网络攻击的行为特征，在网络攻击造成实质危害之前为可能受到攻击的设备或系统做好防护，或者采取断网隔离的手段防护脆弱的设备，并为之采取加固的安全防护手段实施保护。从数据分析的技术层面上看，这里主要用到模式识别、在线学习等数据分析方法，即从网络流量数据中识别并匹配到特定网络攻击的行为特征，并对未来可能造成的事故做出实时的预测。

事故发生后的处置是指通过对历史上已经发生的事故及其应急响应处置方法的档案数据进行分析，迅速匹配到与当前事故具有类似特征的事故，结合以前的事故处置方法为制定当前事故的处置方法提供参考依据。如果当前的事故与历史上已经发生的事故具有高度的相似性，那就有理由相信以前的处置方案极有可能也适用于处理当前的事故。依托以前的处置方案，再结合工作人员的先验知识，就能迅速地为当前的事故制定出合理的处置方案。这就极大地减少了应急响应的工作量，提升了应急响应的效率。从数据分析的技术层面上看，这里主要用到信息检索、推荐系统等数据分析方法，即从曾经发生的事故及其处置方法的档案数据中精准检索到与当前事故高度近似的样本，并智能化地推荐给工作人员。

处置后的总结是指将处置后的事故及其处置方案做好记录，进行登记并存入档案库，使之成为新的数据样本加入到积累的数据池之中。这样每次发生的事故及其正确的处置方案将为未来发生的事故提供新的学习对象。通过“吃一堑，长一智”式的不断学习，每次发生的事故及其正确的处置方案也将有助于未来应对类似的事故，从而真正地实现化危为机。

8.2 需求分析

8.2.1 大数据场景中的应急响应处理的特殊要求

在过去的二十年中，信息技术迅速发展，先后产生了以云计算技术、物联网技术、大数据技术为代表的前沿研究方向。其中，云计算技术的发展极大地将“手工作坊”式的传统互联网产业过渡到集中、高效的新型互联网产业。政府单位、大型企业、军工集团先后使用云计算技术建设了各自的数据中心，并在此基础上管理数据，以及托管业务。之后出现的物联网技术成功地将世界各地的计算终端接入互联网。从此“万物互联”不再是个概念。在现实生活中，以智能手机、智能手表为代表的便携式移动终端极大地方便了人们的生活。接入互联网中的两个人无论处在什么地方，都是“地球村”中随时可以联系的“村民”。依托云计算技术、物联网技术积累的海量数据，大数据技术逐渐引领了时代的发展，站在了技术发展的前沿。以数据挖掘和机器学习为代表的大数据分析技术在电子商务、模式识别、自动驾驶等应用场景中得到了成功的运用。

1. 大数据场景的特点

大数据场景一般具有三个鲜明的特点，分别是海量的非格式化数据、异构的终端设备、复杂的信息网络。

（1）海量的非格式化数据。

在云计算的场景中，网络终端主要是指计算机或服务器。它们一般通过交换机、路由器实现互联互通，并将产生的数据集中存储在大型的数据中心。在物联网的场景中，网络终端主要是指环境中遍布各地的传感器，比如摄像头、麦克风、红外仪等。它们一般通过WIFI热点、蓝牙设备等实现互联互通，将产生的数据传输并集中地存储在大型的数据中心。由此可见，无论是云计算的场景还是物联网的场景，都为大数据技术的应用积累了丰富的数据。这些数据根据数据类型可以划分为图像、语音、文字等多种类型。即便是同种类型的数据，往往又因为数据源不同而以不同的格式存储。因此，在大数据场景中，这些不同类型的数据常常混杂在一起，共同构成了内容、形式、用途纷杂多样的数据海洋。大量的实践表明：将非格式化的数据整理为统一标准的格式往往需要花费大量的时间，有时甚至比数据分析所花费的时间还要长。

（2）异构的终端设备。

在大数据场景中，网络的终端可能是机房里的计算机或服务器，也可能是室外的摄像头。终端设备的异构性增加了大数据场景中数据分析与处理方式的复杂性。例如，个人计算机往往具有一定的计算能力和存储资源，足以完成一般的数据分析与处理任务，使用起来比较容易，维护起来也相对简单。然而，服务器往往以集群的方式提供强大的计算能力和大量的存储资源，能够完成比较复杂的数据分析与处理任务，但是往往需要学习专业背景知识的用户才能够熟练使用，而且通常需要专门的运维人员进行专业的管理。除此之外，分散在环境中的传感器诸如摄像头、温度传感器、湿度传感器等往往仅具有数据采集的功能，自身的计算能力很弱，存储资源也很少。这类传感器通常不能单独完成专业的数据分析与处理任务，需要将数据传输到其他设备，然后进行数据的分析与处理。这类传感器通常遍布在环境中的各个地方，维护起来比较麻烦。通常情况下，这类传感器需要由专业的维护人员负责定期的维护。

（3）复杂的信息网络。

从网络科学的角度看，尽管大数据场景中的终端设备多种多样，但是一般可以把它们看作网络中的终端节点。将两个能够直接进行互联互通的终端节点看作网络中的邻居节点。经过这样的抽象表示，大数据场景中的终端设备和互联互通情况可以表示为一个复杂网络。终端设备之间传输的数据即网络中的信息流。一个联通的网络中的任何两个节点之间均可以直接联通或经由其他中继节点联通。当两个节点之间无法直接联通，需要经由其他中继节点实现联通时，通常可供选择的中继节点不止一个，可供选择的中继链路也不止一条。因为复杂的信息网络中的节点数量巨大，节点与节点之间可以实现联通的方案众多。通常能以稳定、快速、节约的方式实现节点之间联通的方案是理想的选择。但是随着网络规模的增加，从众多实现联通的方案中选择出符合实际情况的最优方案将变得越来越难。因此，复杂的信息网络往往代表着数据分析与处理的高度复杂性和挑战性。

2．数据驱动的应急响应处理机制是适应大数据场景的必然要求

按照时间顺序划分，应急响应处理机制的流程一般包括事故发生、事故处置等过程。这些过程在大数据场景中均面临着新的挑战性问题。

（1）事故造成的影响在短时间内成几何级数的速度扩散。

在大数据场景中，终端节点之间通过互联互通组成了高度复杂的网络。研究发现：随着网络规模的增加，网络直径不断减小。这个发现通常也被称作复杂网络的“小世界”现象，即随着通信技术的发展，地球上任何两个人之间取得联系的代价越来越小。著名的“六度分隔”理论表明复杂网络的任何两个节点之间均可以通过其他最多六个中继节点实现联系。因此，在大数据场景中，终端节点之间的高度互联互通也隐含地表明：一旦某个终端节点发生了事故，该事故造成的影响也将快速地通过其他中继节点传播到网络中的其他节点。在事故发生时，尽管局部一点出事，往往在短时间内就会出现全面爆发式传播的现象。这为危机管控带来了巨大的挑战。随着网络规模的增加，传统的危机管控机制面临着失效。“哪里出事就去处理哪里”的传统思维将导致事故越处理越多。如何在事故刚出现时，及时有效地控制事故造成的影响，避免由单点到全网的传播将是大数据场景中应急响应处理机制必须面对的课题。

（2）设备的异构性带来了事故处理方式的高度复杂性。

接入网络的设备具有高度的异构性是大数据场景的鲜明特点。当事故发生时，不同的设备往往需要不同的处置手段。以终端设备感染病毒程序的事故处置为例。当终端设备是个人计算机时，通常的处置措施是使用病毒查杀工具清除病毒，并为个人计算机装上补丁程序避免下次感染。处置这类情况时，需要具有网络安全背景知识的专业技术人员即可。当终端设备是传感器或装有传感器的嵌入式设备时，一般可通过升级最新的固件程序来解决。处置这类情况时，需要既懂网络安全又懂设备硬件的专业技术人员，并且可能需要使用专业的设备才能完成。当终端设备是工业控制设备时，可通过断网、断电的方式将感染病毒程序的设备进行隔离，然后联系安全厂商及有关机构对设备进行取样分析，并将受到感染的设备进行离线修复。处置这类情况时，往往需要专业的网络安全防护团队协作才能完成。

（3）事故的频发性预示着传统处理方式的不可持续性。

在大数据场景中，网络中的设备越多意味着每时每刻可能发生事故的设备也越多，因此导致频繁的应急响应机制报警。这种情况主要是由两个方面的原因引起的。首先，随着网络规模的增加，越来越多的设备接入网络，并且设备和设备之间高度地互联互通。因此在同一时刻，网络中的事故呈现出多发、频发的趋势。其次，一旦设备发生了事故，通过高度联通的网络，事故可能很快就传播到其他设备，造成二次危害。传统的应急响应机制在处置事故时，常常采取“点对点”的方式。当网络规模比较小，并且发生事故需要处置的设备数量比较少时，这种方式尚且可以应对。随着网络规模的增加，传统的应急响应机制在面临频发的事故时将表现得精疲力竭。负责应急响应的相关工作人员也将因分身乏术而疲于奔命。最终，在大数据场景中传统的应急响应处理方式常常表现得“心有余而力不足”。

（4）网络的复杂性导致了表象发现容易，诱因发现难。

大数据场景中的应急响应机制需要面对高度复杂的网络以及海量数据的挑战。在面对复杂网络以及海量数据时，常常容易看到它们呈现出的表面现象而难以发现背后造成这种现象的真实诱因。例如，在零星或局部的设备感染病毒的背后，可能隐含着未来将要发生更大的网络攻击事故。在大量异常的网络入侵流量中，可能只有少数几个是真实的网络攻击意图。在面对复杂网络以及海量数据时，如果无法找到科学有效的应对方法，应急响应机制也只能做到“头痛医头、脚痛医脚”，无法从根本上有效地处理不断出现的事故。

数据驱动的应急响应处理机制能够适应大数据场景的特殊要求，也是解决上述挑战性问题的有效方法。针对大数据场景中事故多发、频发的特点，数据驱动的应急响应处理机制可以通过建立风险评估模型，采用在线学习的数据分析方法实时地预测可能发生的事故，从而做到防患于未然，有效地减少处置事故的工作量；针对大数据场景中事故影响传播快的特点，数据驱动的应急响应处理机制可以通过为网络中每个终端节点建立传播价值模型，采用复杂网络中的动力学方法建立阻断传播的隔离区，从而将事故造成的影响控制在一定的范围内；针对大数据场景中存在大量异构终端设备的特点，数据驱动的应急响应处理机制可以采用知识发现、机器学习的智能化学习方法从历史数据中学习到适合不同终端设备的处置方案，从而为处置当前事故制定出适合的方案，有效地降低事故处理的难度；针对大数据场景中由于复杂的信息网络导致的事故诱因发现比较困难的特点，数据驱动的应急响应处理机制可以采用因果推断的人工智能方法为当前事故找到真实诱因，自动化地实现“透过现象看本质”，有效地解决在事故处置中“治标不治本”的问题。

8.2.2 无人化战场中的应急响应处理机制的必要选择

1. 无人化战场

无人化战场是未来战争的主要趋势。无人化战场中大量的军事行动是靠无人化的设备完成的。其中，大量单调、重复性的军事行动被智能化的设备取代。人与设备的结合不再是物理意义上的结合，而是智力、认知甚至情感因素的结合。无人化战场主要具备设备智能化集中程度高、军事人员科技化水平高、人机系统协作化效能高三个特点。

（1）设备智能化集中程度高。

无人化战场中的无人化武器装备、无人化作战平台被大量使用。传统战场中那些重复性、有明确规则的任务大量地由无人化的设备实现。无人化的设备通过学习人类的知识，具备智能化的水平。从技术层面上看，随着以深度人工神经网络为代表的高级人工智能技术的发展，机器在完成具有明确规则的任务上能有效地学习到人类的知识，甚至超越人类自身的水平。受益于人工智能领域的发展，越来越多的武器装备集中了人类的智慧，在无人化的战场中承担着重要角色。

（2）军事人员科技化水平高。

尽管武器装备更加智能化，然而无人化战场对军事人员的科技水平有了更高的要求。

武器装备的智能化体现在完成具体的规则明确的任务上，但是战场环境瞬息万变，任何意料之外的事情都有可能发生。这个时候人的因素就显得特别关键。然而在具体任务上，必须通过军事人员与武器装备协作才能完成。这种人机协作对军事人员的科技素养提出了更高的要求，具体体现在两个方面。首先，军事人员需要操作高度智能化的设备，而只有具备高度的科技文化水平才能掌握高度智能化的设备。其次，区别于传统的人机协作模式，无人化战场中往往需要军事人员同时操作多个智能化设备，甚至多种智能化设备。这种情况下往往需要军事人员掌握高度专业的计算机知识，甚至需要具备多种学科交叉的知识背景。

（3）人机系统协作化效能高。

无人化战场中军事人员与武器装备的协作能充分地发挥出系统集成、智力集成的巨大作用，充分体现出战斗力转化的“倍增器”作用。无人化战场中军事人员与武器装备的结合，不再是“一人一机一系统”的线性关系，而是“一人多机多系统”的非线性关系。大量重复性、规则明确的任务由智能化的武器装备高效完成，军事人员在分析战场态势、制定作战计划方面充分地发挥着创造性。人机系统的协作化程度越高，战斗力生成的“倍增器”作用越明显。通过人机系统的高度协作，战场作战效益将得到明显的提升。

2. 无人化战场中的应急响应处理机制

和传统的应急响应处理机制相比，无人化战场中的应急响应处理机制需要直接面对高度智能化的设备。这为无人化战场中的应急响应处理机制带来了新的挑战。

（1）技术高度集中的智能化设备更加容易受到网络攻击。

科学技术是柄双刃剑，使用得好能够产生巨大的军事效益，使用得不好便会产生巨大的军事危害。技术高度集中的智能化设备虽然在执行任务时提升了军事效能，但是在面对网络攻击时，也更加脆弱。因此，大量使用技术密集的智能化设备容易导致更多的网络安全事故发生，也意味着无人化战场中应急响应任务的负荷更重。智能化设备的一大特点是能自动地执行一系列的操作，完整地执行军事任务。当完成一项军事任务需要执行的操作越多时，智能化设备的效能越突出。然而现实中为完成一项军事任务而需要执行的操作越多，该项任务越容易因受到网络攻击而失败。例如，完成一项战场环境侦察任务需要先后使用摄像头、红外仪、麦克风、蓝牙、发动机等五种电子设备。尽管每种设备的安全防护能力能抵挡住绝大多数的网络攻击，但考虑到完成整个任务需要串联地先后使用这五种电子设备，整个任务能抵挡的网络攻击数量将大打折扣。因此，如何应对大量防护脆弱智能化设备是无人化战场中必须面对的现实课题。

（2）传统的应急响应处理机制难以有效地应对智能化的设备。

传统的应急响应处理机制一般是“机-人-人-机”的工作模式，即当设备出现事故后由后台工作人员对事故进行分析，并交由一线工作人员对设备进行防护。由此可见，整个事故的处置需要人与设备、人与人之间的交互。交互效率的高低直接影响了应急响应处理机制的整体效率。人与设备进行交互的效率主要受人对设备的熟悉程度的影响。高度智能化的设备往往要求工作人员具备高度专业的科技素养。工作人员缺乏专业的科技素养的现状是限制传统的应急响应处理机制有效地应对智能化设备的人才制约因素。人与人进行交互的效率主要受到管理机制的影响。高度智能化的设备在面对网络攻击时更加脆弱，因此大量使用高度智能化的设备将会极大地增加传统应急响应处理机制的负荷。传统的管理机制依赖人与人的交互才能完成事故的处置。

（3）数据驱动的应急响应处理机制是无人化战场中的必要选择。

针对智能化设备易受网络攻击的特点，数据驱动的应急响应处理机制可以通过为设备建立安全防护的模型，采用在线学习的智能化数据分析方法实时地为设备的安全防护进行评估。当发现设备的防护比较脆弱时，及时报警并对设备的防护提出具体的方案。针对传统的应急响应处理机制难以有效地应对智能化设备的特点，数据驱动的应急响应处理机制可以通过人机协作化防护的模式，采用人工神经网络等高级人工智能方法为事故生成具体的处置方案，并交由工作人员进行决策。人机协作化防护能将处置具体事故的“填空题”转换为从候选处置方案中进行选择的“选择题”，从而有效地减少工作人员的负担，进而提升应急响应处理的效率。

8.2.3 精细化管理中的应急响应处理机制的有效方法

传统的应急响应处理机制的有效方法一般按照事故发生、事故分析、事故处置的工作流程，通常采取“机-人-人-机”的工作模式。其中需要多次涉及人员管理、设备管理、组织协调、落实执行等环节。传统的应急响应处理机制过分地依赖行政化管理手段，通常需要工作人员具备丰富的工作经验、灵活的为人处世方式。随着军事斗争准备的强度日益增大，这种方式日渐显露出僵硬、低效的弊端。解决这种矛盾的有效途径是通过采取精细化管理手段，将大部分依靠行政化手段、依靠人的经验进行管理的传统机制转换为依靠制度管理的新机制。然而，考虑到应急响应处理机制的具体情况，传统的应急响应处理机制在实施精细化管理时容易存在管人不细、管物不细、管事不细的问题。

1．传统的应急响应处理机制难以精细化人员考核

传统的应急响应处理机制难以精细地对工作人员的业务能力进行考核。工作人员的业务能力最终落脚在对事故的处置上面，一般通过响应时间、处置措施、效果反馈等维度进行衡量。然而传统的应急响应处理机制往往依赖行政化的手段开展对事故的处置，缺乏客观、准确的数据支撑，结果导致事故的处置效果容易因行政的隶属关系造成评估失真。

2．传统的应急响应处理机制难以精细化设备管控

传统的应急响应处理机制难以精细地对设备的全生命周期进行管控。设备的全生命周期是指设备从投入使用到销毁的全过程。设备的精细化管理要求掌握设备在各个时期的状态，并根据设备的状态实施管控。传统的应急响应处理机制大多只能做到实时监控设备的状态数据，但极少能根据长时间的状态数据判断设备潜在的风险。“冰冻三尺非一日之寒”，大部分事故在发生之前，都能从设备长时间的状态数据中看出端倪。通过对设备的

状态数据进行溯源能有效地发现可能发生的事故，从而做好防范。

3．数据驱动的应急响应处理机制是精细化管理的有效方法

数据驱动的应急响应处理机制是精细化管理中的应急响应处理机制的有效方法。首先，在工作人员处置事故时，精确地记录包括响应时间、处置措施、效果反馈等各个维度的数据，建立业务评价模型，能客观、公正、科学、有效地对工作人员的业绩产生实时的评估，从而在一定程度上解决过度依赖行政手段评价的问题。其次，通过实时地收集设备的状态数据，并采用时间序列分析的方法，能及时地发现设备的异常，为防范事故提供科学的依据。

8.3　解决方案

数据驱动的应急响应处理机制按照时间轴顺序可以从事故发生前预防、事故发生时处置、事故处置后寻因等方面开展。它主要包括三个组成部分，分别是数据驱动的事故预防机制、数据驱动的事故处置机制、数据驱动的事故寻因机制。

8.3.1　数据驱动的事故预防机制

应急响应的业务场景一般具有事故突发性强的特点。传统的应急响应处理机制主要是被动式地应对突发的事故，缺乏对事故预防的有效机制，结果容易造成事故发生后处置时措手不及的被动局面。数据驱动的事故预防机制为解决这一难题给出了有效的解决方法，主要由以下步骤构成。

1．收集设备的状态信息

设备发生事故的风险取决于设备的状态，而设备的状态主要通过设备各个属性的数据确定。本节主要从设备的硬件、软件、防护、网络拓扑、管理等方面的属性综合评价设备发生事故的风险。表8-1列出了设备属性的详细信息，主要包括属性的分类、特征及其数据特点。

- 设备硬件的属性：包括设备的类型、品牌、出厂日期、使用年限、工作时长、其他规格数据等。其中，设备的类型共分为主机、服务器、摄像机、投影仪、打字机、刻录机、扫描仪、麦克风、蓝牙、WIFI热点、手机、其他类型等。设备的品牌共分为华为、小米、步步高、戴尔、联想、惠普、华硕、东芝、三星等品牌。设备的出厂日期、使用年限一般通过产品说明书等可以直接获取。设备的工作时长需要使用程序记录。这类数据一般比较固定，很少随时间的变化而变化（工作时长除外）。
- 设备软件的属性：包括操作系统类别、固件程序类别、驱动程序、软件程序、安全防护程序等信息。常见的软件管理程序如360软件管理、鲁大师、优化大师等均能获取上述信息。这类数据一般具有明显的时间性，收集的数据需要定期更新。

- 设备防护的属性：包括口令认证级别、密码安全级别、病毒防护、木马防护、恶意代码检测、异常流量检测等信息。这类数据常常与设备的防护能力直接相关，因此通常要求实时性强，需要进行实时更新。
- 设备网络拓扑的属性：包括网络中与该设备进行直接互联互通的其他设备的安全防护的状态、网络中负责该设备的骨干节点、网络中该设备负责的其他节点等。这类数据一般比较固定，不会随着时间的变化而变化。但是对于事故却比较敏感，一旦发生事故，这类数据通常会有明显的变化。
- 设备管理的属性：包括设备的物理位置、负责管理该设备的单位、负责管理该设备的人员、设备定期检查、设备定期维护等信息。这类数据一般是固定不变或者长时间不变的。

表 8-1 设备属性的详细信息

属 性	特 征	数据特点
硬件	类型、品牌、出厂日期、使用年限、工作时长、其他规格	比较固定、很少变化
软件	操作系统类别、固件程序类别、驱动程序、软件程序、安全防护程序	时间性强、定期更新
防护	口令认证级别、密码安全级别、病毒防护、木马防护、恶意代码检测、异常流量检测	实时性强、经常更新
网络拓扑	邻居节点、骨干节点、子节点	比较固定、突发性强
管理	物理位置、管理单位、负责人员、定期检查、定期维护	比较固定

2. 构建基于设备的事故风险评价模型

设备各个属性的数据共同组成了设备的状态向量，反映了设备当前的状态信息。状态向量可以用来构建设备的事故风险评价模型。设备的风险评价模型构建流程，如图8-1所示。

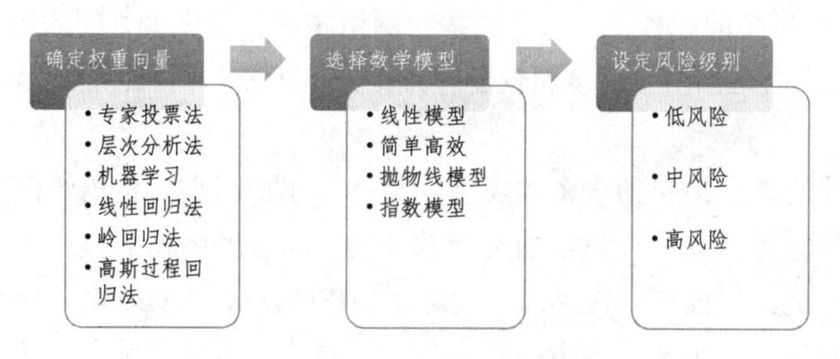

图 8-1 设备的风险评价模型构建流程

（1）确定权重向量。

状态的权重向量一般是度量设备某个属性引起事故的风险程度。它的每个数值与设备的状态向量数值一一对应。不同属性引起设备发生事故风险的程度不同。某个属性对应的权重值越大，说明这种设备的安全越依赖这种属性。例如，设备的防护属性通常直接关系到设备的防护能力，因此通常具有较高的权重值，而设备的硬件属性通常是出厂设定的，一般不会发生变化，它的数值与设备的防护能力关联较弱，所以权重值较小。

权重向量的具体数值可以通过结合人的经验与机器学习的方法来确定。设备的状态向量中不经常变化或者难以精确收集的数值可以通过人的经验给定。常用的方法包括专家投票法、层次分析法等。而那些经常变化且可以精准收集的数值可以通过回归分析方法来确定。常用的回归分析方法包括线性回归法、岭回归法、高斯过程回归法等。

（2）选择数学模型。

常用的数学模型一般为线性模型、抛物线模型、指数模型。线性模型的数学形式一般可以表述为：

事故的风险=设备的状态向量×状态的权重向量

其中，设备的状态向量是通过收集上述设备的各个属性的数据确定的。而状态的权重向量一般是度量某个属性引起事故的风险程度。线性模型的突出优点是简单、高效，缺点是难以准确描述复杂的数据分布。抛物线模型和指数模型分别采用二次函数和幂函数来描述，使用起来比较复杂。本节选择线性模型建立事故风险评价模型。

（3）设定风险级别。

根据设备的状态向量以及状态的权重向量可以计算出事故的风险，并根据可能的取值范围将风险值进行归一化。根据归一化后风险的值，为风险设定不同的级别。例如，风险的级别可以设置为低风险（≤0.6）、中风险（≤0.8）、高风险（≤1.0）等。

3．预防事故的自动化机制

定期收集设备的状态向量并根据风险评价模型预测出设备的风险级别。根据设备的风险级别对设备进行检查维护。在设备尚未发生实质性的事故前，对设备进行安全防护加固，可以有效地避免设备发生事故，进而减少应急响应的负荷。

8.3.2　数据驱动的事故处置机制

数据驱动的事故处置机制主要是指自动地从数据中发现应急响应处理的解决方案。它利用信息检索、关联分析、信息融合等方法从历史数据中自动化地生成处置当前事故的方案，并结合人的经验，最终快速、高效地完成事故的处置。如图8-2所示，它主要包括四个功能部分，分别是事故画像数据库、匹配相关事故、生成处置方案、归档入库。

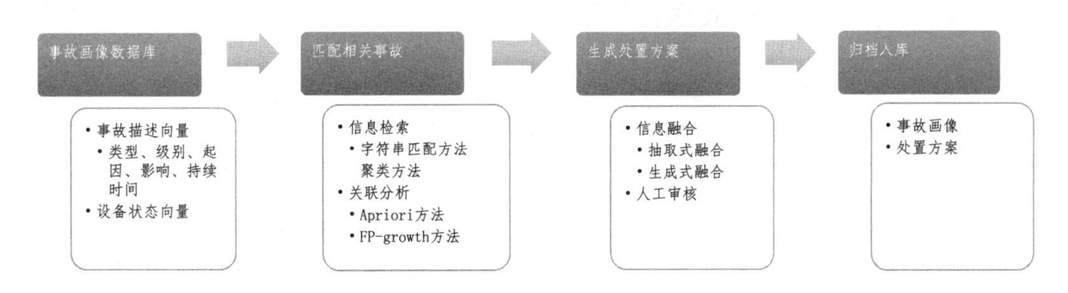

图8-2　事故处置机制流程图

1. 事故画像数据库

事故发生后，首先对事故进行详细的记录，包括记录事故的类型、事故的级别、事故的起因、造成的影响、持续时间等方面的数据。这些数据共同称之为事故的描述向量。将事故的描述向量和设备的状态向量结合在一起共同描述了设备发生事故的画像，简称为事故画像。事故画像描述了设备发生事故时各个方面的特征。将每次事故的画像作为一条样本数据，使用数据库进行管理，就构建了事故画像的数据库。

2. 匹配相关事故

当事故发生后，构建出每个设备的事故画像。使用信息检索、关联分析等方法从数据库中查找与当前事故有关的历史事故，并对相似的部分进行标注，方便进行进一步的处置方案的自动化生成。其中信息检索可以通过当前事故的画像，在数据库中查询到与之相似的事故画像。常见的信息检索方法包括字符串匹配方法、聚类方法等。关联分析可以在数据库中发现与当前事故画像有关的其他事故画像，通常这些关联性不是简单的相似关系，而是比较隐晦的相关关系。常见的关联分析方法包括Apriori方法、FP-growth方法等。

3. 生成处置方案

当寻找到与当前事故有关的历史事故后，通过分析历史事故及其处置方案，进而通过信息融合方法寻找到处置事故的方案。信息融合方法需要理解当前的事故并在历史事故的处置方案中寻找解决当前事故的方案。常见的信息融合方法根据融合的程度可以分为文字层面融合、语义层面融合等方法，按照融合的方式可以分为抽取式融合和生成式融合等方法。目前通过人工神经网络在文字生成任务中已经取得了比较好的性能，使用这类方法能有效地生成当前事故的处置方案。通过人工审核确认处置方案可行后，处置方案正式开始执行。如果事故方案存在缺陷，此时结合人的经验对处置方案进行修正，最终生成可行的处置方案。因为自动生成事故的处置方案已经结合了历史相关事故的处置经验，因此能有效地减少工作人员制定处置方案的负担，进而大幅地提高应急响应及事故处理的效率。

4. 归档入库

对事故进行处置后，将当前事故的画像及其处置方案在数据中归档入库，用于对未来事故的分析。

8.3.3 数据驱动的事故寻因机制

数据驱动的事故寻因机制通过事故的表面现象发现引起事故的本质问题，最终达到从根本上解决问题的目的。在实际情况中，大量离散发生的事故实际上可能是由同一个诱因引起的。因为不同事故间的联系十分微弱，看似不相干的突发性事故，可能具有共同的诱因，但是该诱因常常十分隐蔽，难以发现。然而通过因果推断等机器学习方法能有效地解决这类问题，从而为从根本上杜绝类似事故提出了有效的解决方法。如图8-3所示，数据驱动的事故寻因机制主要包括三个方面的内容，分别是事故划分、诱因查找、验证分析。

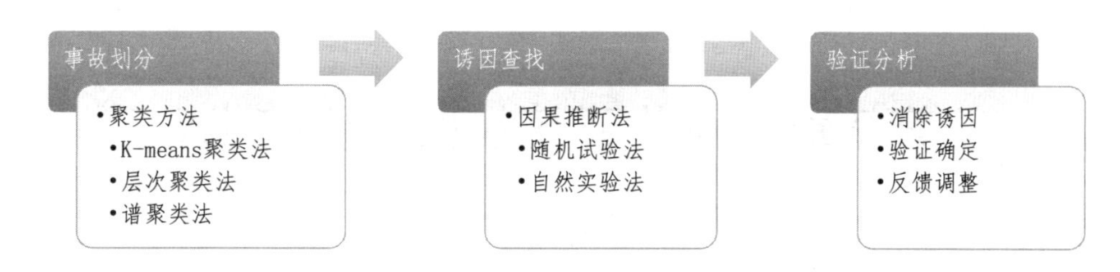

图 8-3　事故寻因机制流程图

1．事故划分

事故画像描述了设备发生事故的详细信息。在探寻事故的诱因之前需要对事故进行划分，同一类的事故一般具有共同的诱因。常见的划分方法主要是聚类方法。聚类方法将每个事故的画像作为样本数据，通过分析样本数据间的相似度，将样本集合划分为若干个类。常见的聚类方法有K-means聚类法、层次聚类法、谱聚类法等。

2．诱因查找

诱因查找是指为那些划分为同一类的事故查找引发的诱因。常见的诱因查找手段主要是因果推断法。因果推断法主要从数据中寻找因果关系。常见的因果推断法包括随机试验法、自然实验法等。

3．验证分析

通过因果推断找到引起事故的诱因后，采取有效的处置措施消除诱因，并通过验证确定是否能有效地避免类似的事故。如果验证有效，则能从根本上处置该类事故。如果验证发现效果不明显，则需要调整事故的划分结果或调整诱因查找的方法，重新为事故查找诱因，并继续验证结果。

第 9 章　操作系统加固优化技术

随着计算机技术的飞速发展和用户对计算机系统安全需求的不断提升，逐步衍生出了各种安全加固技术用于弥补操作系统的安全缺陷，满足个人以及单位的安全需求。本章主要包含以下内容：

- 简介
- 操作系统加固技术原理
- 操作系统加固实际操作
- 经典案例分析与工具介绍

9.1 简　介

操作系统是对软件、硬件资源进行调度控制和信息产生、传递、处理的平台，它的安全属于系统级安全的范畴，它为整个计算机系统提供底层的安全保障。操作系统的安全加固对于保护计算机信息系统的整体安全性具有不可替代的地位，是一切安全手段得以发挥作用的基石。可以说操作系统的安全是整个计算机系统安全的基础，没有操作系统的安全，就不可能有数据库安全、网络安全和其他应用软件的安全。

操作系统安全加固技术是应急响应工作前后都必不可少的[12]。PDCERF方法将应急响应分为六个步骤，在其准备阶段、抑制阶段、根除阶段和恢复阶段都需要对操作系统进行不同程度的安全加固。

准备阶段：主要是以预防为主，需要根据既定的安全策略对操作系统进行安全加固，减少攻击面，提升系统的安全防护能力，提高被攻击的门槛，降低受到攻击的可能性。

抑制阶段：主要是限制攻击和缩小破坏波及的范围，通常执行的策略中包括了大量的系统加固的操作，用于降低潜在的威胁，减少攻击过程中受到的损失。

根除阶段：主要是找到问题的根源并彻底根除，通过增加安全策略和固化安全策略避免攻击者再次使用相同的手段攻击系统，引发安全事故。

恢复阶段：主要是将被破坏的信息恢复正常，一般通过备份系统进行恢复，在系统恢复后仍需要对系统进行全面的安全加固，提升系统自身的安全防护能力。

9.2 操作系统加固技术原理

操作系统是各类信息系统的载体，为各类应用提供基础运行环境。因此，操作系统安全是信息系统安全不可或缺的一部分，也是信息系统安全的基础。

操作系统安全加固技术包括身份鉴别、访问控制、安全审计、安全管理和资源控制等五个方面。

9.2.1　身份鉴别

为了保证操作系统的安全，需要对登录系统的用户身份进行鉴别，从而确定该用户是否具备对系统内各类信息资源的访问和使用权限。目的是提升系统的安全性和可靠性，防止非法用户登录系统获取资源的访问权限，保证操作系统以及承载的业务信息系统和数据的安全，确保授权用户的合法利益。

身份鉴别是保证系统安全的第一道防线，是证实用户真实身份和声明身份是否相符合的过程，身份鉴别方式主要分为三类。

一是用户自定义的信息。用户使用自己知道的信息来证明自己的身份，常见的鉴别方式是口令验证。用户自定义一串密码用于身份的鉴别，这种方式也是我们日常生活中较常见的身份鉴别方式，例如我们登录游戏时，系统会要求用户输入用户名和密码，只有用户名和密码相匹配，系统才允许用户登录。

二是用户自有的属性信息。用户使用独一无二的身体特征来证明自己的身份，常见的鉴别方式包括指纹、掌纹、语音、虹膜、步态等生物识别技术。随着信息化和智能化的不断发展，生物识别技术也广泛应用于我们的日常生活中，常见的场景就是我们使用指纹或者面部识别功能进行手机解锁或购物时进行付款。

三是用户能证明自身的物品。用户使用拥有的物品来证明自己的身份，常见的鉴别方式包括身份证、智能卡、USB Key等。例如我们在进入小区时需要刷门禁卡或者出示证明才能进入小区，这种方式就是使用用户自身的物品来证明自己的身份。

在进行身份鉴别时为了提高安全性，有时会采用多种验证方式相结合的方式来验证用户身份。

9.2.2　访问控制

访问控制是信息安全的关键技术之一，可以限制对关键资源的访问，防止非法用户的侵入或合法用户的越权访问[13]。

访问控制的三个基本要素是主体、客体和控制策略。访问控制决定了谁能够访问系统（主体）、能访问系统的何种资源（客体）以及如何使用这些资源（控制策略）。访问控制的手段包括用户识别代码、口令、登录控制、资源授权（如用户配置文件、资源配置文件和控制列表）、授权核查、日志和审计等。它依赖于其他安全服务并与这些服务共存于信息系统中，从而提供信息安全保障。

访问控制的发展早于计算机的发展，领地意识就是一种访问控制的体现。20世纪60至70年代，Lampson提出了访问控制的形式化和机制描述，引入了主体、客体和访问矩阵的概念，它们是访问控制的基本概念。现有的访问技术主要分为三类：自主访问控制、强制访问控制和基于角色的访问控制。

自主访问控制根据主体的身份和它所属的组限制对客体的访问，其常见的实现方式是通过访问控制矩阵来控制主体是否具有对客体的访问权限。具有访问权限的主体能够向其他主体转让权限，这种转让可以是直接的，也可以是非直接的。因其灵活性较高，被广泛地用于商业领域，尤其是在操作系统和关系数据库系统中。优点是便于信息的共享，缺点是安全性不足。

强制访问控制是由系统为每个主体和客体分配相应的安全属性，并根据安全策略由系统决定某个主体是否可以访问某个客体，以及进行何种类型的访问。在强制访问控制中安全策略由安全策略管理员集中控制，主体不能改变自身的安全级别和访问权限，也不能将自身的权限授予其他主体。优点是安全性强，缺点是配置复杂，且不利于信息的共享。

基于角色的访问控制的基本思想是将“角色”赋予具体的用户，在系统中用户和权限之间通过角色进行关联。通俗点来讲，就是每个用户拥有若干个角色，每个角色拥有若干个权限。角色是根据系统内为完成各种不同的任务需要而设置的，根据用户在系统中的职权和责任来设定他们的角色。由于用户是通过他们的角色进行授权的，并不是直接被赋予许可的，因此单个用户权限的管理就很简单了。基于角色的访问控制既可实现强制访问控制，也可实现自主访问控制。从这个意义上说，基于角色的访问控制是中性的。从控制强度上说，它属于强制访问控制。

9.2.3 安全审计

安全审计是指检查、验证目标系统的可用性、保密性和完整性，用以检查和防止网络入侵和网络欺骗行为，以及是否符合既定的标准等原则[14]。定义为：收集并评估证据以决定一个计算机系统是否能有效做到保护资产、维护数据完整、完成目标，同时最经济地使用资源。审计的对象包括可以被识别、分析、存储和记录的所有活动的安全事件。

安全审计在系统加固中是非常重要的一部分，审计的主要作用是找到系统中的潜在攻击者和可能对系统造成安全威胁的薄弱点、验证系统安全策略的合规情况、对已经发生安全事件的系统进行评估，为系统恢复和事件追责提供依据。

对主机进行安全审计，目的是保持对操作系统和数据库等重要系统的运行情况以及系统用户行为的跟踪，以便事后追踪分析。安全审计主要涉及的方面包括用户登录情况、系统配置情况以及系统资源使用情况等。

9.2.4 安全管理

安全管理是保证系统正常使用的重要组成部分，能够有效地控制用户的不安全行为和系统的不安全状态，消除或避免安全事件的发生[15]。安全管理不是处理安全事件，而是针对在系统使用过程中发现的薄弱点进行控制，防止威胁扩大，保障系统的正常运行。

安全管理贯穿于系统使用的全过程，目的是预防、消灭安全事件，防止或消除安全威胁。安全管理是动态和持续的，是不断发展和变化的，安全事件的发生大多是由于新的漏洞被发现而导致的。因此，安全管理根据外界的安全威胁，不断地做出调整和修补，消除新的威胁隐患。

操作系统的安全管理主要包括操作系统的定期升级、安全漏洞的及时修补、安装防火墙、入侵检测、防病毒软件等，并对病毒库、规则库、系统中的软件及时升级，不安装非官方的破解软件等。

9.2.5　资源控制

资源控制要求对系统中的各项资源，如磁盘空间、CPU资源、系统内存、网络连接数量等使用情况进行检测和控制，当发现系统资源不足时应进行告警。

操作系统是非常复杂的系统软件，其主要的特点是并发性和共享性。在逻辑上多个任务并发运行，处理器和外部设备能同时工作。多个任务共同使用系统资源，使其能被有效共享，大大提高系统的整体效率，这是操作系统的根本目标。通常计算机资源包括以下几类：中央处理器、存储器、外部设备、信息（包括程序和数据），为保证这些资源能有效共享和充分利用，操作系统必须对资源的使用进行控制，包括限制单个用户的多重并发会话、限制最大并发会话连接数、限制单个用户对系统资源的最大和最小使用限度、当登录终端的操作超时或鉴别失败时进行锁定、根据服务优先级分配系统资源等。

操作系统同时对连接数量、打开文件数量、进程使用内存等进行了一定的资源控制，是为了保证资源被合理有效使用，防止系统资源被滥用而引发的攻击。

9.3　操作系统加固实际操作

本节的主要内容是Windows系统安全加固的实际操作，将从系统口令加固、系统账户优化、系统服务优化、系统日志设置、远程登录设置和系统漏洞修补等方面对Windows系统进行安全加固。

9.3.1　系统口令加固

口令也称为密码，是用来鉴别实体身份的受保护或秘密的字符串。在计算机的日常使用过程中，口令几乎无处不在，系统的登录、退出屏幕保护、解除系统锁定等都需要通过口令进行身份鉴别和权限验证。口令破解是网络安全中的重要技术，避免口令被破解的最佳方法是进行口令策略加固。口令加固是操作系统加固的第一步，是系统安全防护的第一道防御阵地。

1. 密码策略

只有了解口令破解方法，才能正确地设置口令策略。破解口令是黑客成功侵入目标计算机系统的标志和首要步骤[16]。黑客破解口令的常用方法有三种：一是猜测法。黑客运用手中掌握的用户姓名、出生年月、电话号码等用户信息和其他常用口令，逐个猜测可能的字词来尝试获取正确的口令。二是字典破解法。黑客将用户信息、常用英文单词、用户偏好口令等使用频率特别高的字词编成字典，然后运用软件按照一定的规则进行排列组合，从中寻找正确的口令。三是暴力破解法，又叫穷举法。在前两种破解方法失效的情况下，黑客将所有可能用于口令的字词，按可能性的大小顺序排列，逐一尝试确认口令，这是最费时且最无奈的方法。纯粹的暴力破解法很少单独使用，黑客一般结合字典破解法，逐步扩大字典的词汇量进行暴力破解。

弱口令没有严格和准确的定义，通常认为容易被猜到或者被攻击破解的口令称为弱口令。从理论上讲，没有破解不了的口令，但精心设置的口令，能大大地增加破解难度。如果破解所需的时间成本远大于破解后的可能回报，黑客就会认为得不偿失，会主动放弃破解。因此，增加口令的强度可以加大攻击的代价，提升系统安全性。

口令的设置应符合以下要求：

（1）口令长度至少要8位。

（2）口令中要综合使用各种符号。键盘上的大小写字母、数字和其他符号共计有96个，用它们排列组合形成的口令强度很大。

（3）经常更换口令。

配置密码策略可参考表9-1。

表 9-1　配置密码策略及操作

名　　称	配置密码策略及操作
实施目的	配置密码策略，减少密码安全风险；防止系统弱口令的存在，减少安全隐患。对于采用静态口令认证技术的设备，口令长度至少 8 位，且密码规则至少应采用字母（大小写穿插）加数字加标点符号（包括通配符）的方式
系统当前状态	进入“控制面板->管理工具->本地安全策略”，在“账户策略->密码策略”中记录当前密码策略情况
实施步骤	参考配置操作： 进入“控制面板->管理工具->本地安全策略”，在“账户策略->密码策略”中进行配置，可参考下面的操作步骤
回退方案	还原密码策略到加固之前的配置
判断依据	进入“控制面板->管理工具->本地安全策略”，在“账户策略->密码策略”中查看“密码必须符合复杂性要求”是否选择“已启动”选项

具体操作步骤：

第一步，单击计算机屏幕左下角的“开始”按钮，在弹出的功能菜单选项栏中，选择“控制面板”选项，如图9-1所示；

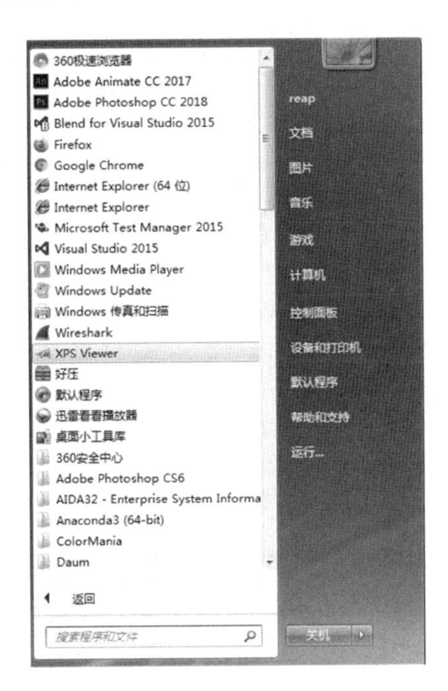

图 9-1　控制面板

第二步，进入“控制面板”，单击“管理工具”按钮，如图9-2所示；

图 9-2　管理工具

第三步，进入“本地安全策略->账户策略->密码策略”，然后分别进入各个安全选项进行设置，如图9-3和图9-4所示。

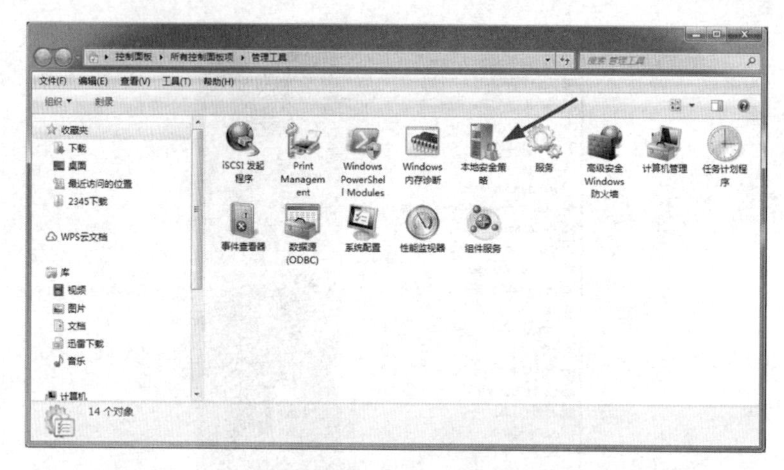

图 9-3　本地安全策略

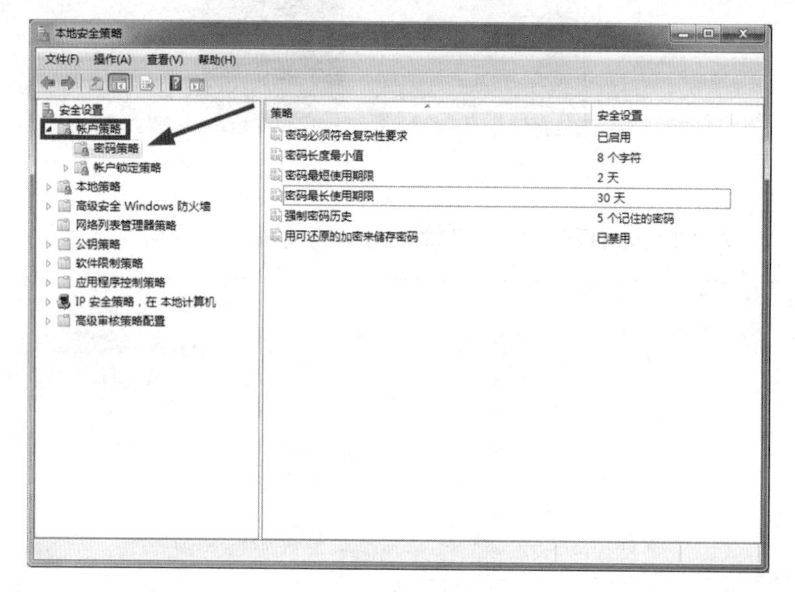

图 9-4　密码策略

提示：图中“帐户”正确的写法应为“账户”

2. 账户锁定策略

从理论上来说，无论密码策略设置得多强都是可以被暴力破解出来的，为防止恶意用户通过暴力破解的方式来猜解用户密码，系统提供了账户锁定策略用于限制输入密码的次数，提升系统的安全性[15]。

账户锁定策略是指用户在指定时间内输入错误密码的次数达到相应的次数，账户锁定策略就会将用户的账户禁用。账户锁定策略可以很好地防范暴力破解，然而Windows系统默认是不开启账户锁定策略的。尽管我们加强了密码的强度，但系统默认情况下对恶意用户的攻击是没有限制的，通过自动登录工具和密码猜测字典进行攻击，破解密码只是时间问题[17]。

账户锁定策略主要包括以下三个安全设置选项：账户锁定阈值、账户锁定时间和复位账户锁定计数器[17,18]。

账户锁定阈值设置确定账户被锁定的登录失败尝试的次数，在锁定的时间内，无法使用锁定的账户，除非管理员进行重新设置或该账户的锁定时间已过期。范围可设置为0~999，建议设置值为3~5，既允许用户输入或者记忆错误，又可避免恶意用户反复尝试登录系统。从网络安全方面考虑，为防止黑客的恶意破解，应开启该策略，并设置合理的数值，建议账户锁定阈值设置为3。

账户锁定时间设置确定锁定账户在自动解锁前保持锁定状态的分钟数。范围可设置为0~99999，如果将账户锁定时间设置为0，那么在管理员明确将其解锁前，该账户将一直被锁定。如果用户自定义了账户锁定阈值，则账户锁定时间必须大于或等于重置时间，建议设置时间为30分钟。

复位账户锁定计数器设置确定在登录尝试失败计数器被复位为0之前，尝试登录失败之后所需的分钟数，其功能与账户锁定时间的作用基本相同。范围可设置为1~99999，如果用户自定义了账户锁定阈值，则该复位时间必须小于或等于账户锁定时间，建议设置时间为30分钟[19]。

配置账户锁定策略及操作可参考表9-2。

表 9-2　配置账户锁定策略及操作

名　　称	配置账户锁定策略及操作
实施目的	设置有效的账户锁定策略有助于防止攻击者猜出系统账户的密码
系统当前状态	进入“控制面板->管理工具->本地安全策略”，在“账户策略->账户锁定策略”中记录当前账户锁定策略情况
实施步骤	参考配置操作： 进入“控制面板->管理工具->本地安全策略”，在“账户策略->账户锁定策略”中进行配置，可参考下面的操作步骤
回退方案	还原账户锁定策略到加固之前的配置
判断依据	进入“控制面板->管理工具->本地安全策略”，在“账户策略->账户锁定策略”中检查安全策略是否设置为已启动和按要求配置

具体操作步骤：

第一步，单击计算机屏幕左下角的“开始”按钮，在弹出的功能菜单选项栏中，选择“控制面板”选项，如图9-1所示；

第二步，进入“控制面板”，单击“管理工具”按钮，如图9-2所示；

第三步，进入“本地安全策略->账户策略->账户锁定策略”，然后分别进入各个安全选项进行设置，如图9-5和图9-6所示。

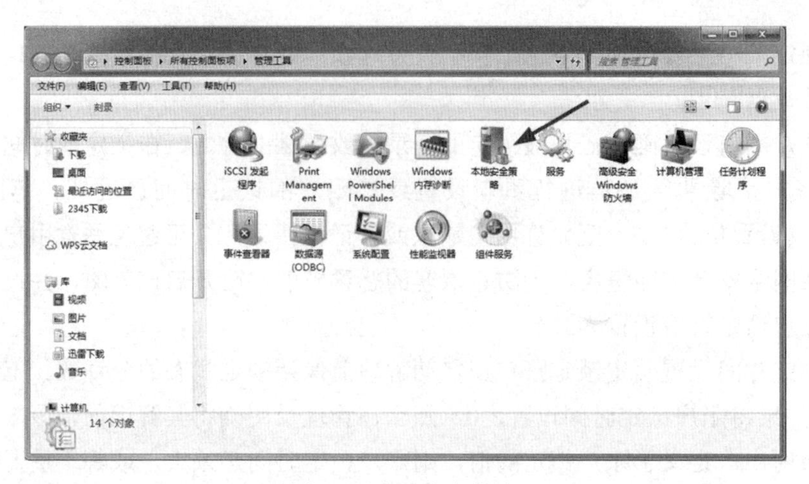

图 9-5 本地安全策略

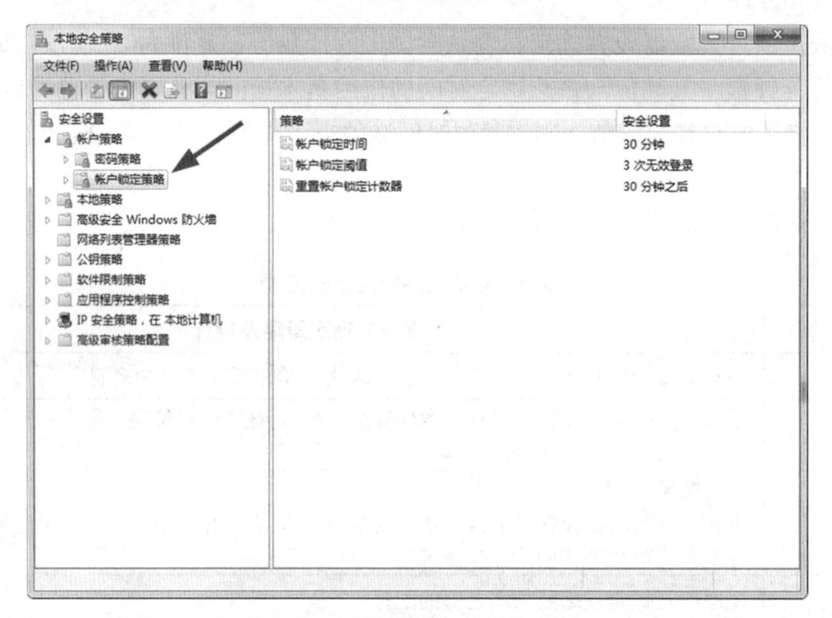

图 9-6 账户锁定策略

9.3.2 系统账户优化

操作系统账户是用户登录系统的身份凭证，也是系统进行权限管理和资源控制的基础。我们在系统安全加固中要重点关注系统账户的安全性，为保证系统的安全，需要删除不使用或无效的账户，并谨慎使用系统中的测试账户、共享账户等高危账户[20]。

操作系统使用本地用户账户、本地组账户来管理用户。当操作系统安装后会默认创建一批内置的本地用户和本地组账户，存放在本地计算机的SAM（Security Accounts Manager，安全账户管理器）数据库中。

用户账户通过用户名和密码进行标识。操作系统中的安全标识符SID是账户的唯一标识，用户名和密码用来验证账户的身份。系统默认会创建两个账户：Administrator和Guest。

其中Administrator由系统的管理员使用，通过它可以管理安全性策略，创建、修改、删除用户和组，修改系统软件，创建管理共享目录，安装连接打印机和格式化硬盘等；Guest用于临时登录的一次性用户，默认是禁止的，所有使用该账户登录的用户会获得相同的桌面设置。这两个默认账户均可以改名，但都不能删除。

本地组账户是一组具有相似的工作或具有相似资源要求的用户。系统将把资源访问的权限许可分配给一个用户组，就是同时分配给该用户组中的所有用户，可以简化管理员的系统维护工作。

操作系统会内置一些用户组账户，每个组都被赋予了特殊的权限，下面介绍几种常见的用户组。

- Administrators，管理员对计算机/域有不受限制的完全访问权，组内用户可以控制整个系统，Administrator 用户就属于该组，是系统默认的管理员账户。
- Users，可以提供对系统的基础性权限，可以防止用户进行有意或无意的系统范围的更改，还可以运行大部分应用程序。除了系统默认的 Administrator、Guest 和初始化用户，所有的系统用户都属于 User 组。
- BackupOperators，属于该组的用户可以备份磁盘驱动器上的任何文件，无论该用户对磁盘中的文件或目录是否具有权限，备份操作员为了备份或还原文件可以替代系统的安全限制。
- Guests，该组对系统资源具有有限的访问权限，是系统中默认来宾账户所属的组。

操作系统通过账户来管理用户的权限，根据系统对不同用户提供的服务，设定不同的用户和组，如管理员用户、数据库用户、审计用户、来宾用户等。按照用户类型分配账户如表9-3所示。

表 9-3　按照用户类型分配账户

名　　称	按照用户类型分配账户
实施目的	根据系统的要求，设定不同的账户和账户组，如管理员用户、数据库用户、审计用户、来宾用户等
系统当前状态	进入“控制面板->管理工具->计算机管理”，在“系统工具->本地用户和组”中记录当前用户状态
实施步骤	参考配置操作： 进入“控制面板->管理工具->计算机管理”，在“系统工具->本地用户和组”中进行配置 结合要求和实际业务情况判断符合要求，根据系统的要求，设定不同的账户和账户组，如管理员用户、数据库用户、审计用户、来宾用户
回退方案	删除新增加的用户，还原用户权限到初始设置。部分操作可能无法回退
判断依据	进入“控制面板->管理工具->计算机管理”，在“系统工具->本地用户和组”中查看账户和账户组，如管理员用户、数据库用户、审计用户、来宾用户等。根据系统的要求和实际业务情况判断是否符合要求

具体操作步骤：

第一步，单击计算机屏幕左下角的“开始”按钮，在弹出的功能菜单选项栏中，选择“控制面板”选项，如图9-1所示；

第二步，进入“控制面板”，单击“管理工具”按钮，如图9-2所示；

第三步，进入“计算机管理->系统工具->本地用户组”，在操作区域右键单击，按照要求添加或删除用户（组），如图9-7和图9-8所示。

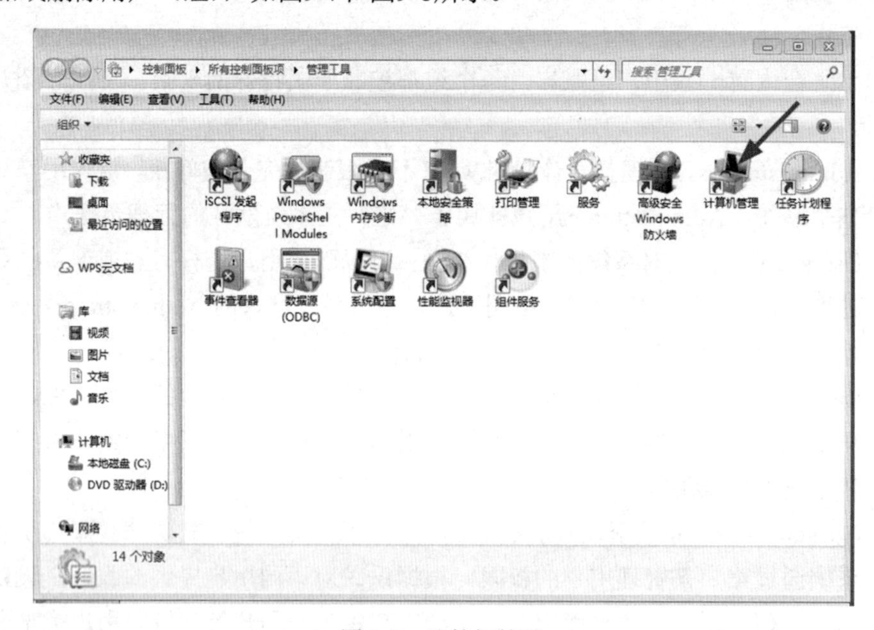

图 9-7　计算机管理

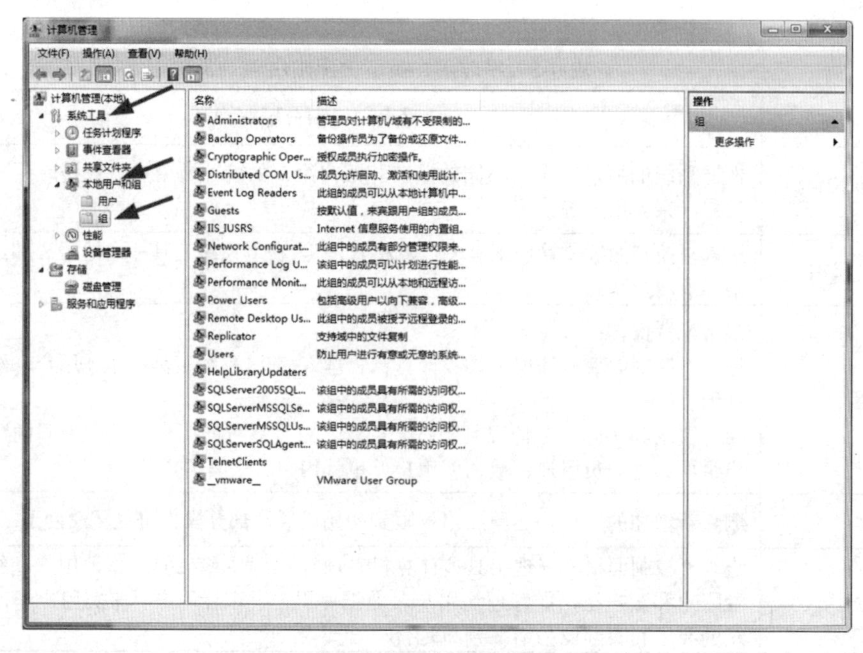

图 9-8　按照要求添加或删除用户（组）

清理系统中无效的账户、重命名管理员账户和禁用访客账户都可以降低系统被攻击成功的概率，提升系统整体的安全性，操作步骤可参考表9-4和表9-5。

表 9-4　清理系统中的无效账户

名　　称	系统无效账户清理
实施目的	删除或锁定与设备运行、维护等与工作无关的账户，提高系统账户安全
问题影响	如果不清理无效的账户，则系统将面临默认账户被非法利用的风险
系统当前状态	进入“控制面板->管理工具->计算机管理”，在“系统工具->本地用户和组”中记录当前用户状态，备份系统 SAM 文件
实施步骤	参考配置操作： 进入“控制面板->管理工具->计算机管理”，在“系统工具->本地用户和组”中的具体操作可参考分配账户的操作步骤 删除或锁定与设备运行、维护等与工作无关的账户
回退方案	增加被删除的用户，激活被锁定的用户，还原用户权限到初始设置。部分操作可能无法回退
判断依据	进入“控制面板->管理工具->计算机管理”，在“系统工具->本地用户和组”中查看是否删除或锁定与设备运行、维护等与工作无关的账户 根据系统的要求和实际业务情况判断是否符合要求

表 9-5　重命名管理员账户和禁用访客账户

名　　称	重命名 Administrator，禁用 Guest
实施目的	对于管理员账户，要求更改默认账户名称；禁用 Guest（来宾）账户。提高系统安全性
问题影响	管理员账户容易被猜解；Guest 账户容易被非法利用
系统当前状态	进入“控制面板->管理工具->计算机管理”，在“系统工具->本地用户和组”中记录当前用户状态
实施步骤	参考配置操作： 进入“控制面板->管理工具->计算机管理”，在“系统工具->本地用户和组”中设置 Administrator—>属性—>更改名称，Guest 账户->属性—>已停用
回退方案	重命名用户名称，还原用户属性设置
判断依据	进入“控制面板->管理工具->计算机管理”，在“系统工具->本地用户和组”中查看管理员账户 Administrator 名称是否修改，Guest 账户是否禁用

具体操作步骤：

第一步，单击计算机屏幕左下角的“开始”按钮，在弹出的功能菜单选项栏中，选择“控制面板”选项，如图9-1所示；

第二步，进入“控制面板”，单击“管理工具”按钮，如图9-2所示；

第三步，进入“计算机管理->系统工具->本地用户和组->用户”，如图9-9所示。

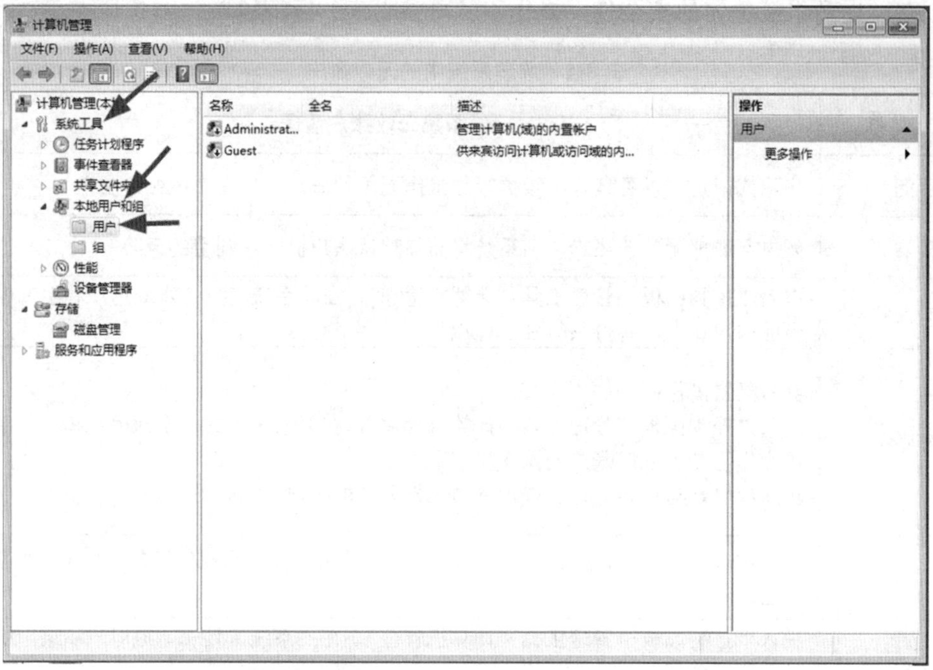

图 9-9　本地用户和组

在Administrator用户所属列上右键选择“属性”选项，在选项属性页面中的“全名（F）”处修改默认的用户名，如图9-10所示。在Guest用户所属列上右键选择“属性”选项，在属性页面中勾选“账户已禁用”，如图9-11所示。

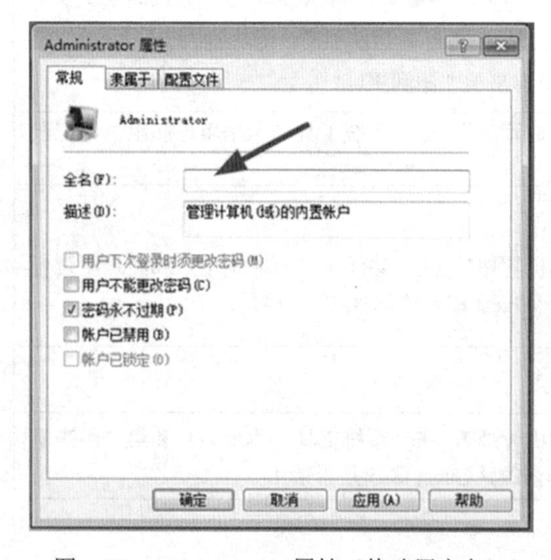

图 9-10　Administrator 属性（修改用户名）

图 9-11　Guest 属性（禁用该账户）

9.3.3　系统服务优化

系统服务优化是系统安全加固中不可或缺的一步，服务是无论用户是否登录都运行在系统中的应用程序，是操作系统用以执行指定系统功能的程序，其主要的功能是为其他应用程序提供基础的执行环境，一般指后台运行。与普通的用户程序相比，服务不会出现程序窗口或对话框，因此很多恶意程序都是以服务形式在后台运行的。在系统安全加固、日常使用和应急事件处置过程中都要对系统服务给予高度的关注，及时甄别假冒的系统服务，防止恶意程序在系统中驻留。

Windows中的服务有四种启动类型，分别为“手动”“自动（延迟启动）”“自动”和“禁用”，如图9-12所示。

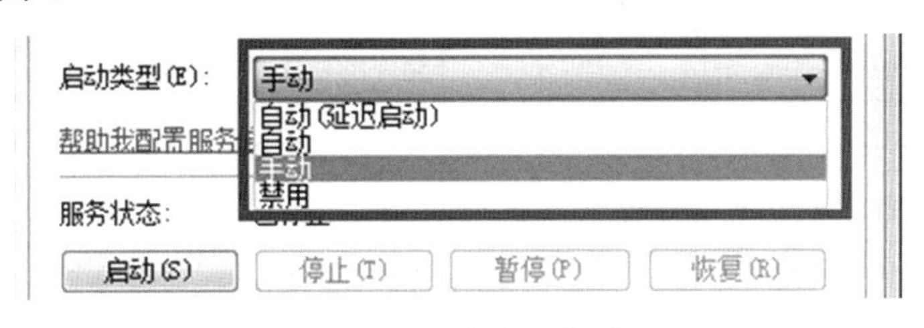

图 9-12　服务启动类型

“手动”模式是指此服务不会随着系统的启动而启动，需要其他服务启动或用户手动启动。

“自动（延迟启动）”模式是指在操作系统启动一段时间之后延迟启动该服务，此种方式是操作系统防止开机后加载过多的服务造成系统卡顿的一种解决方案。

“自动”模式是指计算机启动时同时启动该服务，以便支持其他服务在此服务基础上运行。

“禁用”模式是指服务被禁止启动，不能通过其他服务启动，只能由用户手动修改属性后才能启动。

操作系统为了提升系统的易用性，适应复杂多变的应用环境，提供了大量的基础服务，这使操作系统在安全性方面存在着一些安全缺陷，这种缺陷使计算机处于一种不安全的状态。

在系统安全加固的过程中需要关闭不必要的服务提高系统的整体安全性，表9-6给出了系统运行基础的服务列表，用户可按照需要关闭不在此表中的服务。

表 9-6　关闭服务

<table>
<tr><th>名　　称</th><th colspan="3">关闭服务</th></tr>
<tr><td>实施目的</td><td colspan="3">关闭系统不必要的服务，提高系统安全性。列出所需要服务的列表（包括所需的系统服务），不在此列表中的服务需关闭</td></tr>
<tr><td>问题影响</td><td colspan="3">如果不关闭与业务和应用无关或不必要的服务，则系统或有被攻击、渗透或利用的风险</td></tr>
<tr><td>系统当前状态</td><td colspan="3">运行命令 netstart 查看当前运行的服务</td></tr>
<tr><td rowspan="23">实施步骤</td><td colspan="3">参考配置操作：
进入“控制面板->管理工具->计算机管理”，在“服务和应用程序”中查看所有服务，不在此列表中的服务需按照需要进行关闭</td></tr>
<tr><th>服　　务</th><th>启动类型</th><th>包括在成员服务器基准策略中的理由</th></tr>
<tr><td>COM+事件服务</td><td>手动</td><td>允许组件服务的管理</td></tr>
<tr><td>DHCP 客户端</td><td>自动</td><td>更新动态 DNS 中的记录所需</td></tr>
<tr><td>分布式链接跟踪客户端</td><td>自动</td><td>用来维护 NTFS 卷上的链接</td></tr>
<tr><td>DNS 客户端</td><td>自动</td><td>允许解析 DNS 名称</td></tr>
<tr><td>事件日志</td><td>自动</td><td>允许在事件日志中查看事件日志消息</td></tr>
<tr><td>逻辑磁盘管理器</td><td>自动</td><td>需要它来确保动态磁盘信息保持最新</td></tr>
<tr><td>逻辑磁盘管理器管理服务</td><td>手动</td><td>需要它以执行磁盘管理</td></tr>
<tr><td>Netlogon</td><td>自动</td><td>加入域时所需</td></tr>
<tr><td>网络连接</td><td>手动</td><td>网络通信所需</td></tr>
<tr><td>性能日志和警报</td><td>手动</td><td>收集计算机的性能数据，向日志中写入或触发警报</td></tr>
<tr><td>即插即用</td><td>自动</td><td>Windows 标识和使用系统硬件时所需</td></tr>
<tr><td>受保护的存储区</td><td>自动</td><td>需要用它保护敏感数据，如私钥</td></tr>
<tr><td>远程过程调用（RPC）</td><td>自动</td><td>Windows 中的内部过程所需</td></tr>
<tr><td>远程注册服务</td><td>自动</td><td>hfnetchk 实用工具所需</td></tr>
<tr><td>安全账户管理器</td><td>自动</td><td>存储本地安全账户的账户信息</td></tr>
<tr><td>服务器</td><td>自动</td><td>hfnetchk 实用工具所需</td></tr>
<tr><td>系统事件通知</td><td>自动</td><td>在事件日志中记录条目所需</td></tr>
<tr><td>TCP/IP NetBIOS Helper 服务</td><td>自动</td><td>在组策略中进行软件分发所需（可用来分发修补程序）</td></tr>
<tr><td>Windows 管理规范驱动程序</td><td>手动</td><td>使用“性能日志和警报”实现性能警报时所需</td></tr>
<tr><td>Windows 时间服务</td><td>自动</td><td>需要它来保证 Kerberos 身份验证有一致的功能</td></tr>
<tr><td>工作站</td><td>自动</td><td>加入域时所需</td></tr>
</table>

（续表）

名　　称	关闭服务
回退方案	进入“控制面板->管理工具->计算机管理”，在“服务和应用程序”中配置并启动停止的服务
判断依据	系统管理员应出具系统所必要的服务列表 查看所有服务，不在此列表的服务需按照需要进行关闭 进入“控制面板->管理工具->计算机管理”，在“服务和应用程序”中查看所有服务，检查不在此列表的服务是否已关闭

具体操作步骤（以关闭Telnet服务为例）：

第一步，单击计算机屏幕左下角的“开始”按钮，在弹出的功能菜单选项栏中，选择“控制面板”选项，如图9-1所示；

第二步，进入“控制面板”，单击“管理工具”按钮，如图9-2所示；

第三步，在“服务”中找到“Telnet”选项，双击进入属性设置界面，启动类型选择“禁用”选项，单击“确定”按钮，如图9-13、图9-14、图9-15所示。

图 9-13　服务

服务(本地)

Telnet

停止此服务
暂停此服务
重启动此服务

描述:
允许远程用户登录到此计算机并运行程序，并支持多种 TCP/IP Telnet 客户端，包括基于 UNIX 和 Windows 的计算机。如果此服务停止，远程用户就不能访问程序，任何直接依赖于它的服务将会启动失败。

名称	描述	状态	启动类型	登录为
Task Scheduler	使用户可以在此计算机上配置和计划自动任...	已启动	自动	本地系统
TCP/IP NetBIOS ...	提供 TCP/IP (NetBT) 服务上的 NetBIOS 和...		禁用	本地服务
Telephony	提供电话服务 API (TAPI)支持，以便各程序...		手动	网络服务
Telnet	允许远程用户登录到此计算机并运行程序，...	已启动	自动(延迟...	本地服务
Themes	为用户提供使用主题管理的体验。	已启动	自动	本地系统
Thread Ordering ...	提供特定期间内一组线程的排序执行。		手动	本地服务
TPM Base Services	允许访问受信任的平台模块(TPM)，该模块向...		手动	本地服务
UPnP Device Host	允许 UPnP 设备宿主在此计算机上。如果停...		手动	本地服务
User Profile Servi...	此服务负责加载和卸载用户配置文件。如果...	已启动	自动	本地系统
Virtual Disk	提供用于磁盘、卷、文件系统和存储阵列的...		手动	本地系统
Visual Studio Sta...	Visual Studio Data Collection Service. Wh...		手动	本地系统
VMware Authoriz...	用于启动和访问虚拟机的授权及身份验证服...	已启动	自动	本地系统
VMware DHCP S...	DHCP service for virtual networks.	已启动	自动	本地系统

图 9-14　Telnet 服务

图 9-15 启动类型选择“禁用”选项

9.3.4 系统日志设置

系统日志是系统中一类比较特殊的文件，虽然能够完整地将系统中发生的事件记录下来，但默认的配置日志策略并不能很好地满足应急事件处置中安全审计的需求。日志在安全审计方面有着无可替代的价值，因此在系统安全加固时要修改默认的日志配置，以满足其在安全方面的需求。

日志是记录系统中硬件、软件和系统问题的信息，同时还可以监视系统中发生的事件。用户可以通过日志来检查错误发生的原因，或者寻找受到攻击时攻击者留下的痕迹。Windows系统的日志分为五类，分别为应用程序日志、安全日志、Setup日志、系统日志和转发事件日志。

应用程序日志包含应用程序记录的事件；安全日志包含系统的登录、文件资源的使用以及与系统安全相关的事件；Setup日志包含与应用程序安全有关的事件；系统日志包含Windows系统组件记录的事件；转发事件日志用于存储从远程计算机中收集的事件。

系统日志是应急响应中计算机取证不可或缺的一个重要组成部分，系统日志应包括用户登录使用的账户、登录是否成功、登录时间以及远程登录的IP地址等信息。日志查看与分析是发现安全事件的基础工作，如果日志策略设置得当，对于事件的分析与还原有着较大的作用。表9-7是审核策略设置。

表 9-7 审核策略设置

名　　称	审核策略设置
实施目的	设置审核策略，记录系统重要的事件日志，设备应配置日志功能，对用户登录进行记录，记录内容包括用户登录使用的账号、登录是否成功、登录时间，以及远程登录时用户使用的 IP 地址
问题影响	无法对用户的登录以及登录后对系统的操作过程、特权使用等进行日志记录
系统当前状态	进入“控制面板->管理工具->本地安全策略”，查看并记录“审核策略”的当前设置

（续表）

名　　称	审核策略设置
实施步骤	参考配置操作： 进入“控制面板->管理工具->本地安全策略->审核策略”， 审核登录事件，双击，设置为“成功”和“失败”都要审核 “审核策略更改”设置为“成功”和“失败”都要审核 “审核对象访问”设置为“成功”和“失败”都要审核 “审核目录服务器访问”设置为“成功”和“失败”都要审核 “审核特权使用”设置为“成功”和“失败”都要审核 “审核系统事件”设置为“成功”和“失败”都要审核 “审核账户管理”设置为“成功”和“失败”都要审核 “审核进程跟踪”设置为“成功”和“失败”都需要审核
回退方案	还原“审核策略”的设置到加固之前的配置
判断依据	进入“控制面板->管理工具->本地安全策略->审核策略”，查看是否设置为“成功”和“失败”都审核

具体操作步骤：

第一步，单击计算机屏幕左下角的“开始”按钮，在弹出的功能菜单选项栏中，选择“控制面板”选项，如图9-1所示；

第二步，进入“控制面板”，单击“管理工具”按钮，如图9-2所示；

第三步，进入“本地安全策略->本地策略->审核策略”，分别进入各个安全选项进行设置，如图9-16和图9-17所示。

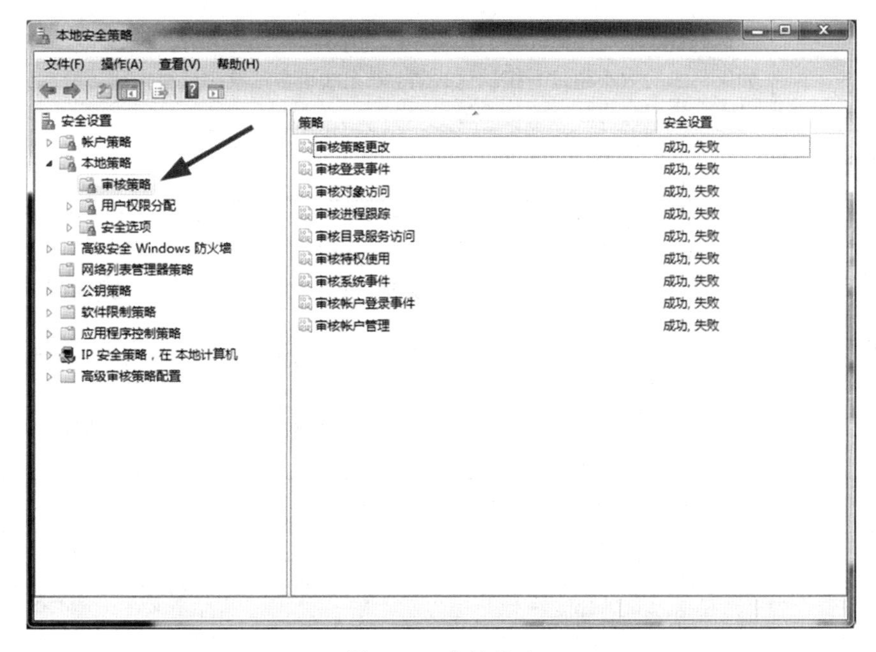

图 9-16　审核策略

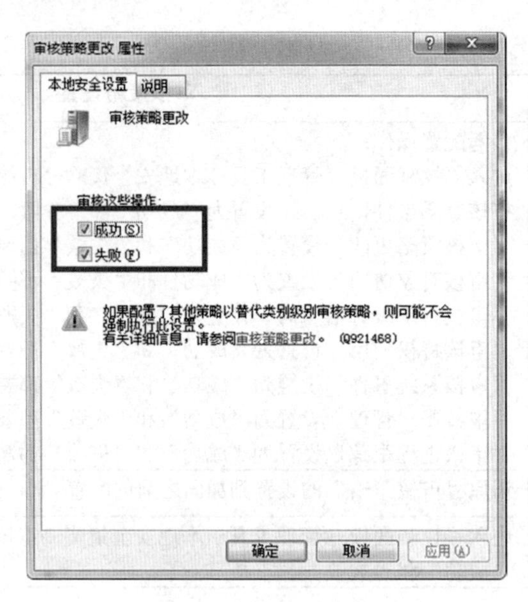

图 9-17 审核策略更改

设置系统日志大小至少为8192KB，可根据磁盘空间配置日志文件的大小，记录的日志越多，越有利于事件的回溯，日志记录策略设置可参考表9-8。

表 9-8 日志记录策略设置

名 称	日志记录策略设置
实施目的	优化系统日志记录，防止日志溢出。设置应用日志文件大小至少为 8192KB，当设置达到最大的日志尺寸时，按需要改写事件
问题影响	如果日志的大小超过系统默认设置，则无法正常记录超过最大记录值后的所有系统日志、应用日志、安全日志等
系统当前状态	进入“控制面板->管理工具->事件查看器”，查看并记录“应用日志”“系统日志”“安全日志”的当前设置
实施步骤	参考配置操作，进入“控制面板->管理工具->事件查看器”，在“事件查看器（本地）”中进行查看： “应用日志”属性中的日志大小设置不小于 8192KB，当设置达到最大的日志尺寸时，按需要改写事件 “系统日志”属性中的日志大小设置不小于 8192KB，当设置达到最大的日志尺寸时，按需要改写事件 “安全日志”属性中的日志大小设置不小于 8192KB，当设置达到最大的日志尺寸时，按需要改写事件
回退方案	还原“应用日志”“系统日志”“安全日志”的设置到加固之前的配置
判断依据	进入“控制面板->管理工具->事件查看器”，在“事件查看器（本地）”中查看各项日志属性中日志大小是否设置为不小于 8192KB，是否当设置达到最大的日志尺寸时，按需要改写事件

具体操作步骤：

第一步，单击计算机屏幕左下角的“开始”按钮，在弹出的功能菜单选项栏中，选择

“控制面板”选项，如图9-1所示；

第二步，进入“控制面板”，单击“管理工具”按钮，如图9-2所示；

第三步，单击“事件查看器”按钮，如图9-18所示。分别右键进入各个日志的“属性”选项进行设置，日志属性参数设置可参考图9-19。

图 9-18　事件查看器

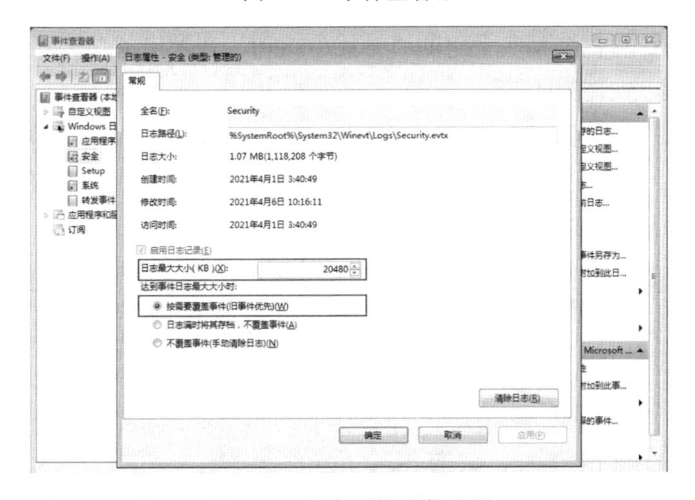

图 9-19　日志属性参数设置

9.3.5　远程登录设置

远程登录就是通过网络远程登录到另一台计算机上，当网络中的某台计算机开启了远程登录功能后，我们可以通过远程登录功能实时地操作这台计算机。计算机系统远程登录是为了方便用户通过网络远程登录到本地计算机，在上面安装软件，运行程序，所有的操作就好像直接在本地计算机上操作一样。远程登录在给用户带来方便的同时，也给系统增加了一定的安全隐患。

在操作系统加固过程中为了保障系统的安全性，需要指定远程登录的用户，防止未授权用户远程登录，同时还需要防止非Administrators用户组用户远程关闭计算机，具体设置可参考表9-9或后面的表9-10。

表 9-9　“从网络访问此计算机”设置

名　　称	“从网络访问此计算机”设置
实施目的	防止网络用户非法访问主机，在组策略中只允许授权账户从网络访问（包括网络共享等，但不包括终端服务）此计算机
问题影响	降低非授权用户非法访问主机的概率
系统当前状态	进入“控制面板->管理工具->本地安全策略”，在“本地策略->用户权限分配”中查看并记录“从网络访问此计算机”的当前设置
实施步骤	参考配置操作： 进入“控制面板->管理工具->本地安全策略”，在“本地策略->用户权限分配”中把“从网络访问此计算机”设置为“指定授权用户”
回退方案	还原“从网络访问此计算机”的设置到加固之前的配置
判断依据	进入“控制面板->管理工具->本地安全策略”，在“本地策略->用户权限分配”中查看是否“从网络访问此计算机”设置为“指定授权用户”

具体操作步骤：

第一步，单击计算机屏幕左下角的“开始”按钮，在弹出的功能菜单选项栏中，选择“控制面板”选项，如图9-1所示；

第二步，进入“控制面板”，单击“管理工具”按钮，如图9-2所示；

第三步，进入“本地安全策略->本地策略->用户权限分配->从网络访问此计算机”，添加或删除用户（组），如图9-20和图9-21所示。

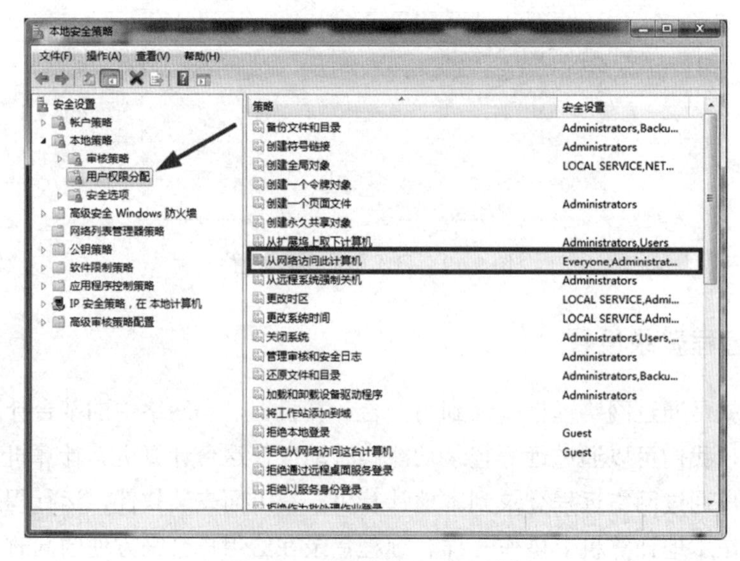

图 9-20　从网络访问此计算机

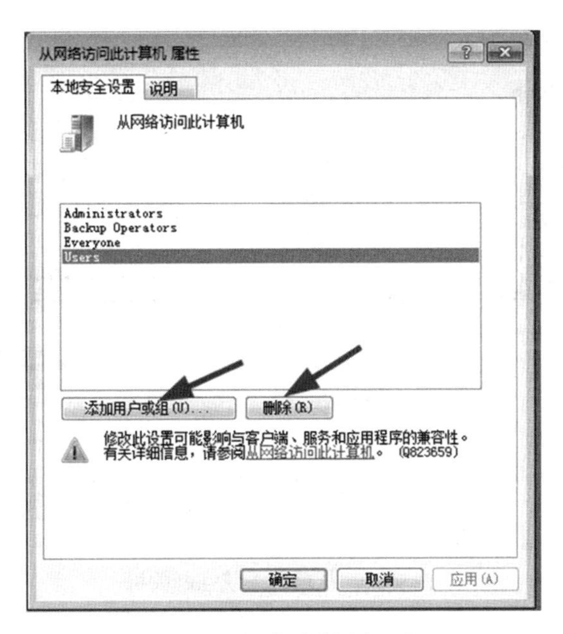

图 9-21　添加或删除用户（组）

表 9-10　远程系统强制关机设置

名　　称	远程系统强制关机设置
实施目的	防止远程用户非法关机，在本地安全设置中把“从远程系统强制关机”设置为“只指派给 Administrators 组”
问题影响	减少系统被管理员以外的用户非法关闭的风险
系统当前状态	进入“控制面板->管理工具->本地安全策略”，在“本地策略->用户权限分配”中查看并记录“从远程系统强制关机”的当前设置
实施步骤	参考配置操作： 进入“控制面板->管理工具->本地安全策略”，在“本地策略->用户权限分配”中把“从远程系统强制关机”设置为“只指派给 Administrators 组”
回退方案	还原“从远程系统强制关机”的设置到加固之前的配置
判断依据	进入“控制面板->管理工具->本地安全策略”，在“本地策略->用户权限分配”中查看“从远程系统强制关机”是否设置为“只指派给 Administrators 组”

具体操作步骤：

第一步，单击计算机屏幕左下角的“开始”按钮，在弹出的功能菜单选项栏中，选择“控制面板”选项，如图9-1所示；

第二步，进入“控制面板”，单击“管理工具”按钮，如图9-2所示；

第三步，进入“本地安全策略->本地策略->用户权限分配->从远程系统强制关机”，添加或删除用户（组），如图9-22和图9-23所示。

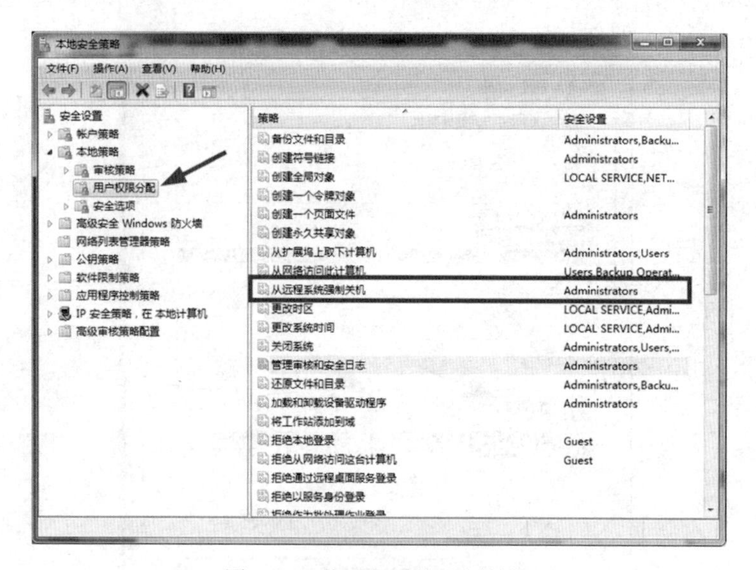

图 9-22　从远程系统强制关机

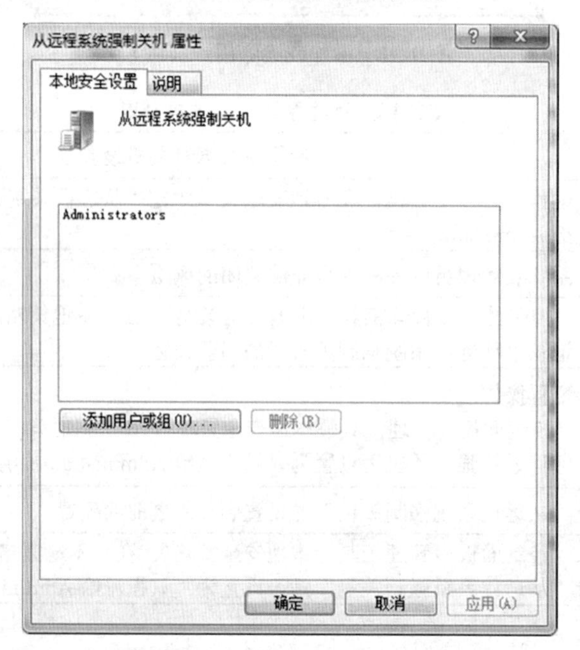

图 9-23　添加或删除用户（组）

9.3.6　系统漏洞修补

计算机的系统漏洞是计算机编程人员进行软件设计时出现的程序缺陷或错误，在计算机工作时，有可能会被黑客窃取用户信息，利用植入的病毒控制计算机，以窃取里面的数据，破坏计算机系统。系统漏洞是对操作系统安全威胁中最大的一个，据统计证明，大部分黑客攻击事件都是通过系统未及时修补的漏洞来攻击成功的。定期升级系统补丁是系统安全管理中必不可少的一个环节，也是系统安全加固的常态化工作[21]。

计算机系统中的漏洞对计算机用户的影响非常大。计算机系统包括软件系统及硬件系统，在设计和出厂过程中，都有可能存在一些安全漏洞。如果黑客通过非法途径进行利用，就会导致数据失窃或系统瘫痪[22]。目前，电子商务的发展速度很快，网上购物已成为很多人生活中不可或缺的一部分，人们利用支付宝等网络交易平台进行买卖、付款、转账等。如果在有安全隐患的计算机系统上进行交易，非常有可能被黑客窃取信息，造成用户财产的损失。因此，计算机系统漏洞会使计算机缺乏安全保障。

在计算机系统中，漏洞的存在是很普遍的现象。在计算机程序员编写程序的整个过程中，不管哪一种程序都没有办法做到完美的程度，程序员总会存在一些失误，这就会导致程序逻辑上的错误，使计算机系统出现系统漏洞。计算机系统漏洞自身是不会导致计算机用户的数据被窃取或破坏的，因为计算机系统漏洞主要是程序上的编写错误，不会对计算机造成损害。可怕的是这些系统漏洞如果被黑客使用，且黑客对计算机程序进行了攻击，这样用户的计算机就非常不安全了。计算机个人用户在使用过程中，如果发现了漏洞，会进行一些基础的修复工作，不过用户在修复时可能又会出现新的漏洞，因此，计算机系统需要持续进行相关修复工作。建议开启Windows系统更新服务，由系统自动更新补丁或者定期下载补丁包进行离线更新，保障系统的安全性。

具体操作步骤如下：

第一步，单击计算机屏幕左下角的“开始”按钮，在弹出的功能菜单选项栏中，选择“控制面板”选项，如图9-1所示；

第二步，进入“控制面板”，单击“Windows Update”按钮，如图9-24所示；

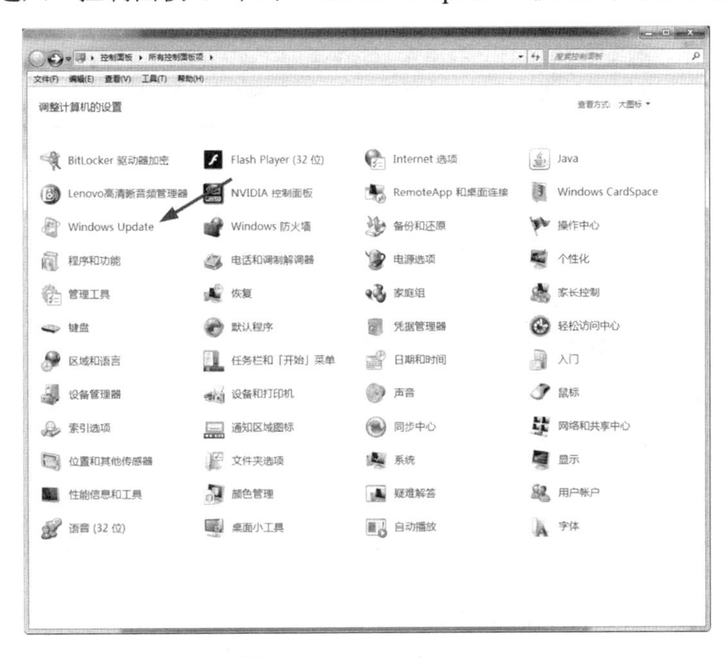

图 9-24　Windows Update

第三步，单击“更改设置”，并进行具体参数设置，如图9-25和图9-26所示。

图 9-25 更改设置

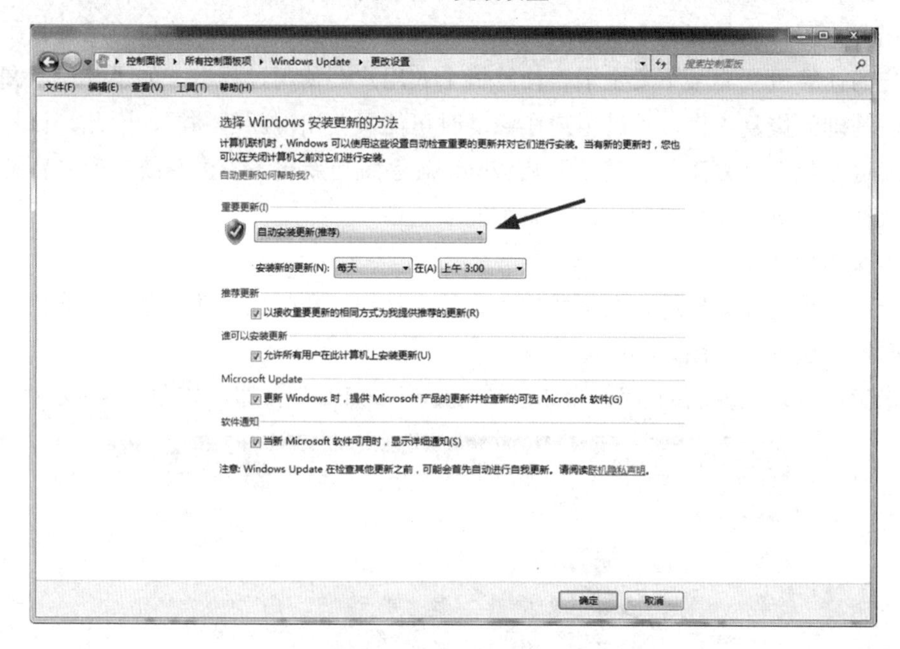

图 9-26 自动安装更新

9.4 经典案例分析与工具介绍

9.4.1 “一密管天下”

撞库攻击是一种较为常见的攻击方式，对个人和企业都有较大的危害。撞库，简单来说就是黑客利用已经泄露的账户和密码去其他网站或应用中尝试登录的行为[23]。

撞库利用的就是人们喜欢在不同的平台或应用中设置相同的账户和密码的习惯来进行攻击的。撞库的危险就相当于你购买了一个具备各种高科技的防盗门，飞机、大炮都不能攻破它，但是你却把门的钥匙放在了一个防备级别特别低的盒子里，别人很容易就能拿到这个门的钥匙。一般被暴露出来的账户和密码大都来自防护级别低的个人邮箱、博客论坛和网络游戏等应用中。

撞库使用的信息不仅仅包括用户的账户和密码，其中还包括了用户的其他身份信息，例如性别、年龄、居住地等。2014年12月，12306官网被爆出大量用户数据泄露。其中包括用户账户、明文密码、身份证号、电子邮箱等信息。

经过对这些泄露的数据进行分析，可以确定数据来源基本上都是黑客使用之前其他网站泄露的用户数据进行撞库得到的。用户在不同网站登录时如果使用的是相同的用户名和密码，这种做法是非常不明智的，也是不安全的。

我们在设置账户和密码时应做到以下四点：

- 尽量减少在不同的网站或应用上使用相同的密码
- 使用复杂的口令，不使用常见的弱口令
- 定期更换常用口令，降低被撞库的概率
- 启用密码策略，提高攻击的代价

9.4.2　臭名昭著的勒索病毒—WannaCry

2017年5月12日，黑客借助由美国国家安全局泄露出的漏洞攻击工具，利用高危漏洞Eternal Blue（永恒之蓝）在世界范围内传播WannaCry勒索病毒，致使WannaCry勒索病毒大爆发，其影响涉及教育、金融、能源和医疗等众多行业，造成了严重的信息安全问题。在我国，部分校园网用户受害严重，实验室数据和毕业设计被锁定加密，部分大型企业由于应用系统和数据库文件被加密后无法正常工作，影响巨大。在信息化发展如此迅猛的今天，其带来的危害及影响相当严重[24]。

感染WannaCry勒索病毒的计算机，其文件将会被加密锁死，黑客通常通过这种办法向受害者索要赎金，在受害者支付赎金之后再为其提供解密密钥来恢复文件。但由于WannaCry勒索病毒会让黑客无法判断究竟哪些受害者支付了赎金，因此很难向支付赎金的受害者提供解密密钥，所以即便支付了赎金，受到WannaCry勒索病毒攻击的受害者也极有可能永久失去其文件。

勒索病毒是通过445、135、137、138、139等端口进行传播的，我们也可以在防火墙中封堵这些高危端口，从而达到防护勒索病毒的效果。

在计算机的日常使用过程中，我们要注重系统的安全管理，开启系统防火墙，封堵非必要端口，安装防护软件并经常升级。在系统中常用的端口有21、23、25、80以及110端口等。对于普通用户来说，开启21和25等端口就能满足需求了，可以有效避免病毒的攻击。

9.4.3　主机安全加固软件

本节主要介绍两款常用的主机安全加固软件。一款是护卫神主机安全加固软件，此软件操作简单明了，适合对主机进行简单的安全加固；另一款是服务器安全狗软件。

1. 护卫神主机安全加固软件

护卫神主机安全加固软件是一款简单好用的计算机安全加固软件，软件功能简单，可为用户提供简单的系统安全加固，有主机安全设置、操作系统运行安全等功能，同时还提供防挂马、防黑链、防篡改等功能。

下面将对软件中的修改远程桌面端口、修改管理员用户名、修改Windows防火墙规则和主机安全检测进行具体介绍。

（1）修改远程桌面端口操作步骤。

第一步，在“基础安全设置”模块中的“远程桌面端口”中修改端口，如图9-27所示；

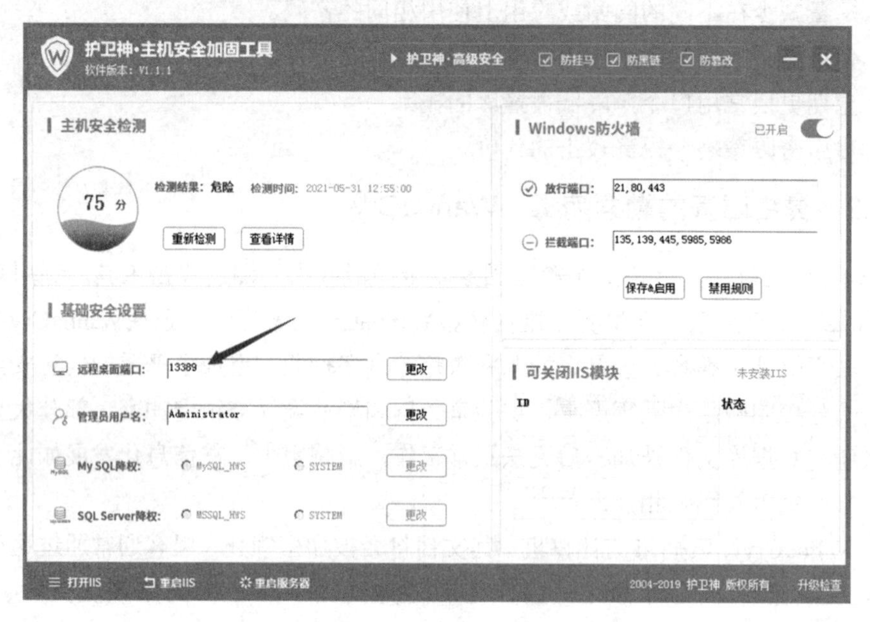

图 9-27　修改远程桌面端口

注：护卫神 • 主机即文中的护卫神主机

第二步，单击“更改”按钮后，软件会弹出提示框，单击“是（Y）”按钮，重启后生效，如图9-28所示。

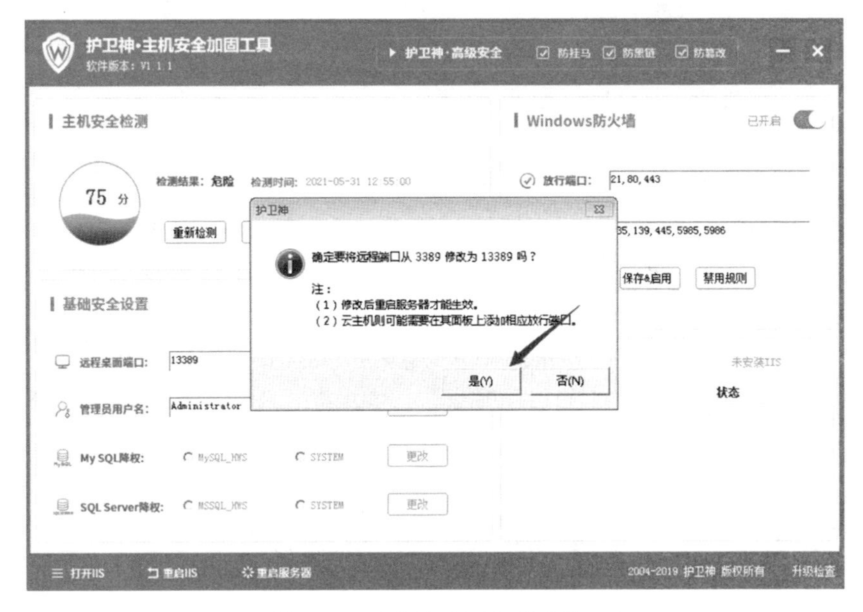

图 9-28　确定修改远程桌面端口

（2）修改管理员用户名操作步骤。

第一步，在“基础安全设置”模块中的“管理员用户名”中修改管理员用户名，如图9-29所示；

图 9-29　修改管理员用户名

第二步，单击“更改”按钮后，软件会弹出提示框，单击“是（Y）”按钮，如图9-30所示。

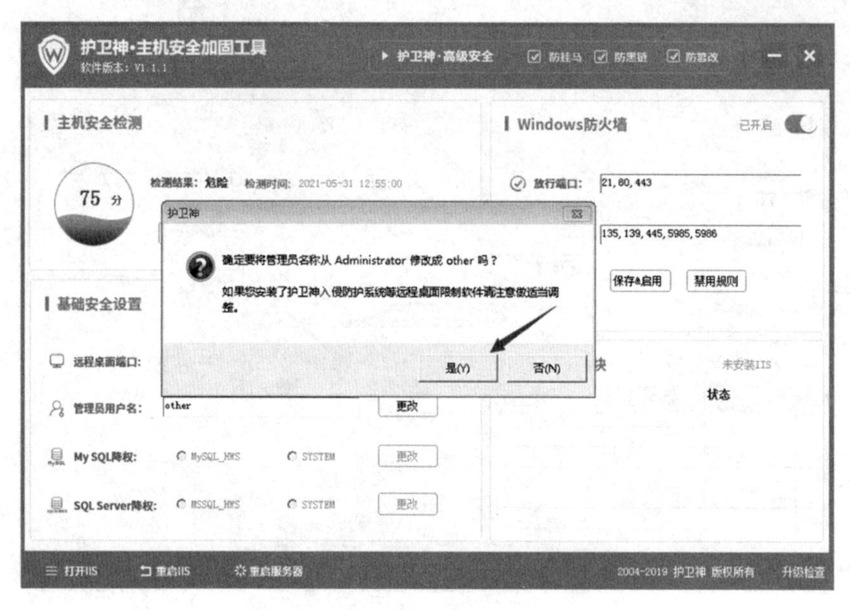

图 9-30　确认修改管理员用户名

（3）修改Windows防火墙规则操作步骤

第一步，在“Windows防火墙”模块中开启防火墙，并在 “放行端口”和“拦截端口”中添加或删除对应的业务端口，如图9-31所示；

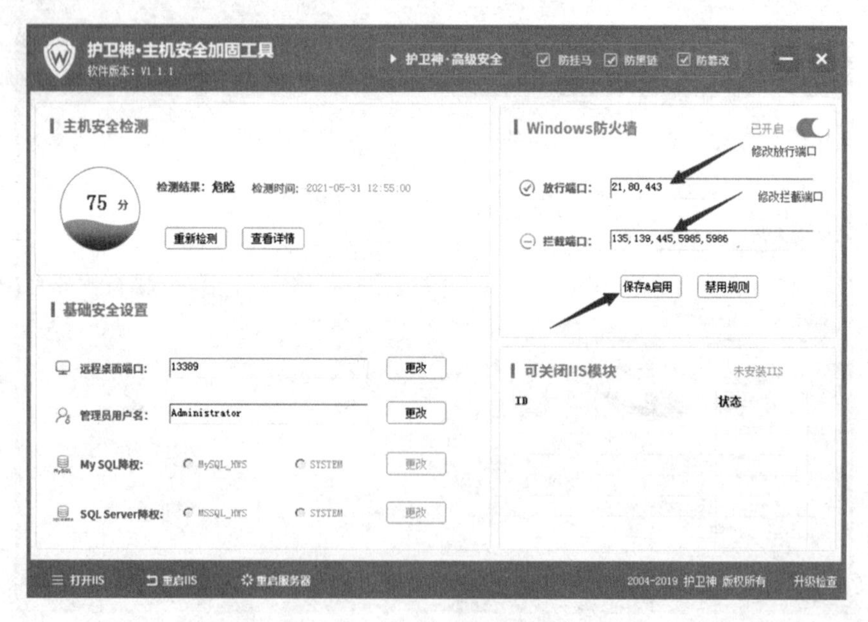

图 9-31　修改端口规则

第二步，单击“保存&启用”按钮后，软件会提示“端口规则启用设置完成！请注意检查是否正常”，如图9-32所示。

图 9-32　修改成功提示

（4）主机安全检测操作步骤。

第一步，在“主机安全检测”模块中可对主机进行安全检测，单击“查看详情”按钮后可查看具体内容，如图9-33和图9-34所示；

图 9-33　主机安全检测

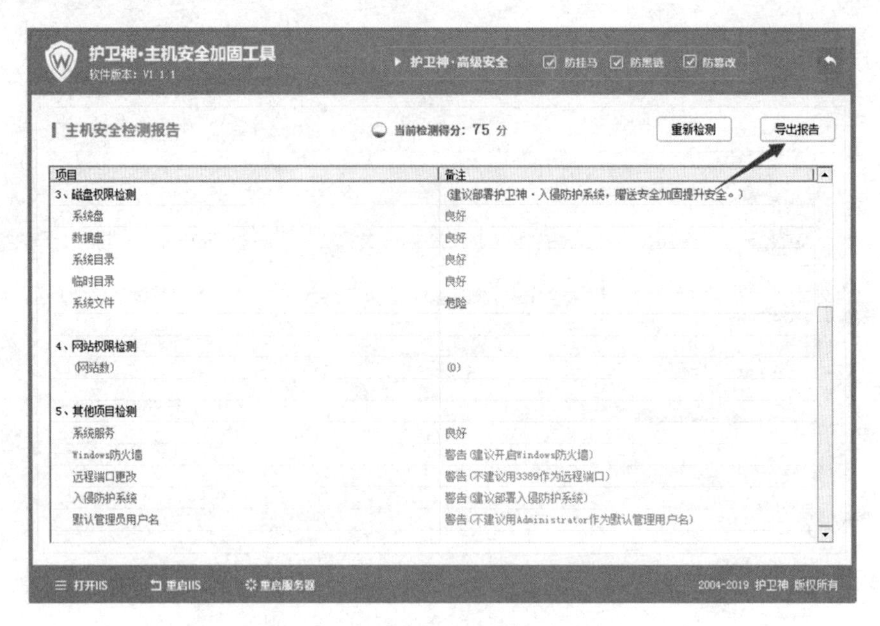

图 9-34　查看主机安全检测详细信息

第二步，在查看主机安全检测详细信息页面中，单击“导出报告”按钮后，可将报告导出到指定位置，服务器安全检测报告如图9-35所示。

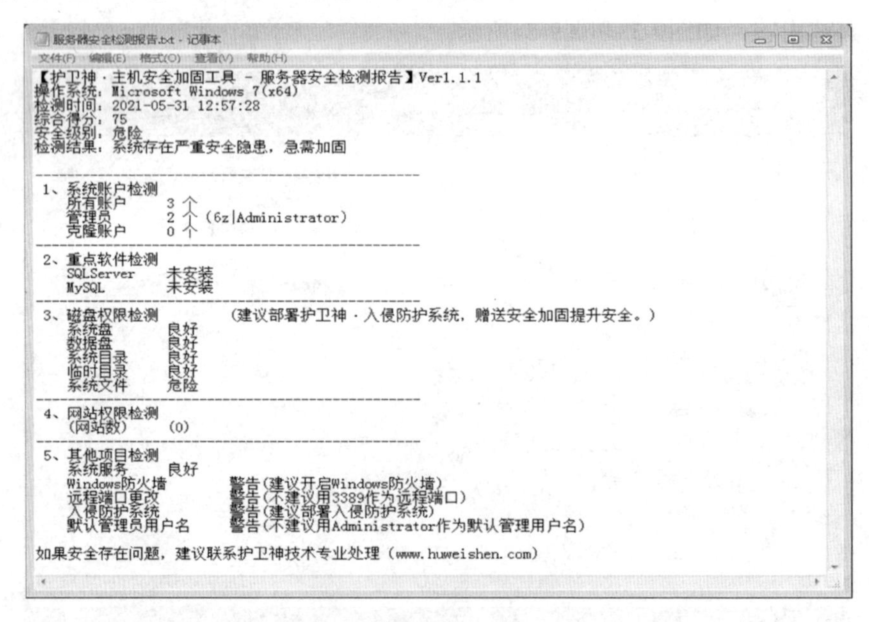

服务器安全检测报告.txt - 记事本

文件(F)　编辑(E)　格式(O)　查看(V)　帮助(H)

【护卫神 · 主机安全加固工具 - 服务器安全检测报告】Ver1.1.1
操作系统：Microsoft Windows 7(x64)
检测时间：2021-05-31 12:57:28
综合得分：75
安全级别：危险
检测结果：系统存在严重安全隐患，急需加固

1、系统账户检测
　所有账户　3 个
　管理员　2 个 (6z|Administrator)
　克隆账户　0 个

2、重点软件检测
　SQLServer　未安装
　MySQL　未安装

3、磁盘权限检测　(建议部署护卫神 · 入侵防护系统，赠送安全加固提升安全。)
　系统盘　良好
　数据盘　良好
　系统目录　良好
　临时目录　良好
　系统文件　危险

4、网站权限检测
　(网站数)　(0)

5、其他项目检测
　系统服务　良好
　Windows防火墙　警告(建议开启Windows防火墙)
　远程端口更改　警告(不建议用3389作为远程端口)
　入侵防护系统　警告(建议部署入侵防护系统)
　默认管理员用户名　警告(不建议用Administrator作为默认管理用户名)

如果安全存在问题，建议联系护卫神技术专业处理 (www.huweishen.com)

图 9-35　服务器安全检测报告

2. 服务器安全狗软件

服务器安全狗软件是一款功能齐全的计算机安全加固软件。软件的主要功能包括服务器优化、杀毒、网络防火墙、系统防火墙、安全防护和体检功能等。使用多引擎相结合的方式对各类网页木马和主流病毒进行查杀，具有网络防护、实时检测IP和端口访问合法性等功能，全面保障用户主机安全。

下面将对软件中的安全体检、软件防护模式、系统漏洞修复、系统服务优化、网络防火墙进行具体介绍。

（1）安全体检操作步骤。

第一步，在软件安装完成之后，界面会提示“服务器未进行过体检，建议立即体检”，单击“立即体检”按钮后软件会对主机进行安全体检，如图9-36所示；

图 9-36　软件主界面

第二步，体检扫描操作完成后，软件会将扫描有问题的项目标红，单击每个项目可查看问题详细，如图9-37和图9-38所示；

图 9-37　体检扫描结果

图 9-38　网络端口检测详细

（2）软件防护模式更改操作步骤。

软件提供三种防护模式：性能优先、安全优先和自定义模式。性能优先开启的防护选项相对较少，主要是网络安全防护，出于性能考虑在系统主动防御方面较弱。安全优先模式相对于性能优先在系统主动防御方面有所加强。在自定义模式下用户可以根据要求基于性能和安全两种模式进行修改。更改防护模式的具体步骤如下：

第一步，在软件左下角单击“安全防护”按钮可进入安全防护模式选择界面，如图9-39所示；

图 9-39　安全防护

第二步，单击要采用的防护模式后，此模式将会显示绿色，如图9-40所示。在自定义模式下可以对各种安全选项进行选择，如图9-41所示。

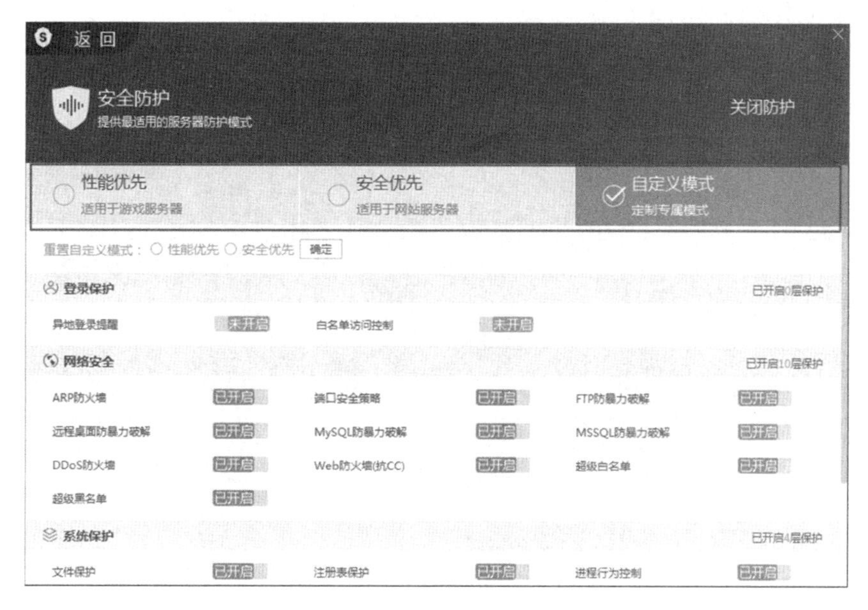

图 9-40　模式选择

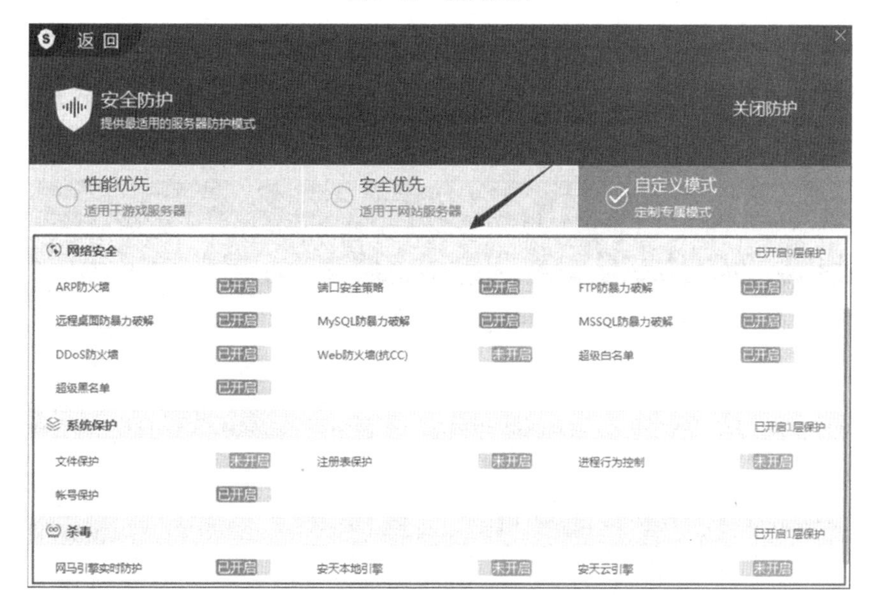

图 9-41　自定义模式网络端口检测详细

（3）系统漏洞修复操作步骤。

第一步，进入“服务器优化->系统漏洞修复”，在进入界面后软件会自动进行漏洞扫描，如图9-42所示；

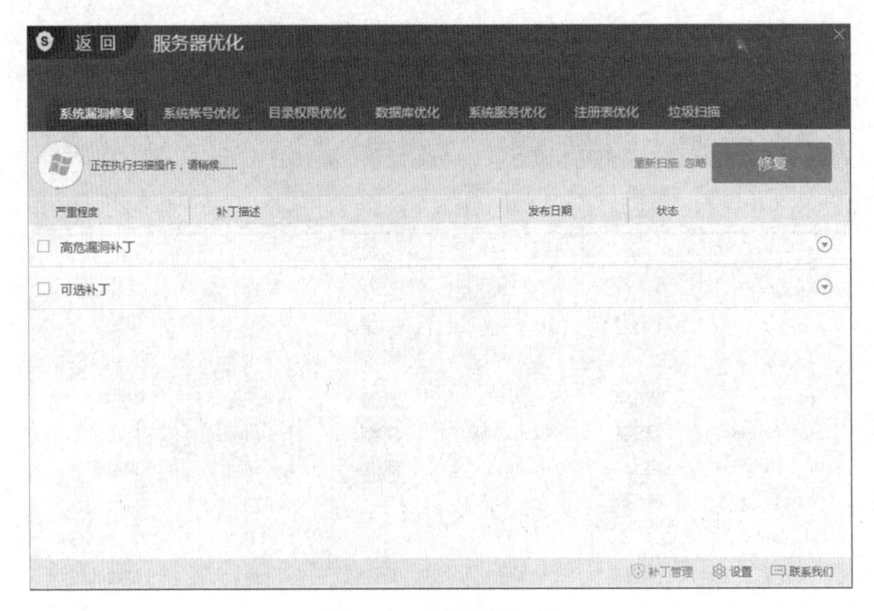

图 9-42　系统漏洞扫描

第二步，扫描完成后，软件会将漏洞分为高危漏洞补丁和可选补丁两类，用户可根据实际情况选择要安装的补丁，单击“修复”按钮，软件会自动从服务器下载并安装选择的补丁，如图9-43所示。

图 9-43　系统漏洞修复

（4）系统服务优化操作步骤。

第一步，进入“服务器优化->系统服务优化”，在进入界面后软件会自动进行系统服务扫描，如图9-44所示；

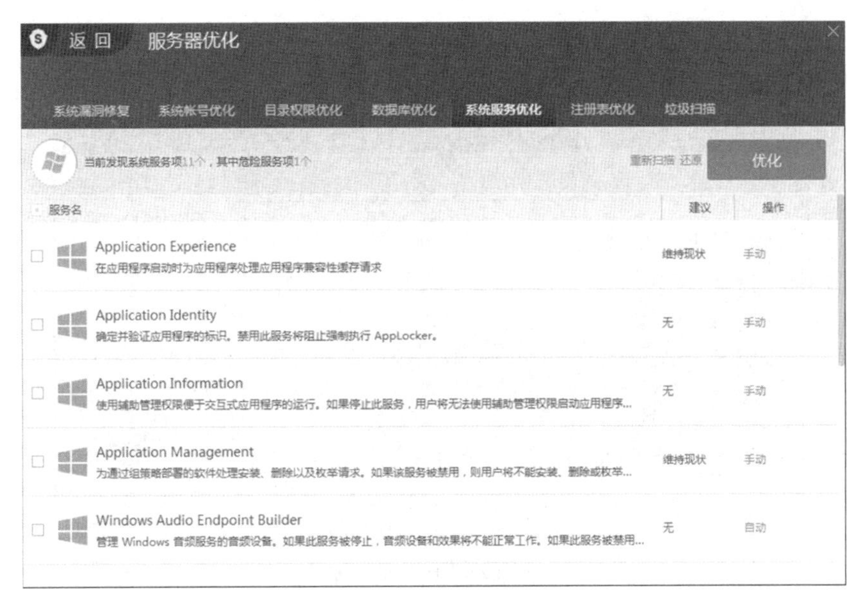

图 9-44 系统服务扫描

第二步，扫描完成后，软件会将扫描的服务项列举出来，并将建议进行优化的服务默认勾选，我们也可以将需要关闭的服务手动勾选进行优化，如图9-45所示。

图 9-45 系统服务优化

（5）网络防火墙操作步骤。

第一步，单击主界面中的“网络防火墙”进入设置界面，软件将网络防护分为三层，分别是攻击防护、端口保护和超级黑白名单，如果这三层防护中的某些选项没有被勾选，软件会进行提示，如图9-46所示。

图 9-46　网络防火墙

第二步，在网络安全防护设置中有许多安全选项，用户可以根据实际情况进行设置。例如，设置应用防火墙规则，60秒内尝试登录10次的IP将会禁止登录，应用防火墙具体设置如图9-47所示。

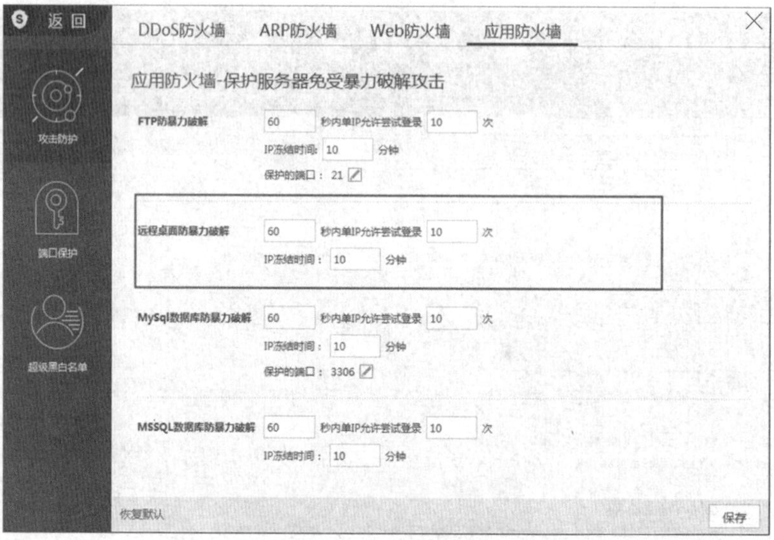

图 9-47　应用防火墙具体设置

以上简单地介绍了两款主机加固类的软件，“护卫神”相对操作简单但功能较少，“安全狗”的加固能力更强但操作需要一定的安全知识，两款软件各有优劣。网络上安全类的软件有很多，例如火绒、腾讯管家、360安全卫士等都能对主机进行安全加固，此类软件的侧重点在于网络防护和安全漏洞修补，用户可根据实际需要进行选择，但不建议安装多个主机防护软件，因为此类软件功能重复，且存在冲突，容易造成系统卡顿或蓝屏。

第 10 章　网络欺骗技术

10.1　综　　述

传统网络安全防御手段呈现静态、被动等特点，如防火墙、入侵检测系统、防病毒系统等。它们需要依赖定期更新规则库、策略库、病毒库等才能应对已知攻击、漏洞或病毒等现实威胁。从威胁发现到防御能力生成存在滞后性，同时准确率、误报率、漏报率几项关键指标也给网络安全管理带来困扰，正所谓“鱼和熊掌不可兼得”。静态的、被动的防御手段也经常被证实无法有效应对基于若干个零日漏洞构成复杂攻击链的APT（Advanced Persistent Threat）攻击。

面对复杂庞大的网络结构、层出不穷的攻击手段、千变万化的恶意代码，网络安全博弈的防守方经常处于时间和空间上的劣势，因为网络系统的确定性、静态性和同构性，攻击者有大量的时间和手段对感兴趣的目标进行持续渗透。更关键的是，传统的手段只能对已知的漏洞和攻击进行防御，对于未知的威胁则束手无策。那么，如何有效扭转防御者“被动挨打”的局面呢？

其实，早在互联网的攻防博弈初期，防御者就想到了一些扭转局面的方法。20世纪80年代末，美国联邦调查局通过收买一名黑客的好朋友，诱使这名黑客再次攻击联邦调查局网站，以便将其抓捕入狱。在此之前，这名黑客曾经大闹北美空中防护指挥系统，多次入侵美国著名公司的网络，甚至在联邦调查局的网络系统中来去自如，他就是后来被媒体评为“世界头号黑客”的凯文·米特尼克。

在互联网攻防博弈的历史长河中，防御者为了占据优势地位采取过多种手段和策略，如今已演化成为各类先进的网络防御理论。如网络欺骗、移动目标防御、拟态防御等技术，它们之间最为根本的相同点是将防守变被动为主动、变静态为动态。本章我们主要讨论网络欺骗技术，其在网络安全应急响应实践中发挥着防守和取证的作用。

10.2　网络欺骗技术

在军事上“欺骗”被定义为蓄意误导敌方军事决策者，使之对我方能力、意图和行动产生误判，从而导致敌方采取有助于我方完成任务的具体行动[25]。可以看出，欺骗是有意误导对手，从而使其做出有利于我方行动的决策。

由此，我们将网络欺骗定义为防御者在信息通信系统中通过布设诱饵，干扰、误导攻击者对该信息系统的认知，使其采取对防御者有利的行动。网络欺骗会显著增加攻击者的工作量、入侵难度及不确定性，从而有助于防御者发现、延缓或阻断攻击行为，为应急响应争取宝贵时间，达到增强信息通信系统安全的目的。

网络欺骗技术利用攻击者需要依赖探测到的信息以决定下一步动作这一特点，通过构造一系列虚假信息误导攻击者的判断，使攻击者做出错误的动作。除了常见的蜜罐技术，网络欺骗还包括对真实资源进行伪装，这是一种积极主动的防御策略；网络欺骗技术既可以单独使用，也可以部署于业务系统之上，还可与已有的网络防御手段（如防火墙、入侵检测系统、入侵防御系统等）联动，提高系统识别威胁和应急响应的能力；对于一些持续时间较长的定向攻击，为了达到让攻击者深陷“骗局”难已脱身，需要模拟出真实的业务网络，由此衍生出了虚拟网络拓扑技术。

总体来说，网络欺骗包含蜜罐技术、蜜标技术、网络地址转换、虚拟网络拓扑、OS混淆等，如图10-1所示。

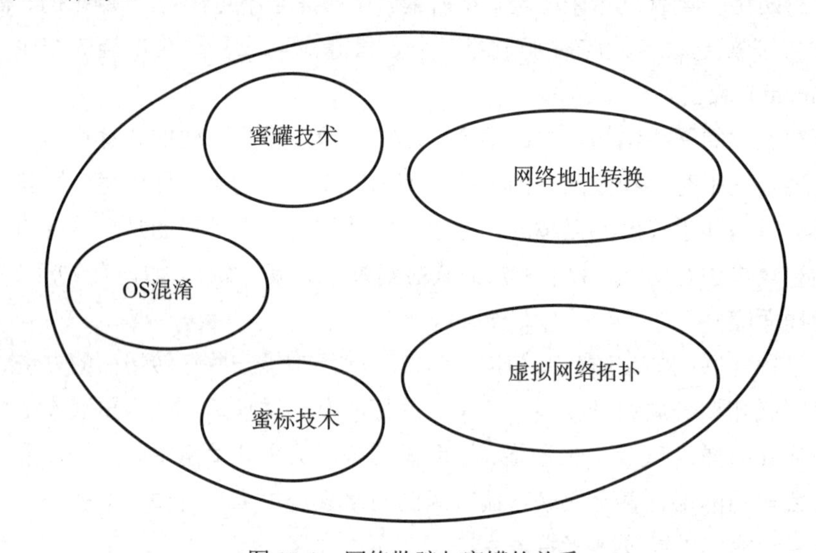

图 10-1　网络欺骗与蜜罐的关系

广义的网络欺骗涉及范围很广，如上文提到的美国联邦调查局诱使凯文·米特尼克对其网站进行攻击，本节主要从技术角度出发，讲解网络欺骗技术。

10.2.1　蜜罐

蜜罐是一类安全资源，它没有任何业务上的用途，其价值就是吸引攻击者对它进行非法使用[26]。蜜罐能够模拟伪造各种操作系统环境及漏洞环境，也可以虚拟出各种网络服务环境，是一个伪装成真实目标的网络资源库，同时也是一个攻击信息的诱捕环境系统[27]。通过分析蜜罐系统中收集的攻击和入侵数据可以获得攻击者的相关信息，从而掌握攻击者采取的攻击手段、使用的攻击工具、制定的攻击策略和可能的攻击意图，这有助于对重要防护目标采取有针对性的防御措施，并实现对攻击行为的追踪溯源。蜜罐技术改变了传统网络安全防御的被动局面，其具备如下特点[28]：

（1）误报率为零。蜜罐技术是一个欺骗陷阱，正常用户不会访问蜜罐系统，因而所有侵入蜜罐系统的行为都是非正常行为。

（2）可检测未知威胁。蜜罐技术可以捕获任何闯入陷阱的行为，包括已知攻击和未知威胁，对于APT攻击、利用零日漏洞的攻击也同样有效。

（3）系统特性伪装。蜜罐技术可改变系统特性，通过伪装迷惑攻击者，使其无法根据一般系统固定结构发起针对性攻击。

（4）消耗攻击资源。蜜罐技术通过仿真被保护的系统，与攻击者充分交互，从而消耗攻击资源，保护真实资源。

10.2.1.1　蜜罐技术的发展历程

蜜罐技术的发展历程大体可概括为4个阶段：蜜罐概念形成阶段、蜜罐技术初期阶段、蜜罐技术发展阶段、蜜罐创新应用阶段。

（1）蜜罐概念形成阶段。1989年，蜜罐概念首次出现于黑客小说*The Cuckoo's Egg*中，通过制造伪机密数据文件引诱攻击者，实现入侵源反向追踪。当时蜜罐仅作为一种新型主动防御思路，直至1997年，蜜罐仍停留在概念层面。

（2）蜜罐技术初期阶段。1998年，第一款采用欺骗技术进行计算机防御的欺骗工具箱（Deception Tool Kit，DTK）开启了蜜罐技术发展的初期阶段。DTK使用Perl脚本实现，由安全专家Cohen开发，并给出基于欺骗理论的框架和模型，为蜜罐发展提供了理论支持。此后出现了Honeyd、KFSensor等开源免费蜜罐和商业付费蜜罐，蜜罐技术迅速成为网络安全领域内相关学术界与产业界的研究热点。

（3）蜜罐技术发展阶段。1999年，Spitzner等安全研究员成立了非营利性研究组织（The Honeynet Project），该组织提出并倡导的蜜网技术改善了早期蜜罐交互程度低、易被攻击者识别、捕获攻击信息有限且功能单一等缺陷。蜜网是构建了多个蜜罐系统，并与其他传统防御手段相结合的新型体系结构。在蜜网体系结构中，可以利用真实系统环境构建蜜罐以增加交互性，避免被攻击者轻易识别。为解决传统蜜网部署位置受限的问题，The Honeynet Project于2003年提出分布式蜜罐与分布式蜜网的概念，但分布式部署蜜罐需要消耗大量的人力和物力。同年，Spitzner又提出了一种蜜罐系统部署的新型模式——蜜场（honeyfarm）。2005年，The Honeynet Project组织发布了Kanga分布式蜜网系统，实现了蜜罐的多点位部署，有效地扩大了安全威胁检测覆盖面。

（4）蜜罐创新应用阶段。2004年，蜜罐应用开始转向其他领域，如工业控制系统、蓝牙、USB等。近年来，蜜罐技术亦扩展至更多新型领域。伴随着新型技术领域的出现，新型恶意攻击紧随其后，如勒索病毒、无线网络数据窃取等。为实现系统保护，蜜罐技术扩展应用于智能手机、无线网络、BYOD自携带设备、物联网等方面。

10.2.1.2　蜜罐的关键技术

蜜罐的关键技术主要包括欺骗环境构建、恶意流量重定向、入侵行为监控、攻击数据分析、反蜜罐技术对抗等5个方面。

（1）欺骗环境构建。通过构建欺骗性的数据、文件等，增加蜜罐环境“甜度”，引诱攻击者入侵系统，实现攻击交互的目的。交互度高低取决于欺骗环境的仿真度与内容价值，目前主要有模拟环境仿真和真实系统构建两类方案。

模拟环境仿真方案通过模拟真实系统的重要特征吸引攻击者，具备易于部署的优势。利用开源蜜罐进行模拟仿真的多蜜罐结合构建方案有利于集成不同蜜罐的优势；将仿真程序与虚拟系统结合构建蜜罐自定义架构，提高交互度；对硬件利用模拟器实现虚拟化，避免实际硬件被破坏。然而，虚拟特性使模拟环境仿真方案存在被识别的风险。

真实系统构建方案则采用真实软硬件系统作为运行环境，极大降低被识别率，提高攻击交互度。在软件系统方面，采用真实系统接口、真实主机服务、业务运作系统等，具备较高的欺骗性与交互度，但其维护代价较高，且受保护的资源面临着一定的被损害风险。在硬件设备方面，可直接利用真实设备进行攻击信息诱捕，如将可穿戴设备作为引诱节点、以手机SIM卡作为蜜卡等，通过构建真实软硬件系统环境提高欺骗性。低能耗场景下采用真实软硬件设备引诱攻击者具有一定的优势，但对于某些数据交互频繁的业务系统，存在高能耗、难部署、成本高等缺陷。

（2）恶意流量重定向。对蜜罐系统所有的操作必须可控制，这就是说如果入侵检测系统或嗅探器检测到某个访问可能是攻击行为，不会直接禁止，而是将此数据复制一份，同时将该访问重定向到预先配置好的蜜罐机器上，这样就不会攻击到系统真正要保护的资源。这一过程也要实现对攻击者的透明，因而欺骗环境和真实环境之间切换不但要快，而且要逼真。

（3）入侵行为监控。在攻击者入侵蜜罐系统后，可利用监视器、特定蜜罐、监控系统等对其交互行为进行监控和记录，重点监控流量、端口、内存、接口、权限、漏洞、文件、文件夹等对象，如模块监控、事件监控、攻击监控、操作监控、活动监控等。避免造成实际破坏，实现攻击可控。在上述的攻击入侵行为监控中，不同方案的侧重点不同，若监控范围无法全面覆盖，可能导致监控缺失，致使攻击者利用监控盲区损害系统。同时，扩大监控范围易捕捉更多信息，提高安全系数。

（4）攻击数据分析。对监控攻击行为获取的数据进行分析处理是蜜罐技术中最为精彩的一环。这些数据不仅可用于数据可视化、流量分析、攻击溯源、攻击识别、警报生成，更可用来提高传统安全防御手段面对威胁时的应急响应能力。具体处理措施有以下几点。提取基础数据，以图表方式展示统计数据；分析关联度，提供入侵行为的电子证据；分类恶意特征，过滤恶意用户；分析数据包信息，识别潜在的安全威胁；利用水平检测识别攻击类型。

（5）反蜜罐技术对抗：在蜜罐技术得到安全社区的广泛关注之后，一些黑客与安全研究人员从攻击者角度对蜜罐的识别与绕过等反蜜罐技术开展研究，并提出了一系列对抗现有蜜罐技术的机制。蜜罐研究社区以技术博弈与对抗的思维，引入了反蜜罐技术，研究出更具隐蔽性的攻击监控技术体系，其中一个非常重要的研究进展就是将系统行为监控技术从原先的内核层向更为底层的虚拟层进行转移。

10.2.1.3　蜜罐分类

根据不同的标准可以对蜜罐技术进行不同的分类。

1．产品型和研究型

根据产品设计目的可将蜜罐分为两类：产品型和研究型。

产品型蜜罐的目的是减轻受保护组织可能受到的攻击威胁。蜜罐加强了受保护组织的安全措施。这种类型的蜜罐的功能主要是吸收攻击流量，像市场上安全产品的“黑洞”。

研究型蜜罐专门以研究和获取攻击信息为目的。这种蜜罐的功能是使研究组织面对各类网络威胁，并寻找能够对付这些威胁更好的方式。

2．低交互型、中交互型、高交互型

根据蜜罐与攻击者之间进行的交互对蜜罐进行分类，可以将蜜罐分为三类：低交互蜜罐、中交互蜜罐和高交互蜜罐，用于衡量攻击者与操作系统之间交互的程度。这三种交互程度的不同，即入侵程度的不同，但三者之间并没有明确的分界。

低交互蜜罐只提供一些特殊的虚假服务，这些服务通过在特殊端口监听来实现。蜜罐为攻击者展示的所有攻击弱点和攻击对象都不是真实系统，而是对各种系统及其提供的服务的模拟。

中交互蜜罐提供了更多的交互信息，但还是没有提供一个真实的操作系统。通过这种较高程度交互，更复杂些的攻击手段便可以被记录和分析。中交互蜜罐是对真正的操作系统各种行为的模拟，在这个系统中，用户可以进行各种随心所欲的配置，让蜜罐看起来和一个真正的操作系统没有区别。

高交互蜜罐具有一个真实的操作系统，它收集信息的能力、吸引攻击者攻击的程度大大提高，但随着复杂程度的提高，其危险性也增大。攻击者攻入系统的目的之一就是获取root权限，一个高交互级别的蜜罐就提供了这样的环境。高交互蜜罐是完全真实的系统，设计的主要目的是对各种网络攻击行为进行研究。高交互蜜罐最大的缺点是被入侵的可能性很高。

3．牺牲型、外观型、测量型

根据蜜罐主机所采用的技术分类，蜜罐可以分为三种基本类型：牺牲型蜜罐（Sacrificial Lambs）、外观型蜜罐（Facades）和测量型蜜罐（Instrumented Systems）。

牺牲型蜜罐是一台简单的为某种特定攻击设计的计算机。牺牲型蜜罐实际上是放置在易受攻击的地点，假扮成受害者。它为攻击者提供了极好的攻击目标。不过提取攻击数据比较费时，并且它本身也会被攻击者利用来攻击其他的机器。

外观型蜜罐技术仅仅对网络服务进行仿真而不会导致机器真正被攻击，因此蜜罐的安全不会受到威胁。外观型蜜罐是一种呈现目标主机虚假映像的系统，通常作为目标服务或应用的仿真软件开展各项工作。当外观型蜜罐受到侦听或攻击时，它会迅速收集有关攻击者的信息。

测量型蜜罐建立在牺牲型蜜罐和外观型蜜罐的基础之上。测量型蜜罐为攻击者提供了高度可信的系统，非常容易访问但是很难绕过，同时，高级的测量型蜜罐还可防止攻击者将系统作为进一步攻击的跳板。

10.2.1.4 蜜网和蜜场技术

从20世纪80年代末蜜罐技术在网络安全管理实践活动中诞生以来，就赢得了安全社区的持续关注。经过十年的积淀，20世纪90年代末，在The Honeynet Project等开源团队的推动下，蜜罐技术得到了长足发展与广泛应用；针对不同类型的网络安全威胁形态，出现了丰富多样的蜜罐软件工具；为适应更大范围的安全威胁监测的需求，逐步从中发展出蜜网（Honeynet）、分布式蜜罐（Distributed Honeypot）、分布式蜜网（Distributed Honeynet）和蜜场（Honeyfarm）等技术概念；在安全威胁监测研究与实际网络安全管理实践中，大量应用于网络入侵与恶意代码检测、恶意代码样本捕获、攻击特征提取、取证分析和僵尸网络追踪等多种用途[29]。

1. 蜜网

（1）蜜网的发展经历。

早期的蜜罐一般伪装成存在漏洞的网络服务，对攻击做出响应，从而欺骗攻击者，提高攻击成本并对其进行监控。但这种虚拟蜜罐存在着交互程度低、捕获攻击信息有限且类型单一、较容易被攻击者识别等缺陷。由Lacne Spitzner等安全研究人员在1999年成立了非赢利性研究组织The Honeynet Project，提出并倡导蜜网（Honeynet）技术。

蜜网是在一台或多台蜜罐系统的基础上，结合防火墙、路由器、入侵防御、系统行为记录、自动报警与数据分析等辅助功能机制所组成的网络系统，具有较高的交互性。蜜网一般部署在防火墙内，所有进出蜜网的流量都会受到监控、捕获及控制。与传统蜜罐技术的差异在于，蜜网构成了一个黑客诱捕网络体系架构，包含一个或多个蜜罐，保证网络的高度可控性，提供多种工具以方便对攻击信息的采集和分析。另外，蜜网可以将真实的系统、蜜罐系统、各种服务、防火墙及入侵检测等资源有机结合在一起，具有多层次的数据控制机制，全面的数据捕获机制，并能够辅助研究人员对捕获的数据进行深入分析。因此，蜜网也可理解为一个由防火墙、入侵检测、数据分析软件、各类蜜罐等组成的综合体。

目前，蜜网技术的发展经历了三代的变迁。

第一代蜜网架构由防火墙将内外网隔离，内部网络再用路由器隔离为两部分，一部分由业务网对外正常提供服务，另一部分由蜜罐进行诱捕，部署在业务网的旁路，起到对业务网的保护作用。同时在蜜网结构中部署了入侵检测及告警系统，方便监控网络安全并分析攻击数据，如图10-2所示。第一代蜜网结构简单，部署方便，但由于防火墙隔绝了大部分的恶意流量，蜜罐能捕获、记录到的攻击信息很少，发挥不了应有的作用。第一代蜜网的主要意义在于对蜜网理论做了验证。

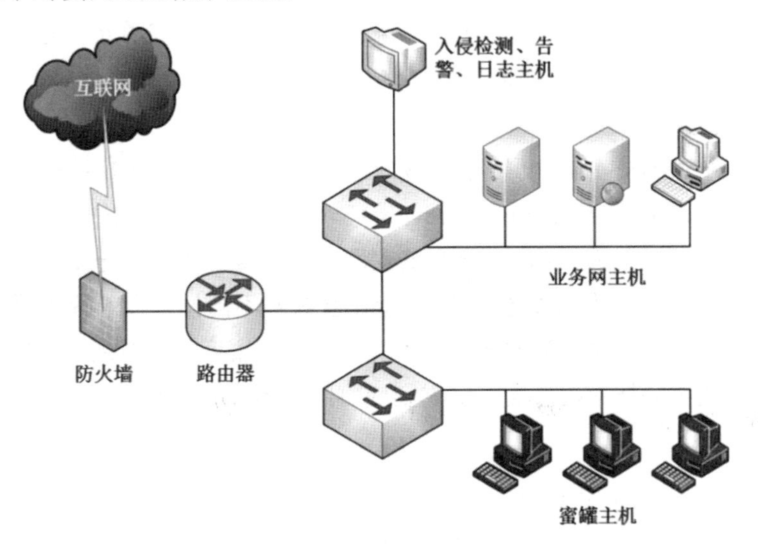

图 10-2　第一代蜜网部署示意图

第二代蜜网相比第一代蜜网增加了一个关键设备，即蜜墙（Honey Wall）。蜜墙是一个工作在二层的网关设备，对攻击者透明，不易被察觉，主要用于隔离蜜罐和外部网络。蜜墙设备有三个网卡，其中eth0网卡用于连接路由器和外部网络，eth1网卡用于连接蜜罐网络，eth2可选配置为连接入侵检测、日志、告警或远程控制台。

eth0和eth1属于桥接接口，没有IP地址，蜜网中的流量均通过蜜墙设备，业务方对数据的控制能力得到增强，如图10-3所示。第二代蜜网比第一代蜜网的功能更加丰富，提高了隐蔽性和安全性，但蜜罐主机只能与业务网主机配置在同一网段中，扩展性不高。

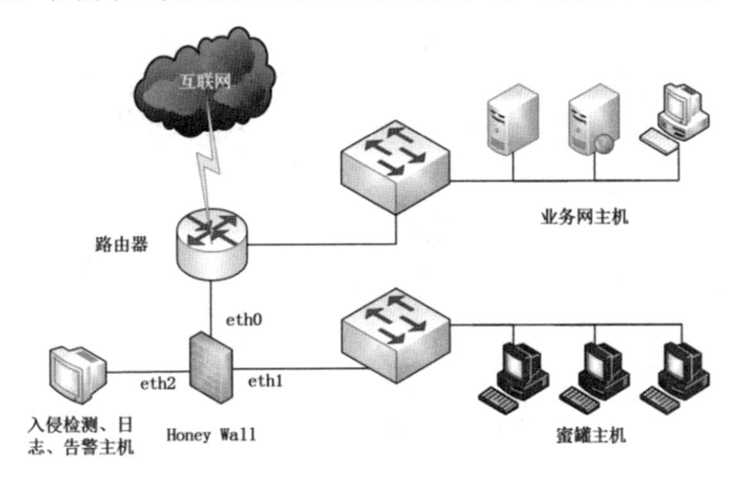

图 10-3　第二代蜜网部署示意图

2005年，The Honeynet Project提出了第三代蜜网系统。第三代蜜网中的蜜墙部分采用了可自动安装的光盘形式，代号为Roo。这种安装方式降低了蜜墙部署的难度。系统部署架构仍采用第二代蜜网架构，但在数据控制和数据捕获上做了很大的改进，包括将核心操作系统升级到Fedora Core 3，增加一个数据分析工具Walleye以及系统内核级活动捕获工具Sebek，简化了蜜网系统的部署和管理。

（2）分布式蜜网。

为了克服传统蜜罐技术与生俱来的监测范围受限的弱点，The Honeynet Project在2003年开始引入分布式蜜罐（Distributed Honeypot）与分布式蜜网（Distributed Honeynet）的技术概念，并于2005年开发完成Kanga分布式蜜网系统，能够将各个分支团队部署蜜网的捕获数据进行汇总分析。分布式蜜罐/蜜网支持在互联网不同位置上进行蜜罐系统的多点部署，有效地提升了安全威胁监测的覆盖面，克服了传统蜜罐监测范围窄的缺陷，因而成为目前安全业界采用蜜罐技术构建互联网安全威胁监测体系的普遍部署模式。

2．蜜场

蜜场（Honeyfarm）是蜜罐技术的延伸，它以“逻辑上分散部署，物理上集中部署”的优点，便于在大规模分布式网络中部署蜜罐，降低部署和维护成本。蜜场系统的体系结构如图10-4所示。它由重定向器、前端控制器、控制中心及集中部署的蜜罐群组成。

蜜场的工作原理比较简单：将所有的蜜罐都集中部署在一个独立的网络中，这个网络成为蜜场的中心；在每个需要进行监控的子网中布置一个重定向器，重定向器以软件形式存在，它监听对未用地址或端口的非法访问，但不直接响应，而是把这些非法访问通过某种保密的方式重定向到被严密监控的蜜场中心；蜜场中心选择某台蜜罐对攻击信息进行响应，然后把响应传回到具有非法访问的子网中去，并且利用一些手段对攻击信息进行收集和分析。

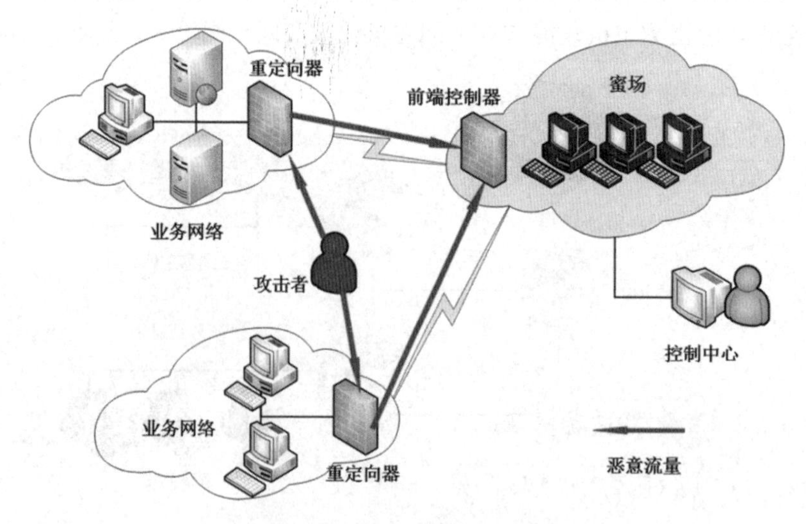

图 10-4　蜜场系统的体系结构

10.2.2　影子服务技术

常见的网络欺骗技术多以上文提到的蜜罐技术为主，通过在网络中部署虚假的带有漏洞的服务来吸引攻击者，从而转移攻击流量。但蜜罐系统上没有部署真实的业务，往往不具有真实环境的业务特点，使得蜜罐欺骗的层次较低，易被高级攻击者识别。

理想的欺骗环境是使攻击者感到他们并不是很容易就能达到攻击目标（假目标），并使其深信自己的攻击已经取得成功，从而结束攻击行动。在Web防护领域，影子服务技术基于真实网站服务进行克隆并对数据做脱敏处理，除了部署多种监控工具有效发挥蜜罐技术发现未知攻击的优势，还使用基于应用层和数据层的多种欺骗和反制技术，充分发挥网络欺骗的优势，对攻击者进行追踪溯源，达到攻击流量转移、攻击行为隔离、攻击溯源取证的多层次防御效果。

Web影子服务技术改变了传统网站防护中WAF技术发现即阻断的防御策略，巧妙运用欺骗技术将攻击进行透明的转移，既欺骗了攻击者，又直接地保护了目标网站，并可实施溯源与反制措施，提高防御威慑力。

10.2.3　虚拟网络拓扑技术

虚拟网络拓扑技术是在内网中部署一系列的虚拟节点，相互之间形成类似真实网络的虚拟网络拓扑，在对抗APT攻击在内网横向渗透方面具有优势。如图10-5所示，部署虚拟网络拓扑后，攻击者难以辨别真实的服务。攻击者探测内网拓扑时，无法分清真假终端，一旦错误攻击虚假终端，防御者便可及时感知攻击威胁，并将攻击转移到蜜罐中进行反制。

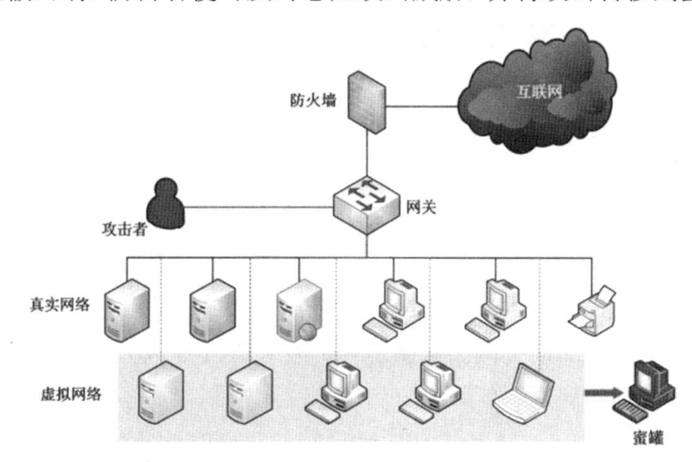

图 10-5　虚拟网络拓扑

10.2.4　蜜标技术

蜜罐技术中一个重要的环节（技术）就是对攻击流量进行追踪溯源。从攻击追踪的深度和精准度上可将其细分为三个层次，分别为溯源主机、溯源攻击者和溯源组织。常用的追踪溯源技术主要有路由调试技术、ICMP追踪技术、包日志技术、包标记技术、内部检测、日志分析、快照技术、网络流量分析技术及事件响应分析技术等。所有的网络追踪方法都有其特定的优缺点，目前还没有任何一种解决方案可以实现完成有效追踪的所有需求[30]。

蜜标是进行追踪溯源所依据的重要线索。蜜罐是蜜标的载体，对网络攻击行为实施诱捕[31]。蜜标技术是通过脚本捆绑或标识嵌入等技术向伪造的敏感数据中嵌入特定标识，一旦攻击者入侵了蜜罐主机，窃取或对蜜标数据/文件执行相关操作，就会触发内嵌脚本，记录并回传攻击主机的相关信息；同时远程服务器检测到相关异常，接收回传的攻击主机信息并向安全管理员发出告警，使其能够利用获取到的攻击数据进行追踪定位及对攻击者进行相关分析。具体来说，蜜标可以是一个攻击者可能访问的URL、可能解析的域名或主机名称、可能打开的Word或PDF文档或者是可能执行的EXE文件等形式。

10.3 欺骗技术发展趋势

现有的网络欺骗技术没有形成固定且统一的形态，而是随着攻击技术与网络安全需求的变化演化来的，没有成体系的理论基础与通用的标准规范[32]。与其他安全防御措施相比，基于欺骗的防御技术需要防止被攻击者发现，这就要求与业务系统具有高度的一致性，现有的欺骗技术在根据业务系统进行动态调整的能力上还有所欠缺，由安全人员开发的欺骗工具与业务环境契合度尚需完善。欺骗技术的进一步研究工作如下：

（1）与威胁情报相结合，一方面利用威胁情报提供的信息完善欺骗策略，另一方面欺骗技术捕获到的信息反过来可以助力威胁情报的生成。

（2）可定制、智能化的网络欺骗技术框架研究与开发，通过机器学习、人工智能等技术根据所部署的业务环境自动生成与业务系统高度一致且具有高保密性的欺骗环境。

（3）研究以SDN（Software Defined Network，软件定义网络）、云平台等技术部署的具有伸缩性的网络欺骗工具。

（4）结合认知心理学、军事学等学科关于欺骗的研究成果，进行网络欺骗模型与理论研究。

（5）网络欺骗识别探测技术及其相应的对抗技术措施研究。

（6）在法律与伦理层面研究网络欺骗是否涉及各国（地区）关于诱导犯罪、侵犯攻击者隐私与责任追究方面的问题。

10.4 欺骗技术的工具介绍

1．常见的网络欺骗技术工具

网络欺骗技术工具如表10-1所示。

表 10-1　网络欺骗技术工具

序　号	类　别	名　称	主要功能	交互性
1	网络服务	Glutton	SSH 服务蜜罐，TCP 代理	低交互
2		Dionaea	FTP、HTTP、MSSQL、MYSQL、PPTP、SIP、SMB、TFTP、UPnP 等多协议蜜罐	低交互
3		Mailoney	SMTP 简单邮件传输协议蜜罐	低交互
4		MongoDB-HoneyProxy	MongoDB 数据库蜜罐	低交互
5		Cowrie	SSH、Telnet 蜜罐，TCP 代理	中交互
6	中间人代理	Mitmproxy	HTTP/1，HTTP/2，SSL/TLS，WebSocket 流量代理	中交互
7		HonSSH	SSH 服务代理蜜罐	高交互
8	工控系统	ConPot	工控协议蜜罐	低交互
9		GasPot	模拟石油、天然气行业的 Veeder Root Gaurdian AST 的蜜罐	低交互
10	物联网	Honeything	模拟 TR-069 WAN 管理协议、RomPager Web 服务器	中交互
11	特殊漏洞	Ciscoasa	Cisco CVE-2018-0101 漏洞蜜罐	低交互
12		CitrixHoneypot	Citrix CVE-2019-19781 漏洞蜜罐	低交互
13	安卓设备	Adbhoney	安卓 ADB Server 蜜罐	低交互
14	恶意代码分析	Thug	浏览器行为模拟，JavaScript 恶意代码检测	低交互
15		Cuckoo Sandbox	模拟恶意代码运行的操作系统环境，并在短时间内输出恶意代码分析报告	低交互
16	一体化工具	T-Pot	集合多种蜜罐软件于一体的蜜罐平台	高交互

2. SSH 蜜罐——Cowrie 使用简介

Cowrie是一个被设计用来记录攻击者暴力破解和命令交互的中等至高交互SSH和Telnet蜜罐。在中等交互（Shell）模式下，它可以模拟成为一个UNIX系统；在高交互（Proxy）模式下，它可以作为SSH或Telnet工具代理，来观察攻击者的攻击行为。

Cowrie目前由Michel Oosterhof维护，其代码托管在GitHub，项目地址为：https://github.com/cowrie/cowrie，该项目社区活跃度较高，文档详细，阅读方便，作为蜜罐学习的入门工具是不错的选择。

本文步骤基于Kali Linux 2020.2，Python3.8.5。

① 安装Cowrie。

第一步：安装依赖；

root@kali:~# apt install git libssl-dev libffi-dev build-essential libpython3-dev python3-minimal authbind virtualenv

第二步：创建并切换至Cowrie用户（如图10-6所示）；

root@kali:~# adduser --disable-password cowrie

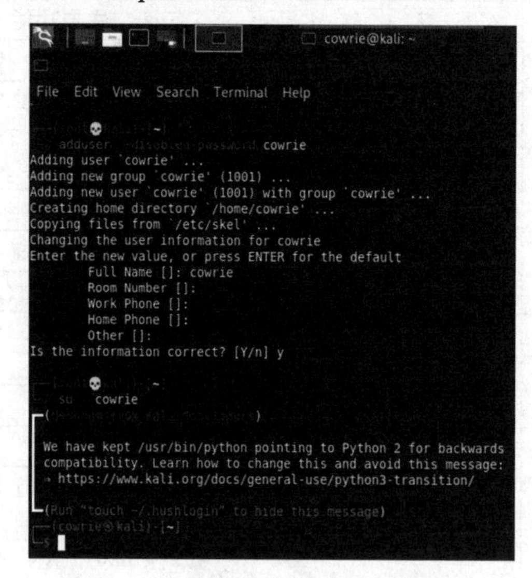

图 10-6　创建并切换至 Cowrie 用户

root@kali:~# su – cowrie

第三步：从GitHub上克隆项目（如图10-7所示）；

cowrie@kali:~$ git clone https://github.com/cowrie/cowrie

```
┌──(cowrie㉿kali)-[~]
└─$ git clone https://github.com/cowrie/cowrie
Cloning into 'cowrie'...
remote: Enumerating objects: 2, done.
remote: Counting objects: 100% (2/2), done.
remote: Compressing objects: 100% (2/2), done.
remote: Total 14194 (delta 0), reused 0 (delta 0), pack-reused 14192
Receiving objects: 100% (14194/14194), 8.88 MiB | 90.00 KiB/s, done.
Resolving deltas: 100% (9819/9819), done.
┌──(cowrie㉿kali)-[~]
└─$
```

图 10-7　从 GitHub 上克隆项目

第四步：创建虚拟环境（如图10-8所示）；

cowrie@kali:~$ virtualenv --python=python3 cowrie-env

```
┌──(cowrie㉿kali)-[~/cowrie]
└─$ virtualenv --python=python3 cowrie-env
created virtual environment CPython3.9.2.final.0-64 in 401ms
  creator CPython3Posix(dest=/home/cowrie/cowrie/cowrie-env, clear=False, no_vcs
_ignore=False, global=False)
  seeder FromAppData(download=False, pip=bundle, setuptools=bundle, wheel=bundle
, via=copy, app_data_dir=/home/cowrie/.local/share/virtualenv)
    added seed packages: pip==20.3.4, pkg_resources==0.0.0, setuptools==44.1.1,
wheel==0.34.2
  activators BashActivator,CShellActivator,FishActivator,PowerShellActivator,Pyt
honActivator,XonshActivator
┌──(cowrie㉿kali)-[~/cowrie]
└─$
```

图 10-8　创建虚拟环境

激活虚拟环境并安装相关依赖包（如图10-9所示）；

cowrie@kali:~/cowrie$ source cowrie-env/bin/activate

(cowrie-env) cowrie@kali:~/cowrie$ pip install --upgrade pip

(cowrie-env) cowrie@kali:~/cowrie$ pip install -r requirements.txt

```
┌─(cowrie㉿kali)-[~/cowrie]
└─$ source cowrie-env/bin/activate
┌─(cowrie-env)(cowrie㉿kali)-[~/cowrie]
└─$ pip install --upgrade pip
Requirement already satisfied: pip in ./cowrie-env/lib/python3.9/site-packages (
20.3.4)
Collecting pip
  Downloading pip-21.0.1-py3-none-any.whl (1.5 MB)
     |████████████████████████████████| 1.5 MB 71 kB/s
Installing collected packages: pip
  Attempting uninstall: pip
    Found existing installation: pip 20.3.4
    Uninstalling pip-20.3.4:
      Successfully uninstalled pip-20.3.4
Successfully installed pip-21.0.1
┌─(cowrie-env)(cowrie㉿kali)-[~/cowrie]
└─$ pip install -r requirements.txt
Collecting appdirs==1.4.4
  Downloading appdirs-1.4.4-py2.py3-none-any.whl (9.6 kB)
Collecting attrs==20.3.0
  Downloading attrs-20.3.0-py2.py3-none-any.whl (49 kB)
     |████████████████████████████████| 49 kB 738 kB/s
Collecting bcrypt==3.2.0
  Downloading bcrypt-3.2.0-cp36-abi3-manylinux2010_x86_64.whl (63 kB)
     |████████████████████████████████| 63 kB 480 kB/s
Collecting configparser==5.0.2
  Downloading configparser-5.0.2-py3-none-any.whl (19 kB)
Collecting cryptography==3.4.6
```

图 10-9　激活虚拟环境并安装相关依赖包

第五步：创建配置文件（如图10-10所示）；

(cowrie-env) cowrie@kali:~/cowrie/etc$ cp cowrie.cfg.dist cowrie.cfg

```
┌─(cowrie-env)(cowrie㉿kali)-[~/cowrie]
└─$ cd etc
┌─(cowrie-env)(cowrie㉿kali)-[~/cowrie/etc]
└─$ cp cowrie.cfg.dist cowrie.cfg
┌─(cowrie-env)(cowrie㉿kali)-[~/cowrie/etc]
└─$ █
```

图 10-10　创建配置文件

cowrie.cfg.dist为Cowrie的默认配置文件，随着Cowrie的版本更新，该文件可能会被修改。同在cowrie/etc/目录下的cowrie.cfg为用户自定义的配置文件，更新Cowrie不会修改该文件，且其优先级比默认配置文件要高。

第六步：启动Cowrie（如图10-11所示）；

(cowrie-env) cowrie@kali:~/cowrie$ bin/cowrie start

```
┌─(cowrie-env)(cowrie㉿kali)-[~/cowrie]
└─$ bin/cowrie start

Join the Cowrie community at: https://www.cowrie.org/slack/

Using activated Python virtual environment "/home/cowrie/cowrie/cowrie-env"
Starting cowrie: [twistd  --umask=0022 --logger cowrie.python.logfile.logger --p
idfile=var/run/cowrie.pid cowrie ]...
/home/cowrie/cowrie/cowrie-env/lib/python3.9/site-packages/twisted/conch/ssh/com
mon.py:14: CryptographyDeprecationWarning: int_from_bytes is deprecated, use int
.from_bytes instead
  from cryptography.utils import int_from_bytes, int_to_bytes
┌─(cowrie-env)(cowrie㉿kali)-[~/cowrie]
└─$ netstat -nutpl
(Not all processes could be identified, non-owned process info
 will not be shown, you would have to be root to see it all.)
Active Internet connections (only servers)
Proto Recv-Q Send-Q Local Address           Foreign Address         State
PID/Program name
tcp        0      0 0.0.0.0:2222            0.0.0.0:*               LISTEN
43767/python
┌─(cowrie-env)(cowrie㉿kali)-[~/cowrie]
└─$ █
```

图 10-11　启动 Cowrie

通过系统监听端口情况可看出，Cowrie已成功启动并在监听2222端口。

第七步：端口转发。

通过配置系统防火墙，将22端口的流量转发至2222端口。在此之前，假如系统存在22端口的正常SSH服务，需将其转移至其他端口。

root@kali:~# iptables -t nat -A PREROUTING -p tcp --dport 22 -j REDIRECT --to-ports 2222

此时，用Nmap软件扫描可发现22端口已经开启，如图10-12所示。

图 10-12　Nmap 软件扫描

② 配置Cowrie用户密码映射（如图10-13所示）。

```
# Example userdb.txt
# This file may be copied to etc/userdb.txt.
# If etc/userdb.txt is not present, built-in defaults will be used.
#
# ':' separated fields, file is processed line for line
# processing will stop on first match
#
# Field #1 contains the username
# Field #2 is currently unused
# Field #3 contains the password
# '*' for password allows any password
# '!' at the start of a password will not grant this password access
# '/' can be used to write a regular expression
#
root:x:1qaz!QAZ@WSX
admin:x:admin123
```

图 10-13　配置 Cowrie 用户密码映射

在未手动创建userdb.txt文件之前，Cowrie将采用系统自身的用户登录鉴权。

将示例文件复制：

(cowrie-env) cowrie@kali:~/cowrie$ cp etc/userdb.example etc/userdb.txt

修改userdb.txt：

本例中我们设置了两个用户。

用户名：root 密码：1qaz!QAZ@WSX

用户名：admin 密码：admin123

保存后需重启Cowrie，在cowrie/bin文件夹下，运行cowrie -restart。

③ 将Cowrie的日志输出至MySQL数据库。

第一步：安装MySQL数据库；

root@kali:~# apt install mariadb-server libmariadb-dev python3-mysqldb

第二步：配置MySQL数据库（如图10-14所示）；

```
┌──(root💀kali)-[~]
└─# mysql -uroot
Welcome to the MariaDB monitor.  Commands end with ; or \g.
Your MariaDB connection id is 44
Server version: 10.5.9-MariaDB-1 Debian buildd-unstable

Copyright (c) 2000, 2018, Oracle, MariaDB Corporation Ab and others.

Type 'help;' or '\h' for help. Type '\c' to clear the current input statement.

MariaDB [(none)]> create database cowrie;
Query OK, 1 row affected (0.000 sec)

MariaDB [(none)]> grant all on cowrie.* to 'cowrie'@'localhost' identified by 'c
owrie';
Query OK, 0 rows affected (0.001 sec)

MariaDB [(none)]> flush privileges;
Query OK, 0 rows affected (0.005 sec)

MariaDB [(none)]>
```

图 10-14　配置 MySQL 数据库

create database cowrie;

grant all on cowrie.* to 'cowrie'@'localhost' identified by 'password here';

flush privileges;

第三步：在Python虚拟环境中，安装mysqlclient工具；

(cowrie-env) cowrie@kali:~/cowrie$ pip install mysqlclient

第四步：初始化Cowrie数据库（如图10-15所示）；

(cowrie-env) cowrie@kali:~$ cd cowrie/docs/sql/

(cowrie-env) cowrie@kali:~cowrie/docs/sql/$ mysql -u cowrie -p

use cowrie;

source mysql.sql;

```
┌──(cowrie-env)(cowrie㉿kali)-[~/cowrie]
└─$ cd docs/sql
┌──(cowrie-env)(cowrie㉿kali)-[~/cowrie/docs/sql]
└─$ mysql -ucowrie -p
Enter password:
Welcome to the MariaDB monitor.  Commands end with ; or \g.
Your MariaDB connection id is 45
Server version: 10.5.9-MariaDB-1 Debian buildd-unstable

Copyright (c) 2000, 2018, Oracle, MariaDB Corporation Ab and others.

Type 'help;' or '\h' for help. Type '\c' to clear the current input statement.

MariaDB [(none)]> use cowrie;
Database changed
MariaDB [cowrie]> source mysql.sql;
Query OK, 0 rows affected (0.007 sec)

Query OK, 0 rows affected (0.007 sec)

Query OK, 0 rows affected (0.009 sec)

Query OK, 0 rows affected (0.007 sec)

Query OK, 0 rows affected (0.006 sec)

Query OK, 0 rows affected (0.005 sec)

Query OK, 0 rows affected (0.007 sec)

Query OK, 0 rows affected (0.005 sec)

Query OK, 0 rows affected (0.006 sec)

Query OK, 0 rows affected (0.005 sec)
Records: 0  Duplicates: 0  Warnings: 0

Query OK, 0 rows affected (0.006 sec)

Query OK, 0 rows affected (0.006 sec)

MariaDB [cowrie]>
```

图 10-15　初始化 Cowrie 数据库

第五步：修改cowrie.cfg（如图10-16所示）；

[output_mysql]

enabled = true

host = localhost

database = cowrie

username = cowrie

password = cowrie

port = 3306

debug = false

```
# MySQL logging module
# Database structure for this module is supplied in docs/sql/mysql.sql
#
# MySQL logging requires extra software: sudo apt-get install libmysqlclient-dev
# MySQL logging requires an extra Python module: pip install mysql-python
#
[output_mysql]
enabled = true
host = localhost
database = cowrie
username = cowrie
password = cowrie
port = 3306
debug = false
```

图 10-16　修改 cowrie.cfg

第六步：重启Cowrie。

(cowrie-env) cowrie@kali:~/cowrie$ bin/cowrie restart

查看是否启用成功（如图10-17所示）。

(cowrie-env) cowrie@kali:~/cowrie$ tail var/log/cowrie/cowrie.log

```
┌──(cowrie-env)(cowrie@kali)-[~/cowrie]
└─$ tail var/log/cowrie/cowrie.log
2021-03-16T09:27:23.938828Z [-] Python Version 3.9.2 (default, Feb 28 2021, 17:03:44) [GCC 10.2.1 20210110]
2021-03-16T09:27:23.938865Z [-] Twisted Version 21.2.0
2021-03-16T09:27:23.938883Z [-] Cowrie Version 2.2.0
2021-03-16T09:27:23.940168Z [-] Loaded output engine: jsonlog
2021-03-16T09:27:23.948180Z [-] Loaded output engine: mysql
2021-03-16T09:27:23.949612Z [twisted.scripts._twistd_unix.UnixAppLogger#info] twistd 21.2.0 (/home/cowrie/cowrie/cowrie-env/bin/python 3.9.2) starting up.
2021-03-16T09:27:23.949736Z [twisted.scripts._twistd_unix.UnixAppLogger#info] reactor class: twisted.internet.epollreactor.EPollReactor.
2021-03-16T09:27:23.953735Z [-] CowrieSSHFactory starting on 2222
2021-03-16T09:27:23.954156Z [cowrie.ssh.factory.CowrieSSHFactory#info] Starting factory <cowrie.ssh.factory.CowrieSSHFactory object at 0x7f25c37d6520>
2021-03-16T09:27:23.967206Z [-] Ready to accept SSH connections
┌──(cowrie-env)(cowrie@kali)-[~/cowrie]
└─$ 
```

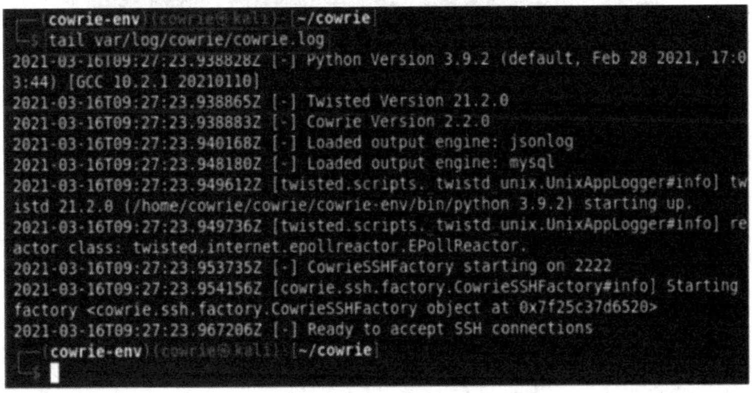

图 10-17　查看是否启用成功

④ 用Hydra工具对Cowrie开启的SSH服务爆破（如图10-18所示）。

hydra.exe -l root -P unix_passwords.txt -t 6 ssh://192.168.43.241

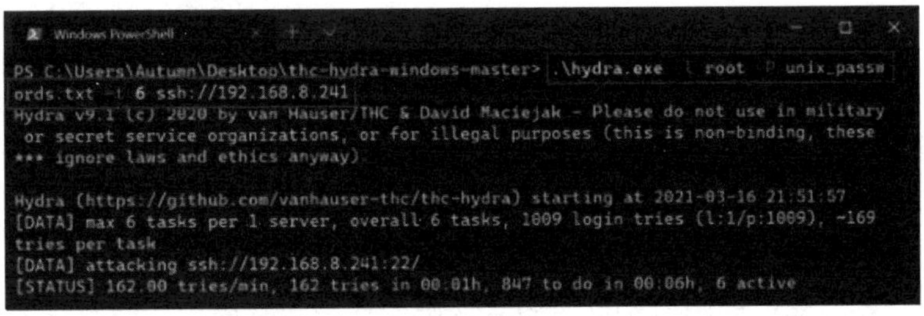

```
Windows PowerShell
PS C:\Users\Autumn\Desktop\thc-hydra-windows-master> .\hydra.exe -l root -P unix_passwords.txt -t 6 ssh://192.168.8.241
Hydra v9.1 (c) 2020 by van Hauser/THC & David Maciejak - Please do not use in military or secret service organizations, or for illegal purposes (this is non-binding, these *** ignore laws and ethics anyway).

Hydra (https://github.com/vanhauser-thc/thc-hydra) starting at 2021-03-16 21:51:57
[DATA] max 6 tasks per 1 server, overall 6 tasks, 1009 login tries (l:1/p:1009), ~169 tries per task
[DATA] attacking ssh://192.168.8.241:22/
[STATUS] 162.00 tries/min, 162 tries in 00:01h, 847 to do in 00:06h, 6 active
```

图 10-18　用 Hydra 工具对 Cowrie 开启的 SSH 服务爆破

查看数据库中的记录（如图10-19所示）。

(cowrie-env) cowrie@kali:~cowrie/docs/sql/ $ mysql -u cowrie -p

use cowrie;

select * from auth order by id desc limit 20;

```
MariaDB [cowrie]> select * from auth order by id desc limit 20;
+-----+--------------+---------+----------+-------------+---------------------+
| id  | session      | success | username | password    | timestamp           |
+-----+--------------+---------+----------+-------------+---------------------+
| 132 | 154fefd0130b |       0 | root     | princess1   | 2021-03-16 10:51:14 |
| 131 | 427f1c4f73c5 |       0 | root     | 112233      | 2021-03-16 10:51:14 |
| 130 | 4b9f26c0fa31 |       0 | root     | richard     | 2021-03-16 10:51:14 |
| 129 | 611279d79d2c |       0 | root     | monica      | 2021-03-16 10:51:14 |
| 128 | 45e20511e4c7 |       0 | root     | dancer      | 2021-03-16 10:51:14 |
| 127 | c072979e5dbb |       0 | root     | america     | 2021-03-16 10:51:14 |
| 126 | 154fefd0130b |       0 | root     | sayang      | 2021-03-16 10:51:13 |
| 125 | 427f1c4f73c5 |       0 | root     | 121212      | 2021-03-16 10:51:13 |
| 124 | 4b9f26c0fa31 |       0 | root     | christian   | 2021-03-16 10:51:13 |
| 123 | 611279d79d2c |       0 | root     | destiny     | 2021-03-16 10:51:13 |
| 122 | 45e20511e4c7 |       0 | root     | alexander   | 2021-03-16 10:51:13 |
| 121 | c072979e5dbb |       0 | root     | adrian      | 2021-03-16 10:51:13 |
| 120 | 154fefd0130b |       0 | root     | sakura      | 2021-03-16 10:51:12 |
| 119 | 427f1c4f73c5 |       0 | root     | iloveme     | 2021-03-16 10:51:12 |
| 118 | 4b9f26c0fa31 |       0 | root     | patrick     | 2021-03-16 10:51:12 |
| 117 | 611279d79d2c |       0 | root     | poohbear    | 2021-03-16 10:51:12 |
| 116 | 45e20511e4c7 |       0 | root     | angela      | 2021-03-16 10:51:12 |
| 115 | c072979e5dbb |       0 | root     | mylove      | 2021-03-16 10:51:12 |
| 114 | 154fefd0130b |       0 | root     | beautiful   | 2021-03-16 10:51:11 |
| 113 | 427f1c4f73c5 |       0 | root     | thomas      | 2021-03-16 10:51:11 |
+-----+--------------+---------+----------+-------------+---------------------+
20 rows in set (0.000 sec)
```

图 10-19　查看数据库中的记录

在Cowrie数据库中还有其他几张数据表，如clients、downloads、input、ttylog等，这些数据表中存储着蜜罐被嗅探、攻击时捕获到的各种信息，方便安全人员进行查看；

以上只是Cowrie工具的简单使用介绍。感兴趣的读者可以浏览其官方文档进一步了解。

10.5　欺骗技术运用原则与案例

10.5.1　运用原则

网络欺骗技术的成功运用应当是在系统中综合考虑各种欺骗技术的优点，针对不同场景运用不同的欺骗技术，进而协调配合发挥N×1>N的效果。综合网络欺骗技术的特性，我们得出网络欺骗技术应有以下运用原则：

（1）完整记录。网络欺骗系统应当将被欺骗主体的关键操作、敏感行为做准确详尽的记录。

（2）区分敌我。所有被网络欺骗系统记录的流量应该都是来自攻击者的流量，或者可以较为容易地区分合法流量和恶意流量。

（3）延缓攻击。网络欺骗系统应当以高度的仿真性尽可能长时间地将攻击者停留在欺骗环境中，用以收集攻击者的攻击意图、攻击手段等。

（4）自我隔离。网络欺骗系统的特性使得其本身存在大量的脆弱点，应严防攻击者通过攻击网络欺骗系统获取敏感信息或进一步攻击被保护的真实系统.

（5）运维高效。从防护效能与维护成本的“性价比”考虑，网络欺骗系统应当尽可能简单高效，便于安全管理员维护和使用。

10.5.2　运用案例

1．某大型股份制商业银行[33]

（1）用户需求。

该银行已建设较为完善的安全防护体系，在此基础上，希望对内网东西向流量间的威胁做更深入的感知，一旦发现异常行为能及时告警，同时对攻击行为进行溯源取证。

由于银行内网的复杂性，客户要求欺骗系统在不改变原有网络拓扑的前提下，对攻击事件实时告警，并且欺骗系统要具有高度伪装性，可有效迷惑攻击者。系统要在多个分行部署，应支持全局部署和统一管理。

（2）解决方案。

该项目建设秉持着覆盖互联网和外联DMZ（Demilitarized Zone，非军事化区）的原则，根据两地DMZ区的网络拓扑情况部署了大量探针，结合行内常用服务部署了高仿真蜜罐。管理中心部署在运管区，蜜罐探针分别部署在互联网DMZ区和外联DMZ区，不影响正常业务运行。某商用欺骗系统与态势感知平台对接，具备一键封禁功能，实时同步威胁情报。某银行内部网络欺骗系统部署图，如图10-20所示。

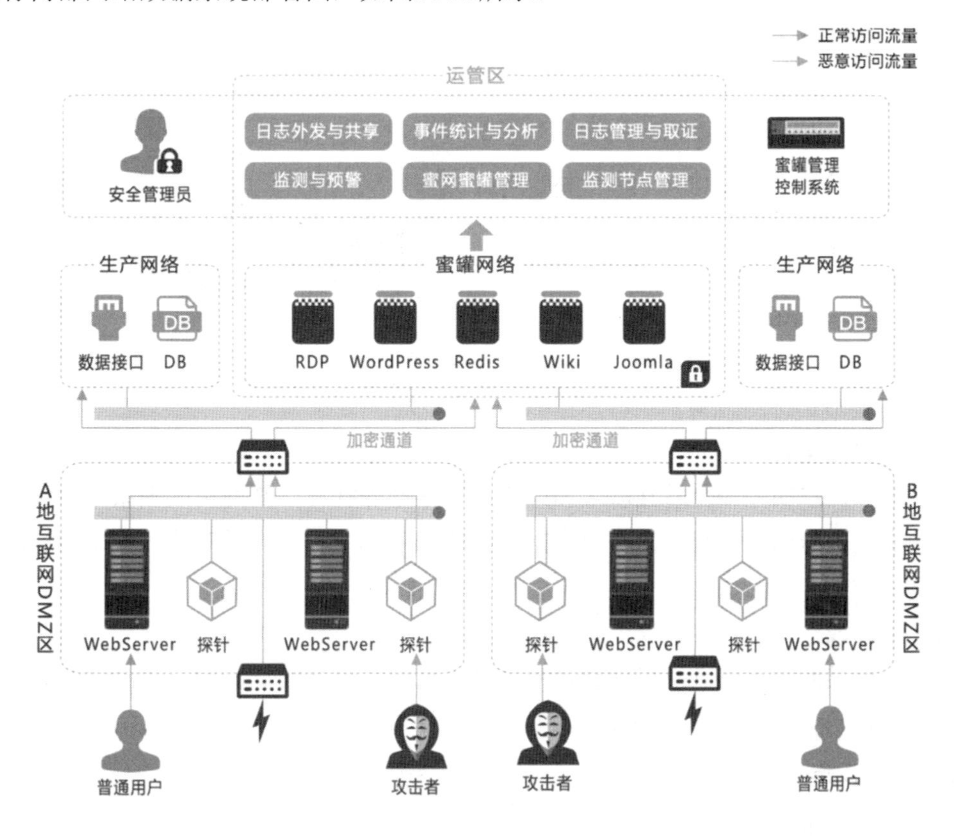

图 10-20　某银行内部网络欺骗系统部署图

（3）建设成效。

- 总行两地数据中心的互联网DMZ区、外联DMZ区和内网区系统均被覆盖；
- 对接到行内态势感知平台，形成联动防御；
- 部署溯源蜜罐开放映射到互联网上线运行后监测到大量攻击行为并成功溯源到若干个真实攻击者。

2. 某上市证券公司

（1）用户需求。

某上市证券公司在规划网络安全防护体系过程中，决定采用欺骗伪装技术来提升整体防护能力，改善攻防双方力量不对等的现状，溯源并震慑攻击者。防护体系需要结合第三方威胁情报、安全集中管理平台和网络防护设备，灵活应对不同攻击者的挑战。

该客户下辖多个服务网点，拥有多个对外服务系统，客户计划在真实网络环境中部署探针，识别恶意访问并将其引入布设好的蜜网环境中，实现混淆攻击者视线、保护真实资产、追踪攻击者源头的业务目标。某上市证券公司网络欺骗系统部署图，如图10-21所示。

图 10-21　某上市证券公司网络欺骗系统部署图

（2）解决方案。

通过在该用户的多个交易互联区和网点办公区部署探针，某商用欺骗系统实现了对用户全网的安全威胁感知，在不改变原有网络架构的基础上，实现了对攻击威胁的实时预警和溯源。

（3）建设成效。

客户利用某商用欺骗系统捕获到多次内外部人员的违规扫描行为，并在该单位定期组织的红蓝对抗赛中成功迷惑攻击者，为安全人员提供了可靠的安全情报。

3. 某高校信息中心

（1）用户需求。

该高校已建设较为完善的安全防护体系，并建设了集中的安全日志分析平台，然而对内部的扫描和破坏行为仍然难以应对，时常有学生在校园网中嗅探、扫描信息资产，发生过若干起恶作剧攻击事件。该高校信息中心计划通过部署伪装欺骗系统，识别校园网内的攻击事件，并记录攻击源IP和MAC地址，找出相关人员并进行教育处理。

（2）解决方案。

通过将探针部署至学校信息中心机房、实验室和图书馆等位置，某商用欺骗系统可监听校园网内的嗅探扫描行为，记录攻击者IP等信息，结合校方内部IP地址表、学生信息、教务系统日志等，综合分析并准确溯源。某高校网络欺骗系统部署图，如图10-22所示。

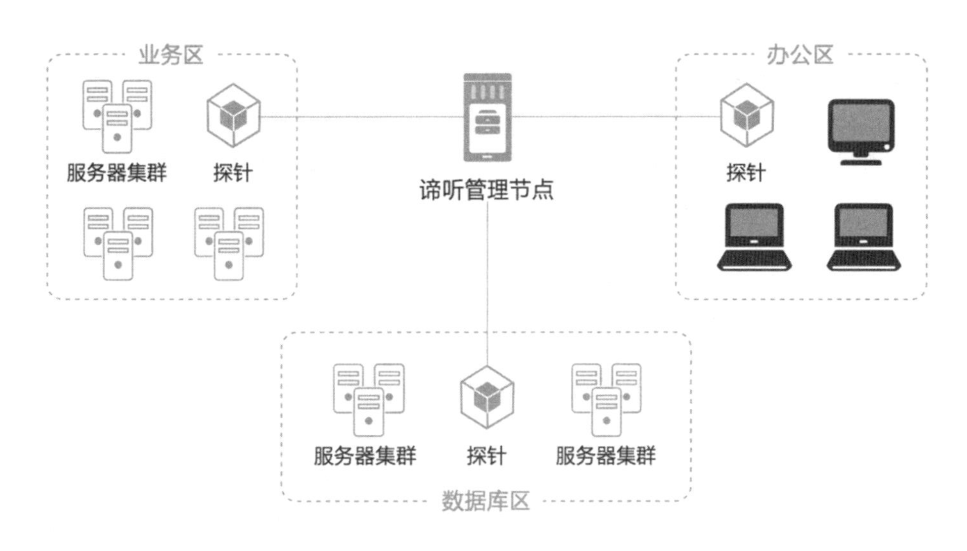

图 10-22　某高校网络欺骗系统部署图

（3）建设成效。

该高校信息中心利用欺骗系统将攻击事件日志对接至安全日志分析平台，信息中心的老师通过综合分析攻击源信息，成功追踪到多个恶作剧者。

第 11 章　追踪与溯源

11.1　追踪与溯源概述

11.1.1　追踪与溯源的含义及作用

追踪与溯源技术是网络主动防御的关键技术，是实现应急响应的关键环节，其通过对受害者资产、内网流量和网络收集到的信息进行汇总分析，实现对正在发生或已经发生的网络攻击事件进行跟踪或定位[34]。

通过对网络攻击进行追踪与溯源，能够在一定程度上还原攻击者的攻击路径与攻击手法、掌握攻击者来源、推断攻击者的攻击意图，并依此采取针对性的防御措施，如修复系统漏洞、清除系统后门等，进而阻断或抑制网络攻击，快速恢复网络系统运行，避免攻击事件的二次发生。同时，防御者可将攻击情报转换为防御优势，根据攻击者的攻击意图，推测攻击者的下一步行动，积极主动布防，降低损失。此外，通过追踪与溯源，采取反制措施，能够搜集攻击者网络犯罪证据，形成法律威慑。因此，网络攻击追踪与溯源是网络安全事件应急响应的重要组成部分，对网络安全具有十分重要的意义。

网络攻击追踪与溯源，旨在通过追踪定位攻击者的来源及路径帮助应急响应人员快速地实施有针对性的反制和抑制措施，及时阻断网络攻击，恢复网络正常运行，最大限度减轻网络攻击带来的损失。但是由于网络在设计之初并未考虑安全机制，导致攻击者可以采用匿名网络、网络跳板、暗网、网络隐蔽信道、隐写术等方法在网络攻击事件中隐匿自身痕迹，这为网络攻击追踪与溯源带来不小的挑战。

11.1.2　追踪与溯源的分类

1. 按追踪与溯源的精准度与深度划分

根据追踪与溯源的深度与精准度，网络追踪与溯源可划分为四个层次：追踪溯源攻击主机、追踪溯源攻击控制主机、追踪溯源攻击者、追踪溯源攻击组织[35]。

追踪溯源攻击主机目标是定位直接实施网络攻击的主机，一般可通过对流量进行源地址检查获取。

追踪溯源攻击控制主机目标是定位与直接实施网络攻击主机相关的幕后控制主机，高级的网络攻击者在实际的攻击活动中通常不会直接攻击目标主机，而是通过攻破若干个中间系统并以此作为跳板，通过层层控制跳板机实施攻击以达到隐藏自身的目的。因此，追踪溯源攻击控制主机就是沿着这种控制关系反向一级级追踪定位，直至溯源到真正的攻击者操控的幕后控制主机。

追踪溯源攻击者的目标是确定网络安全事件的行为负责人，其主要方法是通过对网络空间和物理世界的信息数据进行分析，将网络空间中的事件和现实世界中的事件相关联来确定真正的网络攻击者。

追踪溯源攻击组织是在确定网络攻击者的基础上，依据潜在的机构信息、外交形势、政策战略以及攻击者的身份信息、工作单位、社会地位等多种情报信息进行分析评估，确定特定人与特定组织机构的关系。

2．按溯源启动时机划分

根据启动追踪溯源机制的时机，网络追踪与溯源技术通常被分为两大类：主动响应溯源技术和被动响应溯源技术。

主动响应溯源技术是在数据包传输过程中主动标记报文信息，攻击事件发生后，应急响应人员就能够利用标记信息反向查找路由路径并确定攻击源。

根据溯源路径信息是否需要额外数据包传输，主动响应溯源技术又可分为带外追踪溯源技术和带内追踪溯源技术。带外追踪溯源技术使用单独的数据包发送溯源路径信息，溯源信息记录较为完整，但会产生额外的带宽开销；带内追踪溯源技术将溯源路径信息记录在通信数据包的指定字段，能够解决带宽问题，但是承载信息严重受限于数据包字段空间。

被动响应溯源技术是在通信过程中检测到网络攻击后才开始采取措施，使用工具分析流量等信息进行溯源，通常借助入侵检测系统等流量工具辅助，通过审查主机保留的可疑数据包日志进行追踪溯源，或者使用特殊的路由、网关等网络设备监控网络流量实现追踪溯源。

3．按溯源发起地点划分

根据发起追踪溯源的地点划分，主要分为网络流量追踪溯源和恶意代码样本分析追踪溯源。

网络流量追踪溯源的发起侧主要在网络端，通过流量变化或流量内容重塑攻击路径追踪攻击者，这类技术通常需要在事先或事中开展，且需要网络管理员、运营商等外界协助。

恶意代码样本分析追踪溯源的发起端主要在终端侧，通过对恶意样本进行静态或动态分析，提取样本特征信息，综合网络搜集的信息和威胁情报实现对攻击者或攻击组织的定位，这种技术一般在事后开展，由于不需要网络管理员、运营商等外界协助，实现条件较为容易，因此获得广泛的应用。

本章将结合典型案例重点介绍这两种追踪溯源技术。

11.2　追踪溯源技术

11.2.1　网络流量追踪溯源技术

常见的网络流量追踪溯源技术有以下四种：基于网络链路测试的溯源技术、基于流量日志记录的溯源技术、基于单独发送溯源报文的溯源技术和基于数据包标记的溯源技术。

1．基于网络链路测试的溯源技术

基于网络链路测试的溯源技术一般从距离受害者最近的路由器开始回溯，通过测试传入攻击数据包的路由器网络接口，进而找到攻击路径的上一跳。该过程重复执行，逐跳回溯，直到找到攻击源的边界路由器[36]。这种方法在攻击活动持续期间可以通过递归测试找到攻击源，对于间歇性网络攻击或攻击结束后则不能实现有效追踪。在传统网络中，通常需要安装一个跟踪程序，如DoS Tracker，进行数据包的监测。目前，基于链路测试法有两种实现方案：输入调试法（Input Debugging，ID）和可控泛洪法（Controlled Flooding，CF）。

输入调试法利用路由器的调试功能，分别在所有上游路由器的输出端口中过滤掉包含攻击特征的报文，以此判断该攻击流是否经过这个路由器，以及是从哪个接口输入的，从得到的输入接口继续向上游路由器测试，重复以上过程，直到找到攻击者或攻击者所在的网络边界路由器[37]。输入调试法的主要缺点在于需要协调各级网络管理员协助，时间和精力耗费较多。

可控泛洪法根据网络拓扑图，向其连接的每个链路依次发送大量的测试报文，通过观察路由器丢包情况和受害者收到的攻击报文的数量变化判断攻击流经过哪些链路。可控泛洪法的主要缺点：一是其本质是一种拒绝服务攻击，会破坏网络服务；二是需要网络的拓扑图，而网络的无状态性造成网络的拓扑会不断变化，要获取新的网络拓扑是比较困难的。

2．基于流量日志记录的溯源技术

基于流量日志记录的溯源技术是在路由器等中转设备上对途经它的报文信息进行存储记录，并在事后通过对这些日志数据进行分析，重构攻击路径并寻找攻击源的一种技术。流量日志记录溯源技术包含日志记录和攻击路径重构两个过程。日志记录可记录整个完整的数据包，也可仅记录数据包摘要、签名等关键信息。攻击路径重构需从被攻击端开始，查询上游转发设备日志是否包含特定攻击包的日志记录，若存在则认为该设备在攻击路径上。上述过程重复执行直至找到攻击端。

基于流量日志记录的溯源技术的优点是追踪溯源速度快，只需要一个数据包就可定位攻击源。但是，该技术对路由器要求较高，路由器必须有强大的处理能力，快速完成数据包的日志计算及存储，同时需拥有足够的存储空间以保证日志的存储时限。

3．基于单独发送溯源报文的溯源技术

基于单独发送溯源报文的溯源技术主要采取的手段是：当数据包通过某个路由器时，该路由器以一定的概率生成溯源报文，并将此报文主动发送给转发数据包的源地址，用于告知源地址该路由器位于该数据包的传播路径上。溯源报文一般是一个数据包相关的iTrace（ICMP Traceback）消息，由下一跳信息、上一跳信息以及一个时间戳组成，目标主机收到足够数量的iTrace消息后，就能构造出消息的转发路径。当受害者检测到攻击发生后，统计并分析收集到的iTrace消息包。如果各消息包存在这样一种关系：一个包的下游

路由器IP地址与另一个包的上游路由器IP地址相同，那么这两个消息记录的路由器信息构成攻击路径中的邻接路由器信息。基于这种关系，可逐个对收集到的iTrace包检查并连接，重构出攻击路径。

基于单独发送溯源报文的追踪方法有以下缺陷：一是用于追踪的ICMP报文存在被攻击者攻击的风险，很多网络管理员会屏蔽掉ICMP报文；二是由于需要大量的ICMP报文才能重构出完整的攻击路径，收敛时间慢；三是路由器生成ICMP报文，给网络带来额外开销；四是ICMP报文没有认证机制，难以保证安全性。

4. 基于数据包标记的溯源技术

基于数据包标记的溯源技术是在网络数据包传输的过程中将路径信息编码后填充到数据包的特定字段，被攻击端收集被标记的数据包通过特定的算法恢复出攻击路径。基于数据包标记的溯源技术包括包标记与传输、攻击路径重构两个过程。包标记与传输的主要思路是：通过路由器选取所有或者部分流经该路由器的数据包，并将数据包路径信息编码后附加在数据包的特殊字段中，随数据包一同传输。由于数据包包头的可用空间有限，常常需要将路径信息分片经多个数据包传输。基于此，便可从被攻击端收集足够多的捎带有路径信息的数据包，通过算法重构攻击路径。

基于数据包标记的溯源技术，与基于单独发送溯源报文的溯源方法类似，被攻击者都需要收到足够的分组后重构攻击路径，优势在于不需要生成新的特殊报文，没有额外的网络开销。从某种程度上来说，这种技术也是一种日志标记的方法，区别在于其将日志信息标记在传输的网络数据包包头中。

11.2.2 恶意代码样本分析溯源技术

网络攻击者在进行网络攻击的过程中通常会在被攻击主机内留下后门、木马等恶意代码，这些恶意代码样本在通常情况下，会带有一些与攻击者或其组织相关联的行为特征，防御者可以通过恶意代码样本特征与威胁情报匹配技术推测出攻击者或其组织，这为网络攻击追踪与溯源工作带来巨大的便利[38]。

1. 通过攻击者的域名/IP 进行溯源

这种溯源方法是最基本的方法，恶意样本中常常包含反向连接域名或控制服务器IP，通过对攻击者使用的域名或IP地址进行分析，查询域名的whois信息，可以关联到攻击者部分信息，如注册人姓名、邮箱、地址、电话、注册时间、服务商等，通过上述信息进一步关联查询攻击者的其他信息，最终确认攻击者身份。类似地，样本中可以直接关联攻击者的信息，如邮箱ID、社交账号等，通过在搜索引擎、社交平台、技术论坛等进行匹配，就可以查询到攻击者相关信息。

下面是通过样本分析对域名进行溯源分析的典型案例。

案例：在某Mirai僵尸网络事件的分析过程中，分析人员通过样本分析发现攻击者在注册僵尸网络的某个C&C域名（nexusiotsolutions.net）时，所使用的邮箱地址（nexuszeta1337@

gmail.com）与C&C域名有一些交集，由此怀疑这个地址并不是一次性邮件地址，推测可以根据该地址来揭晓攻击者的真实身份。通过网络搜索引擎搜索“NexusZeta1337”时，在Hack Forums论坛上找到了一个用户昵称为“Nexus Zeta”的活跃成员，并从他发表的帖子中发现他最近关注的是如何建立起类似Mirai的IoT僵尸网络，如图11-1所示。

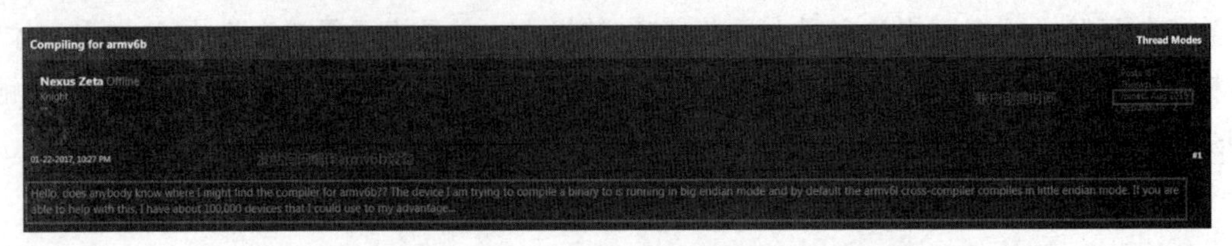

图 11-1 Hack Forums 论坛上的 Nexus Zeta 用户信息

通过进一步溯源发现“Nexus Zeta”在Twitter以及GitHub两个平台上都公布了自己的IoT僵尸网络项目，并将其GitHub账户关联到前面提到的某个恶意域名（nexusiotsolutions.net），如图11-2和图11-3所示。同时，通过溯源分析找到了他所使用的Skype以及SoundCloud账户，确认攻击者为CalebWilson（caleb.wilson37/CalebWilson37）。

图 11-2 Nexus Zeta 在 Twitter 上发表僵尸网络相关内容

图 11-3 Nexus Zeta 在 GitHub 上公布 Mirai 僵尸网络项目

2. 通过历史同源样本进行溯源

这种技术主要用于在恶意样本经初步分析没有发现明显的可以关联到攻击者或者恶意样本提供者的信息时使用。该技术的核心思想是通过和已知的恶意代码样本库进行相似度匹配到获得历史攻击事件信息，信息从而关联到相应的组织或团体。这种溯源方法多用于定位APT组织或者某些知名的黑客团体（例如，“方程式”黑客组织）的行动，需要投入大量的人力、时间去完成溯源跟踪分析。编程人员在编写代码时通常会复用之前编写的功能模块以实现快速开发，攻击者在编写恶意代码时也不例外，因此可以利用恶意样本间的同源关系发现溯源痕迹，并根据它们出现的前后关系判定变体来源。恶意代码同源性分析，其目的是判断不同的恶意代码是否源自同一套恶意代码或是否由同一个作者、团队编写，判断是否具有内在关联性、相似性。从溯源目标上来看，可分为恶意代码家族溯源和恶意代码作者溯源。

家族变体是已有恶意代码在不断的对抗或功能进化中生成的新型恶意代码，针对变体的家族溯源是通过提取其特征数据及代码片段，分析它们与已知样本的同源关系，进而推测可疑恶意样本的家族。例如，Kinable等人提取恶意代码的系统调用图，采用图匹配的方式比较恶意代码的相似性，识别出同源样本，进行家族分类。

恶意代码作者溯源即通过分析和提取恶意代码的相关特征，定位出恶意代码作者特征，揭示出样本间的同源关系，进而溯源到已知的作者或组织。例如，Gostev等人通过分析Stuxnet与Duqu所用的驱动文件在编译平台、时间、代码等方面的同源关系，实现了对它们作者的溯源。2015年，针对中国的某APT攻击采用了至少4种不同的程序形态、不同编码风格和不同攻击原理的木马程序，潜伏3年之久，最终360“天眼实验室”利用多维度的大数据分析技术进行恶意代码同源性分析，进而溯源到“海莲花”黑客组织。

由此可见，发现样本间的同源关系对于恶意代码家族和作者的溯源，甚至对攻击组织的溯源以及攻击场景还原、攻击防范等均具有重要意义。

常见的恶意代码样本同源关系判定主要从以下四个方面考虑：

（1）设计思路。

每个程序开发人员在软件实现时，会使用自己比较熟悉的代码风格和实现算法，每个团伙或者组织在攻击目标时也会有一套自己特有的攻击方法。因此，在恶意代码同源判定时可以将日志的相似度、代码混淆风格以及相关的实现算法作为判定依据。

例如，安天团队在两个不同事件中，发现利用“破壳”漏洞（CVE-2014-6271）投放的6个Bot程序具有同源性，如图11-4所示。针对32位与64位两种系统处理器结构，攻击者对同一源码进行了多次编译以便两种操作系统均可运行；同时为了躲避防病毒软件检测查杀，也进行了简单的混淆。

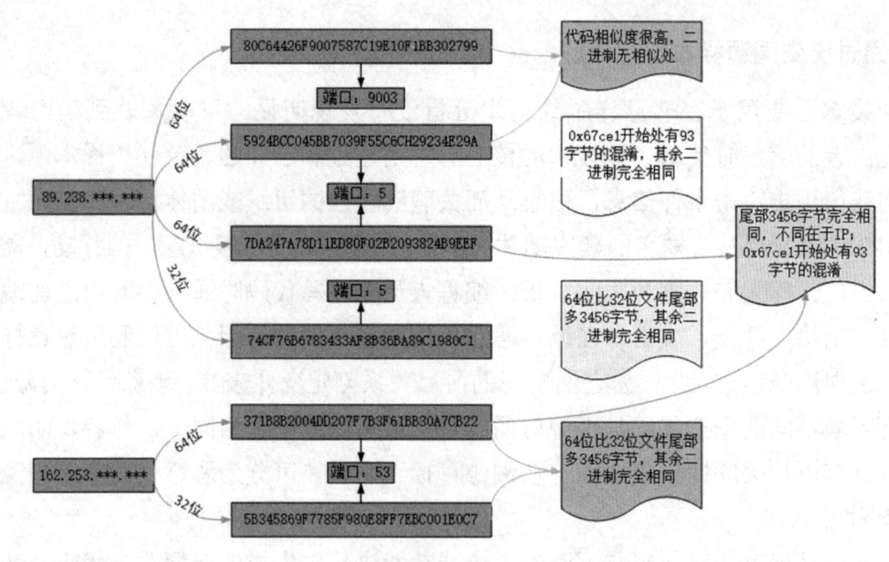

图 11-4　6 个 Bot 程序具有同源性

（2）编码特征。

程序员在开发过程中，经常会复用部分现有代码的加密算法、功能模块，以提高开发效率。样本分析人员通过跟踪分析某组织的大量攻击样本后，对其开发人员的编码风格（函数变量命名习惯、语种信息等）、编程习惯有了深入了解。在此基础上，就能够通过编码风格准确溯源到相关组织。

（3）通信协议。

攻击者在开发新的恶意代码时为了与旧版本程序的通信协议保持兼容，同时减少开发工作量，通常会直接复用原有的通信协议代码，因此，在恶意代码同源分析中可以依据样本的通信数据的格式特征进行同源判定。

例如，通过对比分析Billgates和Xitele数据包的格式特征，发现两个数据包中有12处字段相同或相似，因此判定其为同源样本，如图11-5和图11-6所示。

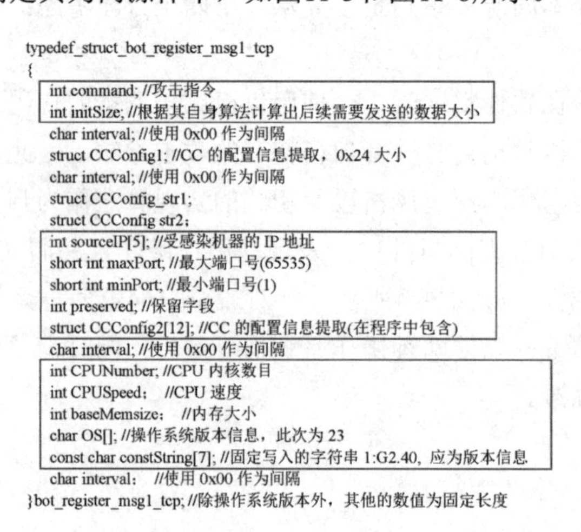

```
typedef_struct_bot_register_msg1_tcp
{
    int command; //攻击指令
    int initSize; //根据其自身算法计算出后续需要发送的数据大小
    char interval; //使用 0x00 作为间隔
    struct CCConfig1; //CC 的配置信息提取，0x24 大小
    char interval; //使用 0x00 作为间隔
    struct CCConfig_str1;
    struct CCConfig str2;
    int sourceIP[5]; //受感染机器的 IP 地址
    short int maxPort; //最大端口号(65535)
    short int minPort; //最小端口号(1)
    int preserved; //保留字段
    struct CCConfig2[12]; //CC 的配置信息提取(在程序中包含)
    char interval; //使用 0x00 作为间隔
    int CPUNumber; //CPU 内核数目
    int CPUSpeed;  //CPU 速度
    int baseMemsize;  //内存大小
    char OS[]; //操作系统版本信息，此次为 23
    const char constString[7]; //固定写入的字符串 1:G2.40, 应为版本信息
    char interval:  //使用 0x00 作为间隔
}bot_register_msg1_tcp; //除操作系统版本外，其他的数值为固定长度
```

图 11-5　Billgates 上线数据包格式

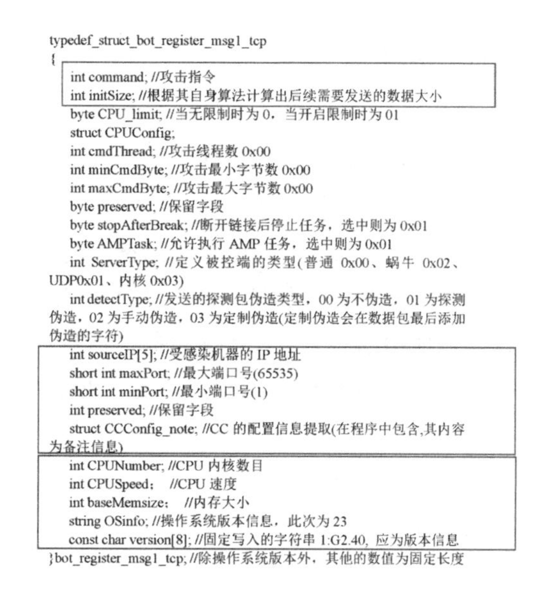

```
typedef_struct_bot_register_msg1_tcp
{
    int command; //攻击指令
    int initSize; //根据其自身算法计算出后续需要发送的数据大小
    byte CPU_limit; //当无限制时为 0，当开启限制时为 01
    struct CPUConfig;
    int cmdThread; //攻击线程数 0x00
    int minCmdByte; //攻击最小字节数 0x00
    int maxCmdByte; //攻击最大字节数 0x00
    byte preserved; //保留字段
    byte stopAfterBreak; //断开链接后停止任务，选中则为 0x01
    byte AMPTask; //允许执行 AMP 任务，选中则为 0x01
    int ServerType; //定义被控端的类型(普通 0x00、蜗牛 0x02、
UDP0x01、内核 0x03)
    int detectType; //发送的探测包伪造类型，00 为不伪造，01 为探测
伪造，02 为手动伪造，03 为定制伪造(定制伪造会在数据包最后添加
伪造的字符)
    int sourceIP[5]; //受感染机器的 IP 地址
    short int maxPort; //最大端口号(65535)
    short int minPort; //最小端口号(1)
    int preserved; //保留字段
    struct CCConfig_note; //CC 的配置信息提取(在程序中包含,其内容
为备注信息)
    int CPUNumber; //CPU 内核数目
    int CPUSpeed;   //CPU 速度
    int baseMemsize;   //内存大小
    string OSinfo; //操作系统版本信息，此次为 23
    const char version[8]; //固定写入的字符串 1:G2.40, 应为版本信息
}bot_register_msg1_tcp; //除操作系统版本外，其他的数值为固定长度
```

图 11-6　Xitele 上线数据包格式

（4）数字证书。

数字证书是一个经证书授权中心数字签名的包含公开密钥拥有者信息以及公开密钥的文件。最简单的证书包含一个公开密钥、名称以及证书授权中心的数字签名。数字证书还有一个重要的特征就是只在特定的时间段内有效。

数字证书的作用主要是验证网站是否可信（针对HTTPS）或者验证某个文件是否可信（是否被篡改）。部分恶意软件为了躲避安全软件的检测，会使用数字证书对代码进行签名，证明软件来自软件发布者且未被篡改。作为一种权威性的电子文档，数字证书可以由权威公正的第三方机构（CA中心）签发，也可以由企业级CA系统进行签发。通过查看软件样本属性，可以获得样本修改日期、软件开发商、电子邮箱、签名时间等。如图11-7所示，可以看到SalityKiller.exe样本的数字证书是企业级CA系统（卡巴斯基实验室）签发的，该样本的数字签名正常，中途未被篡改，因此可以推断这个样本来自卡巴斯基实验室，或者从卡巴斯基实验室溯源找到软件开发者信息。

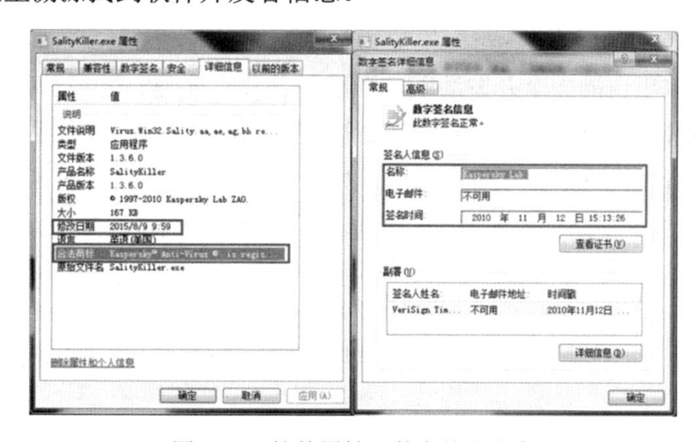

图 11-7　软件属性及数字签名信息

3．通过入侵日志进行追踪溯源

这种溯源技术类似于主机取证分析，主机开启日志审计后，攻击者在受害主机上的操作会被记录下来，即使攻击者具有清除操作日志的习惯，仍然会有部分日志被保留下来，通过对攻击者留下的大量操作日志进行分析就可以提取相关攻击者的信息，主要包括：

- 攻击者连接服务器使用VPS（Virtual Private Server，虚拟专用服务器）信息。
- 登录主机后，一般为了维持对主机的访问权限，攻击者尝试创建的账号及密码。
- 攻击者为了偷取数据，使用的FTP或者数据服务器信息。
- 通过对攻击者的登录时间进行分析，可以基本定位所在的大区域（北半球，南半球）。
- 登录主机后的操作模型，不同的攻击者，入侵成功后进行的行为有差异，每个人都有自己的行为指纹特征。

例如，一些攻击者习惯使用自动化的工具，去提取主机上的敏感信息（网站、邮箱、比特币、网银等账号和密码），入侵成功后（钓鱼、社工、水坑攻击等），会在受害者机器上安装木马软件，进行主机行为监控，并且定时将截获的敏感信息上传到服务器上。

攻击者窃取敏感信息使用较多的三种通信方式为FTP、SMTP、HTTP。

4．通过攻击模型进行溯源

这种溯源方法主要针对专业化程度比较高的个人或者组织，这类人员长期专注于某一领域的攻击研究与尝试，形成了较为固定的攻击套路。通过对典型攻击案例中的攻击步骤与攻击手法进行提取，就能形成攻击模型，通过攻击模型进行匹配，更容易定位同源攻击者。

案例：在一次应急响应中通过取证分析发现攻击者行为具有以下特点。攻击者首先根据攻击目标选择有意义的域名并进行注册，然后在GitHub上注册一个新账户并创建一个开源项目，编译源码后使用捆绑打包器捆绑恶意软件，将软件发布到搭建的网站上并在互联网上发布推广，用户下载软件后，攻击者窃取用户敏感数据（账号和密码）进行数据直接套现，或者通过信息倒卖平台间接变现，如图11-8所示。之后利用该攻击模型对样本库中的文件进行筛选，定位到另外3套与该模型完全匹配的案例，进一步分析匹配到样本后，首先确认了该4套样本出自同一个开发团队，经过溯源分析准确定位到了攻击者。

目前，恶意代码溯源技术已取得了较大的进步，在追踪恶意代码组织、黑客组织（攻击者）、发现未知恶意代码方面取得了部分研究成果，例如海莲花、白象、方程式组织等典型APT攻击计划和黑客团队的不断曝光，但依然存在不足和挑战。

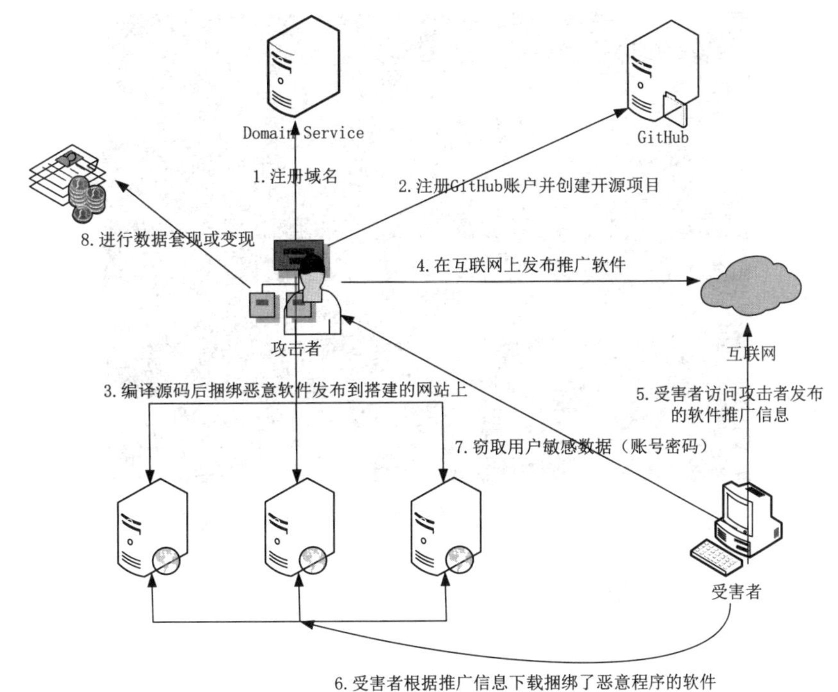

图 11-8　某攻击者使用的攻击模型

11.3　追踪溯源工具及系统

11.3.1　Traceroute 小程序

Traceroute是一个用来侦测发出数据包的主机到目标主机之间所经过路由情况的软件工具。数据包所经过的每一个网络设备，如主机、路由器、接入服务器等都会有一个独立的IP地址，通过Traceroute能知道信息的传递路径[39]。

Traceroute命令在不同的操作系统下略有不同，例如，在Windows下命令为Tracert，在UNIX下命令为Traceroute。Traceroute、Tracert程序都是利用增加存活时间（TTL）值来实现其路由追踪功能。具体过程为，首先向目的地址发送一个TTL=1的探测包，每当数据包经过一个路由器，其TTL值就会减1；当TTL值为0时，路由器将数据包丢弃，并向数据包发出者返回一个主机不可达的ICMP超时通知，里面包含路由器IP；主机收到ICMP报文后，向目的地址发送TTL=2的探测包，促使第二个路由器返回ICMP报文；依次增加TTL初始值，当返回路由器IP为目的地址IP时，停止发送探测包，并将所有返回路由器IP依次串联起来，即为当前主机到目标主机的数据包传输路径。图11-9为在Windows上使用Tracert查看到亚马逊服务器（54.176.64.1）的路由路径，第五列展示了到目的地址所经过的路由，其中带有星号（*）的信息表示该次ICMP包返回时间超时，出现这种情况的原因可能是防火墙封掉了ICMP的返回信息。

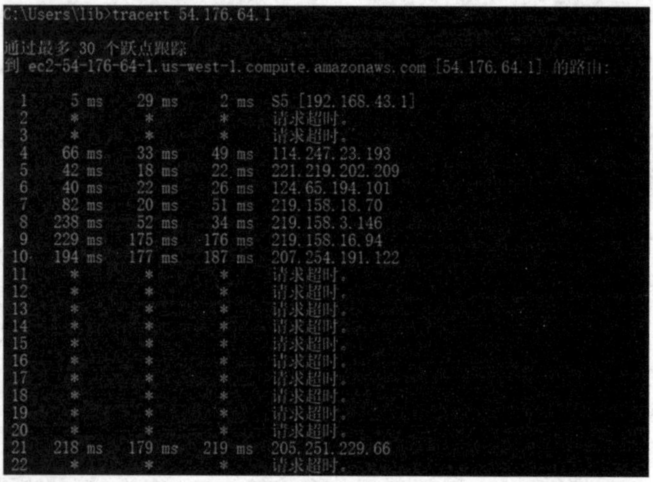

```
C:\Users\lib>tracert 54.176.64.1

通过最多 30 个跃点跟踪
到 ec2-54-176-64-1.us-west-1.compute.amazonaws.com [54.176.64.1] 的路由:

  1     5 ms    29 ms     2 ms  S5 [192.168.43.1]
  2     *        *        *     请求超时。
  3     *        *        *     请求超时。
  4    66 ms    33 ms    49 ms  114.247.23.193
  5    42 ms    18 ms    22 ms  221.219.202.209
  6    40 ms    22 ms    26 ms  124.65.194.101
  7    82 ms    20 ms    51 ms  219.158.18.70
  8   238 ms    52 ms    34 ms  219.158.3.146
  9   229 ms   175 ms   176 ms  219.158.16.94
 10   194 ms   177 ms   187 ms  207.254.191.122
 11     *        *        *     请求超时。
 12     *        *        *     请求超时。
 13     *        *        *     请求超时。
 14     *        *        *     请求超时。
 15     *        *        *     请求超时。
 16     *        *        *     请求超时。
 17     *        *        *     请求超时。
 18     *        *        *     请求超时。
 19     *        *        *     请求超时。
 20     *        *        *     请求超时。
 21   218 ms   179 ms   219 ms  205.251.229.66
 22     *        *        *     请求超时。
```

图 11-9　Tracert 程序追踪亚马逊服务器的路由路径情况

11.3.2　科来网络回溯分析系统

科来网络回溯分析系统（RAS）是科来软件开发的一款集成七层协议解码、高性能数据包采集、大容量存储和智能分析的软硬件一体化平台，可以分布式部署在网络中的关键节点，支持对物理网络和云网络流量的采集分析。同时，RAS还可实时捕获并保存网络通信流量，具备对长期网络通信数据进行快速数据挖掘和回溯分析的能力，提供对网络通信的各种全面深入分析功能，包括强大的专家系统智能分析、数据包详细解码分析、节点分析、数据流分析、安全分析、应用层日志分析等对网络通信的多种精细分析能力。实现对关键业务系统中的网络异常、应用性能异常和网络行为异常的快速发现，以及区分异常原因的智能回溯分析，提升了对关键业务系统的运行保障能力和问题处置效率[40]。

案例：匿名黑客组织通过网络声称，于某日成功攻击了若干个国内政府网站，其中包括该用户的官方网站，并提供了www.check-host.net网站连通性测试报告（www.check-host.net/check-report/4baafd）。报告显示，在UTC20点50分（北京时间凌晨4点50分）左右，用户官方网站确实无法访问。

通过在科来网络回溯分析系统上追踪官网IP的流量曲线，发现在凌晨4点50分左右，存在持续5分钟的流量低谷。因此推断这段时间该网站确实受到了DoS攻击，造成短时间服务中断。

提取该网站的HTTP请求日志分析，发现在4点48分至4点53分这5分钟时间内，所有访问官方网站的请求，返回状态码均为0，服务器未进行应答，如图11-10所示。

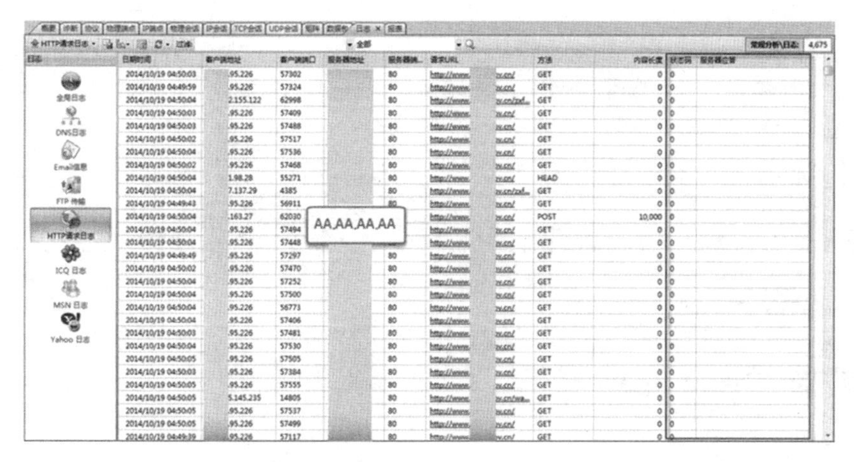

图 11-10　被攻击网站的 HTTP 请求日志分析情况

分析这段时间的TCP会话交互过程，可以发现客户机向网站IP发送应用层请求后，服务器直接关闭了会话，如图11-11所示。判断该网站很可能受到了基于HTTP协议的应用层的攻击，而导致无法正常提供网页服务。

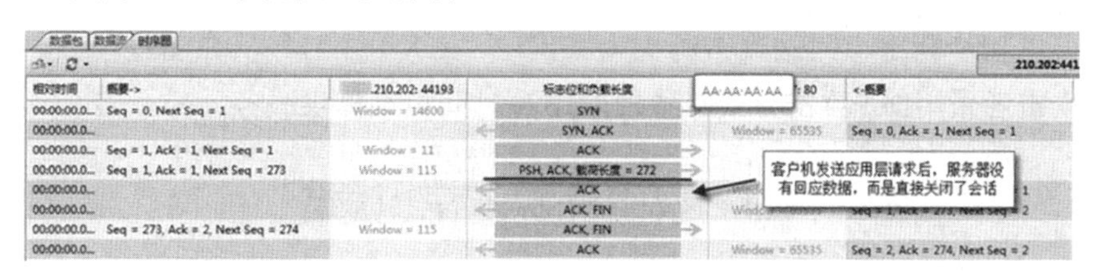

图 11-11　被攻击网站未回应客户机请求

通过对该时间段内与该网站IP通信的客户端数据深入分析，发现有一个德国IP“X.X.163.27”的通信数据非常可疑：①该IP正好只在出问题的时段与网站进行了通信；②在5分钟内与网站建立了近900个TCP会话；③HTTP请求使用POST方法，声称要向网站的“/”目录上传数据；④在请求头部Content-Length字段生成要上传10000字节数据，但后续每隔几秒才向服务器发送1个或几个字节的有效数据，如图11-12所示。这样的行为无论网站是否支持向“ / ”目录POST数据，服务端都需要先占用10000字节资源，用于接收客户端上传过的数据。如果类似的会话大量出现，就会导致服务端无法正常提供HTTP服务。

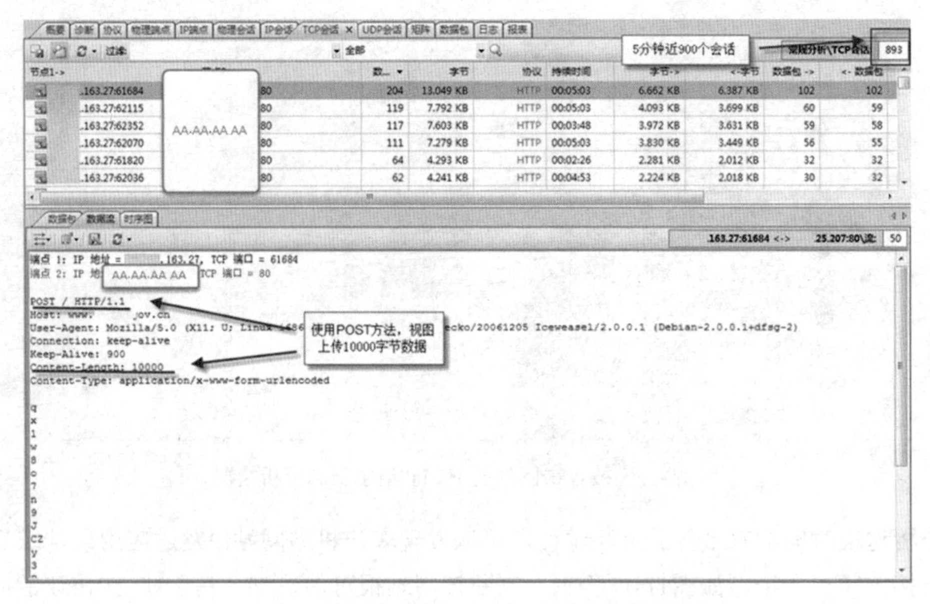

图 11-12　被攻击网站未回应客户机请求

至此可以初步断定，网站攻击源头为德国IP“X.X.163.27”，在当日凌晨4点48分到4点53分，攻击者采用DoS攻击方式，致使网站短时间拒绝提供服务。

11.4　攻击溯源的常见思路

网络攻击追踪溯源是应急响应中继阻断攻击、恢复业务的重点，而溯源攻击者或攻击组织是网络攻击追踪溯源的终极目标。在应急响应过程中，溯源攻击者或攻击组织主要从组织内部异常操作者、组织内部攻击者、组织外部攻击者三个维度展开[41]。

11.4.1　组织内部异常操作者

组织内部异常操作者是指攻击行为不是有意为之的误操作者，这类攻击者一般不会进行IP隐藏、日志删除等行为。

针对这类攻击者的溯源可以从以下两个方面考虑：①从内部监控设备或被攻击设备日志中获取攻击者IP，根据资产登记情况追责到人；②如果没有进行资产归属登记，尝试获取此IP访问的邮箱、QQ号等互联网账号，并据此关联内部人员。

11.4.2　组织内部攻击者

组织内部攻击者，一般是企业或组织内部的员工、承包商以及合作伙伴，其通常具有组织的系统、网络以及数据的访问权，利用内部网络架构优势，可以抹除痕迹、避开监控。

针对这类攻击者的溯源可以从以下两个方面考虑：①通过搜集攻击留存的蛛丝马迹，按照组织内部异常操作者的溯源方法进行查询；②判断攻击方式和手法，结合组织内部人员画像进行溯源，例如Web攻击一般源于熟悉Web攻防的人员，恶意样本攻击很可能来自熟悉二进制或者系统安全的人员，结合组织内部人员是否熟悉相关攻击手法和其他信息进行综合判断。

11.4.3　组织外部攻击者

组织外部攻击者根据攻击者的能力可分为两类，一类是一般白帽子或者脚本小子，躲避追踪的防护意识或能力不强，可以根据IP追踪其地理位置，并根据监控信息确定操作人；另一类是针对性攻击者，一般包括攻击组织等，例如APT组织，这一类攻击者的特点主要包括：①攻击手段多样，能够使用水坑攻击、鱼叉攻击、僵尸网络、木马后门、暴力破解、社会工程学等在内的多种攻击手段；②隐蔽性强，使用不触发报警的新型攻击方式和跳板“肉鸡”（肉鸡又称傀儡机，是指可以被黑客远程控制的机器），开发的恶意程序能够识别沙箱、虚拟机环境对抗杀毒软件，通过清除、替换日志、替换命令等方式清除攻击痕迹；③反侦察能力强，通过不断变换IP连接后门。针对这一类攻击者，通常通过搜集域名、IP、URL和样本Hash等基础设施信息，并关联威胁情报进行定位，但考虑到样本会被其他攻击者修改后投放攻击，不能完全确定攻击者。

11.5　溯源分析案例

2016年7月，安天安全研究与应急处理中心发布了一份攻击报告《白象的舞步——来自南亚次大陆的网络攻击》，披露了“白象”组织的第二波攻击“白象二代”，此前的2014年8月，安天在报告《白象的舞步——HangOver攻击事件回顾及部分样本分析》中对该组织发起的“白象一代”进行曝光。下文讲述溯源的具体过程[42]。

1．样本集的时间戳、时区分析

样本时间戳是由编译器在开发者创建可执行文件时自动生成的一个十六进制的数据，存储在PE文件头里，通常可以认为该值为样本生成时间（格林威治时间1970年01月01日00时00分00秒起至样本生成时的总秒数）。

安天工程师通过收集所有可用样本的时间戳，并剔除过早的和人为修改的时间数据，对样本按小时进行分组统计，结果如图11-13所示。

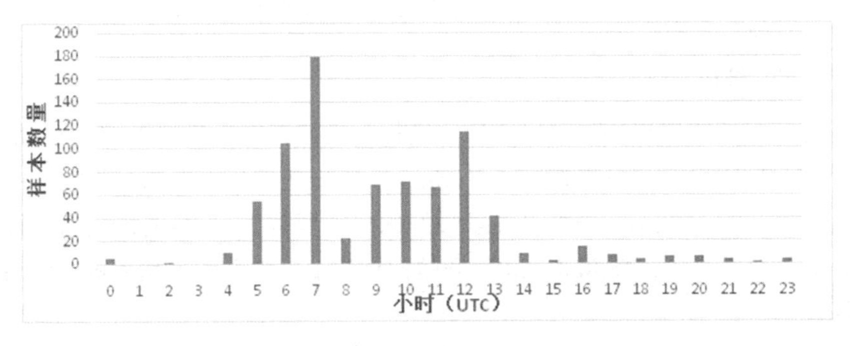

图 11-13　“白象”组织开发者工作时间统计

统计结果显示，攻击者样本开发时间集中在4时至14时，假设攻击者的工作时间是早上八九点到下午五六点，可以匹配到的攻击者所在时区为东四区或东五区时区。对照世界时区分布图，可以推测攻击者所在的国家。

- 东四区国家：阿拉伯联合酋长国、阿曼、格鲁吉亚、阿塞拜疆、亚美尼亚、阿富汗、塞舌尔、留尼汪岛（法）、毛里求斯。
- 东五区国家：乌兹别克斯坦、土库曼斯坦、塔吉克斯坦、斯里兰卡、巴基斯坦、印度、马尔代夫、叶卡特琳堡。

2．攻击组织成员分析

安天工程师利用样本文件中的PDB（Program DataBase，程序数据库）信息，从910个样本中找到了10多个不同的系统账号，发现其使用了多种不同的开发编译工具，由此推断研发人员由多人组成[43]。基于互联网公开的信息，进行画像分析，推断“白象”一代组织由10至16人组成，并确定了其中6个人的用户ID，分别为cr01nk、neeru rana、andrew、Yash、Ita nagar、Naga，如图11-14所示。

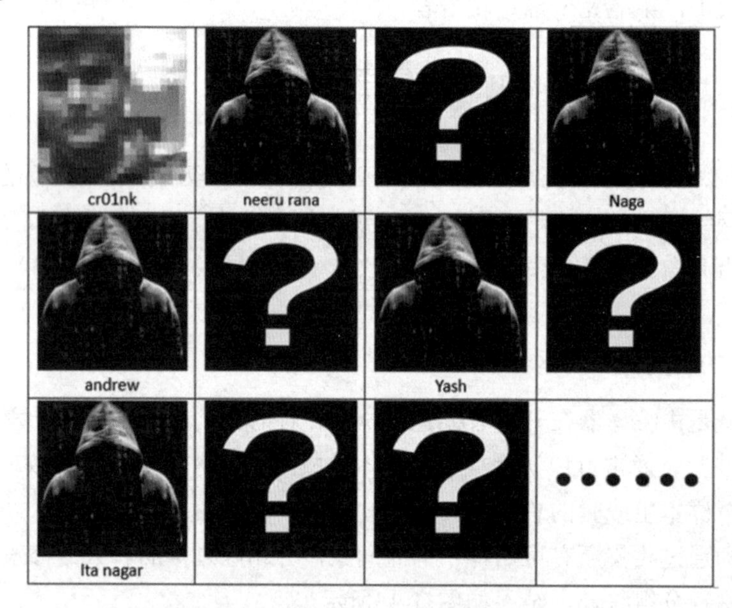

图 11-14　“白象”一代组织成员画像

3．“cr0lnk”身份追踪

安天工程师将这些用户ID提取出来后，进行分析和查询，确定“cr0lnk”是一个在南亚某国较为常见的人名，并最终发现了“cr0lnk”的一些信息，追踪过程如下：2009年10月27日，有人在www.null.co.in发帖“寻求最好的道德黑客”，可能要在全国寻找一些网络安全人才，在这篇帖子中，“cr0lnk zer0”回帖问询注册方法并与发帖人进行沟通[44,45]，如图11-15所示。

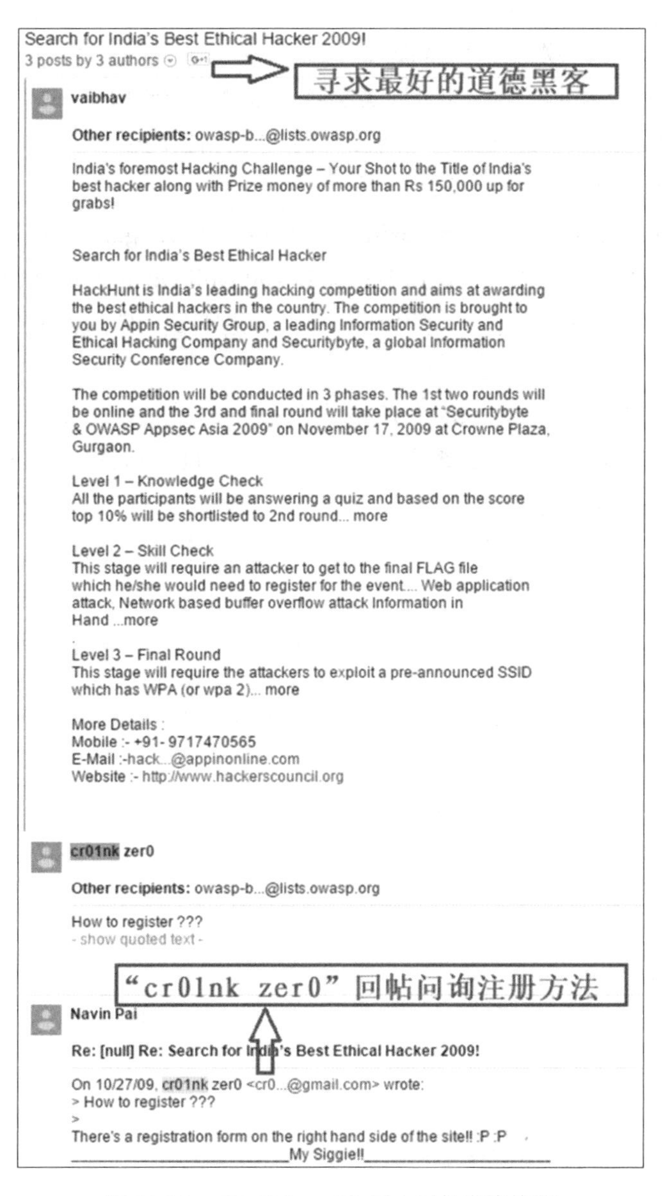
Search for India's Best Ethical Hacker 2009!
3 posts by 3 authors

vaibhav

Other recipients: owasp-b...@lists.owasp.org

India's foremost Hacking Challenge – Your Shot to the Title of India's best hacker along with Prize money of more than Rs 150,000 up for grabs!

Search for India's Best Ethical Hacker

HackHunt is India's leading hacking competition and aims at awarding the best ethical hackers in the country. The competition is brought to you by Appin Security Group, a leading Information Security and Ethical Hacking Company and Securitybyte, a global Information Security Conference Company.

The competition will be conducted in 3 phases. The 1st two rounds will be online and the 3rd and final round will take place at "Securitybyte & OWASP Appsec Asia 2009" on November 17, 2009 at Crowne Plaza, Gurgaon.

Level 1 – Knowledge Check
All the participants will be answering a quiz and based on the score top 10% will be shortlisted to 2nd round... more

Level 2 – Skill Check
This stage will require an attacker to get to the final FLAG file which he/she would need to register for the event.... Web application attack, Network based buffer overflow attack Information in Hand ...more

Level 3 – Final Round
This stage will require the attackers to exploit a pre-announced SSID which has WPA (or wpa 2)... more

More Details :
Mobile :- +91- 9717470565
E-Mail :-hack...@appinonline.com
Website :- http://www.hackerscouncil.org

cr01nk zer0

Other recipients: owasp-b...@lists.owasp.org

How to register ???
- show quoted text -

Navin Pai

Re: [null] Re: Search for India's Best Ethical Hacker 2009!

On 10/27/09, cr01nk zer0 <cr0...@gmail.com> wrote:
> How to register ???
>
There's a registration form on the right hand side of the site!! :P :P
________________________My Siggie!!________________________

图 11-15　“cr0lnk zer0”网上回帖交流快照

随后安天工程师结合其他方式分析出了完整的邮件地址。ID：cr01nk，邮箱：cr01nk@xxail.com，并通过对“cr0lnk”邮箱的反向追踪，发现“cr0lnk”的昵称为“Vishxxx Shaxxx”，对这个名称进行检索后，安天工程师确认这是一个南亚某国的人名。

安天工程师又根据已知的信息对“cr0lnk”进行了深入挖掘，并在一个逆向工程技术论坛OpenRCE发现了此人，论坛中显示他的国家为南亚某国；同时发现此人注册了Nullcon峰会，他在2011年Nullcon Goa上做过一个关于模糊测试的演讲，并演示了一个PDF格式漏洞的例子。至此，安天工程师，确定这个人姓名是“Vishxxx Shaxxx”，来自xx国，并且是网络安全技术相关人士，通过进一步深入挖掘，得到此人更多的个人信息。

- ID：cr01nk，真实姓名：Vishxxx Shaxxx。
- 2009年毕业于南亚某国的一个理工学院，曾经就职于McAfee、Security Brigade、国家物理实验室、CareerNet，目前就职于自己创立的公司Syryodya，一个为太阳能行业提供管理软件的IT服务公司。
- 所做项目：Fuzzing with complexities、Intelligent debugging and in memory fuzzing、Failure of DEP and ASLR，ACM-IIT Delhi and Null Delhi meet、Spraying Just in time。
- 擅长领域：计算机安全、恶意代码分析、渗透测试、C/Python/Linux开发，其他安全研究等。

接下来安天攻击者进一步分析“cr0lnk”与样本的关系，发现了两条线索：①包含“cr0lnk”用户名的样本有两个，其编译时间均为2009年11月18日，与攻击的时间重合，因此可以认为这个时间戳是没被篡改过的；②“Vishxxx Shaxxx”在社交主页上的个人介绍显示，2009年5月至2010年6月期间，他在Freelancer（一个威客网站）上做了一些项目，其中第一条是为某些组织逆向分析专门开发的收集信息的木马和恶意软件。

综上所述，安天工程师推测“Vishxxx Shaxxx”（cr01nk）可能于2009年5月之后通过Freelancer网站与“白象”组织建立联系，后以雇佣形式或加入该组织，负责开发、逆向分析恶意样本。

第12章 防火墙技术

在互联网技术日新月异的今天，网络已延伸到生活的方方面面，成为人们生活不可或缺的一部分，但是各种层出不穷的攻击手段也严重威胁了用户在网络中的安全。为了帮助用户更好地响应、处理安全事件，防火墙技术不可或缺。防火墙在应急响应过程中主要起到采集日志信息、控制访问的作用。通过访问控制，限制非授权用户对内部网络的访问和内部网络用户对外部网络的访问，保护内部网络敏感信息、保证内部网络不受外部的攻击[46]。

本章主要从防火墙的定义及功能、防火墙的分类、防火墙的体系结构、防火墙的发展四个方面对防火墙相关技术进行介绍。

12.1 防火墙的定义及功能

12.1.1 防火墙的定义

防火墙，顾名思义是用来保护物品免受火灾侵袭的屏障。在网络环境中，我们把用来隔绝内外网、阻断外来威胁的专有设备形象地称为防火墙。美国Digital公司在1986年首次提出防火墙的概念，并安装了全球第一个商用防火墙系统。该公司将防火墙定义为放置在两个网络之间的一组组件，该组件具有三个特点：（1）只允许本地安全策略授权的信息通过；（2）两网之间的双向通信必须经过防火墙；（3）防火墙本身是免疫的，不会被穿透的[47]。

在当今时代，防火墙是一种计算机硬件与软件的结合，在网络之间建立起一个安全网关，其核心思想就是在不安全的网际环境中构造一个相对安全的子网环境。通俗来说，防火墙就是一种隔离技术，它能允许你“同意”的用户和数据进入你的网络，同时将你“不同意”的用户和数据拒之门外，最大限度地阻止非法用户访问你的网络[48]。

12.1.2 防火墙的功能

1．包过滤功能

包过滤作为一种网络安全保护机制，主要用于对网络中各种不同的流量是否转发做最基本的控制。包过滤可分为包括静态包过滤和动态包过滤。静态包过滤技术对需要转发的报文，先获取报文头信息，包括报文的源IP地址、目的IP地址、IP层所承载的协议、源端口、目的端口等。随后，将获取的信息和预先设定的过滤规则进行匹配，根据匹配结果对报文采取转发或者丢弃的动作。

动态包过滤基于动态包检测，它在网络层截获数据包并检查连接状态信息，动态设置包过滤规则方法，通过规则表与连接状态表共同匹配的方式确定通信是否符合安全策略。

2．用户认证功能

用户认证是外部用户访问内部网络的第一道安全防护，它接收外部用户的网络请求，按照认证策略对用户进行身份认证，通过用户认证后，用户才能进一步访问内部网络的资源。

3．网络地址转换功能

网络地址转换，又叫NAT功能，对通过防火墙的IP地址进行转换。网络地址转换功能不仅能解决IP地址短缺的问题，同时也隐藏了内部网络的拓扑结构。

4．网络审计功能

网络审计包括基于数据流的审计和基于用户的审计。两者的区别在于：基于数据流的审计根据IP地址的头部信息，对通过防火墙的数据包进行记录；而基于用户的审计借助用户的身份标识，完成对数据流的记录。网络审计是为了日后系统出现故障时提供溯源数据。

5．内容过滤功能

内容过滤主要通过对访问内容的合法性检查来限制用户的访问行为，进一步降低系统被非法入侵的风险。

12.2 防火墙的分类

根据防火墙对数据的处理方式，防火墙可分为包过滤防火墙、状态检测防火墙和应用代理防火墙。

12.2.1 包过滤防火墙

包过滤防火墙又称网络级防火墙，它工作在网络层，主要通过数据包过滤技术对数据包进行分析、选择和过滤。使用前首先应配置访问控制表（又叫规则表），根据规则决定对数据包的处理方式。具体来说，通过检查数据流中的每一个数据包的源地址、目的地址、所用端口号、协议状态、ICMP报文类型等因素或它们的组合来确定是否允许该数据包通过。包过滤防火墙可以集成在路由器中，在进行路由选择的同时完成数据包的过滤，也可以单独安装在终端上实现。

包过滤防火墙具有速度快、逻辑简单、成本低、易于安装和使用等优点，广泛使用在Cisco和Sonic System等公司的路由器上，但仍存在诸多不足，主要体现在：①包过滤防火墙的访问控制表很复杂，配置困难且没有很好的工具检测其正确性，容易出现漏洞；②包过滤防火墙基于网络层的安全保护机制，不能检测通过应用层实施的攻击；③包过滤防火墙通过判断数据包包头信息来实现数据包的转发与丢弃，但是由于IPv4的不安全性，会造成数据包包头被伪装从而突破防火墙。

在一个简单的网络环境下，如图12-1所示，终端与服务器位于不同的网络，通过防火墙隔离，两者之间的通信受防火墙限制。

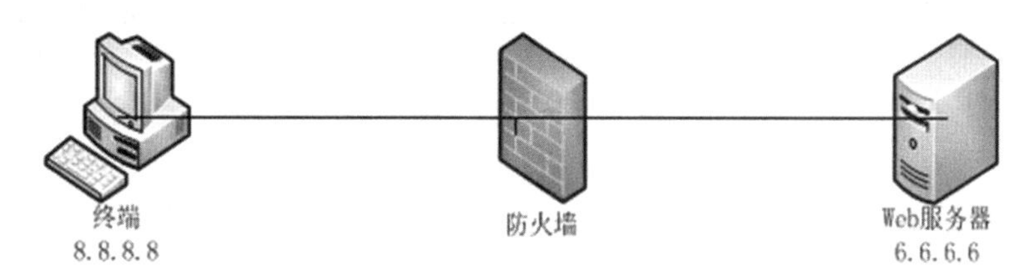

图 12-1　包过滤防火墙

当终端需要访问Web服务器时，需要在防火墙上配置如表12-1的规则，允许终端到Web服务器和Web服务器返回终端的报文通过，其中*表示任意端口。

表 12-1　防火墙配置规则

编　　号	源 地 址	源 端 口	目的地址	目的端口	动　　作
1	8.8.8.8	*	6.6.6.6	80	允许
2	6.6.6.6	80	8.8.8.8	*	允许

如果终端位于受保护的网络中，那么规则2就会打开Web服务器到终端的所有端口，如果恶意攻击者伪装成Web服务器，就会畅通无阻地通过防火墙到达内部网络。

12.2.2　状态检测防火墙

状态检测防火墙又叫动态包过滤防火墙，与包过滤防火墙的区别在于，状态检测防火墙不但在网络层存在检查器来截获数据包进行检查，同时还需要在应用层抽取与状态相关的信息，共同来决定对数据包是接收还是拒绝。状态检测防火墙摒弃了包过滤防火墙仅关心数据包，而不关心数据包状态的缺点，在防火墙的核心部分建立状态检测表，并将进出网络的数据当成一个个会话，利用状态表跟踪每一个会话状态。当数据包同时满足规则表和状态检测表两种条件时，才接收数据包。

状态检测防火墙具有安全性好、性能高效、扩展性好、配置方便等优点，不仅支持基于TCP协议的应用，而且支持基于UDP协议的应用，可以很好地降低DoS和DDoS攻击的风险。虽然状态检测防火墙很好地克服了包过滤防火墙和应用代理防火墙的缺点，但它只检测数据包的第三层信息，无法彻底识别数据包中的垃圾邮件和木马程序。

如图12-2所示，还是以上面的网络环境为例，我们需要在防火墙上设定规则1来保证数据包能顺利到达Web服务器，当报文到达防火墙后，在允许通过的同时还会针对终端访问Web服务器这个行为建立会话，会话中包含了终端发出的报文信息，如地址和端口等。

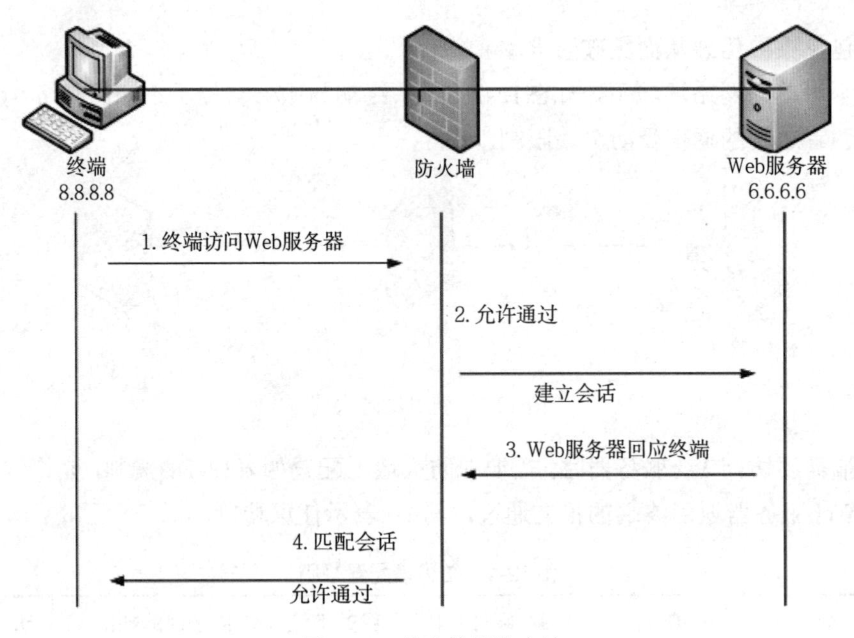

图 12-2　状态检测防火墙

当Web服务器回应给终端的报文到达防火墙后，防火墙会把报文中的信息和会话的信息相匹配。若报文符合协议规范对后续包的定义，则认为该报文属于终端对Web服务器的行为的后续回应报文，直接允许该报文通过。

12.2.3　应用代理防火墙

应用代理防火墙，又叫应用网关防火墙，它是运行一个或多个应用层网关的主机，该主机有多个网络接口，能够在应用层中继两个连接之间的特定类型的流量，使得网络内部的用户不直接与外部的服务器通信，防火墙内外计算机系统间应用层的连接由两个代理服务器之间的连接来实现。简单说就是外部计算机的网络链路只能到达代理服务器，从而起到隔离两个网络的作用。

应用代理防火墙虽然比较安全，但是缺乏灵活性，使用时必须为每一个应用层服务设置一个代理，若想增加新服务，必须安装一个相应的代理，并通过该代理来操作发起连接。同时在应用层转发和处理报文，处理负担比较重且性能低、速度慢，当用户对内外网络网关的吞吐量要求比较高时（比如要求达到75～100Mb/s时），应用代理防火墙会成为内外网之间的瓶颈[49]。

12.3　防火墙的体系结构

防火墙的体系结构依照防火墙在网络中的放置位置来划分，可分为双重宿主主机体系结构、主机屏蔽型体系结构和子网屏蔽型体系结构三类，下面我们分别介绍。

12.3.1　双重宿主主机体系结构

双重宿主主机体系结构具体来说是围绕具有双重宿主的计算机而构建的，该计算机至少有两个或者两个以上的网络接口。计算机可以充当与这些接口相连的网络之间的路由器，实现多个网络之间的访问控制，这样的计算机又称为堡垒主机。

双重宿主主机的防火墙体系结构相当简单，堡垒主机位于内外网之间，同时连接两个网络，但又不能直接进行内外网的通信，IP层的通信完全被堡垒主机阻断。堡垒主机需要对进出的数据包进行审核，判断是否合法，其目的简单来说就是把整个内部网络的安全问题集中到某台主机上来解决。堡垒主机上运行着防火墙软件，通过代理服务器软件为不同服务提供转发，具体如图12-3所示。

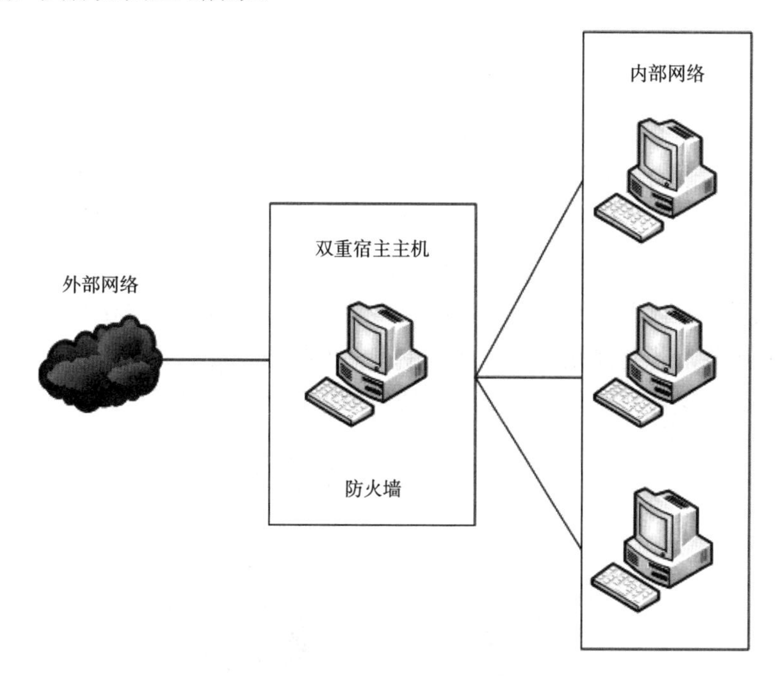

图 12-3　双重宿主主机体系结构

双重宿主主机体系结构的优点是堡垒主机的系统软件可用于身份认证和维护系统日志，有利于进行安全审计，同时可以将被保护的网络结构屏蔽起来，增强网络的安全性，但是由于其单点连接，一旦堡垒主机被攻破，那么外部网络就可直接访问内部网络，造成不可估量的损失。

12.3.2　主机屏蔽型体系结构

双重宿主主机体系结构提供来自多个网络的相连的堡垒主机，而主机屏蔽型体系结构使用一个单独的路由器提供来自仅仅与内部网络相连的主机的服务，简单来说就是设置一个过滤路由器，把所有外部到内部的连接都路由到堡垒主机上，强迫所有的外部主机与一台堡垒主机相连，而不直接与内部主机相连，如图12-4所示。

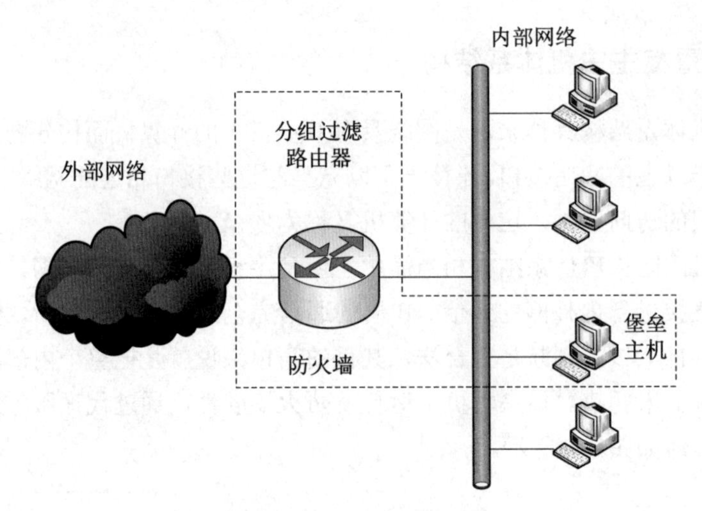

图 12-4　主机屏蔽型体系结构

在主机屏蔽型体系结构中，过滤路由器是很重要的一环，它是连接内部网络和外部网络的第一道防线，适当地配置它，使得所有外部连接被路由到堡垒主机上。堡垒主机位于内部网络，是一台安全性很高的主机，主机上没有任何入侵者可以利用的工具，一般安装的是代理服务器程序。在外部网络访问内部网络的时候，首先要经过外部路由器的过滤，然后通过代理服务器代理才能进入内部网络。堡垒主机在应用层对用户的请求做判断，允许或禁止某种服务，若允许该请求，堡垒主机就把数据包发送到某一内部主机或者过滤路由器上，否则抛弃该数据包[50]。数据包被转发的过程如图12-5所示。

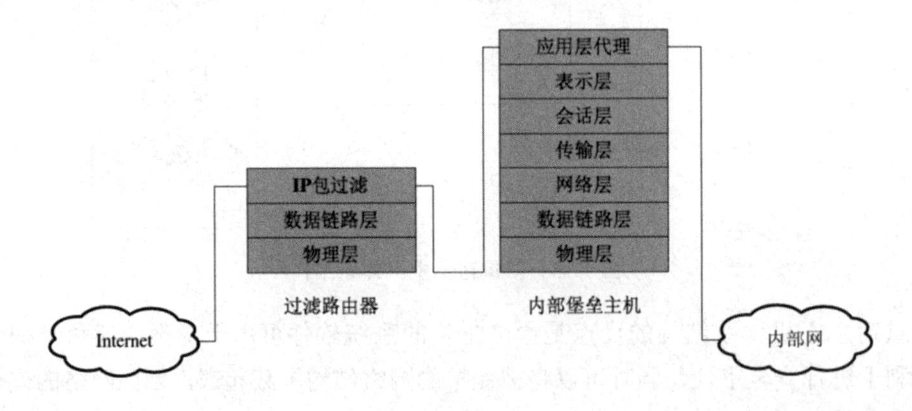

图 12-5　数据包被转发的过程

相比双重宿主主机体系结构，主机屏蔽型体系结构提供更高的安全防护，入侵者在破坏内部网络之前，必须先攻击进入两种不同的安全系统，同时实现了网络层和应用层的安全。其中过滤路由器是否正确配置决定着防火墙的安全，过滤路由器的路由表应当受到严格的保护，若路由表遭到破坏，堡垒主机就有被绕过的风险。

12.3.3　子网屏蔽型体系结构

子网屏蔽型体系结构本质上同主机屏蔽型体系结构一样，但是增加了一层保护体系，即在内部网络和外部网络之间建立一个被隔离的子网，称为非军事区（DMZ）。在实际应用中，将两个分组过滤路由器放在子网的两端，内部网络和外部网络均可访问被屏蔽子网，但禁止它们直接穿过被屏蔽子网进行通信，将堡垒主机和各种信息服务器等公用服务器放置于DMZ中，如图12-6所示。

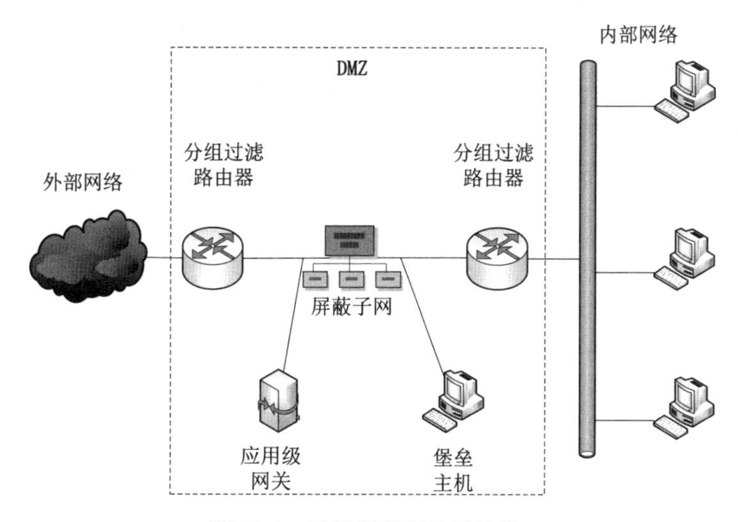

图 12-6　子网屏蔽型体系结构

在主机屏蔽型体系结构中，堡垒主机最容易受到攻击，而且内部网络对堡垒主机是完全公开的，入侵者只要破坏了这一层保护，那么入侵也就大功告成了，而子网屏蔽型体系结构就是在主机屏蔽型体系结构中再增加路由器的安全机制，可以在内外网之间构筑出一个安全的子网，使得内外网之间有两层隔断，想要入侵这种体系结构构筑的内部网络，必须要通过两个路由器才能实现。

在DMZ中主要放置堡垒主机和一些用于提供公共服务的信息服务器，即使这些服务器受到攻击，但是内部网络还是被保护着的。例如，如果堡垒主机被攻击者控制，攻击者也只能监听到外部网络和堡垒主机之间、内部网络和堡垒主机之间的会话，内部网络之间的通信仍然是安全的，因为内部网络上的数据包虽然是在内部网络上广播的，但是内部过滤路由器会阻止这些数据包流入周边网络，确保了内部网络的安全性。

12.4　防火墙的发展

12.4.1　防火墙的应用

在应急处理安全事件的过程中，如果将我们的内部网络比作一个城堡，那么防火墙就是城堡的城门或护城河，只允许己方的部队通过，拒绝一切不明身份的成员。同时防火墙作为应急响应过程中的关键一环，不是部署就万事大吉了。想最大化发挥它的作用，就要进行跟踪记录和动态维护，积极和厂商沟通，发现漏洞要第一时间封堵，并且根据现有病毒及时更新防火墙策略。

例如，被评为2017年度“最佳病毒”的WannaCry，其主要利用135、137、138、139、445端口的漏洞来进行攻击。攻击机理是病毒会扫描开放上述端口的终端和服务器，无须用户任何操作，只要开机上网，计算机和服务器就有可能被植入执行勒索程序、远程控制木马、弹出锁屏界面等恶意程序。而防御的第一步就是要通过防火墙配置相关策略禁用以上端口，把病毒拒之门外，然后再进行漏洞修复等一系列防护策略。

在网络防护层面，建议网络管理员在网络边界的防火墙上阻断上述端口的访问，直至确认网内的计算机已经完成补丁的安装。在终端防护层面，以关闭445端口为例，首先要查看445端口是否开放：单击“开始”->“运行”->输入“cmd”，如图12-7所示。

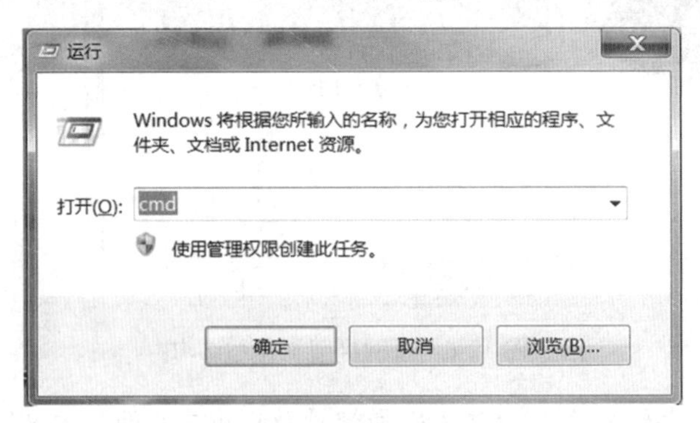

图 12-7　运行

输入“netstat-an”->回车->查看445端口状态，如图12-8所示。若处于“LISTENING”状态，则需要暂时关闭Server服务。

```
管理员: C:\windows\system32\cmd.exe
Microsoft Windows [版本 6.1.7601]
版权所有 (c) 2009 Microsoft Corporation。保留所有权利。

C:\Users\ZYX>netstat -an

活动连接

  协议  本地地址          外部地址        状态
  TCP    0.0.0.0:135            0.0.0.0:0              LISTENING
  TCP    0.0.0.0:443            0.0.0.0:0              LISTENING
  TCP    0.0.0.0:445            0.0.0.0:0              LISTENING
  TCP    0.0.0.0:902            0.0.0.0:0              LISTENING
  TCP    0.0.0.0:912            0.0.0.0:0              LISTENING
  TCP    0.0.0.0:1025           0.0.0.0:0              LISTENING
  TCP    0.0.0.0:1026           0.0.0.0:0              LISTENING
  TCP    0.0.0.0:1027           0.0.0.0:0              LISTENING
  TCP    0.0.0.0:1028           0.0.0.0:0              LISTENING
  TCP    0.0.0.0:1034           0.0.0.0:0              LISTENING
  TCP    0.0.0.0:1051           0.0.0.0:0              LISTENING
  TCP    0.0.0.0:1052           0.0.0.0:0              LISTENING
  TCP    0.0.0.0:1053           0.0.0.0:0              LISTENING
  TCP    0.0.0.0:2425           0.0.0.0:0              LISTENING
  TCP    0.0.0.0:3389           0.0.0.0:0              LISTENING
  TCP    0.0.0.0:7998           0.0.0.0:0              LISTENING
  TCP    0.0.0.0:8001           0.0.0.0:0              LISTENING
```

图 12-8　查看 445 端口状态

具体操作为：单击“开始”->“运行”->输入“cmd”->执行“net stop server”命令，如图12-9所示。

图 12-9　关闭 Server 服务

同时还要开启Windows防火墙，利用Windows防火墙高级设置阻止向445端口进行连接，具体操作为：控制面板->系统和安全->查看防火墙状态，如图12-10至图12-12所示。

图 12-10　控制面板

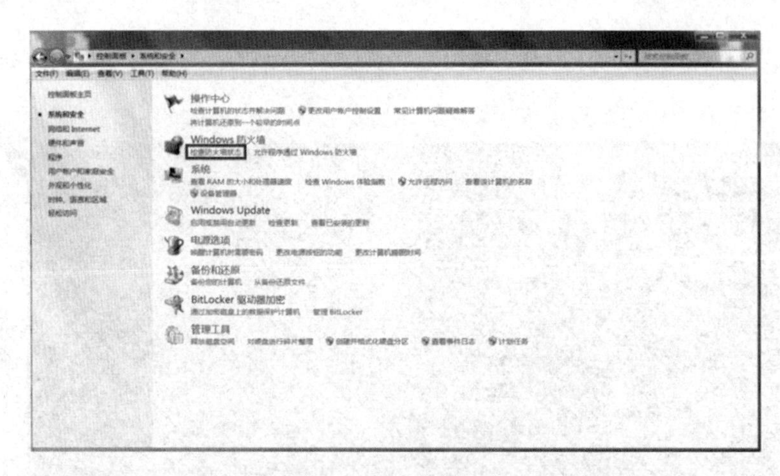

图 12-11　系统和安全

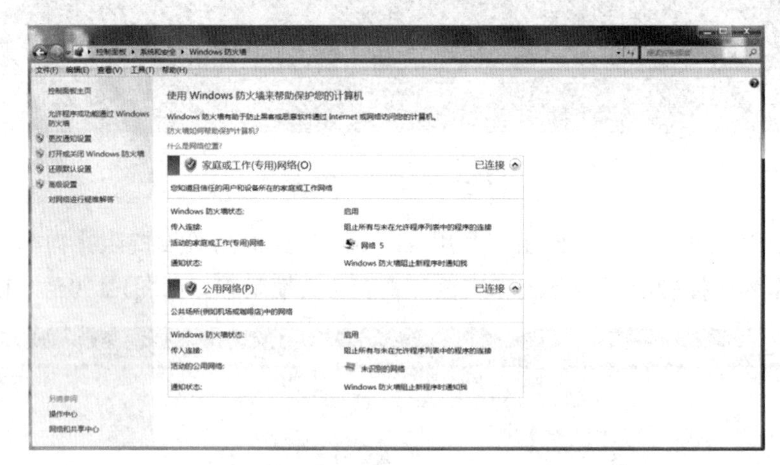

图 12-12　查看防火墙状态

打开或关闭Windows防火墙->启用Windows防火墙，如图12-13所示。

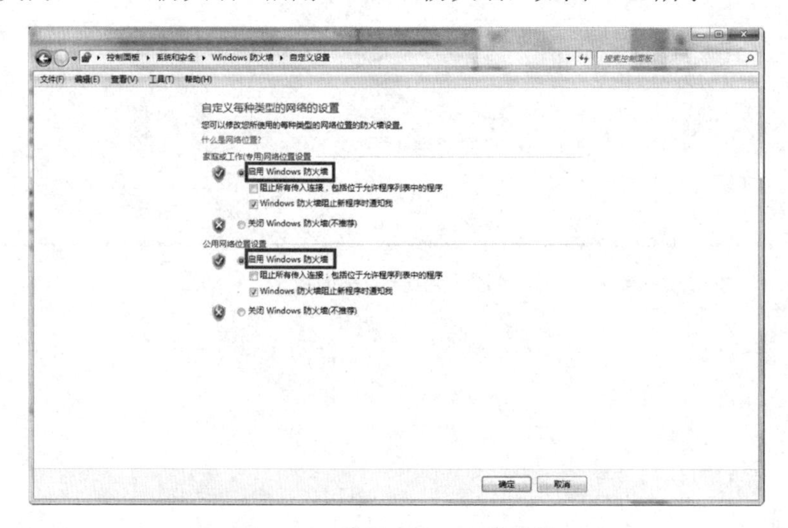

图 12-13　启用 Windows 防火墙

单击“高级设置”->单击“入站规则”->选择“新建规则”选项->步骤“规则类型”选中“端口”单选按钮，如图12-14和图12-15所示。

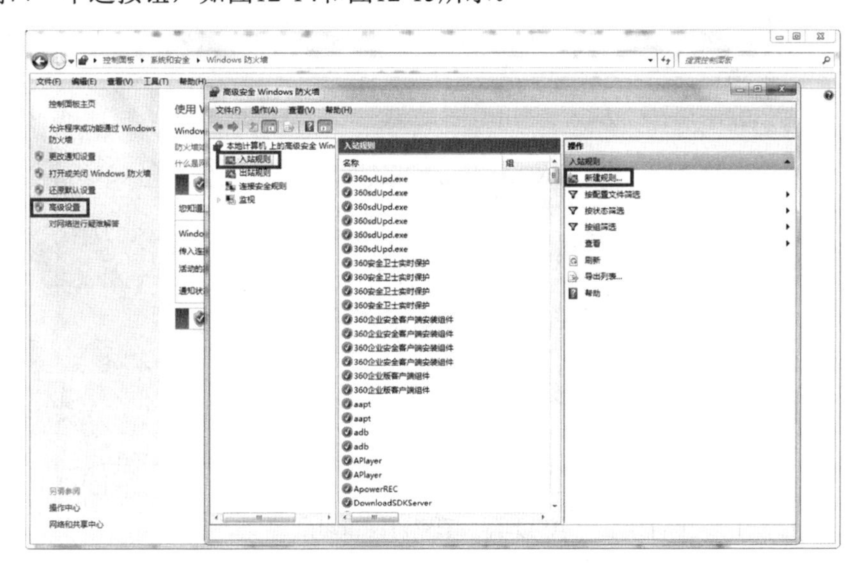

图 12-14　新建规则

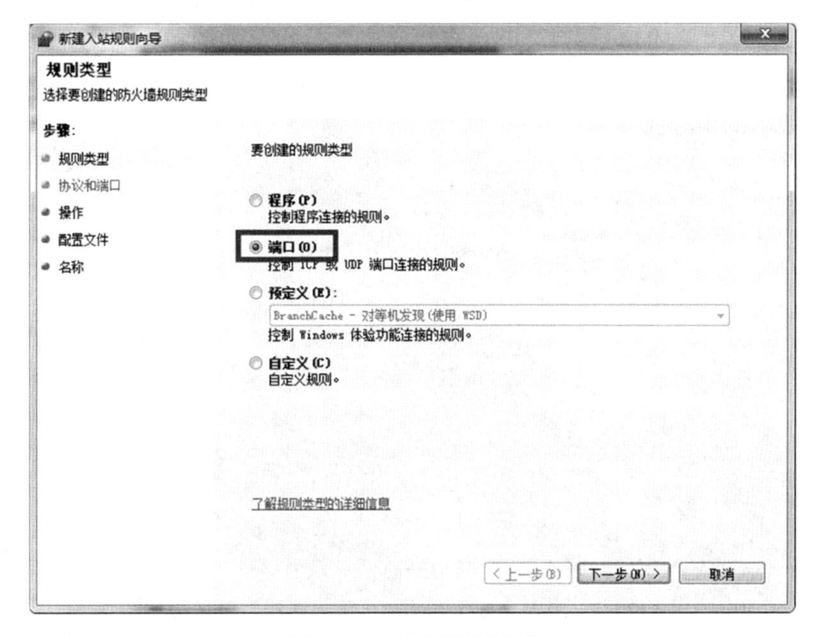

图 12-15　选择规则类型

应用于TCP协议，特定本地端口输入“445”，如图12-16所示。

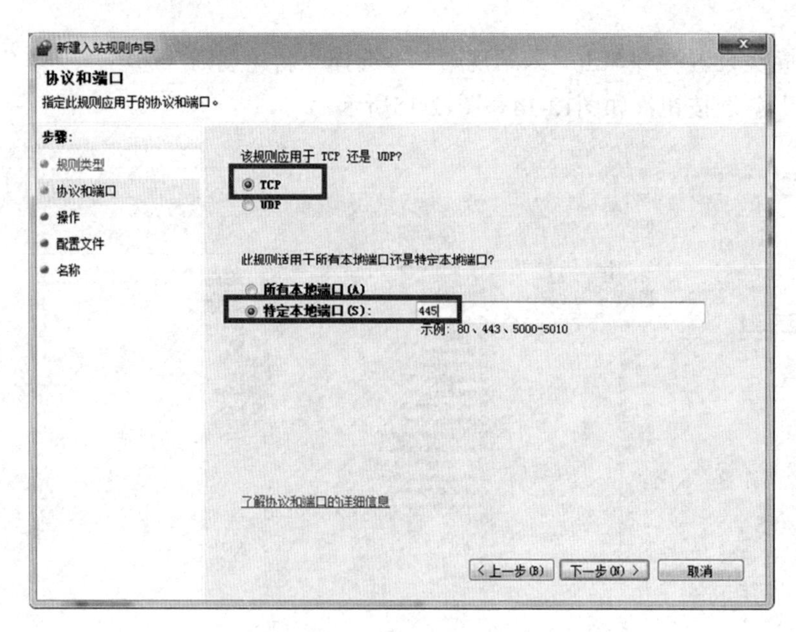

图 12-16　配置协议和端口

步骤“操作”选中“阻止连接”单选按钮->步骤“配置文件”中的复选框全部勾选->步骤“名称”输入“关闭445端口”并单击“完成”按钮，如图12-17至图12-19所示。

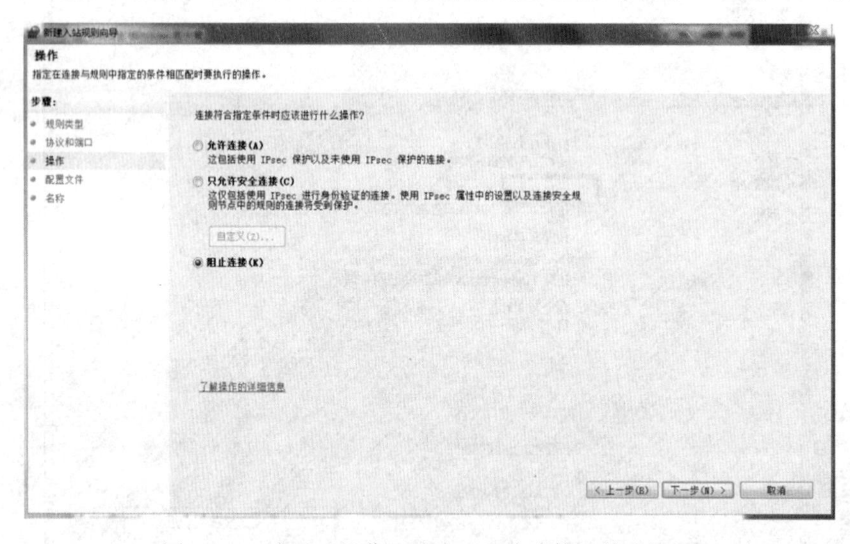

图 12-17　步骤“操作”选中“阻止连接”单选按钮

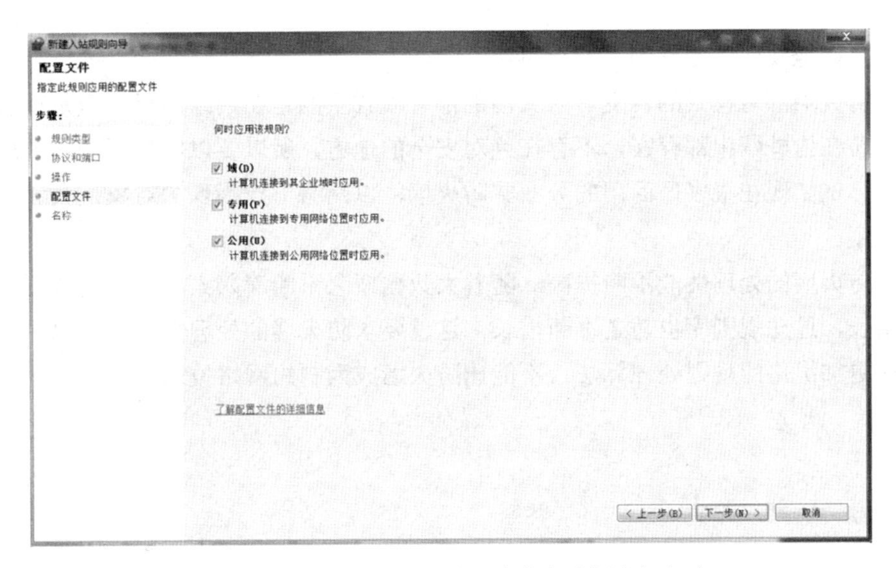

图 12-18　步骤“配置文件”中的复选框全部勾选

防火墙作为内部网络的第一道防线，在处理网络安全事件时，我们首先要做的就是了解被攻击网络防火墙的配置策略和相关日志信息，这对我们后续分析判断攻击类型提供了最直接的信息。同时及时更新防火墙策略，避免攻击进一步扩散。

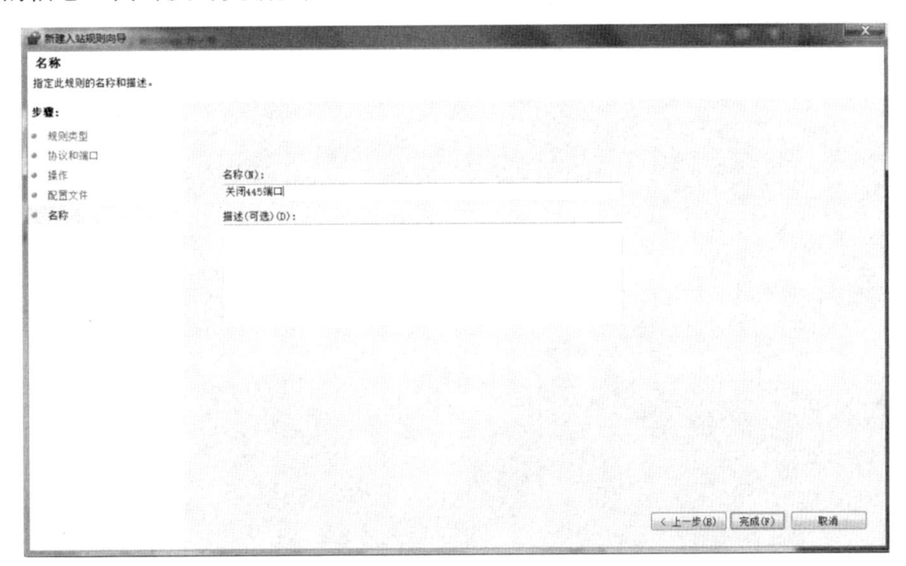

图 12-19　步骤“名称”输入“关闭 445 端口”

12.4.2　防火墙的发展趋势

需求引领变革，防火墙技术的发展也离不开社会需求的推动，随着攻击手段不断改变，着眼现实需求和未来发展，我们注意到防火墙有以下三个发展趋势：

（1）防火墙的功能不断丰富。防火墙技术不断趋向于和其他网络安全技术相融合，将入侵检测技术、防病毒技术、VPN技术、内容过滤技术等相关网络安全技术融合起来，协同联动，更好地发现、处理网络安全事件。

（2）防火墙部署模式的转变。防火墙的部署模式主要是在网络边界，但是现实网络中的攻击威胁在内外网中都存在，不存在绝对安全的地方，所以要以零信任网络的思维来部署防火墙，例如现在很多厂商用的分布式防火墙，以网络节点为保护对象，大大提升了安全防护力度。

（3）防火墙的处理性能不断提高。随着大数据概念不断深入人心，网络数据量呈现几何倍数增长，过滤规则库也随之不断增长，这就要求防火墙的处理性能要大幅提高，同时也要设计更加优化的规则处理算法，不能让防火墙成为制约网络技术发展的瓶颈。

第 13 章　恶意代码分析技术

随着信息科学技术的不断发展，信息系统面临的安全问题也越来越多，用户对信息安全的重视程度也逐渐增加，网络安全应急响应工作也变得越来越重要。在网络安全事件中，恶意代码已经成为网络安全的主要威胁，对网络安全造成巨大危害。为了提高应急响应效率，我们必须及时、高效地分析恶意代码。恶意代码分析的目标是判定恶意代码的行为和目的，为应急响应过程中对恶意代码的检测、识别、清除和预防提供重要参考，从而全面提升网络安全应急响应能力。

13.1　恶意代码概述

13.1.1　恶意代码的概念

恶意代码是指故意编制或设置的、对网络或信息系统产生威胁或潜在威胁的计算机代码。恶意代码通常隐藏在正常代码中，通过运行的方式，达到破坏计算机数据安全性和完整性的目的。

恶意代码一般都具有以下三个共同特征：

1. 恶意目的

恶意目的是恶意代码的基本特征，是判断恶意代码的重要依据。目前绝大部分恶意代码的目的是获取经济利益，对个人和国家都造成了严重的危害和损失。虽然有一部分恶意代码的目的是编写者为了显示自己的技术实力，但这也属于恶意目的。

2. 破坏性

恶意代码是一段程序，具有破坏被感染计算机的数据以及对被感染计算机进行信息窃取等行为。破坏性是恶意代码的表现形式。信息系统感染恶意代码后，一般会占用系统运行资源，影响系统运行速度，降低系统工作效率，严重的还会破坏、窃取系统数据、破坏系统硬件等，对信息系统具有破坏性。

3. 通过运行发挥作用

恶意代码通过运行发挥作用，一般来说恶意代码不运行无法达到恶意目的。有一些恶意代码存在潜伏期，但经过潜伏期后，恶意代码最终还是通过运行产生破坏作用。

13.1.2　恶意代码的分类

网络安全机构和安全研究人员按照已经存在的常规术语来描述恶意代码，这些术语包括病毒、蠕虫、木马、后门、内核套件、间谍软件、广告软件、勒索软件、混合型恶意代码等。之所以要对恶意代码进行分类，是因为在应急响应过程中，分析恶意代码时，可以通过恶意代码的常规分类来估计恶意代码的恶意行为，从而有针对性地提出应急响应措施，达到提高应急响应效率的目的。下文我们将对这几类恶意代码进行简单阐述。

病毒：病毒具有自我复制功能，一般隐藏在信息系统的正常程序和文件中。当被感染文件执行操作时，病毒就会自我繁殖。病毒一般都具有破坏性。

蠕虫：蠕虫是一种可以自我复制的完全独立的程序，它的传播不需要借助被感染主机中的其他程序和用户的操作，而是通过系统漏洞和不安全的系统设置进行入侵的。

木马：木马是指通过特定的程序来控制另一台计算机。木马通常有两个可执行程序，一个是控制程序，另一个是执行程序。木马会在用户的机器里运行程序，一旦发作，就可设置后门，定时地发送该用户的数据到木马程序指定的地址，同时内置可进入该用户终端的方式，且可任意控制此计算机，进行非法操作。

后门：后门程序将自身安装到一台计算机中来允许攻击者在无须身份认证的情况下进行远程访问。

Rootkit（**内核套件**）：用来隐藏其他恶意程序的恶意代码。它的功能是在安装目标上隐藏自身及指定的文件、进程和网络链接等信息。比较常见的Rootkit一般都和木马、后门等其他恶意程序结合使用。

广告软件：向被感染用户呈现恶意广告，以达到其经济目的。常见的广告软件可能会将用户的浏览器搜索重定向到广告页面。

间谍软件：一种能够在用户不知情的情况下，在其个人计算机上安装后门、收集用户信息的软件。它能够削弱用户对其隐私和系统安全的控制能力；使用用户的系统资源，包括安装在他们计算机上的程序；收集、使用并散播用户的个人信息或敏感信息。

勒索软件：大部分勒索软件都是木马，通过骚扰、恐吓甚至加密用户数据等方式，使用户数据资产或计算资源无法正常使用，并以此为条件向用户勒索钱财。这类用户数据资产包括文档、邮件、数据库、源代码、图片、压缩文件等多种形式。一旦用户受到勒索软件的感染，通常会被锁定终端屏幕，然后屏幕弹出提示消息，称用户文件被加密，要求支付赎金。或者借安全软件之名，假称在用户系统中发现了安全威胁，令用户感到恐慌，从而购买所谓的“安全软件”。

混合型恶意代码：恶意代码混合多种恶意功能。时至今日，绝大多数恶意代码都是传统恶意代码的综合体，往往既有木马和蠕虫的部分，有时也兼具病毒的特征。

13.1.3 恶意代码的传播途径

传播途径是恶意代码赖以生存的基本条件，只有进入到目标系统并被执行起来，恶意代码才能实现代码的相关功能。如果能针对恶意代码的传播方式采取技术措施，掐断恶意代码的传播途径，就能有效地控制恶意代码导致的危害。恶意代码的传播一般包括文件传播、网络传播、软件部署三种途径。

13.1.4　恶意代码存在的原因分析

1．信息系统存在大量漏洞

一份调查显示，很多安全问题是由系统开发过程中产生的安全漏洞引起的，这些安全漏洞给了恶意代码可乘之机，大量的恶意代码都是借助安全漏洞进行攻击的。

2．非法获取利益的目的

目前，网络交易已经非常普及，各种木马在网上窃取用户的重要数据，给用户造成了严重的经济损失，黑客借此获取了大量的利益。有了利益的驱使，就出现了很多相关的恶意代码，获取非法利益。

13.1.5　恶意代码的攻击机制

恶意代码的表现行为和破坏程度一般都各不相同，但基本作用机制大体相同，其整个作用过程分为五个部分：

（1）入侵。通过收集目标系统的信息，利用各种手段，侵入目标系统，这是恶意代码实现其目的的首要步骤。

（2）提权。恶意代码必须提升自身的权限以满足系统的要求才能发挥作用。

（3）隐蔽。为了更好地发挥作用，不让安全防护软件发现，恶意代码可能通过修改名称、删除文件或者修改系统的安全防护策略等方式来隐蔽。

（4）等待。恶意代码入侵成功后，等待规定的条件和时机达成后就会进行破坏活动。

（5）破坏。恶意代码最终会实施破坏行为，发挥破坏作用。

恶意代码的攻击模型如图13-1所示。

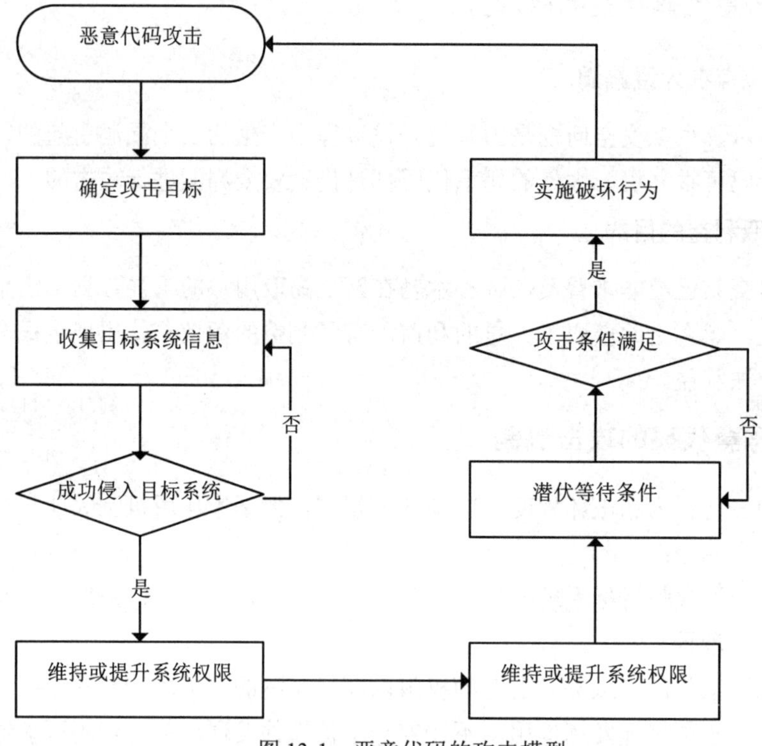

图 13-1　恶意代码的攻击模型

13.1.6　恶意代码的危害

恶意代码给网络安全带来了巨大危害，造成了巨大损失。目前，恶意代码的危害主要表现在以下三个方面。

（1）损坏系统数据：恶意代码会修改、删除、泄露系统数据，这对系统数据造成极大损坏。

（2）占用系统资源：恶意代码在运行过程中会占用系统资源，导致系统不能正常运行。

（3）影响系统速度：恶意代码运行会占用系统资源，影响系统运行速度，导致正常业务处理效率变低。

13.2　恶意代码分析技术

13.2.1　恶意代码分析技术概述

恶意代码分析技术是利用方法或者工具对可疑代码进行分析的一种技术。通过全面分析，找出恶意代码特征，为后续网络安全应急响应和安全防护提供基础。

恶意代码分析技术有以下目标：

（1）判断可疑代码样本是否有恶意行为。

（2）恶意代码的行为会造成哪些危害。

（3）恶意代码的目的是什么。

（4）确定恶意代码的运行过程。

（5）恶意代码是如何侵入系统的。

（6）定位出所有受恶意代码感染的主机和文件。

（7）如何预防此类恶意代码。

恶意代码分析技术一般分为静态分析技术和动态分析技术。静态分析技术是指在不执行程序的情况下对恶意代码进行分析，主要包括防病毒软件扫描、特征码匹配、反编译、反汇编等分析方法。动态分析技术是指通过执行程序，分析恶意代码的执行过程并得出结论的分析方法，包括观察法、调试法等方法。动态分析技术着重分析恶意代码的具体行为和程序运行的具体过程。

13.2.2　静态分析技术

静态分析技术就是在不执行恶意代码程序的条件下，利用分析技术和分析工具对恶意代码的特征和功能进行分析。静态分析技术可以发现恶意代码的特征字符串、特征代码等。

13.2.2.1 静态分析技术的分类

根据分析过程中是否考虑构成恶意代码的程序代码的语义和特征，可以把静态分析技术分成以下两种。

1．基于代码特征的分析技术

在基于代码特征的分析过程中，不考虑构成恶意代码的程序代码的意义，而是分析代码的统计特性和结构特性等。比如，具有网络功能的恶意代码，通常会预先设定一些网络地址，在运行过程中通过这些网络地址下载恶意程序。在访问下载的过程中，通过静态分析恶意代码可以看到预设的下载地址和下载程序的文件名，通过分析这些具有明显特征的静态数据可以分析得出恶意代码的功能。比如在Windows的恶意代码中，PE文件（Portable Excutable，可移植的可执行文件）是可执行程序标准格式，常见的EXE、DLL、OCX、SYS、COM都是PE文件。PE文件由节（Section）组成，相当于一个索引文件结构，其中有一部分专门用于存储程序中用到的静态数据。通过分析PE文件结构可以从对应的存储位置中提取出静态数据。在特定的恶意代码中，这类静态数据将会在程序的特定位置出现，并且不会随代码的复制而发生变化。虽然这些特定的静态数据在其他PE文件中也可能存在，但在相同位置出现的概率是非常低的，因此，可以使用这些特定的静态数据及其出现的位置作为描述某个恶意代码的特征[51]。可以使用PEview工具查看PE文件头信息及各分节信息，如图13-2所示。

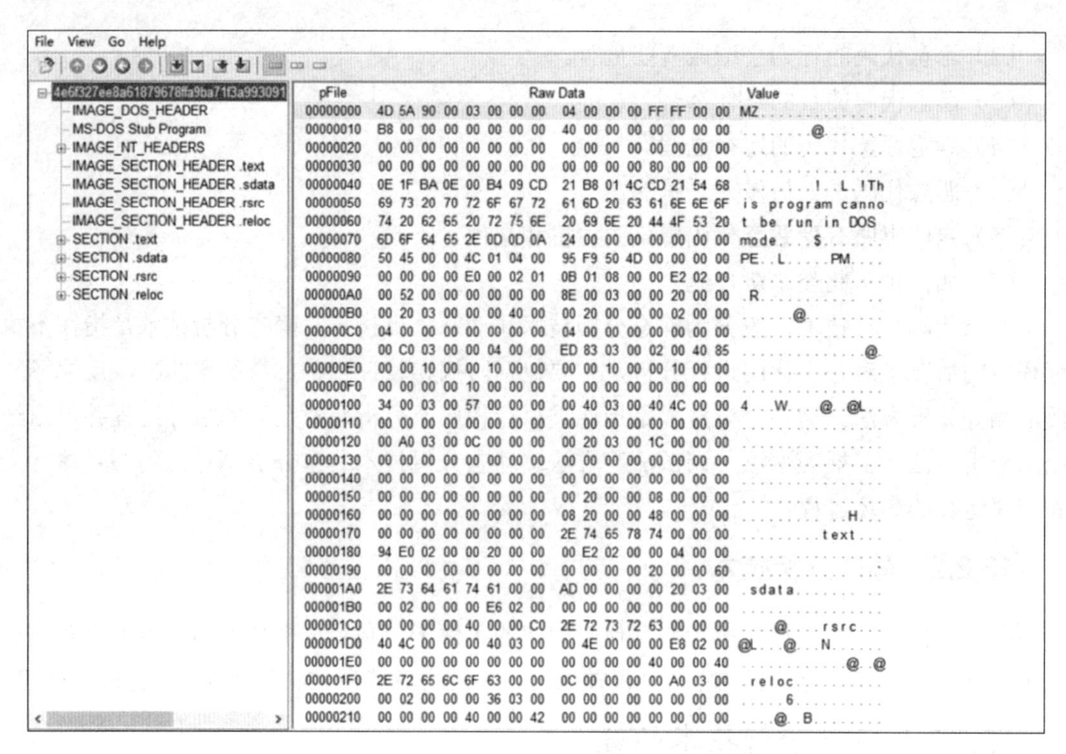

图 13-2　使用 PEview 工具查看 PE 文件信息

上图左半部分便是PE文件的基本结构。具体各字段的内容如表13-1所示。

表 13-1　PE 文件各字段的内容

字段名称	内　容
DOS_HEADER	DOS 文件头部信息，每个 PE 文件都是以一个 DOS 程序开始的，程序在 DOS 下执行时，通过分析 DOS 文件头部中包含的信息，DOS 就能识别出这是有效的执行体
MS-DOS Stub Program	DOS Stub 实际上是一个有效的 EXE，在不支持 PE 文件格式的操作系统中，它将简单地显示一个错误提示“This program must be run under Win32”
NT_HEADERS	PE 文件头，其包含了标准与扩展 PE 头
SECTION .text	存储程序中的代码节
SECTION .sdata	存储程序中引用的所有外部符号的数据节，该节包含导入的 DLL 名称表，其中的函数相对虚拟地址表，如果是 DLL，则还有导出表
SECTION .data	存储程序中用到的所有全局变量、符号常量、字符串等数据的节，这些数据通常是由程序员自定义的，并且没有引用外部文件的内容
SECTION .rsrc	存储程序中用到的所有资源，例如图标、窗口菜单、按钮等的节，该节通常只存在于图形界面的程序中
SECTION .reloc	重定位区段，可执行文件的基址重定位

2. 基于代码语义的分析技术

基于代码语义的分析技术要分析构成恶意代码的程序的含义，通过分析代码找出恶意代码的功能结构和工作流程。使用代码语义分析技术的具体过程为：首先使用反汇编工具对恶意代码进行反汇编，然后通过分析反汇编的结果来判断恶意代码的功能。理论上来说，基于代码语义的分析技术可以准确地判断出恶意代码绝大部分的功能特性。但是，目前还主要依靠人工手段进行恶意代码语义分析工作，这既要求分析人员经验丰富，也会消耗大量时间。

采用静态分析技术来分析恶意代码的优点是可以避免执行恶意代码对分析系统的破坏，但也存在两点不足：

（1）静态分析本身存在局限性，很多问题无法判定原因。

（2）绝大多数静态分析技术只能分析出已知的恶意代码，无法分析多态变种和加壳恶意代码[52]。

13.2.2.2　静态分析的具体技术

静态分析技术通常是研究恶意代码的第一步，是通过分析恶意代码指令与结构来确定功能的过程。下面介绍具体的恶意代码静态分析技术。

1. 防病毒系统扫描

在判断一个可疑代码样本是否为恶意代码时，通常第一步是采用多个防病毒系统扫描可疑代码，防病毒系统负责判断给定的可疑代码是否包含恶意代码。防病毒系统一般包含以下功能：

（1）判断扫描的可疑样本是否包含恶意代码。

（2）描述可疑样本包含的恶意代码类型，如病毒、木马、蠕虫等。

（3）对寄生类型的恶意代码（如感染病毒、宏病毒），可以从宿主对象中剥离恶意代码，还原宿主对象的数据。

防病毒软件扫描的恶意代码的界面如图13-3所示。

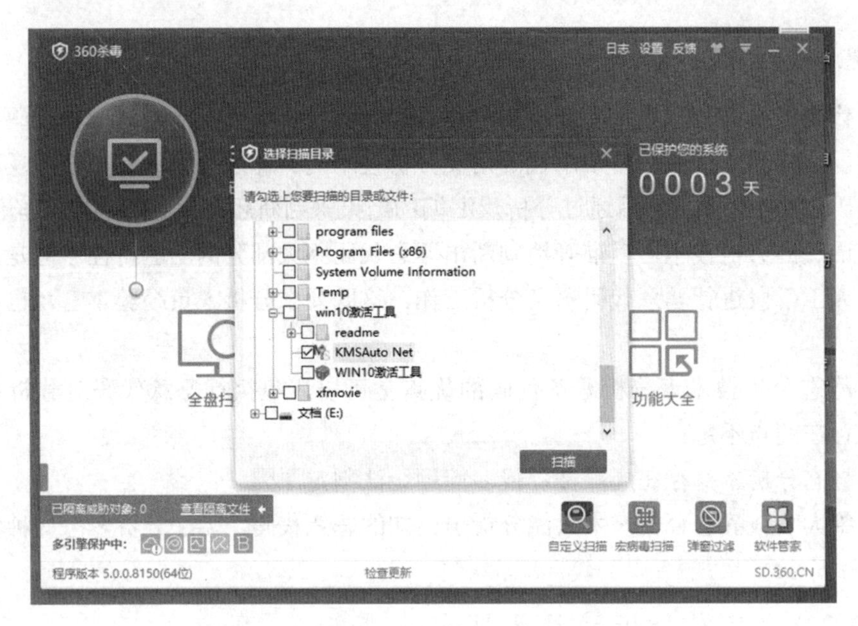

图 13-3　防病毒软件扫描的恶意代码的界面

但防病毒系统本身有其局限性，因为防病毒系统主要依靠特征扫描（全文哈希、分段哈希、敏感数据哈希、关键特征提取）、启发式扫描（静态启发式扫描、动态启发式扫描）、大数据统计分析等技术识别恶意代码。所以对于新型恶意代码、罕见恶意代码和特征码不在病毒库的恶意代码就很难被识别。因为不同的防病毒系统使用的病毒库、特征码和启发式检测方法不同，所以在应急响应过程中，我们要使用多个防病毒系统对可疑样本进行扫描，尽可能提高对可疑样本的识别能力。

2．文件类型识别

恶意代码的文件类型不同，采用的分析方法和分析工具也不同。可执行程序有不同的标志信息，知道了恶意代码的格式后才能选取对应的分析方法和分析工具。常见的可执行程序格式有PE（运行在Windows平台下的可执行文件），如图13-4所示；ELF（运行在Lunix平台下的可执行文件）如图13-5所示；可以使用十六进制解析器载入恶意代码样本，然后查看属于哪种类型的文件。

Offset	0	1	2	3	4	5	6	7	8	9	A	B	C	D	E	F	Ascii
00000000	7F	45	4C	46	01	01	01	00	00	00	00	00	00	00	00	00	▮ELF▮▮▮.........
00000010	02	00	03	00	01	00	00	00	20	81	04	08	34	00	00	00	▮.▮.▮....▮▮4...
00000020	64	BB	0E	00	00	00	00	00	34	00	20	00	05	00	28	00	d»▮.....4...▮.(.
00000030	1C	00	19	00	01	00	00	00	00	00	00	00	00	80	04	08	.▮.▮........▮▮▮
00000040	00	80	04	08	0F	87	0E	00	0F	87	0E	00	05	00	00	00	.▮▮▮▮▮▮.▮▮▮.▮...
00000050	00	10	00	00	01	00	00	00	00	90	0E	00	00	10	13	08	.▮..▮.....▮..▮▮▮
00000060	00	10	13	08	D4	1B	00	00	0C	9F	00	00	06	00	00	00	.▮▮▮Ô▮..▮▮..▮...
00000070	00	10	00	00	04	00	00	00	D4	00	00	00	D4	80	04	08	.▮..▮...Ô...Ô▮▮▮
00000080	D4	80	04	08	20	00	00	00	20	00	00	00	04	00	00	00	Ô▮▮▮........▮...
00000090	04	00	00	00	07	00	00	00	00	90	0E	00	00	10	13	08	▮...▮.....▮..▮▮▮
000000A0	00	10	13	08	14	00	00	00	2C	00	00	00	04	00	00	00	.▮▮▮▮....,...▮...

图 13-4　PE 文件格式

Offset	0	1	2	3	4	5	6	7	8	9	A	B	C	D	E	F	Ascii
00000000	4D	5A	90	00	03	00	00	00	04	00	00	00	FF	FF	00	00	MZ.▮...▮...ÿÿ..
00000010	B8	00	00	00	00	00	00	00	40	00	00	00	00	00	00	00	,.......@.......
00000020	00	00	00	00	00	00	00	00	00	00	00	00	00	00	00	00	....
00000030	00	00	00	00	00	00	00	00	00	00	00	00	B8	00	00	00	............,...
00000040	0E	1F	BA	0E	00	B4	09	CD	21	B8	01	4C	CD	21	54	68	▮º▮.´.Í!,▮LÍ!Th
00000050	69	73	20	70	72	6F	67	72	61	6D	20	63	61	6E	6E	6F	is.program.canno
00000060	74	20	62	65	20	72	75	6E	20	69	6E	20	44	4F	53	20	t.be.run.in.DOS.
00000070	6D	6F	64	65	2E	0D	0D	0A	24	00	00	00	00	00	00	00	mode....$.......
00000080	D7	1E	1E	CD	93	7F	70	9E	93	7F	70	9E	93	7F	70	9E	× Í▮▮p▮▮▮p▮▮▮p▮
00000090	B1	1F	71	9F	90	7F	70	9E	93	7F	71	9E	98	7F	70	9E	± q▮ ▮p▮▮▮q▮▮▮p▮
000000A0	28	1E	74	9F	91	7F	70	9E	28	1E	72	9F	92	7F	70	9E	(t▮'▮p▮(r▮'▮p▮
000000B0	52	69	63	68	93	7F	70	9E	50	45	00	00	4C	01	02	00	Rich▮▮p▮PE..L▮▮.
000000C0	E1	04	61	59	00	00	00	00	00	00	00	00	E0	00	03	01	á▮aY........à.▮▮
000000D0	0B	01	0E	0A	00	04	00	00	00	02	00	00	00	00	00	00	▮▮▮..▮...▮......

图 13-5　ELF 文件格式

3．特征码分析技术

（1）定义。

特征码分析技术基于“同一性”原理：同一类恶意代码的某一部分代码相同。如果恶意代码及其变种、变形恶意代码具有同一性，则可以对这种同一性进行描述（特征提取），并通过对恶意代码与描述结果（亦即“特征码”）进行比较来查找恶意代码。

特征码分析技术是恶意代码分析中使用的一种基本技术，广泛应用于各类防病毒软件中。当恶意代码的样本被采集到时，恶意代码分析人员会提取恶意代码中的特征数据，这段数据就是该恶意代码的特征码。特征码被加入到防病毒软件的特征库中，由杀毒引擎调用并对系统中的文件进行匹配。如果在系统中的某个文件上发现了与某恶意代码特征数据相同的数据，就判断这个文件感染了恶意代码。因此，恶意代码扫描的过程就是特征数据匹配的过程。

（2）提取特征码的注意事项。

① 避免从数据区提取特征码，因为数据区的内容很容易改变，比如恶意代码运行升级程序时就会改变数据区的内容。

② 特征码尽量短小，短小的特征码能够大大提高识别效率。

③ 特征码要具有唯一性，恶意代码的特征码不能匹配到正常程序，避免把正常程序识别为恶意代码。

（3）提取特征码的方法。

① 计算校验和。

这种方法的优点是简单快速，但是采用这种方法，一种特征码只能匹配一种恶意代码，即便恶意代码发生微小的改变，也需要重新提取特征码，这会使得特征码库过于庞大。哈希是用来标识恶意代码特征码的常用方法。恶意代码样本通过一个哈希程序，会产生出一段用于唯一标识这个样本的独特哈希值。常用的哈希算法包括MD5、SHA1以及CRC32算法。为了保证哈希结果的准确性，一般会采用多种哈希算法验证恶意代码文件的唯一性，如图13-6所示。

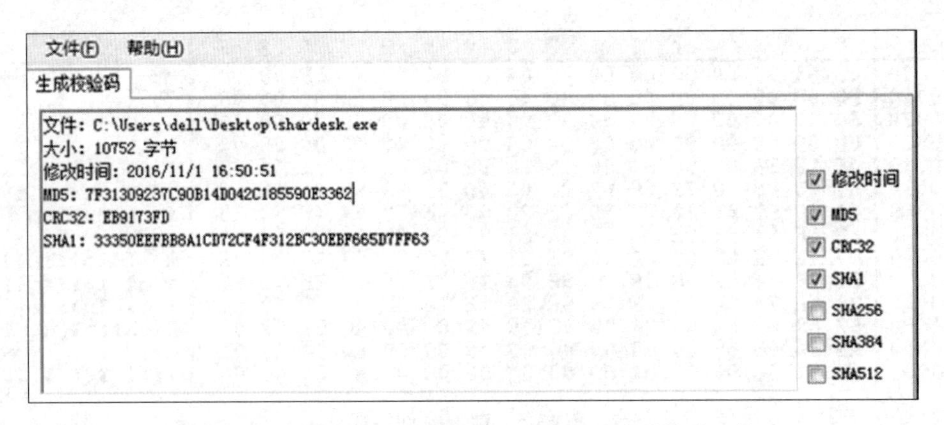

图 13-6　采用多种哈希算法验证恶意代码文件的唯一性

② 提取特征码。

恶意代码文件中总会存在一些可供识别的字符串，很多时候，这些字符串是某个恶意代码所特有的，因此这种方式适用于所有恶意代码的特征码提取。

（4）特征码分析技术的局限性。

特征码分析技术的优势是准确性高、易于分析，是广泛使用的恶意代码分析技术。然而特征码分析技术也存在以下局限：

① 效率低。随着恶意代码数量的增长，特征库规模不断扩充，扫描效率越来越低。信息系统发展到今天，已经诞生的恶意代码数量极其庞大，因此从理论上来说，如果需要扫描一个文件是否携带恶意代码，需要海量的特征码进行匹配，工作效率较为低下。因此在实际应用中，防病毒软件仅仅匹配少量的特征数据以实现高效扫描。

② 滞后性。由于特征码是从恶意代码中提取的，因此只能用于检测已知的恶意代码，不能发现新的恶意代码，具有一定滞后性。

③ 准确率低。因为特征码的描述取决于人的主观因素，从内容十分复杂的恶意代码中提取十余个字节的病毒特征码，需要对恶意代码进行跟踪、反汇编及其他分析。如果恶意代码本身具有反跟踪技术和变形、解码技术，那么跟踪和反汇编以获取特征码的情况将变得极其复杂。特征码查病毒主要的技术缺陷表现在较大的误查率和误报率上。

4．查找字符串

恶意代码中的字符串就是一串可打印的字符序列。一段代码通常都会包含一些字符串，比如打印输出信息、连接的URL、复制文件的位置信息或者使用的API函数。搜索并分析恶意代码输出的字符串可以获得恶意代码功能的提示。一般使用微软官方推出的Strings程序来搜索可执行文件中的可打印字符串。尽管不是所有的字符串都有意义，但是利用输出的结果，也能得出很多有效的结论。比如“GetLongPathNameA”这个API函数经常被恶意代码用来获取文件位置的全路径。一旦识别到恶意代码使用了这个API函数，就可以判断恶意代码具有识别文件全路径的功能，如图13-7所示。

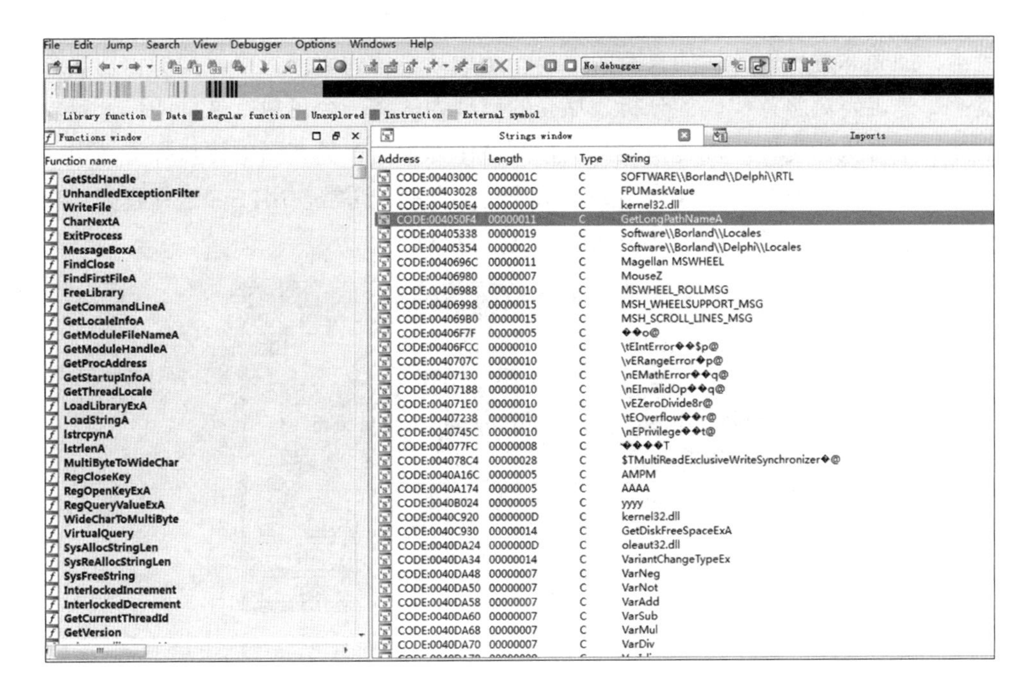

图 13-7　GetLongPathNameA 函数

在实际分析过程中，一般使用IDA（反汇编工具）查找字符串，查找方法如图13-8所示。

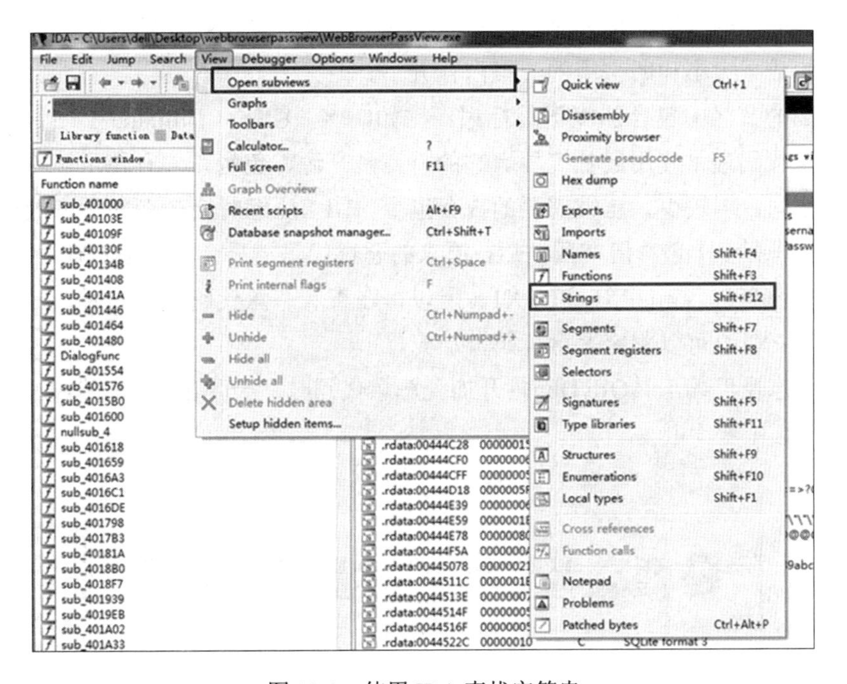

图 13-8　使用 IDA 查找字符串

5. 脱壳技术

恶意代码制作者通常会使用加壳技术对恶意代码进行加壳，使得检测和分析恶意代码变得更难。加壳恶意代码的目的只有两个：一是缩减恶意代码的大小，增加识别恶意代码的难度；二是阻碍对恶意代码的分析。加壳的原理为：将一个可执行文件通过一定规则转换为另外一个可执行文件，被转换的可执行文件作为数据存储在新的可执行文件中，新的可执行文件还会提供一个可供操作系统调用的脱壳存根。通常使用PEiD进行查壳，PEiD中的PESniffer字段会显示恶意代码是否加壳，如图13-9所示。

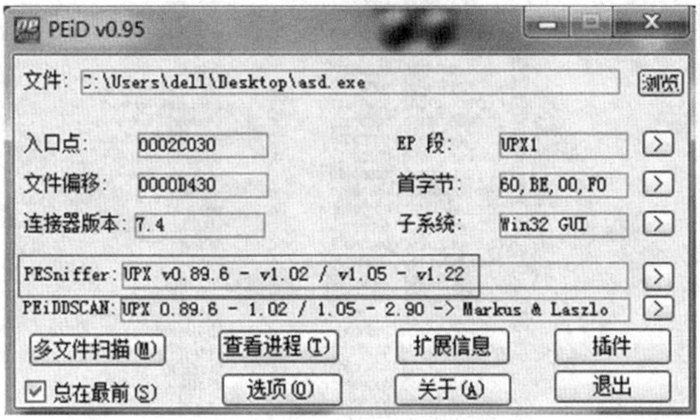

图 13-9　使用 PEiD 进行查壳

（1）加壳恶意代码的特点。

程序导入函数数量较少，比如导入函数仅有LoadLibrary（函数名称，功能是将指定的模块加载到调用进程的地址空间中）和GetProcAddress（函数名称，功能是检索指定的动态链接库中的输出库函数地址）时，应该引起重点关注。某节程序的大小异常，尤其要关注程序的原始数据大小和所占用的虚拟内存大小。

恶意代码的节名中包含加壳器的标识。比如UPX，UPX（Ultimate Packer for eXecutables）是恶意代码最常使用的加壳器。它的特点是开源、免费，并且使用简单、有很快的压缩速度、空间占用较少，压缩需要的内存也少。UPX压缩时会改变文件中的信息，在压缩前，恶意代码有多个节，但在压缩后，原来的恶意代码节只会保留.src节，且会添加UPX的两个节，一般会命名为UPX0和UPX1。所以，在查看恶意代码的节名时，如果发现节名包括UPX0和UPX1，可以判定恶意代码被加壳。

当使用动态反汇编工具OllyDbg打开加壳恶意代码时，会弹出程序可能被加壳的提示，如图13-10所示。

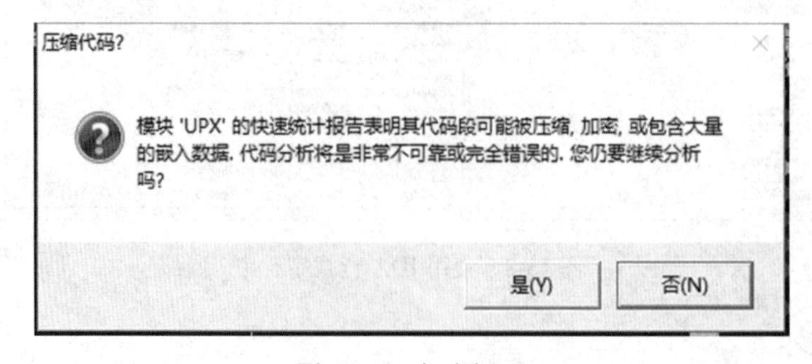

图 13-10　加壳提示

当使用交互式反汇编工具IDA Pro打开恶意程序时，通过自动分析，如果只有少量代码被识别，就代表该恶意代码可能被加壳，如图13-11所示。该恶意代码包含的函数较少，且函数内容较少，说明该恶意代码可能被加壳。

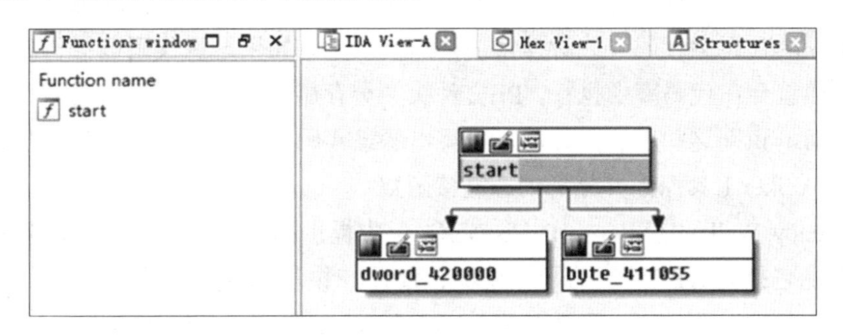

图 13-11 IDA Pro 只能识别少量代码

（2）静态脱壳技术。

静态脱壳技术就是利用脱壳工具对加壳恶意代码脱壳的一种操作。脱壳工具的输入是加壳的恶意代码，在恶意代码没有运行的条件下，通过预先编写的脱壳代码对其进行解密或者解压缩操作，最终实现恶意代码脱壳。一般来说，静态脱壳的流程分为以下四步：

① 检测分析识别恶意代码的加壳类型。

② 调用相应的脱壳程序，对恶意代码进行脱壳。

③ 用IAT（Import Address Table，导入地址表）修复工具进行分析。

④ 安全分析人员进行人工修改，进一步修复IAT及PE文件头。

静态脱壳技术的优点是分析效率高，处理速度快，但是通用性较差。因为脱壳程序只能针对特定的恶意代码进行脱壳，因此一旦加壳算法出现改变，也会使脱壳程序无效。并且脱壳程序必须确定脱壳程序存根的结束位置和原始可执行文件的开始位置，如果无法确定，脱壳也会失败。OllyDbg的插件OllyDump经常用来完成脱壳操作，如图13-12所示。

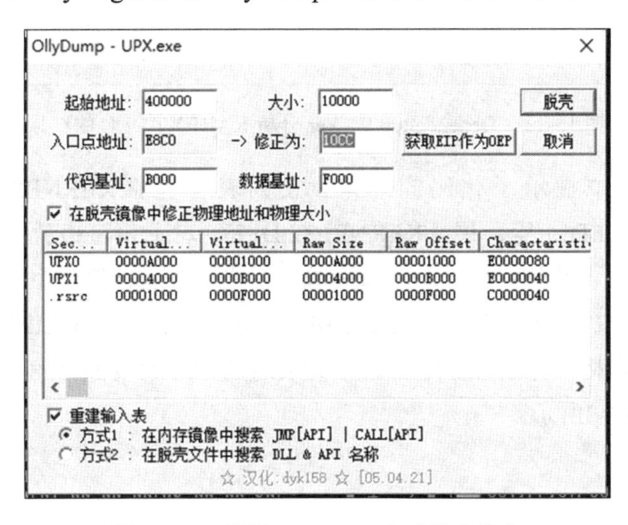

图 13-12 利用 OllyDump 完成脱壳操作

6．分析动态链接

恶意代码的制作者会将一些代码库链接到恶意代码中，这样可以避免在多个程序中重复实现特定的功能。在程序运行时链接的代码库被称为动态链接。当动态链接代码库时，宿主操作系统会在恶意代码装载时搜索需要的代码库。如果恶意代码调用了被链接的库函数，这个函数就会在代码库中执行。PE文件头中会存储每个被装载的库文件，以及会被使用的函数信息。识别这些库和函数，可以得出恶意代码的功能。在实际分析过程中，使用Dependency Walker工具探索并分析动态链接函数。

Dependency Walker是Microsoft Visual C++ 中提供的非常有用的PE模块依赖性分析工具。主要功能包括查看PE模块的导入模块、查看PE模块的导入和导出函数、动态剖析PE模块的模块依赖性、解析C++ 函数名称等功能。Dependency Walker分析RAREXT.DLL的结果如图13-13所示。

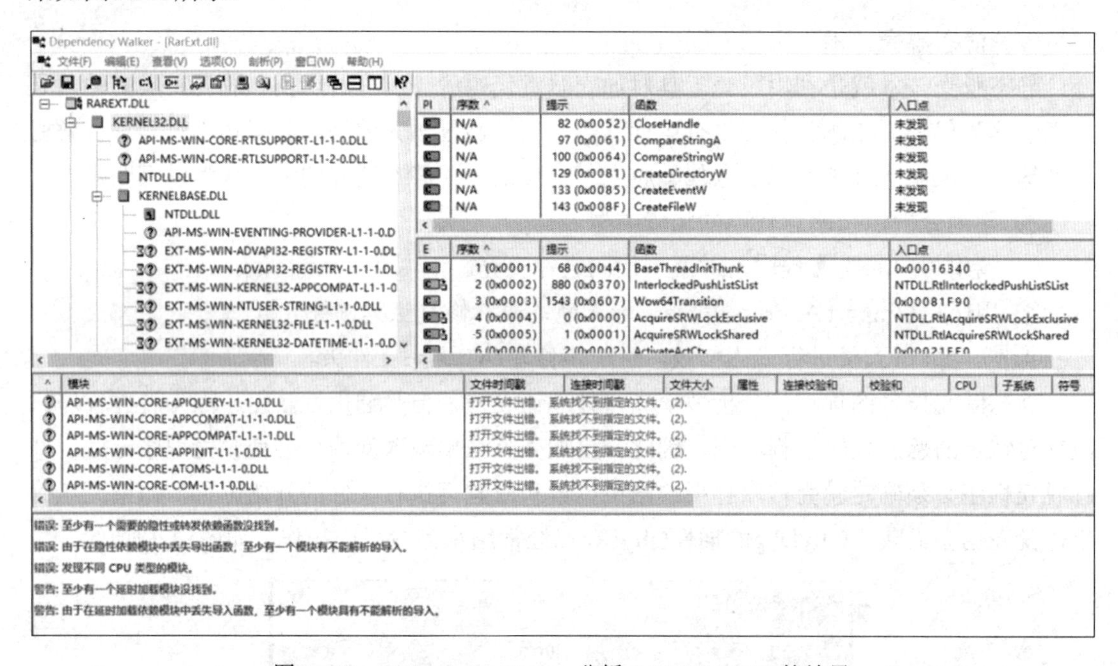

图 13-13　Dependency Walker 分析 RAREXT.DLL 的结果

在左边的窗格中显示了代码的导入DLL列表，包括KERNEL32.DLL、KERNEL BASE.DLL、USER32.DLL等。展开KERNEL32.DLL，右上角窗格就会显示DLL的导入表和调用的函数名称。通过函数名称，可以知道恶意代码在运行过程中创建的进程，便于我们对恶意代码进行分析。导入表下方的窗格中显示了KERNEL32.DLL中所有可以被导入的函数。底部的两个窗格，分别显示运行程序时装载的DLL版本额外信息和报告的错误。常见的DLL程序如表13-2所示。

表 13-2　常见的 DLL 程序

DLL 名称	DLL 描述
KERNEL32.DLL	属于内核级动态链接库文件，负责系统的内存管理、数据的输入输出操作和中断处理，当 Windows 启动时，KERNEL32.DLL 就驻留在内存中特定的写保护区域，使其他程序无法使用这个内存区域
USER32.DLL	Windows 用户界面相关应用程序接口，用于包括 Windows 处理、用户界面等特性，如创建窗口和发送消息
GDI32.DLL	Windows GDI 图形用户界面相关程序，包含的函数用来绘制图像和显示文字
COMDLG32.DLL	Windows 应用程序公用对话框模块，用于打开文件对话框等操作
ADVAPI32.DLL	高级 API 应用程序接口服务库的一部分，包含的函数与对象的安全性、注册表的操控、事件日志有关
SHELL32.DLL	Windows 的 32 位外壳动态链接库文件，用于打开网页和文件，建立文件时的默认文件名的设置等大量功能
OLE32.DLL	对象链接和嵌入相关模块
ODBC32.DLL	ODBC 数据库查询相关文件

13.2.3　动态分析技术

动态分析技术是指在运行恶意代码的情况下，利用程序调试工具对恶意代码进行观察分析的技术。动态分析技术是恶意代码分析流程的第二步，一般在静态分析难以取得效果时进行，比如恶意代码一般都会进行混淆操作，这时候使用静态分析就很难得到结果，但动态分析技术就能分析被混淆的代码。

虽然动态分析技术非常强大，但还是应该在静态分析之后进行，因为动态分析可能会使正常运行的网络和系统处于危险之中。动态分析技术也拥有自身局限性，比如恶意代码在执行过程中，不是所有代码都会执行，这会导致恶意代码不能被完整分析。下面介绍具体的动态分析技术。

1. 仿真分析技术

详细跟踪恶意代码的运行过程，能够有效地监控恶意代码的异常行为。在真实环境中运行恶意代码，可能会导致恶意代码感染真实的信息系统，造成损失。因此，一般使用仿真分析技术模拟真实环境来运行恶意代码。这个虚拟环境被称为沙箱，所以仿真分析技术又可以称为沙箱技术，是一种在虚拟安全环境里运行可疑代码的分析技术。沙箱是一种虚拟仿真环境，通过某种方式模拟真实系统的运行，以保证被测试的恶意代码能够正常执行，在沙箱中运行可疑代码可以实现运行系统环境的安全。很多安全软件都提供了沙箱环境，如图13-14所示。

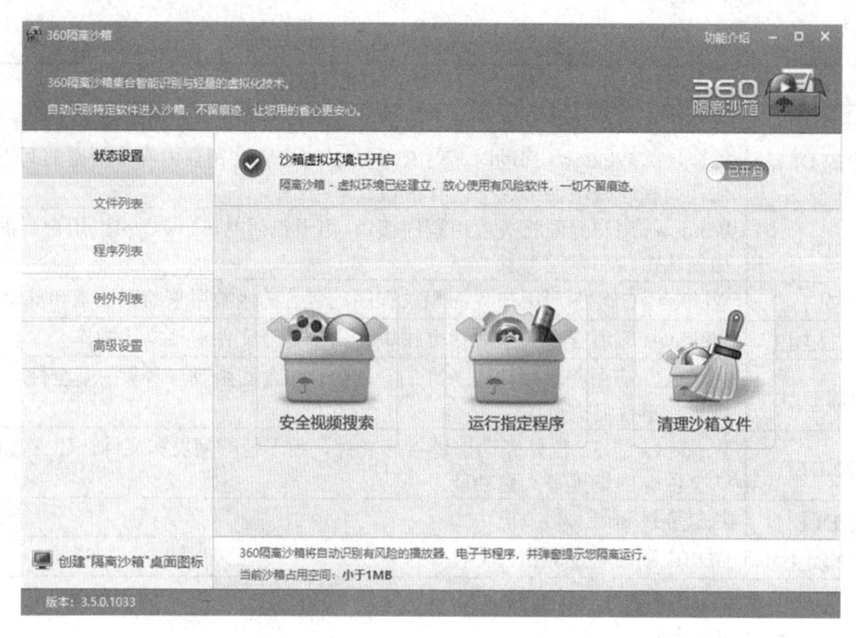

图 13-14　安全软件提供沙箱环境

（1）监控工具可以捕获的行为。

在沙箱中运行恶意代码后，通过监控工具，一般可以捕获以下行为。

① 文件修改行为：恶意代码创建、打开、删除、编辑、查询的文件列表。

② 注册表修改行为：恶意代码对注册表的操作行为列表。

③ 互斥量创建：在程序运行过程中，引入了互斥量的概念，用来保证共享数据操作的完整性。每个对象都对应一个可称为“互斥量”的标记，这个标记用来保证在任一时刻，只能有一个线程访问该对象。通过沙箱运行恶意代码，可以捕获到恶意代码创建的互斥量的列表。

④ 访问网络行为：记录恶意代码创建的各种网络行为，包括创建的监听端口、执行的DNS请求等。

（2）仿真分析技术的不足。

仿真分析技术也存在以下不足：

① 不能运行带有特定触发条件的程序。比如恶意代码需要命令选项才能执行，在不提供触发条件的情况下，任何代码都不会执行，那也就无法进行分析。另外，如果分析的恶意代码是一个后门程序，需要等待一条控制指令才能启动，但是在沙箱中不会接到任何控制指令，所以后门程序就无法运行和分析。

② 记录事件的缺陷性。不能记录所有事件，因为某些事件设置运行开始的时间，没到达指定时间，事件不会运行，沙箱就无法记录。

③ 恶意代码对仿真环境的检测。恶意代码会检测到是否运行在仿真环境或者虚拟机里，如果一旦检测到不是真实环境，恶意代码会停止运行或者异常运行，使仿真环境难以得到正确的恶意代码检测结果。

④ 运行DLL文件（Dynamic Link Library，动态链接库）存在困难。在Windows下，DLL是一个被编译过的二进制程序，但与EXE文件不同，DLL文件不能独立运行，必须由其他程序调用。因为无法正确调用DLL，所以在仿真环境中运行DLL非常困难，导致DLL型恶意代码难以分析。

⑤ 仿真环境不匹配恶意代码运行环境。比如恶意代码需要在Windows 7操作系统环境下运行，而仿真环境为Windows XP操作系统环境。

2．动态调试技术

动态调试技术是通过跟踪恶意代码执行过程使用的系统函数和指令特征分析恶意代码功能的技术。使用调试器对恶意代码进行动态分析十分重要。调试器可以查看所有内存地址的内容、寄存器的内容以及每个函数的参数。调试器也允许改变关于程序执行的相关变量。只要能获取变量在内存中的位置和其他信息，就可以任意改变变量的值。在实际的动态调试过程中，常用工具是OllyDbg和WinDbg。OllyDbg是恶意代码分析人员使用最多的调试器，缺点是不支持内核调试；WinDbg是调试内核的主要工具，但在实际分析的过程中，二者往往是结合使用的。OllyDbg是非常强大的动态调试工具，具有可视化的界面，操作简单，功能强大，同时还支持插件扩展功能。OllyDbg打开恶意代码时的默认界面如图13-15所示，主要包含反汇编窗口、寄存器窗口、数据显示窗口、调用栈窗口。

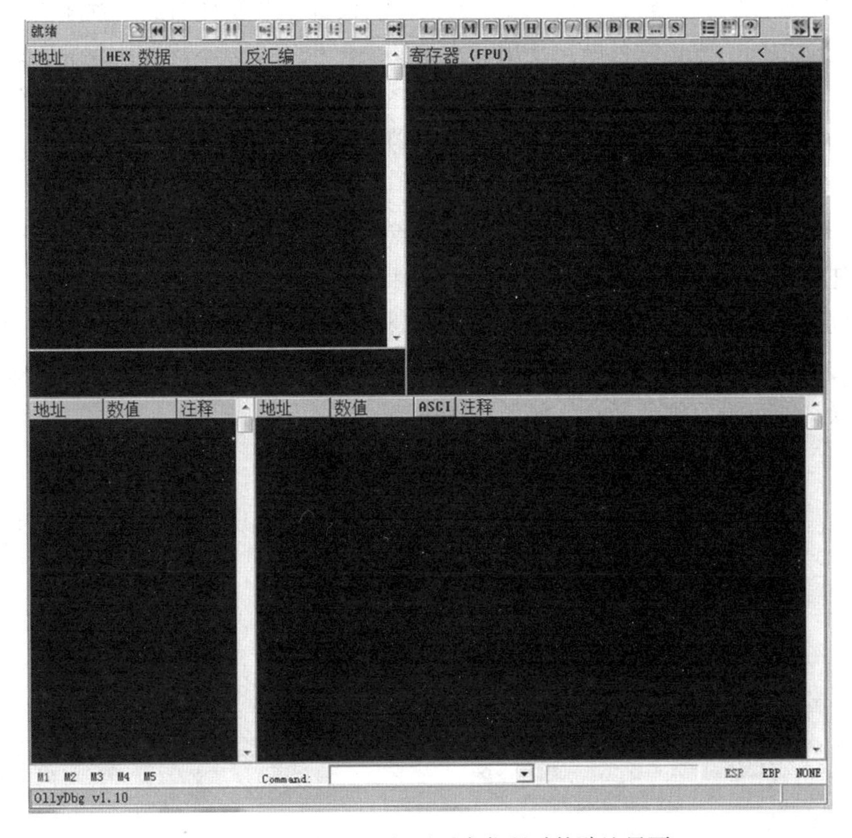

图 13-15　OllyDbg 打开恶意代码时的默认界面

在实际分析过程中，动态调试可以有以下方法：

（1）单步调试。

单步调试是单步跟踪恶意代码的执行过程，即监视恶意代码的每一个执行步骤，每运行一条指令，控制权就返回给调试器。单步调试可以看清恶意代码运行过程中的每一个细节。尽管所有恶意代码都可以使用单步调试，但对于复杂的恶意代码来说是不现实的，因为单步调试会花费大量时间。

（2）单步进入和单步跳过。

如果在恶意代码分析过程中，遇到当前的代码包含函数调用，但我们不关心这个函数的细节，那么可以忽略要调用的函数，让其执行完毕后再停下来，这种方式称为单步跳过（step over），命令为t。如果我们需要详细分析遇到的函数，那么可以跟踪跳入要调用的函数，这种方式通常称为单步进入（step into），命令为p。单步跳过减少了需要分析的指令数量，但是一旦单步跳过了关键函数，就会忽略程序的关键功能，这是使用单步跳过的风险。

（3）断点技术。

断点是在动态调试过程中设置的，主要作用是程序运行至设置断点处时，暂停程序的运行并查看程序的状态。设置的断点类型主要包括软件断点、硬件断点、条件断点等。

① 软件断点。

在OllyDbg中光标位置处按下“F2”键就可以设置一个软件断点，程序将在设置断点处被执行之前中断下来。软件断点使用非常方便，但也存在以下问题：首先，软件属于代码类断点，不适用于数据段和I/O控件；其次，对于只读内存（ROM）中执行的程序，无法动态增加软件断点。因为ROM是只读的，无法动态写入断点指令。

② 硬件断点。

硬件断点和软件断点不同，它并不关心断点地址存储哪些字节，可以在不改变代码、堆栈以及任何目标资源的前提下进行调试。硬件断点利用专门的硬件寄存器执行断点，一旦在某一位置设置断点，处理器会直接在断点处中断。因此硬件断点十分适合调试能修改自身内容的恶意代码。在OllyDbg中需要设置硬件断点时，单击“调试”菜单，选择“硬件断点”选项，即可设置硬件断点，如图13-16所示。

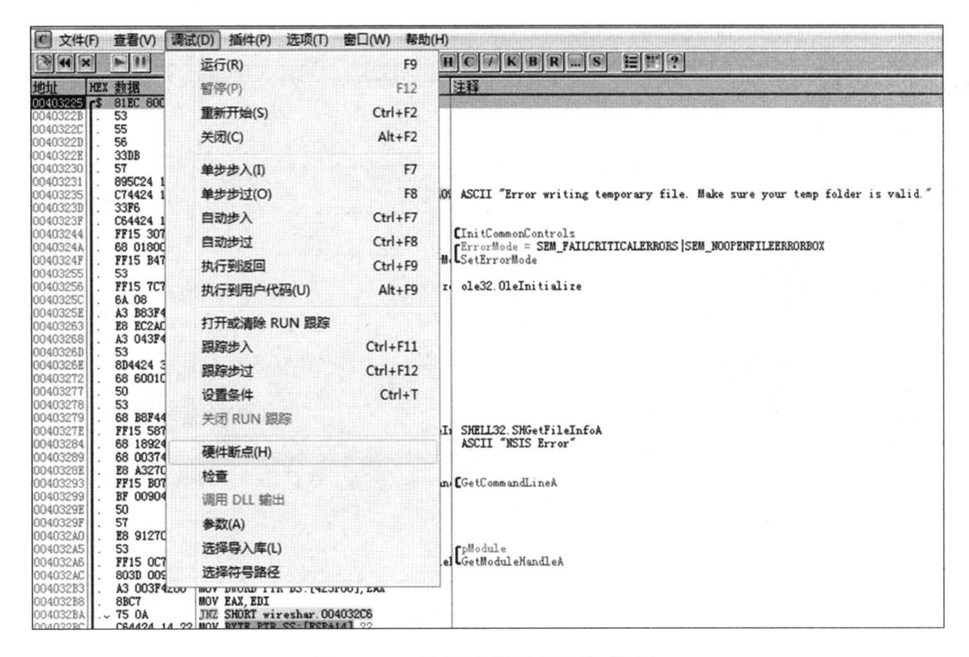

图 13-16　选择“硬件断点”选项

硬件断点也有十分明显的缺点。因为只有四个硬件寄存器存储断点的地址，所以只能允许设置四个硬件断点，如图13-17所示。

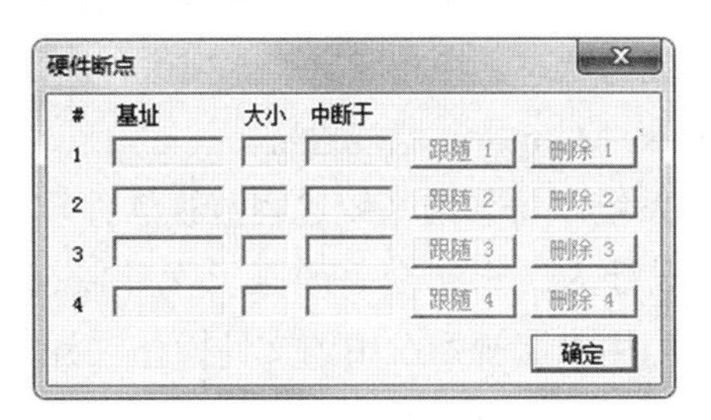

图 13-17　设置硬件断点

③ 条件断点。

条件断点是一个带有条件表达式的软件断点，当条件满足时才会被触发。对于频繁调用的函数，仅当特定参数传给它时才中断程序执行，此时利用条件断点可以节省大量的调试时间。在OllyDbg中可以使用组合键“Shift+F2”来添加条件断点，也可以通过右键来选择设置条件表达式，如图13-18所示。

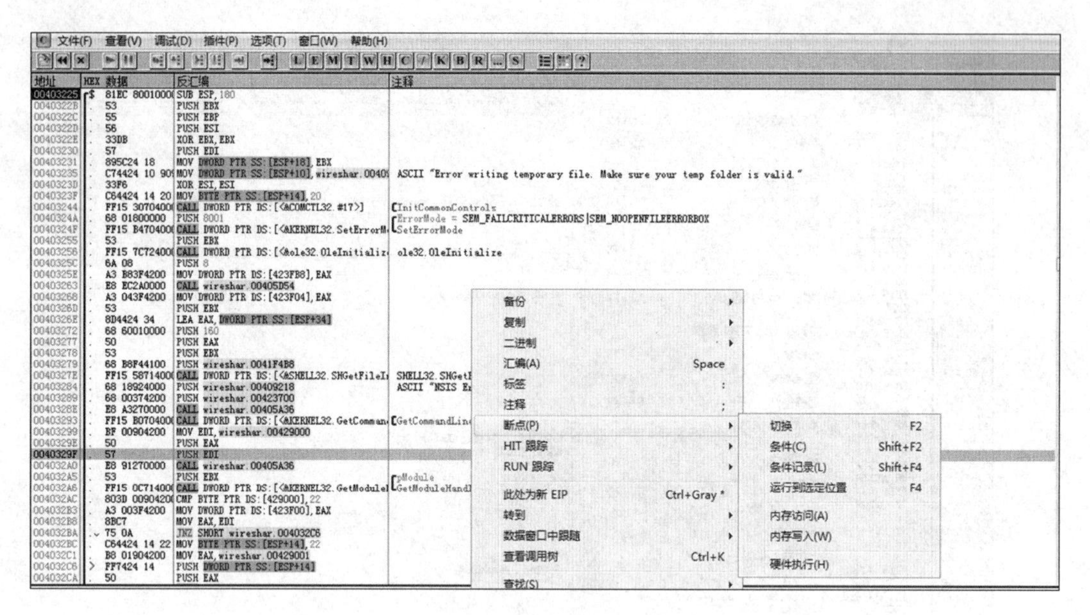

图 13-18　设置条件断点

3. 进程监视技术

进程是程序的一次执行过程，是一个动态概念，是程序在执行过程中分配和管理资源的基本单位。每一个进程都有一个自己的地址空间，至少有五种基本状态，它们分别是初始态、执行态、等待状态、就绪状态、终止状态。监视进程对恶意代码分析具有重要意义，一般使用进程监视器（Process Monitor）监视进程。

进程监视器是Windows系统下著名的系统进程监视软件，它可以用来监控文件系统、注册表、网络、进程和线程行为。它结合并增强了文件监视器FileMon和注册表监视器RegMon。其中的FileMon专门用来监视系统中的文件操作过程，而RegMon用来监视注册表的读写操作过程。有了进程监视器，使用者就可以对系统中的文件和注册表操作同时进行监视和记录。注册表和文件读写的变化对于恶意代码分析非常有用。进程监视器如图13-19所示。

Process Monitor - Sysinternals: www.sysinternals.com

File Edit Event Filter Tools Options Help

Time of Day	Process Name	PID	Operation	Path	Result	Detail
19:48:00.9275314	SearchIndexer.exe	3380	FileSystemControl	C:	SUCCESS	Contro...
19:48:00.9275489	SearchIndexer.exe	3380	FileSystemControl	C:	SUCCESS	Contro...
19:48:00.9708987	ShiYeLine.exe	2816	UDP Send	2013-20180130LI:9012 -> 21.145.228.79:9012	SUCCESS	Length...
19:48:00.9710282	ShiYeLine.exe	2816	UDP Send	2013-20180130LI:9012 -> 21.144.191.10:9012	SUCCESS	Length...
19:48:00.9711695	ShiYeLine.exe	2816	UDP Send	2013-20180130LI:54316 -> 21.145.229.157:50509	SUCCESS	Length...
19:48:00.9812605	ShiYeLine.exe	2816	UDP Receive	2013-20180130LI:54316 -> 21.145.161.217:54340	SUCCESS	Length...
19:48:01.0719537	ShiYeLine.exe	2816	UDP Send	2013-20180130LI:54316 -> 21.145.161.217:54340	SUCCESS	Length...
19:48:01.0835217	svchost.exe	856	RegCreateKey	HKLM\System\CurrentControlSet\Control\DeviceClasses	REPARSE	Desire...
19:48:01.0835670	svchost.exe	856	RegCreateKey	HKLM\System\CurrentControlSet\Control\DeviceClasses	SUCCESS	Desire...
19:48:01.0836035	svchost.exe	856	RegOpenKey	HKLM\System\CurrentControlSet\Control\DeviceClasse...	NAME N...	Desire...
19:48:01.0836340	svchost.exe	856	RegCloseKey	HKLM\System\CurrentControlSet\Control\DeviceClasses	SUCCESS	
19:48:01.1124678	ShiYeLine.exe	2816	UDP Receive	2013-20180130LI:9012 -> 21.145.229.151:9012	SUCCESS	Length...
19:48:01.1718917	ShiYeLine.exe	2816	UDP Send	2013-20180130LI:9012 -> 21.145.229.151:9012	SUCCESS	Length...
19:48:01.1803817	biaoqian.exe	1908	Thread Exit		SUCCESS	Thread...
19:48:01.1805770	ShiYeLine.exe	2816	UDP Receive	2013-20180130LI:9012 -> 21.145.229.133:9012	SUCCESS	Length...
19:48:01.1833134	csrss.exe	636	RegQueryValue	HKLM\SOFTWARE\Microsoft\Windows\CurrentVersion\Sid...	SUCCESS	Type: ...
19:48:01.2095525	csrss.exe	636	RegQueryValue	HKLM\SOFTWARE\Microsoft\Windows\CurrentVersion\Sid...	SUCCESS	Type: ...
19:48:01.2470991	csrss.exe	636	RegQueryValue	HKLM\SOFTWARE\Microsoft\Windows\CurrentVersion\Sid...	SUCCESS	Type: ...
19:48:01.2568113	csrss.exe	636	RegQueryValue	HKLM\SOFTWARE\Microsoft\Windows\CurrentVersion\Sid...	SUCCESS	Type: ...
19:48:01.2715533	ShiYeLine.exe	2816	UDP Send	2013-20180130LI:9012 -> 21.145.229.133:9012	SUCCESS	Length...
19:48:01.3145955	HipsDaemon.exe	920	CreateFile	C:\Windows\System32\drivers\SoftPHz.sys	SUCCESS	Desire...
19:48:01.3146266	HipsDaemon.exe	920	CloseFile	C:\Windows\System32\drivers\SoftPHz.sys	SUCCESS	
19:48:01.3147664	HipsDaemon.exe	920	CreateFile	C:\Windows\System32\drivers\SoftPHz.sys	SUCCESS	Desire...
19:48:01.3148023	HipsDaemon.exe	920	QueryStandardInf...	C:\Windows\System32\drivers\SoftPHz.sys	SUCCESS	Alloca...
19:48:01.3148853	HipsDaemon.exe	920	CreateFile	C:\Windows\System32\drivers\SoftPHz.sys	SUCCESS	Desire...
19:48:01.3149164	HipsDaemon.exe	920	QueryInformation...	C:\Windows\System32\drivers\SoftPHz.sys	SUCCESS	Volume...
19:48:01.3149279	HipsDaemon.exe	920	QueryFileInterna...	C:\Windows\System32\drivers\SoftPHz.sys	SUCCESS	IndexN...
19:48:01.3149466	HipsDaemon.exe	920	QueryBasicInform...	C:\Windows\System32\drivers\SoftPHz.sys	SUCCESS	Creati...
19:48:01.3149563	HipsDaemon.exe	920	CloseFile	C:\Windows\System32\drivers\SoftPHz.sys	SUCCESS	
19:48:01.3150112	HipsDaemon.exe	920	CloseFile	C:\Windows\System32\drivers\SoftPHz.sys	SUCCESS	
19:48:01.3185831	HipsDaemon.exe	920	CreateFile	C:\Windows\System32\drivers\vmci.sys	SUCCESS	Desire...
19:48:01.3186169	HipsDaemon.exe	920	CloseFile	C:\Windows\System32\drivers\vmci.sys	SUCCESS	

图 13-19 进程监视器

进程监视器会监控所有能捕获到的系统调用，如果不限制监视时间，就会使监控数据十分庞大，耗尽内存后导致监视器崩溃，所以一般会设定一个比较短的监视时间。另外，为了提高分析效率，要对取得的监控数据进行过滤分析，一般从以下四个分类进行过滤。

文件系统：追踪恶意代码修改的所有文件，或者相关联的配置文件。

注册表：显示恶意代码将自身添加到注册表的过程。

进程：显示恶意代码是否启动了其他相关进程。

网络行为：显示恶意代码监听的所有端口。

进程监视器筛选过滤功能如图13-20所示。

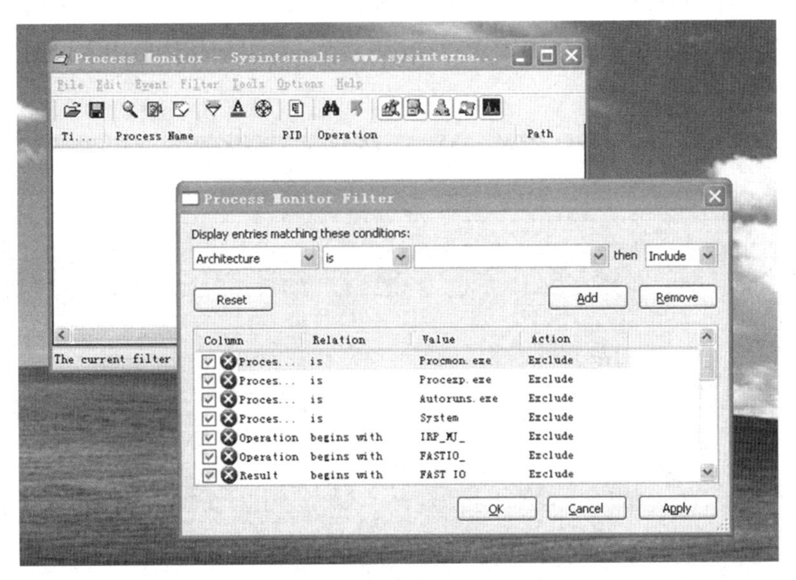

图 13-20 进程监视器筛选过滤功能

4．数据包监听技术

通过监听恶意代码的通信数据包，可以深入了解恶意代码的通信过程。在恶意代码的分析实践中，经常使用Wireshark进行数据包监听。Wireshark是非常流行的网络封包分析软件，功能十分强大，可以截取各种网络封包，显示网络封包的详细信息。

打开Wireshark进行数据包捕获时，会显示如图13-21所示的开始页面，首先选择捕获哪个网卡中的数据包。双击选择的网卡名称即可开始进行数据包捕获。

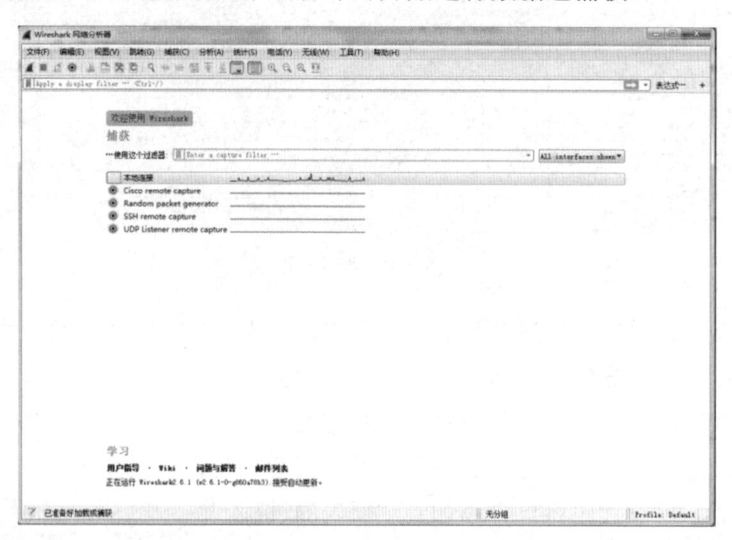

图 13-21　Wireshark 开始页面

在使用Wireshark时，会得到大量的冗余信息，导致Wireshark捕获的数据包数据量非常庞大，无法进行详细分析，因此会用到Wireshark的过滤特性。一般是在窗口顶端的过滤栏中输入过滤规则。比如在过滤栏中输入“tcp”，就可以得到使用TCP协议的数据包，如图13-22所示。

Realtek PCIe GBE Family Controller: Capturing - Wireshark

File Edit View Go Capture Analyze Statistics Help

Filter: tcp　Expression... Clear Apply

No.	Time	Source	Destination	Protocol	Info
120579	1269.093379	27.107.240.142	21.80.236.163	TCP	10233 > 8233 [SYN] Seq=0 Win=8192 Len=0 MSS=1460
119938	1260.100150	27.107.240.142	21.80.236.163	TCP	10233 > 8233 [SYN] Seq=0 Win=8192 Len=0 MSS=1460 WS=2
119938	1260.100150	27.107.240.142	21.80.236.163	TCP	10233 > 8233 [SYN] Seq=0 Win=8192 Len=0 MSS=1460 WS=2
120056	1263.100022	27.107.240.142	21.80.236.163	TCP	10233 > 8233 [SYN] Seq=0 Win=8192 Len=0 MSS=1460 WS=2
120056	1263.100022	27.107.240.142	21.80.236.163	TCP	10233 > 8233 [SYN] Seq=0 Win=8192 Len=0 MSS=1460 WS=2
6313	52.841975	21.144.192.230	21.80.236.163	TCP	10669 > 4394 [ACK] Seq=1 Ack=2 Win=698 Len=0 SLE=1 SRE=2
78464	832.825126	21.144.192.230	21.80.236.163	TCP	10669 > 4394 [ACK] Seq=1241 Ack=1387 Win=739 Len=0
96996	1012.823629	21.144.192.230	21.80.236.163	TCP	10669 > 4394 [ACK] Seq=1489 Ack=1664 Win=748 Len=0
112832	1192.820697	21.144.192.230	21.80.236.163	TCP	10669 > 4394 [ACK] Seq=1737 Ack=1941 Win=756 Len=0
12795	112.833481	21.144.192.230	21.80.236.163	TCP	10669 > 4394 [ACK] Seq=249 Ack=279 Win=706 Len=0
27929	292.831881	21.144.192.230	21.80.236.163	TCP	10669 > 4394 [ACK] Seq=497 Ack=556 Win=714 Len=0
45797	472.832132	21.144.192.230	21.80.236.163	TCP	10669 > 4394 [ACK] Seq=745 Ack=833 Win=723 Len=0
62286	652.830751	21.144.192.230	21.80.236.163	TCP	10669 > 4394 [ACK] Seq=993 Ack=1110 Win=731 Len=0
12793	112.827864	21.144.192.230	21.80.236.163	TCP	10669 > 4394 [PSH, ACK] Seq=1 Ack=2 Win=698 Len=248
96994	1012.817766	21.144.192.230	21.80.236.163	TCP	10669 > 4394 [PSH, ACK] Seq=1241 Ack=1387 Win=739 Len=248
112830	1192.814664	21.144.192.230	21.80.236.163	TCP	10669 > 4394 [PSH, ACK] Seq=1489 Ack=1664 Win=748 Len=248
27927	292.825396	21.144.192.230	21.80.236.163	TCP	10669 > 4394 [PSH, ACK] Seq=249 Ack=279 Win=706 Len=248
45795	472.825384	21.144.192.230	21.80.236.163	TCP	10669 > 4394 [PSH, ACK] Seq=497 Ack=556 Win=714 Len=248
62283	652.825006	21.144.192.230	21.80.236.163	TCP	10669 > 4394 [PSH, ACK] Seq=745 Ack=833 Win=723 Len=248
78462	832.818977	21.144.192.230	21.80.236.163	TCP	10669 > 4394 [PSH, ACK] Seq=993 Ack=1110 Win=731 Len=248
29343	308.629882	27.107.240.142	21.80.236.163	TCP	10855 > 8233 [SYN] Seq=0 Win=8192 Len=0 MSS=1460
28549	299.638037	27.107.240.142	21.80.236.163	TCP	10855 > 8233 [SYN] Seq=0 Win=8192 Len=0 MSS=1460 WS=2
28767	302.639567	27.107.240.142	21.80.236.163	TCP	10855 > 8233 [SYN] Seq=0 Win=8192 Len=0 MSS=1460 WS=2
98543	1031.274542	25.103.82.139	21.80.236.163	TCP	11641 > 8233 [SYN] Seq=0 Win=8192 Len=0 MSS=1460
98097	1022.270483	25.103.82.139	21.80.236.163	TCP	11641 > 8233 [SYN] Seq=0 Win=8192 Len=0 MSS=1460 WS=2
98280	1025.269484	25.103.82.139	21.80.236.163	TCP	11641 > 8233 [SYN] Seq=0 Win=8192 Len=0 MSS=1460 WS=2
52367	548.783291	27.107.240.142	21.80.236.163	TCP	12258 > 8233 [SYN] Seq=0 Win=8192 Len=0 MSS=1460
51365	539.786435	27.107.240.142	21.80.236.163	TCP	12258 > 8233 [SYN] Seq=0 Win=8192 Len=0 MSS=1460 WS=2

Frame 9541 (66 bytes on wire, 66 bytes captured)
Ethernet II, Src: 74:27:ea:e1:df:d0 (74:27:ea:e1:df:d0), Dst: f8:0f:41:ce:79:7f (f8:0f:41:ce:79:7f)
Internet Protocol, Src: 21.80.236.163 (21.80.236.163), Dst: 21.80.236.106 (21.80.236.106)
Transmission Control Protocol, Src Port: 4724 (4724), Dst Port: netbios-ssn (139), Seq: 0, Len: 0

图 13-22　Wireshark 过滤功能

想要查看报文中的详细数据，可以右键单击报文，选择“追踪流”选项，这样就可以看到服务端和客户端之间传输的数据内容了，如图13-23所示。

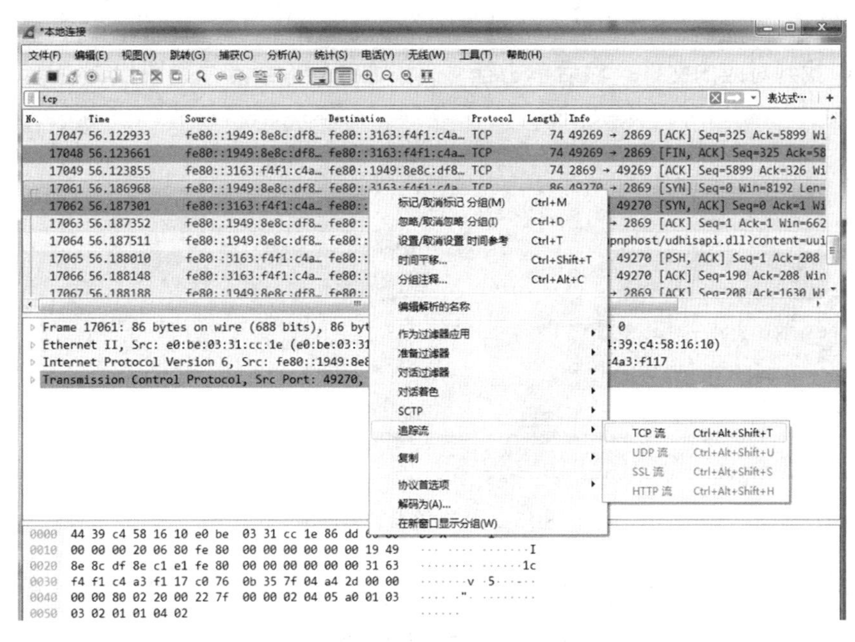

图 13-23　查看报文中的详细数据

掌握Wireshark过滤器的应用对于恶意代码分析来说是一项必备技能，可以说是一项大海捞针的技巧。学会构建、编辑、保存关键的显示过滤器能够节省大量时间。表13-3是Wireshark常用的过滤器名称和功能。

表 13-3　Wireshark 常用的过滤器名称和功能

过滤器名称	作　　用
IP	显示内含 IPv4 头在内的 IP 数据流
TCP	显示所有基于 TCP 的数据流
ARP	显示包括 ARP 请求和回复在内的所有 ARP 数据流
DNS	显示包括 DNS 请求和回复在内的所有 DNS 数据流
HTTP	显示所有的 HTTP 命令，回复以及数据传输报文
ICMP	显示所有的 ICMP 报文

5．网页脚本分析

目前大量的恶意代码都是使用网页前端的JavaScript脚本下载恶意组件或者达到恶意目的，所以对网页前端的JavaScript脚本分析变得越来越重要。但是，大部分的JavaScript脚本都是经过混淆或者加密的，无法直接进行分析，一般在分析之前都需要对JavaScript脚本进行美化处理，变成可以直接分析的脚本。然后使用中断测试的方法对网页脚本进行分析。

中断测试，即在浏览器开发者工具中为JavaScript代码添加断点，让JavaScript执行到某一位置停止，方便对该处的恶意代码进行分析。下面介绍具体方法。

在浏览器页面上按“F12”键就会进入浏览器开发者工具界面，找到“Sources”菜单，在左侧树中找到对应的文件，然后单击行号来添加或删除断点，如图13-24所示。

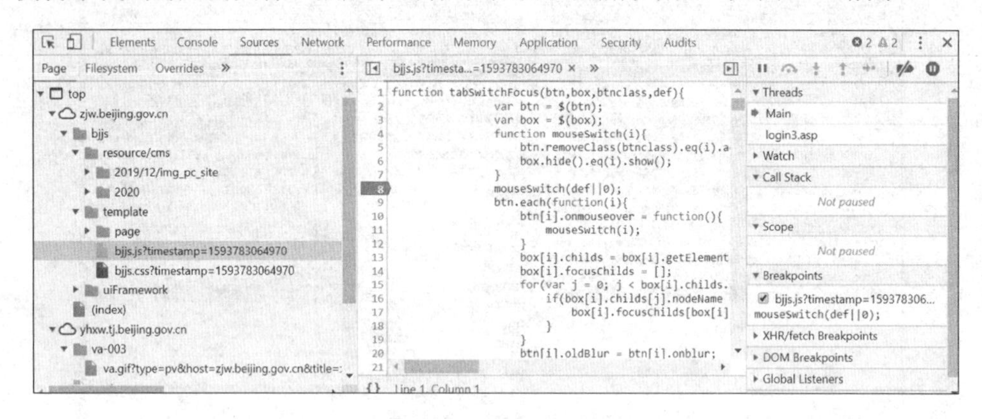

图 13-24　浏览器调试功能

可以使用浏览器提供的调试功能进行分析，具体功能如表13-4所示。

表 13-4　浏览器调试功能表

Pause/Resume script execution	暂停/恢复脚本执行（程序执行到下一断点停止）
Step over next function call	执行到下一步的函数调用（跳到下一行）
Step into next function call	进入当前函数
Step out of current function	跳出当前执行函数
Deactive/Active all breakpoints	关闭/开启所有断点（不会取消）
Pause on exceptions	异常情况自动断点设置

13.3　面对恶意代码攻击的应急响应

13.3.1　应急响应原则

依据国家和单位制定的网络安全突发事件的应急预案，建立针对恶意代码攻击的快速高效、职能明确的应急响应流程和体制机制，确保信息系统能够安全、有序、高效运行。据此，面对恶意代码攻击的应急响应遵循如下原则.

（1）合法合规性原则。面对恶意代码攻击时，应急响应应当按照国家的相关法律法规来开展工作，确保响应流程和响应手段合理、合规、合法，明确部门和人员的职责范围。

（2）重要目标优先原则。对重要的信息系统和影响范围较大的服务器和网络设备，比如电力系统、指挥控制系统、通信系统、核心网络交换机、重要服务器等，必须重点监控分析，快速应急响应，确保重要目标的安全稳定。

（3）协同性原则。网络安全应急响应和恶意代码分析是一个系统性工作，它包含了恶意代码预防、恶意代码响应触发条件、启动恶意代码分析、应急处理措施、应急恢复措施等。在制定应急响应流程和方案时，必须考虑到应急响应的成本和业务中断造成的损失等风险，对以上要素协同考虑，以达到合适的平衡点和较好的应急响应效果。

（4）可操作性原则。为了能够快速、高效地对恶意代码攻击进行响应，应急处置的流程要简单、准确、具备可操作性，能够切实达到应急响应的效果。

（5）分析主要功能原则。对大多数恶意代码来说，它的逻辑和功能都是比较复杂的。为了提高分析效率，做到快速响应恶意代码攻击事件，在应急响应过程中要重点分析恶意代码的主要功能。

（6）分析多样化原则。针对不同类型的恶意代码，可以使用不同的分析工具和分析方法，尝试从不同角度，使用不同思路来对恶意代码进行分析和对攻击进行响应。

最后，建议持续学习新的恶意代码技术，这样才能快速对恶意代码进行分析，有效应对恶意代码攻击，最终提高应急响应效率。

13.3.2　应急响应流程

第一步：检测恶意代码

在检测信息系统中恶意代码风险隐患或者恶意代码攻击事件的手段有很多，主要包括网络安全设备的告警提示信息、审查安全日志时发现的异常行为、系统用户的申告和投诉、日常巡检时发现的异常行为、恶意代码威胁情报等。应急响应人员需要分析判断这些异常和告警，确定是否可能存在恶意代码风险和恶意代码攻击事件。确定以后，转向下一步骤：分析恶意代码。

第二步：分析恶意代码

1. 防病毒系统扫描

拿到恶意代码分析样本之后，首先使用防病毒系统扫描恶意代码样本，通过扫描分析产生的结果，查看样本是否已经存在于防病毒系统恶意代码样本库中。如果存在，就说明这个恶意代码已经被识别，直接通过防病毒系统扫描结果就可以判断出恶意样本类型及信息；如果不存在，则需要进一步分析。

2. 查看恶意代码信息

通过恶意代码分析工具查看恶意代码样本的字符、输出信息、导入函数、导出函数、PE文件等信息来判断样本功能。

3. 监控恶意代码动态行为

通过行为监控工具及沙箱等程序来查看恶意代码样本的主机行为特征。

4. 反汇编分析恶意代码

使用IDA等反汇编工具分析恶意代码样本的功能逻辑。

5．动态调试分析恶意代码

使用Ollydbg、Windbg等调试器来动态调试恶意代码样本，一般情况下是与IDA静态分析交叉配合的。

6．得出结论

通过以上手段基本就可以分析出恶意代码样本的信息了，然后判断恶意代码样本类型，确定以后转向下一步骤：响应恶意代码。

第三步：响应恶意代码

恶意代码的响应程度取决于恶意代码的危害程度，当恶意代码攻击已经发生时，采用相应的技术手段响应安全事件可以及时地避免更大的损失。比如，应急响应人员可以对受到攻击的服务器和终端进行单独的网络隔离，最大程度地避免恶意代码传播到其他网络区域。还可以对恶意代码攻击的事件进行调查、评估恶意代码对信息系统造成的危害、收集恶意代码潜伏和攻击的证据等。

第四步：通报恶意代码

通报恶意代码是指向单位内部和单位外部通报恶意代码事件，由于恶意代码的危害程度和影响范围都不尽相同，所以单位内部的恶意代码分析通报更侧重于对恶意代码的前因后果的分析，恶意代码潜伏或者攻击的全过程细节、安全防护方面和技术手段方面的缺陷和不足等。单位外部的恶意代码事件通报侧重于恶意代码事件整个过程的描述、影响范围及造成的损失等内容。

第五步：恢复系统和数据

恶意代码分析处理完毕后，下一步要做的就是恢复系统和数据，或者是将系统和数据恢复到正常状态。对于危害程度不严重的恶意代码只需要清除恶意代码后，重启系统或者重启服务就可以使系统恢复到正常状态。但对于危害程度严重的恶意代码，则可能需要信息系统重新调整策略架构、重新部署系统，甚至重建系统，同时从最近的数据备份中恢复数据。如果重建信息系统，则需要重新部署合理的访问控制手段、关闭不必要的服务和端口、安装最新的安全补丁、配置合理的安全策略，以应对下一次恶意代码的攻击。

第六步：经验总结

经验总结阶段需要对整个恶意代码应急响应的全过程进行回顾，要重点分析在恶意代码应急响应过程中暴露出的问题，并提出相应的意见和建议。比如检测恶意代码的手段是否完备、分析恶意代码的知识技能是否足够等问题。这个可以为后续的恶意代码应急响应工作提供重要的经验教训。

13.4　实际案例分析

本节主要以熊猫烧香病毒（panda.exe）为例阐述恶意代码的实际分析过程。

13.4.1　查看恶意代码基本信息

在恶意代码分析过程中，首先使用上文中提到的静态分析手段来查看恶意代码基本信息。为了便于分析和保护运行环境，通常在虚拟机环境中查看恶意代码信息。一般使用工具PEiD查看恶意代码基本信息。PEiD是专门的查壳工具。PEiD不仅能探测绝大多数的PE文件封包器、加密器和编译器，而且能探测四百多种不同的签名。PEiD还能检测大多数编译语言、病毒和加密的壳，它主要利用特征串来完成识别工作。如果用PEiD查看恶意代码后能显示出编写该恶意代码的程序语言，说明恶意代码没有加壳；如果显示加壳的名称或者显示无法识别，说明恶意代码加壳。恶意代码被加壳后，我们要使用脱壳工具对恶意代码进行脱壳操作。在虚拟机中用PEiD打开恶意代码文件panda.exe，如图13-25所示。

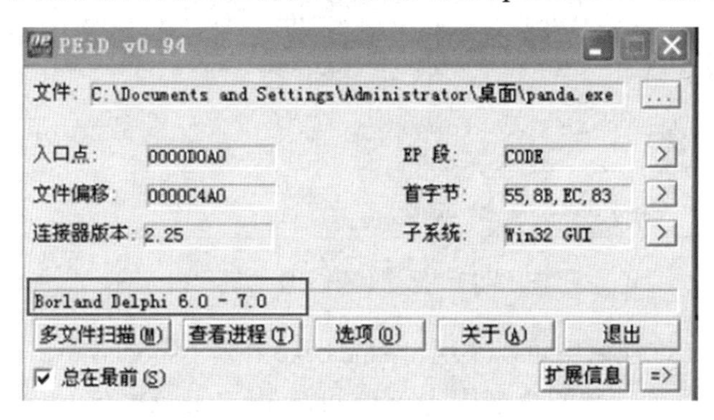

图 13-25　使用 PEiD 查看文件基本信息

上图说明该恶意代码文件的编程语言为Delphi，所以恶意代码没有加壳。

13.4.2　查看恶意代码的主要行为

第一步：运行恶意代码

在虚拟机中运行恶意代码，会发现恶意代码关闭了Windows安全中心服务，关闭了杀毒软件和防火墙，将可执行文件替换成恶意代码的图标并感染为病毒文件，如图13-26所示。

图 13-26　可执行文件图标被替换

第二步：查看恶意代码进程树

在恶意代码行为分析过程中，主要使用系统进程监视软件Process Monitor对恶意代码进行分析。Process Monitor可以监视一个进程对文件、注册表、网络所做的操作。

在虚拟机中运行恶意代码文件panda.exe并打开Process Monitor进行监视，如图13-27所示。

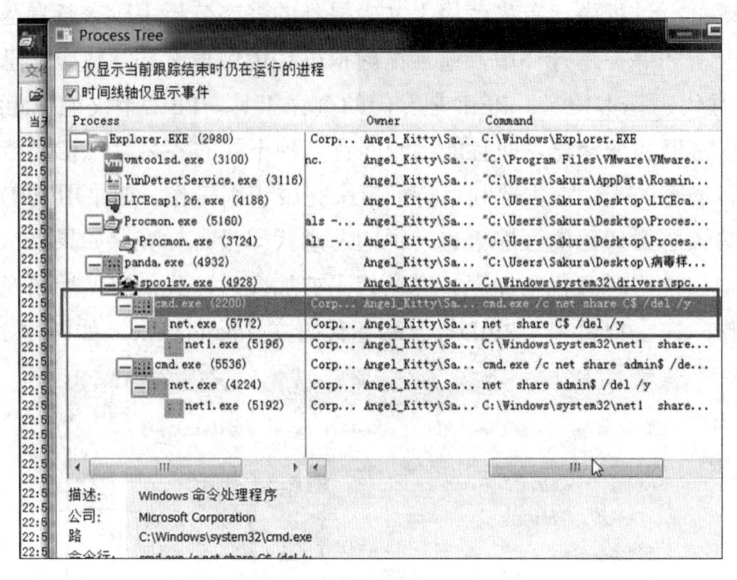

图 13-27 恶意代码文件的进程树

查看进程树，在进程树中可以发现，panda.exe生成了spoclsv.exe，生成的进程又打开了两次cmd.exe。第一次运行的命令是：cmd.exe /c net share C$ /del /y。它的意思是在命令行模式下删除C盘的网络共享，执行完后关闭cmd.exe。根据分析可以得知这个恶意代码会关闭系统中所有盘的网络共享。第二次运行的命令是：cmd.exe /c net share admin$ /del /y。这是取消系统根目录的共享命令。

第三步：分析恶意代码文件操作

分析恶意代码文件操作，主要目的是查看恶意代码创建或者删除了哪些文件、创建文件的位置、是否复制了自身等情况。

通过Process Monitor的文件监控功能，可以看到恶意代码文件创建了“spoclsv.exe”这个文件，然后将文件写到 “C:WINDOWSsystem32drivers”文件夹下。然后panda.exe会启动spoclsv.exe。将自身拷贝到根目录，并命名为setup.exe，同时创建autorun.inf用于病毒的启动。autorun.inf的作用是当用户打开盘符的时候，会自动运行setup.exe，实现持久性运行。同时在整个盘的每个文件夹下创建Desktop.ini文件，如图13-28所示。

23:16...	spcolsv.exe	2724	IRP_MJ_CREATE	C:\Program Files\Microsoft Visual Studio 14.0\Common7\IDE\Extensio:
23:16...	spcolsv.exe	2724	IRP_MJ_CREATE	C:\Program Files\Microsoft Visual Studio 14.0\Common7\IDE\Extensio:
23:16...	spcolsv.exe	2724	IRP_MJ_CREATE	\\;hgfs\;Z:0000000000087c17\vmware-host\Shared Folders\
23:16...	spcolsv.exe	2724	IRP_MJ_CREATE	C:\Windows\System32\drivers\spcolsv.exe
23:16...	spcolsv.exe	2724	IRP_MJ_CREATE	\\;hgfs\;Z:0000000000087c17\vmware-host\Shared Folders\setup.exe
23:16...	spcolsv.exe	2724	IRP_MJ_CREATE	\\;hgfs\;Z:0000000000087c17\vmware-host\Shared Folders\setup.exe

图 13-28 恶意代码对文件的操作

第四步：分析恶意代码网络行为

恶意代码的网络行为包括访问的IP地址、TCP与UDP端口、域名，以及流量内容等，针对恶意代码的网络行为可以制定对应的应急措施，如图13-29所示。通过Process Monitor可以监控恶意代码的网络行为。

```
14:10...  spcolsv.exe  1708  TCP Reconnect  Angel_Kitty.localdomain:49235 -> 192.168.152.14:netbios-ssn
14:10...  spcolsv.exe  1708  TCP Reconnect  Angel_Kitty.localdomain:49236 -> 192.168.152.58:netbios-ssn
14:10...  spcolsv.exe  1708  TCP Reconnect  Angel_Kitty.localdomain:49237 -> 192.168.152.108:netbios-ssn
14:10...  spcolsv.exe  1708  TCP Reconnect  Angel_Kitty.localdomain:49238 -> 192.168.152.165:netbios-ssn
14:10...  spcolsv.exe  1708  TCP Reconnect  Angel_Kitty.localdomain:49239 -> 192.168.152.154:netbios-ssn
14:10...  spcolsv.exe  1708  TCP Reconnect  Angel_Kitty.localdomain:49240 -> 192.168.152.141:netbios-ssn
14:10...  spcolsv.exe  1708  TCP Reconnect  Angel_Kitty.localdomain:49241 -> 192.168.152.180:netbios-ssn
Alt + A)  spcolsv.exe  1708  TCP Reconnect  Angel_Kitty.localdomain:49242 -> 192.168.152.114:netbios-ssn
14:10...  spcolsv.exe  1708  TCP Reconnect  Angel_Kitty.localdomain:49243 -> 192.168.152.46:netbios-ssn
14:10...  spcolsv.exe  1708  TCP Connect    Angel_Kitty.localdomain:49244 -> 61.131.208.210:http
14:10...  spcolsv.exe  1708  TCP Send       Angel_Kitty.localdomain:49244 -> 61.131.208.210:http
14:10...  spcolsv.exe  1708  TCP Receive    Angel_Kitty.localdomain:49244 -> 61.131.208.210:http
14:10...  spcolsv.exe  1708  TCP Receive    Angel_Kitty.localdomain:49244 -> 61.131.208.210:http
14:10...  spcolsv.exe  1708  TCP Receive    Angel_Kitty.localdomain:49244 -> 61.131.208.210:http
```

图 13-29　恶意代码的网络行为

从Process Monitor监控结果可以看到，恶意代码会向互联网内的其他地址发送并接收信息，并不断尝试连接局域网内的其他计算机，通过这种渠道感染局域网的其他计算机。

13.4.3　工具分析恶意代码

利用OllyDbg，载入恶意代码样本文件，如图13-30所示，入口点处有函数004049E8。

进入函数004049E8，经过分析可以得出其主要功能就是调用GetModuleHandleA()函数，通过调用函数来获得程序基地址和程序实例句柄。通过单步调试，可以发现恶意代码的主要功能是由三个关键函数实现的，分别是函数004082F8、函数0040CFB4、函数0040CED4，如图13-31所示。

```
0040D0A0  $  55              ebp
0040D0A1  .  8BEC           mov ebp,esp
0040D0A3  .  83C4 E8        add esp,-0x18
0040D0A6  .  53              ebx
0040D0A7  .  33C0           xor eax,eax
0040D0A9  .  8945 E8        mov dword ptr ss:[ebp-0x18],eax
0040D0AC  .  8945 EC        mov dword ptr ss:[ebp-0x14],eax
0040D0AF  .  B8 F0CF4000    mov eax,0x40CFF0
0040D0B4  .  E8 2F79FFFF    call 004049E8
0040D0B9  .  BB B8F74000    mov ebx,0x40F7B8
0040D0BE  .  33C0           xor eax,eax
0040D0C0  .  55              ebp
0040D0C1  .  68 85D14000     0x40D185
0040D0C6  .  64:FF30         dword ptr fs:[eax]
0040D0C9  .  64:8920        mov dword ptr fs:[eax],esp
0040D0CC  .  8B05 C4D1400   mov eax,dword ptr ds:[0x40D1C4]
0040D0D2  .  8905 E0F7400   mov dword ptr ds:[0x40F7E0],eax
0040D0D8  .  8B05 C8D1400   mov eax,dword ptr ds:[0x40D1C8]
0040D0DE  .  8905 E4F7400   mov dword ptr ds:[0x40F7E4],eax
0040D0E4  .  66:8B05 CCD1   mov ax,word ptr ds:[0x40D1CC]
```

图 13-30　使用 OllyDbg 分析恶意代码

```
0040D163  .  E8 B06EFFFF  call 00404018
0040D168  .~ 74 09        je X0040D173
0040D16A  .  6A 00         0x0
0040D16C  .  E8 9B79FFFF  call 00404B0C
0040D171  .~ EB 27        jmp X0040D19A
0040D173  >  E8 80B1FFFF  call 004082F8
0040D178  .  E8 37FEFFFF  call 0040CFB4
0040D17D  .  E8 52FDFFFF  call 0040CED4
0040D182  .~ EB 06        jmp X0040D18A
```

图 13-31　恶意代码的三个关键函数

结合IDE（集成开发环境）对恶意代码进行分析，可以得出函数004082F8、函数0040CFB4、函数0040CED4，分别对应以下三个函数，如图13-32所示。

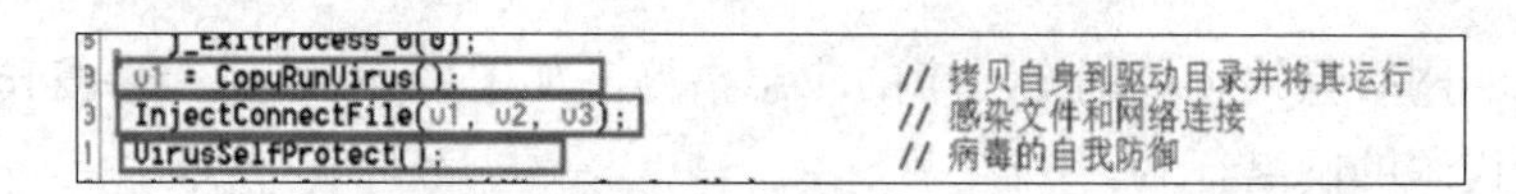

图 13-32　恶意代码的三个关键函数

利用IDA结合OD调试查看内存和寄存器变化，可以得出三个函数的功能分别为拷贝自身到驱动目录并将其运行、感染文件、网络连接、病毒的自我防御。

13.4.4　应急响应措施

结合该恶意代码的运行原理，提出应急响应措施如下：

（1）提取恶意代码的特征，利用杀毒软件查杀。

（2）利用组策略，关闭所有驱动器的自动播放功能，避免恶意代码自动运行。

（3）修改操作系统的文件夹选项，查看文件的真实属性，防止运行恶意代码程序。

（4）及时进行操作系统的安全更新，尤其是针对高危漏洞，需要及时安装相应的补丁。

第 14 章　安全取证技术

14.1　安全取证技术基本介绍

在应急响应流程中，安全事件取证是指在安全事件发生之后，取证小组对安全事件相关信息的采集和分析工作，包括物理证据获取和信息发现两个阶段。其中，物理证据获取是指调查人员到安全事件发生的现场，寻找相关的计算机硬件，获取硬件设备内的相关数据，询问相关的工作人员等；信息发现是指从这些原始数据（包括文件、日志等）中寻找可以用来证明或者反驳安全事件可能原因的证据。

14.1.1　目标

安全事件取证的目标是要确定何人（用户或访客等）于何时在何地（设备、接口、服务等）以何种方式（有线或无线）采取了何种行为（修改数据、更改设备状态等）达到了什么目的（窃取数据、中断服务等）。

安全事件取证的数据来源有很多，既包括网络监控流量、数据库操作记录、操作系统日志、浏览器缓存记录，也包括IDS、防火墙、FTP、WWW和病毒软件日志，以及Windows操作系统和数据库的临时文件或隐藏文件、完成特定功能的脚本文件和各类系统的审计记录。但这些数据都存储在相应的硬件设备上，只需取证溯源小组携带专业的采集设备，使用专门的采集分析软件，完成取证工作。

14.1.2　特性

安全事件取证具有以下四个特性。

（1）以人为主：安全事件取证的主体是人，取证的技术和工具都是支撑手段，所以取证者的经验和技术能力非常重要。

（2）高科技性：安全事件取证与计算机科学息息相关，科技性高，取证人员需要储备足够的专业知识。

（3）复杂性：安全事件本身是多种多样的，造成的危害也千差万别，需要取证人员将其加以区分。所以取证时，需要甄别不同的安全事件类型和特征，并采取针对性措施。

（4）时效性：安全事件取证所需的数据存储在相应的硬件设备上，硬件本身容易被损坏，内部存储的数据也容易被损坏或篡改；同时，电子设备的存储能力是有限的，这就要求取证必须谨慎、迅速和全面。

14.1.3 原则

安全事件取证需要遵循以下五个原则。

（1）及时性：尽早搜集证据，并保证其没有受到任何破坏。

（2）全面性：搜集目标系统中的所有文件，全面分析结果，更大程度地显示操作系统或应用程序使用的隐藏文件、临时文件和交换文件的内容，并分析磁盘特殊区域中的相关数据。

（3）完整性：在取证过程中，保护目标计算机系统，避免发生任何的改变、数据破坏或病毒感染。

（4）合法性：整个检查、取证过程必须是受到监督的，不允许任何个人私自取证，要在法律和规定允许的条件下完成取证工作。

（5）连续性：在安全事件取证结束前，必须能够说明与安全事件相关的设备或设备内的信息从取证开始到取证结束之间的变化。

14.1.4 现状

（1）我国的计算机普及与应用起步较晚，相关的法律法规仍不完善。

（2）学界对于计算机犯罪的研究也主要集中于计算机犯罪的特点、预防对策及其给人类带来的影响，现有的取证技术已不能满足打击计算机犯罪、保护网络与信息安全的要求。

（3）需要自主开发适合我国国情的、能够全面检测计算机及网络系统的计算机取证的工具与软件。

14.1.5 发展趋势

（1）取证技术融合其他理论和技术（如人工智能、机器学习、神经网络和数据挖掘理论及信息安全技术）。

（2）取证工具的专业化和自动化，专业化能够保证数据采集的准确性和完整性，并减少采集信息的冗余；自动化则大大缩短取证时间，提高应急响应效率。

（3）在网络协议设计过程中考虑到未来取证的需要，为潜在的取证活动保留充足信息。

14.1.6 注意事项

（1）在取证过程中要保证被取证设备的平稳安全运行，不在被取证设备上随意安装软件。

（2）保证取证的整个规程受监督，要记录并说明取证行为对设备造成的所有影响。

（3）取证结果必须被严密保存，严禁任何人存储、修改和外传。

14.2　安全取证基本步骤

在进行安全取证的过程中，可以按照以下步骤进行，也可根据实际情况灵活应对。

14.2.1　保护现场

取证时，必须首先冻结目标计算机系统，不给目标系统被二次破坏的机会。避免出现任何更改系统设置、损坏硬件、破坏数据或病毒感染的情况。

取证结束时，必须能够说明取证操作对目标系统的影响，当然最好是没有什么影响。需要注意的是，为了保护现场，建议安全事件相关系统的管理员在旁监督。

14.2.2　获取证据

搜索目标系统中的所有文件，包括：现存的正常文件，已经被删除但仍存在于磁盘上（即还没有被新文件覆盖）的文件，隐藏文件，受到密码保护的文件和加密文件。具体证据获取方式可以分为以下四类。

一是安全扫描。安全扫描的目标是充分了解目标系统当前的安全状况。依托取证一体机，主要措施如下：查找系统开放的端口号、弱口令、存在漏洞等，文件扫描、木马后门查找、病毒查杀，查看系统进程及注册表。安全扫描具备自动化生成结果报告的功能。

二是网络抓包与分析。网络抓包与分析是指通过抓取分析一段时间内通过目标系统的流量数据，排查流量中的威胁，生成流量分析报告，辅助溯源取证小组对流量进行深入分析。可通过流量镜像完成目标流量的数据采集。

三是硬盘镜像与仿真。通过复制目标硬盘的全部内容，在他处仿真重现该系统，在不影响用户业务正常开展的情况下对系统进行深入分析。其中，镜像功能需借助硬盘复制机完成，仿真则首先需要自行搭建适合的运行环境，而后通过将镜像内容放在环境中，实现复现。

四是日志采集与分析。日志采集包括网络设备日志采集以及操作系统日志采集。取证一体设备对日志完成采集与分析，形成分析报告。报告要能够分析出登录成功、登录失败、注销成功、使用超级用户（管理员）进行登录、修改系统时间、外部设置使用等内容。

14.2.3　保全证据

证据保全直接关系到证据的说服力，符合取证要求的保全技术，是真实性和可靠性的保障。

现在的证据保全技术主要包括加密技术、数据信封、数据签名技术、数字证书技术、时间戳。

14.2.4 鉴定证据

鉴定证据是一种特殊的科学技术活动，有其具体的原则要求，具体如下。

合法原则：要求取证部门必须在业务范围、鉴定程序和技术标准上规范化和制度化。

独立原则：取证部门内的取证人员在不受外界干扰的情况下，独立表达鉴定意见。

监督原则：取证本身需要监督机制，包括对取证人员监督和被取证单位的监督。

14.2.5 分析证据

在已经获取的数据流或信息流中寻找与安全事件现象相关的证据，分析各类取证信息的关联性，具体包括：密码破译、数据解密、文件属性分析、数字摘要分析、日志分析技术、反向工程等。其目的是发掘同一事件的不同证据间的联系，从而做出假设或者判断。这项工作主要由取证小组人员完成。

14.2.6 进行追踪

在初步判断安全事件是由外部攻击引起的情况下，需要综合运用入侵检测等网络安全工具，进行动态取证，找到攻击源。这项工作是分析工作的外延，要求取证人员继续深入分析从目标系统处采集获取的证据基础，进一步抽取与攻击人员相关的蛛丝马迹。

14.2.7 出示证据

取证结果需要标明提取时间、地点、设备、提取人及见证人，然后以可见的形式按照合法的程序报告至应急响应小组领导，并撰写取证分析简报（附取证分析的附件）。

14.3 安全取证技术介绍

结合安全取证步骤，下面对可能用到的安全取证技术进行介绍。

14.3.1 安全扫描

安全扫描的概念非常宽泛，无论是在渗透测试还是在取证分析中，都需要通过扫描来了解目标设备的信息，判断目标设备的脆弱点或查找可能被攻击的方式。

安全扫描技术也被称为脆弱性评估，基本原理是采用模拟黑客攻击的方式对目标可能存在的已知安全漏洞进行逐项检测，可以对工作站、服务器、交换机、数据库等各种对象进行安全漏洞检测。

在安全取证过程中，需要取证人员进行的安全扫描主要包括端口扫描和漏洞扫描。端口扫描的目的是找到被取证设备的开放端口和入口点，并发现其上所运行的服务类型，漏洞扫描的目的是发现已经存在的漏洞，排查安全隐患。下面分别对这两种扫描技术进行介绍。

1．端口扫描原理及作用

端口扫描是入侵者搜索信息的常用手法，如果入侵者掌握了这些信息，就能够使用相应的手段实现入侵。反之，对于取证人员而言，了解这些端口的状态，就能够判断系统的安全状态或者明确安全事件发生的原因。

如果将网络中的每一台计算机比作一座城堡，那么它的端口就相当于城堡的一扇扇城门。“端口”在计算机领域是个非常重要的概念，它是专门为计算机通信设计的，不是硬件，不同于计算机中的“插槽”，而是个“软插槽”。如果需要的话，一台计算机中可以存在上万个端口。端口是由TCP/IP网络协议定义的，规定用IP和端口定位一台主机中的进程，端口设计的目的是让两台计算机能够找到对方的进程。如果读者有兴趣，可以对TCP/IP协议进行深入系统的研究。

这里着重对“扫描”进行介绍，如果想要探测目标计算机开放了哪些端口、提供了哪些服务，就需要先与目标端口建立TCP连接，这是扫描的出发点。其基本原理为探测机尝试与目标主机的某些端口建立连接，如果目标主机该端口有回复，则说明该端口开放，即为“活动端口”。具体的扫描探测技术可以分为全TCP连接、半打开式扫描（SYN扫描）、FIN扫描以及第三方扫描。需要注意的是，读者首先需要理解“三次握手”的概念，才能对“扫描”有深入的认识。

（1）全TCP连接。

这种扫描方法使用三次握手，与目标计算机建立标准的TCP连接。需要注意的是，这种古老的扫描方法很容易被目标主机记录。

（2）半打开式扫描（SYN扫描）。

在这种扫描技术中，扫描主机自动向目标计算机的指定端口发送SYN数据段，表示发送建立连接请求。

其基本原理为：如果目标计算机的回应TCP报文中SYN的值为1，ACK的值为1，则表明该端口活跃，随后，扫描主机发送RST至目标主机，拒绝建立TCP连接，三次握手失败；如果目标计算机的回应为RST，则表明端口并不活跃，扫描主机不再做出回应。

需要注意的是，由于在扫描过程中，全连接尚未建立，所以降低了被目标计算机记录的可能性，并且加快了扫描的进度；但缺点是在大部分操作系统下，扫描主机需要构造适用于这种扫描的IP包，而通常情况下，构造自己的SYN数据包需要有root权限。

（3）FIN扫描。

在TCP报文中，有一个字段为FIN，FIN扫描依靠发送FIN判断目标计算机的指定端口是否活动。

其基本原理为：发送一个FIN=1的TCP报文到一个关闭的端口时，该报文会被丢掉，并返回一个RST报文。但是，当FIN报文到一个活动的端口时，该报文只是被简单丢弃，不会做出任何回应。

需要注意的是，这种扫描没有涉及任何TCP连接部分，因此，这种扫描比较隐秘，不易被发现，能够躲避IDS、防火墙、包过滤器和日志审计；但是它的缺点是扫描结果的不可靠性增加，而且扫描主机也需要自己构造IP包。

（4）第三方扫描。

第三方扫描也被称为“代理扫描”，这种扫描是利用第三方主机来代替入侵者进行扫描的。这个第三方主机一般是入侵者通过入侵其他计算机而得到的。

基于上述扫描原理，有很多的扫描工具被制造出来，如Nmap、SuperScan等，它们的功能强大，是帮助初学者学习安全取证的优秀工具。

那么端口扫描有什么作用呢？端口扫描能够完成很多的任务，如：

① 检测主机是否在线。

② IP和主机名之间的相互转换。

③ 探测目标主机运行的服务。

④ 扫描指定范围内的主机端口。

同时端口扫描还能够对操作系统进行识别，这是因为每种操作系统都开放有不同的端口，以供系统间通信使用。因此，从端口号上能够大致判断目标主机的操作系统。比如，一般开放有135、139端口的主机为Windows系统，还开放有5000端口，则该主机为Windows XP操作系统。

需要注意的是，由于端口扫描是基于TCP协议的，通过“连接”或者“半连接”测试来确定端口是否开放，所以，端口扫描无法扫描使用UDP协议的应用程序所开放的端口。

2. 漏洞扫描原理及作用

漏洞扫描主要通过以下两种方法检查目标主机是否存在漏洞，分别是基于漏洞库的扫描方法和基于模拟攻击的扫描方法。

（1）基于漏洞库的扫描方法。

在端口扫描后，得知目标主机开启的端口和端口上的网络服务，将这些相关信息与网络漏洞扫描系统提供的漏洞库进行匹配，查看是否有满足匹配条件的漏洞存在。

基于漏洞库的扫描大体有POP3漏洞扫描、FTP漏洞扫描、SSH漏洞扫描、HTTP漏洞扫描等。

那么如何获得漏洞库？这就需要安全专家对网络系统安全漏洞、黑客攻击案例进行分析，并结合系统管理员对网络系统安全配置的实际经验，形成一套标准的网络系统漏洞库。

那么漏洞库是如何被利用的呢？在漏洞库的基础上，制定一系列的匹配规则，然后编写扫描程序，就能够自动化地利用漏洞库实现扫描工作。

（2）基于模拟攻击的扫描方法。

通过模拟黑客的攻击手法，对目标主机系统进行攻击性的安全漏洞扫描，如探测弱口令等。若模拟攻击成功，则表明目标主机系统存在安全漏洞。

此类扫描大体有弱口令扫描、Unicode遍历目录漏洞扫描、邮件转发漏洞扫描等。这些扫描利用插件进行模拟攻击，能测试出目标设备的漏洞信息。

但是，无论是基于漏洞库的扫描方法还是基于模拟攻击的扫描方法，都需要及时更新相关漏洞信息。否则，对漏洞的预报准确性就会降低，扫描的覆盖范围也随之降低。

14.3.2　流量采集与分析

在安全取证过程中，流量采集主要是指对现场网络设备关键节点的流量进行镜像（也就是复制），导入专门的设备内进行存储。为帮助读者加深理解，本节将从流量的定义、流量的采集和流量的分析三个方面展开介绍。

1．流量的定义

打开浏览器，查询流量的定义，可以看到“流体在单位时间内通过河、渠或管道某处横断面的量”的定义。在网络中，流量的定义也是类似的，它指的是流经网络设备的所有数据。

比如，在某个机房内，有一台汇聚交换机，机房内的设备通过此交换机与外界传输数据时，所有的流量都会流经该交换机。那么，如果我们能够把流经此交换机的流量全部采集下来，就能够对机房的网络状况了解得非常透彻。

那么流量里面具体是什么呢？这就需要读者具备计算机网络方面的相关知识。简单地讲，流量里就是数不清的包，这些包是根据计算机网络内的各种协议设计和封装好的。利用Wireshark抓包，可以查看其中任意一个包的信息，如图14-1所示。包的大小仅有8字节，可以想象，在动辄以TB、PB为单位衡量流量大小的今天，网络上这样的包数不胜数。

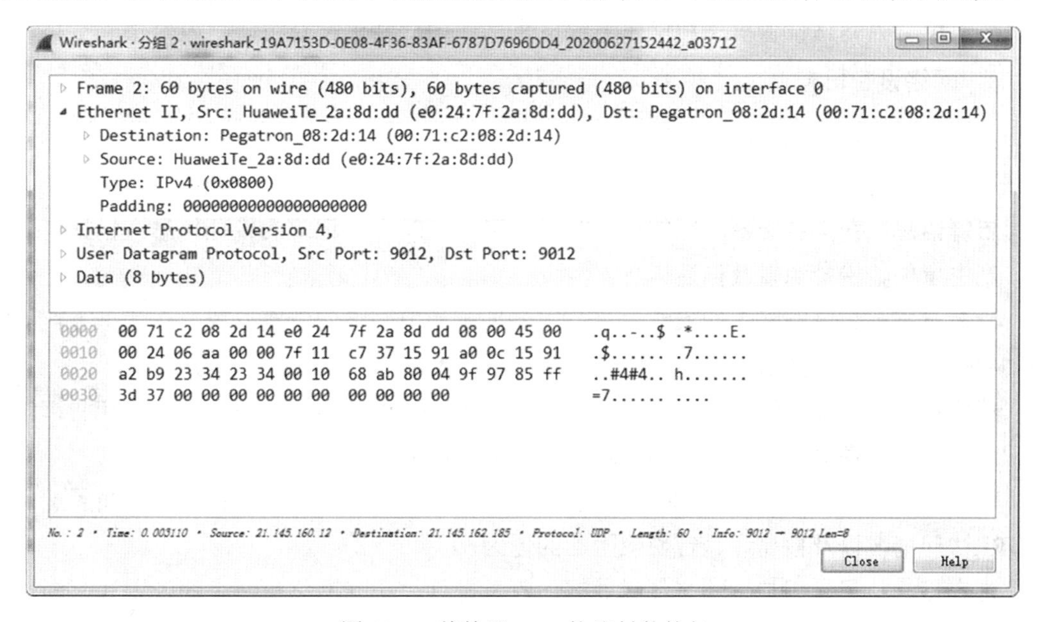

图 14-1　某基于 UDP 协议封装的包

2．流量的采集

这些流量是如何采集和存储的呢？一般在网络内，都会有出口和入口，在这个位置，一般都会部署路由交换设备。将路由交换设备的流量镜像，然后导入专门用于存放流量的设备之中。

就这么简单吗？是的，就是这么简单。那么，把网络中每时每刻的流量全部拿到，是不是就能把网络的安全状况摸得一清二楚呢？理论上讲，是这样的。

但是，流量存储需要空间。流量越大，保存期限就会越短，一般的公司或者厂商都保存一年或者半年的流量；当流量更大时，甚至会将保存期限缩短至一个月甚至一周。并且，掌握了流量并不意味着没有了攻击，它只是安全取证的一个手段。

3. 流量的分析

采集了这么多的流量，该如何进行分析呢？这时候就需要一些专门的工具，辅助我们进行自动化分析。在市面上，有很多的公司做出了一些可用的工具，如Wireshark、TcpTrace、科来流量分析等，使用者可根据实际需要选取。此类工具可辅助取证人员分析通信双方A和B的通信协议（TCP、UDP等）、通信内容（图片、文字、视频等）、通信时间、通信过程中采取了什么行动（扫描、DoS攻击等）。在具备基本的网络知识之后，借助工具对流量进行分析将会是一件很有意思的工作。

14.3.3 日志采集与分析

日志本身就是信息，用以记录硬件、软件和系统的行为和状态，同时能够监视系统中发生的事件。用户能够根据它来检查错误发生的原因，或者受到攻击时攻击者留下的痕迹。

日志可分为网络设备日志和操作系统日志，下面分别进行介绍。

1. 网络设备日志

系统日志：记录系统运行过程中所产生的运行日志和硬件环境的相关日志记录，辅助管理员了解设备是否一直正常运行。

告警信息：在具备告警功能的设备中（如IDS、IPS等）记录的告警信息，包括告警级别、产生事件、告警源以及描述信息。

流量日志：记录网络中的流量信息，主要展示当前网络的带宽占用、吞吐率等，能够辅助管理员了解流量详情，判断是否遭受攻击。

威胁日志：记录入侵、DDoS、僵尸、木马、蠕虫、APT等网络威胁的检测和防御情况的记录，辅助管理员了解曾经发生和正在发生的威胁事件。

URL日志：记录用户访问URL时产生的允许、告警或阻断情况，辅助管理员了解用户的URL访问情况以及被允许、告警或阻断的原因。

内容日志：记录用户传输文件或数据、收发邮件、访问网络时产生的告警和阻断，辅助管理员了解用户的行为以及该行为被告警或阻断的原因。

操作日志：记录所有管理员的登录注销、配置设备等操作的记录，辅助管理员了解设备管理的历史。

用户活动日志：记录所有用户的在线记录，例如登录时间、在线时长、冻结时长、登录时所使用的IP地址等信息，辅助管理员了解当前网络中的用户活动情况，发现异常的用户登录或网络访问行为，及时做出应对。

策略命中日志：记录安全策略配置是否正确及达到理想效果。

沙箱检测日志：记录沙箱检测的一系列信息，例如被检测文件的文件名称、文件类型、发出的源安全区域、送达的目的安全区域等。通过了解沙箱检测的具体情况，管理员可以对异常情况及时做出应对。

邮件过滤日志：记录用户收发邮件的协议类型，邮件中包含的附件个数和大小，合法正常的邮件被阻断的原因。

审计日志：记录用户的FTP行为、HTTP行为、收发邮件的行为、QQ上下线的行为、搜索关键字、审计策略配置的生效情况等。

防火墙日志：防火墙支持的日志格式包括二进制格式、Syslog格式、Netflow格式、Dataflow格式，管理员可通过查看系统运行日志、防病毒日志和阻断日志，综合判断当前网络边界防护是否存在问题，是否正在遭受攻击。

需要注意的是，上述日志都存放在专门的网络设备中，管理员可通过堡垒主机或以逐个查看的方式了解日志详情。如果读者希望更加深入地了解上述日志的详细内容，就必须首先了解这些设备的功能，然后接触并使用，才能做进一步的分析。

2．操作系统日志

操作系统日志记录了与操作系统相关的所有事件，能够为管理者提供与安全运维相关的诸多关键信息。

本章介绍的操作系统主要包括Windows操作系统、UNIX/Linux操作系统。

（1）Windows操作系统日志。

以Windows操作系统为例，对它的日志进行分类介绍，如表14-1所示。

表 14-1　Windows 操作系统日志类型

序　　号	日志类型	功能介绍
1	系统日志	记录操作系统组件产生的事件，主要包括驱动程序、系统组件和应用软件的崩溃以及数据丢失错误等
2	应用程序日志	记录由应用程序或系统程序记录的事件，主要记录程序运行方面的事件
3	安全日志	记录系统安全审计事件，包含各种类型的登录日志、对象访问日志、进程追踪日志、特权使用、账号管理、策略变更、系统事件

从上述日志中，我们能够得出有用的信息，比如用户登录成功、登录失败、注销成功的记录，能够判断是否有超级用户（管理员）进行登录的记录，对系统时间被修改和外部设置使用等信息要足够敏感。在安全事件的处置过程中，日志一般起到的是事后确认和追踪溯源的作用。下面对如何查看上述日志进行介绍。

在Windows系统内有一个Windows日志选项，这个选项可查看系统的运行记录。右击

“计算机”，选择“管理”选项，单击“事件查看器”下的“Windows日志”。如图14-2所示，可以看到应用程序、安全、Setup、系统和转发事件等子选项，在安全事件处置过程中使用较为频繁的有应用程序日志、安全日志和系统日志，下面分别结合实际操作进行介绍。

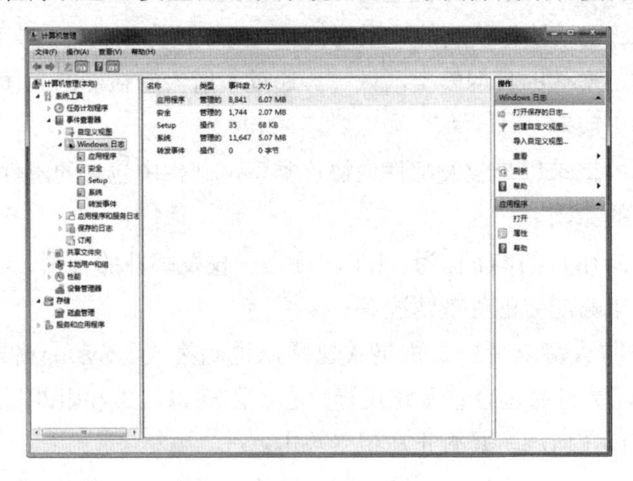

图 14-2　Windows 操作系统日志

① 应用程序日志。

选择“应用程序”选项，可查看与应用程序相关的日志信息，我们随机选择其中的一条警告信息，如图14-3所示。“请求组件过程中未能检测产品”一般是因为主机无法正常联网，应用程序启动后，连接不到相应的服务器，从而出现此类警告信息。但是，如果一些程序内部存在恶意连接，试图连接局域网外部的服务器，并传输敏感信息，管理员就需要提高警惕，及时利用杀毒软件对计算机进行安全检查，观察是否有恶意软件的查杀记录。

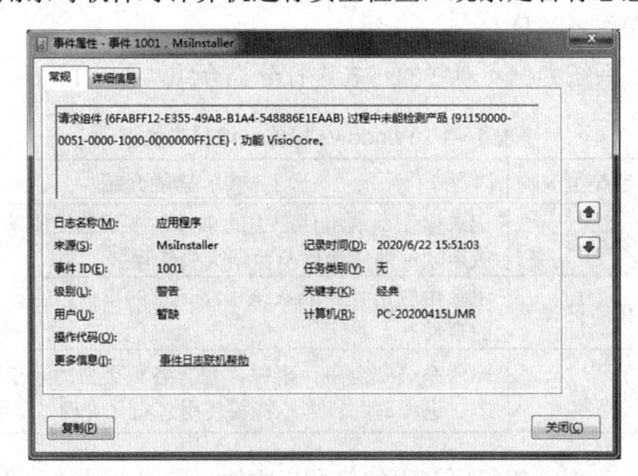

图 14-3　应用程序日志内警告信息

② 安全日志。

下面对安全日志进行分析，在处置安全事件时，安全日志是我们主要关心的部分，安全日志的主要字段包括关键字、来源、事件ID、任务类别、日期和时间，如图14-4所示。

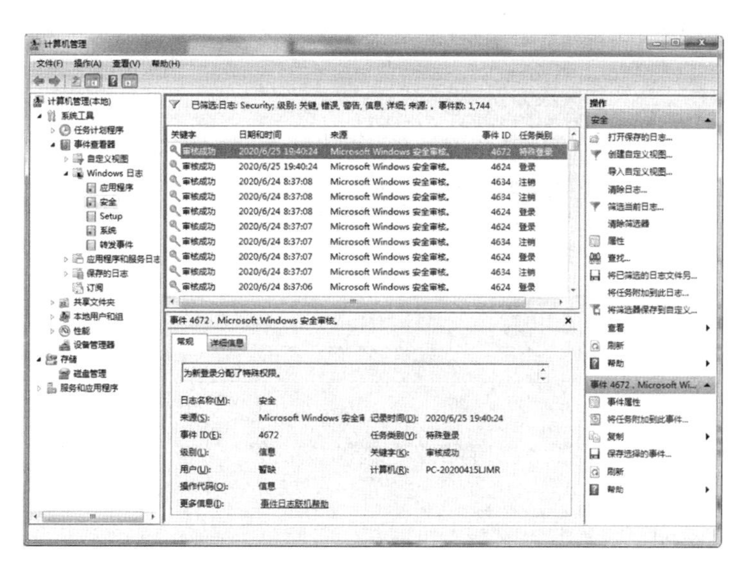

图 14-4　Windows 操作系统安全日志

我们从安全日志中抽取两条记录进行分析，如图14-5和图14-6所示。两条日志记录的任务类别分为“特殊登录”和“登录”，读者应该已经注意到，两条记录的事件ID是不同的，ID是记录的一个标记，作用就是表征其所属类别。

比较上述两条记录，结合掌握的关于设备的实际情况，我们发现此处的“特殊登录”的账户名和账户域是合法的。

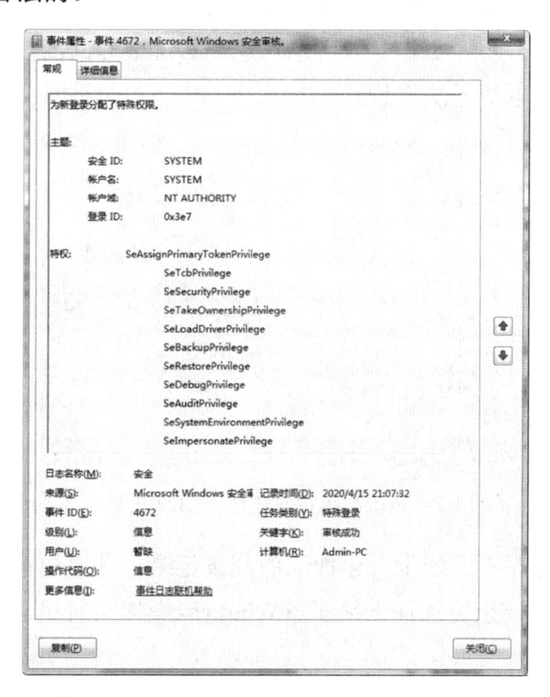

图 14-5　安全日志记录中的“特殊登录”记录

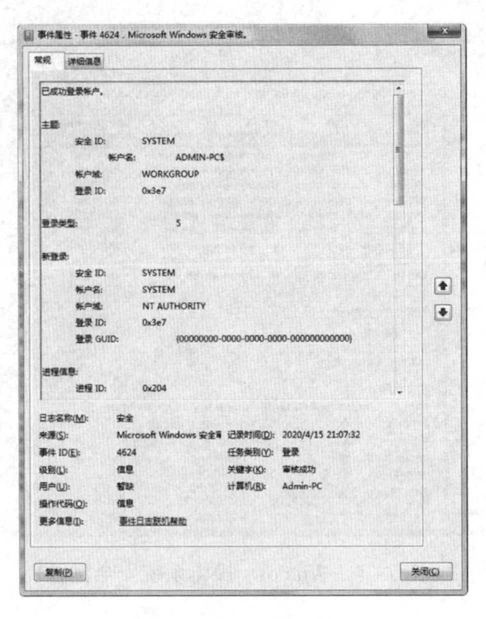

图 14-6　安全日志记录中的“普通登录”记录

③ 系统日志。

选择“系统”选项，可查看与系统运行相关的日志信息。系统自动更新、时间源同步、DNS解析等与系统正常运行相关的问题都会被记录在内，这些信息可能包含系统在被攻击时的运行状态，能够辅助管理员更加精准地定位问题来源。

抽取一条记录进行分析，如图14-7所示，这是Windows试图自动更新，但是由于没有联网，连接无法建立，更新无法安装。

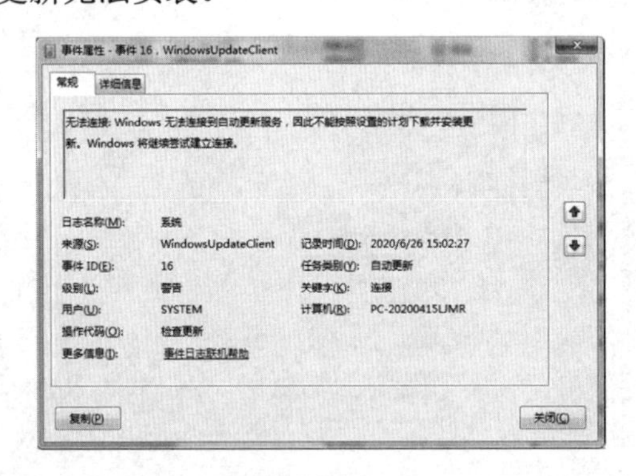

图 14-7　系统日志记录中的“自动更新”记录

最后，日志的内容并不局限于上述抽取的几条记录，还有更多的日志记录需要读者自行查看和分析。读者如果想更加深入地了解Windows操作系统日志，可以登录Microsoft的官方网站，链接如下。

https://docs.microsoft.com/zh-cn/windows/security/threat-protection

（2）Linux/UNIX操作系统日志。

对于Linux/UNIX操作系统而言，大量事件都是直接记录在磁盘上的。这类操作系统种类繁多，如Ubuntu、CentOS、Kali等，但是它们的日志存储都是大同小异的。

此处我们以Ubuntu操作系统为例，对其中的日志文件进行介绍。大部分日志内容通过系统日志守护进程syslogd被写入，并以纯文本的形式存储在/var/log目录中，如图14-8所示。可以看到，在/var/log目录下有大量日志文件，如系统日志（syslog）、软件包管理器日志（dpkg.log）、身份验证日志（auth.log）等。

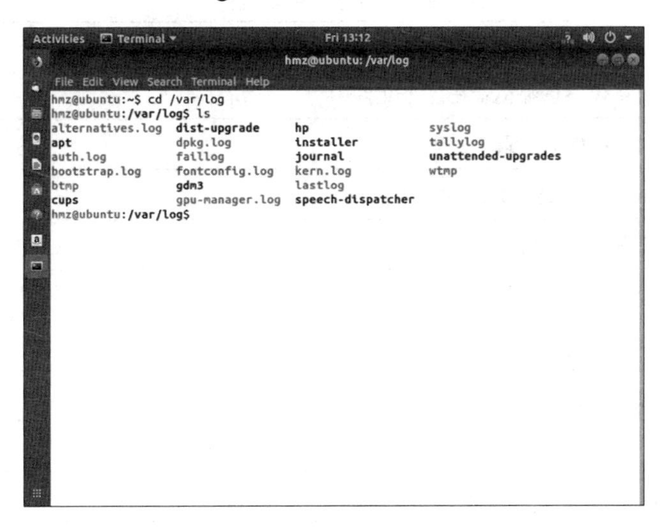

图 14-8　日志存储位置

使用vi命令能够查看日志内容，打开syslog日志，内容如图14-9所示。图中展现的是Ubuntu系统内核的一些信息。

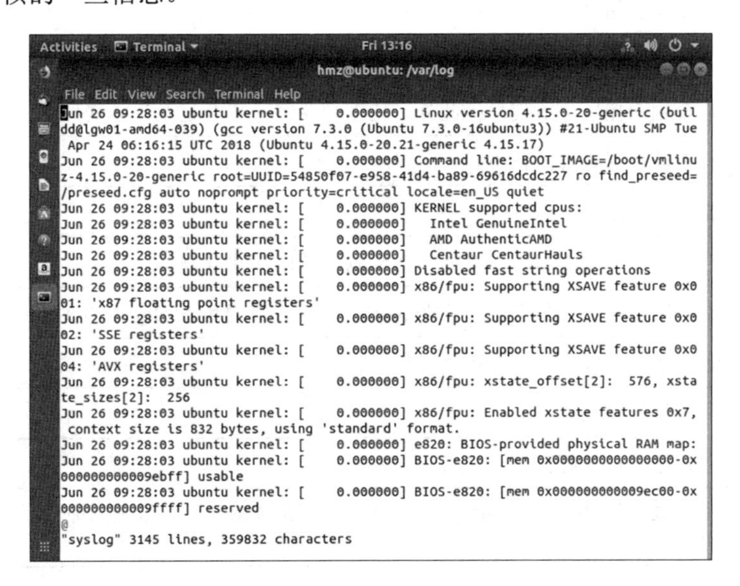

图 14-9　syslog 日志内容

但是在命令行内通过vi命令查看日志有时不太方便，读者可以直接进入日志所在的目录对日志进行读取。

但是，有些UNIX/Linux操作系统可能不具备可视化条件，如未安装可视化界面的CentOS。此时，可以使用命令“cat file1 >file2”将日志文件复制到指定文件内，然后将文件导出。

最后，我们对UNIX/Linux操作系统下的各类日志做基本介绍，如表14-2所示。

表 14-2　日志文件功能介绍

文件名称	功能介绍
alternatives.log	更新替代信息都记录在这个文件中
apport.log	应用程序崩溃记录
apt/	用 apt-get 安装和卸载软件的信息
auth.log	用户登录及身份认证日志
boot.log	包含系统启动时的日志
btmp	记录所有失败的启动信息
Consolekit	记录控制台信息
cpus	涉及所有打印信息的日志
dist-upgrade	dist-upgrade 这种更新方式的信息
dmesg	包含内核缓冲信息（kernel ring buffer），在系统启动时，在屏幕上显示与硬件有关的信息
dpkg.log	包括安装或 dpkg 命令清除软件包的日志
debug	调试日志信息
daemon.log	运行 squid、ntpd 等其他日志消息
faillog	包含用户登录失败信息；此外，错误登录命令也会记录在本文件中
fontconfig.log	与字体配置有关的日志
fsck	文件系统日志
kern.log	包含内核产生的日志，有助于在定制内核时解决问题
lastlog	记录所有用户的最近信息，非 ASCII 文件，需要用 lastlog 命令查看内容
mail	这个子目录包含邮件服务器的额外日志
message/	常规日志信息
samba/	包含由 samba 存储的信息
wtmp	包含登录信息，使用 wtmp 可以找出谁正在登录系统，谁使用命令显示这个文件或信息等
user.log	所有用户级日志
ufw	ufw 防火墙日志
gufw	gufw 防火墙日志

14.3.4　源码分析

代码是人类逻辑的一种体现方式，是解决大量重复性工作、将具体问题映射到计算机世界的一种有效方法。但是在代码中不可避免地存在漏洞，这些代码漏洞绝大部分是由于最初的程序设计考虑不周导致的，会对程序本身、系统或数据带来潜在危害。

以Windows操作系统为例，有成千上万行的代码以及每天公布的数不清的漏洞，所以我们有时会说程序员每天都在写Bug。但是，我们能够对这些漏洞视而不见吗？显然不能，所以源码分析就很有必要了。

源码分析包含很多方面，算法本身或者代码本身的问题都有可能造成代码漏洞。比如，我们采用加密算法保护数据，但是如果加密算法特别简单，则极有可能导致信息泄露；在代码逻辑设计方面，由于程序员大意或者考虑不周，缺少了判断条件，当遇到特殊情况时，可能会导致意外的运行结果；代码在对输入数据进行有效性检查时，如果检查不周或者处理不当，就容易导致缓冲区溢出，而在网页中，Web端也很有可能遭受SQL注入攻击。

14.3.5　数据收集与挖掘

在硬盘、U盘等具备存储功能的电子设备上通常存放很多有用的电子数据，这些数据都有哪些？如何获取？如何从中挖掘信息？这些都是安全取证过程中需要解决的问题。

通过安全扫描、流量采集与分析、日志采集与分析，取证人员可以获得大量有用的信息。但是，取证内容并不仅仅局限于此，还有很多的数据可以作为取证内容，比如系统的一些启动项、隐藏文件，甚至是发生安全事件场所的录像、设备使用登记表都能够成为取证的内容。为完善取证技术，本节从硬盘拷贝、信息采集与分析、专家研判三个方面进行介绍。

1. 硬盘拷贝

硬盘拷贝就是将整个硬盘进行备份，市面上有大量的可用工具，但是需要注意的是，硬盘有SATA、SCSI、IDE等多种接口，拷贝工具目前仅是针对某一种或某几种接口。用户首先需要识别不同的接口，才能正确选择拷贝工具。

同时，在拷贝时，为避免影响业务的正常运行，建议在条件允许的情况下，通过DD（二进制拷贝）的方式将正在使用的硬盘进行备份，再将备份硬盘拷贝到指定盘中，而后就可以任意操作硬盘内的文件了。其实，硬盘拷贝是创造模拟实验环境的第一步，这样就没有业务系统瘫痪的后顾之忧了。

2. 信息采集与分析

这里的信息采集是对其他取证技术所能获取信息的一种补充。首先，安全事件必然涉及人，需要向与安全事件相关的人员问询，了解安全事件发生前后的具体情况，主要包括何时、何地、何人实施了何种操作；其次，需要了解安全事件发生前后目标设备的状态，尽可能详细地采集和描述，以Windows操作系统为例，隐藏文件、被删除的文件都应引起安全取证人员的高度关注，不能仅仅局限于容易获取的信息。

3. 专家研判

根据取证原理，利用取证工具，能够采集到大量数据，挖掘重要信息。但是，取证并不仅限于此，在安全取证中，人是核心因素，取证人员的水平和经验是非常重要的一环，所以取证人员必须有辅助“专家”。

“专家”可以是具有丰富取证经验的安全工程师，也可以是大量的取证预案，目的是为取证人员提供专业化的指导。比如，针对一起网络攻击事件，新手并不清楚如何取证分析、如何有条理地制定解决策略，而有经验的工程师则会首先精确定位问题，及时制定措施，避免更大损失。但是，很难有工程师完全有精力一对一指导新手，这时预案就起到了很大的作用，将预案内容消化后，取证人员就能够对类似的安全事件有定性的认识，再结合实际情况，组织专业人士研讨分析，就能够制定出详细而又行之有效的解决方案。

学无止境，在取证过程中，向有经验的前辈学习，多从以往的案例中汲取知识，不断拓展眼界，这才是专家研判的真正内涵。

14.4 安全取证工具介绍

14.4.1 工具概况

安全取证工具的存在是为了提高取证效率和准确率，辅助取证人员更好地进行分析研判，定位事件原因。所以，取证人员在选用取证工具时，必须首先了解工具，善于使用工具，才能在取证过程中让工具发挥出作用。

按工具采购来源分类，安全取证工具可分为开源和厂商研制两种。开源工具可以在网上直接下载；厂商研制工具一般都是集成化的，将取证需要的功能集成在一起，业内厂商主要有美亚柏科、奇安信、南京拓界、启明星辰和安天等。需要注意的是，流量采集分析设备通常由某些公司专门设计，如科来、深思等，读者若有兴趣，可登录公司官网查看详细信息。

按照功能划分，本节介绍的安全取证工具可以分为硬盘拷贝、文件扫描、保密检查、恶意代码查杀、流量采集分析、端口扫描、漏洞扫描、日志采集这八类，但是现在很多工具都是集成开发的，很多工具之间的功能会有交叉重合，下面挑选具有代表性的几种工具进行介绍。

需要注意的是，为了保障安全取证工作，还需配备专用的便携式计算机，用来灌装各类软件工具。为了加快安全取证的速度，保障能够迅速亲赴现场进行取证，可配备专用的应急响应工具箱。

14.4.2　工具介绍

1．硬盘拷贝工具

硬盘拷贝是指将一个硬盘的所有分区及分区内的文件和其他数据克隆到另一个硬盘上。在拷贝过程中，专业工具将按原硬盘中的分区结构，在目标硬盘上建立相同大小、相同类型的分区，然后逐一复制每个分区内的文件和数据。

硬盘复制机因为取证过程不允许直接对硬盘进行操作，硬盘复制机能够对硬盘内容做镜像，从而保证不会修改硬盘内的数据，如图14-10所示。

图14-10为美亚柏科的产品，并备有硬盘只读锁，用于阻止硬盘的写入通道，有效地保证存储介质中的数据在获取和分析过程中不会被修改，从而保证数据的完整性。

图 14-10　硬盘复制机

由于并无与美亚柏科实体对应的操作软件，我们选用常见的DiskGenius软件对硬盘拷贝过程进行介绍，如图14-11所示，读者选择图中的“克隆磁盘”选项后，按照指示和步骤进行操作即可。

图 14-11　DiskGenius 软件的硬盘拷贝过程

2．文件扫描工具

文件扫描工具有Everything、FileLocatorPro等，此类工具能够对目标设备中的文件进行查看。

（1）Everything。

该软件能够根据关键字进行匹配查询，优点是查询速度快、操作界面非常简洁易懂，如图14-12所示，搜索包含“.dll”的文件，Everything能够迅速查找出目标设备中满足条件的对象。

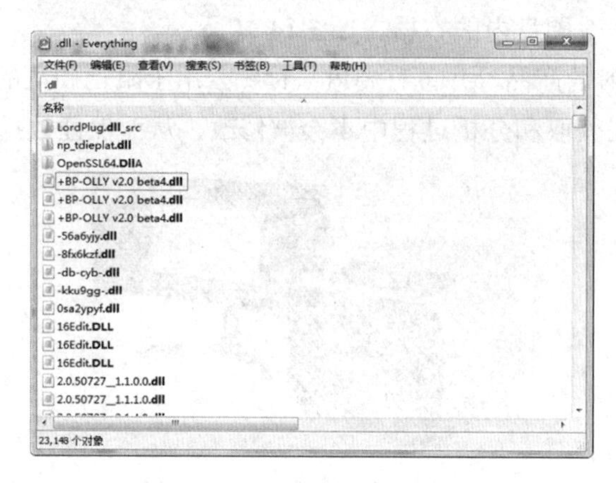

图 14-12　Everything 使用示意图

（2）FileLocatorPro。

该软件能够查找包含某些特定文字的文档，如图14-13所示，查找包含文本“黑客”的文档，能够查到一个“新建文本文档”，并能定位到包含“黑客”的句子“我是一名黑客”。

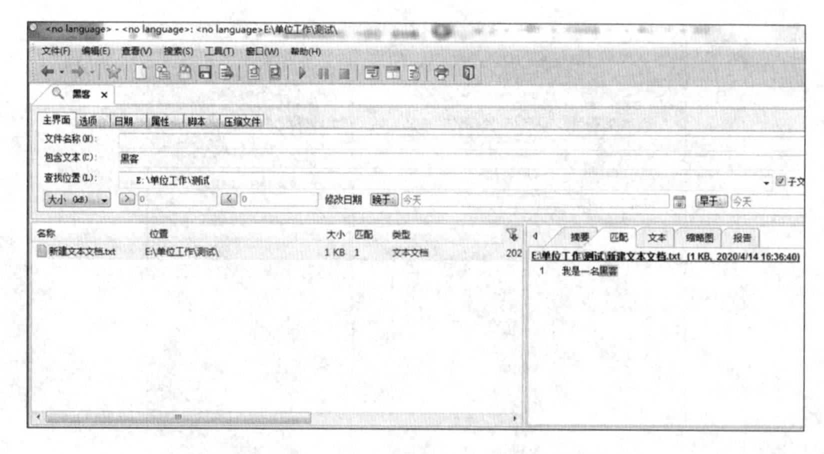

图 14-13　FileLocatorPro 使用示意图

（3）R-Studio。

R-Studio的使用方法非常简单，运行软件后，在左侧找到需要扫描的分区，右键选择“扫描”选项，在已知文件类型中找到需要扫描的文件类型，在“保存到文件”中选好存储地址，直接扫描即可，R-Studio的整体界面如图14-14所示。

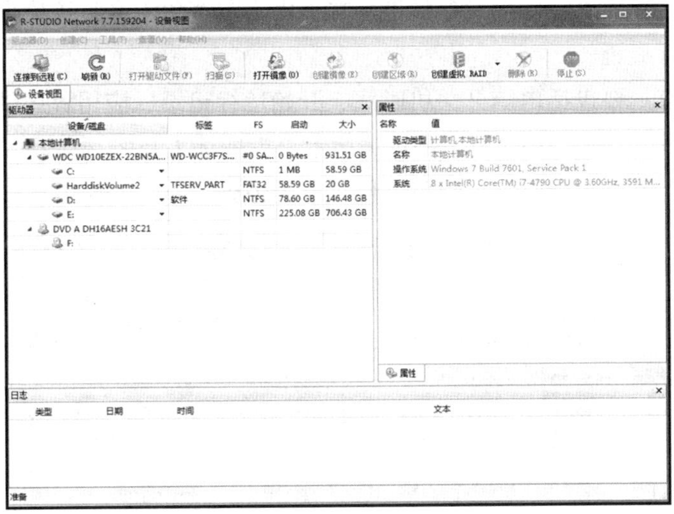

图 14-14　R-Studio 的整体界面

待扫描完成后，在对应盘符的下方会出现“原始文件”，双击打开之后，就能够对扫描结果进行查看了，如图14-15所示为D盘扫描结果。R-Studio非常有趣的一点是能够查看被删除的文件，并支持将部分被删除的文件恢复还原。

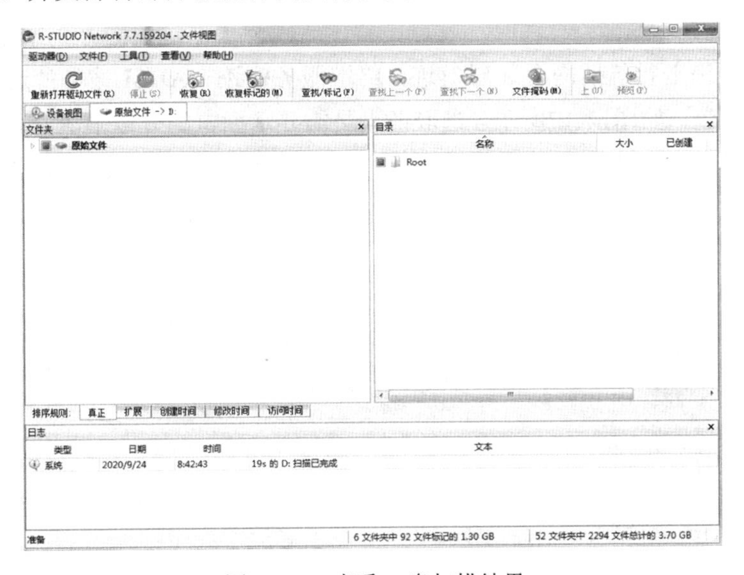

图 14-15　查看 D 盘扫描结果

3. 保密检查工具

保密检查工具能够对“文件内容”“设备插拔信息”“上网访问信息”“系统安全”“计算机基本信息”“系统策略配置”“文件操作记录”“系统日志”“镜像”“虚拟机”等进行全面的、深度的检查，此处介绍RG涉密信息自检查工具。

该检查工具的功能模块包括查看系统运行痕迹、电脑外联痕迹、上网行为痕迹、URL缓存痕迹、文档处理痕迹、USB设备痕迹、文档内容审查和深度痕迹检索。

（1）系统运行痕迹。

系统运行痕迹主要包括电脑开关机时间、开始运行记录、应用程序缓存、搜索助手记录和经常执行的程序/快捷方式，如图14-16所示。当取证人员需要掌握系统运行痕迹，判断目标设备是否被攻击利用时，可以将此信息作为佐证。

图 14-16　系统运行痕迹

（2）电脑外联痕迹。

电脑外联痕迹主要包括网上邻居痕迹、终端服务痕迹、ADSL拨号痕迹、拨号上网痕迹和无线网络痕迹，如图14-17所示。当取证人员需要掌握电脑外联痕迹，判断设备所有者是否存在非法操作或设备是否被非法利用时，可以将此信息作为佐证。从图中可以看到，该终端确实存在远程登录其他终端的记录，取证人员可通过询问设备管理人员，判断该远程登录是否正常。

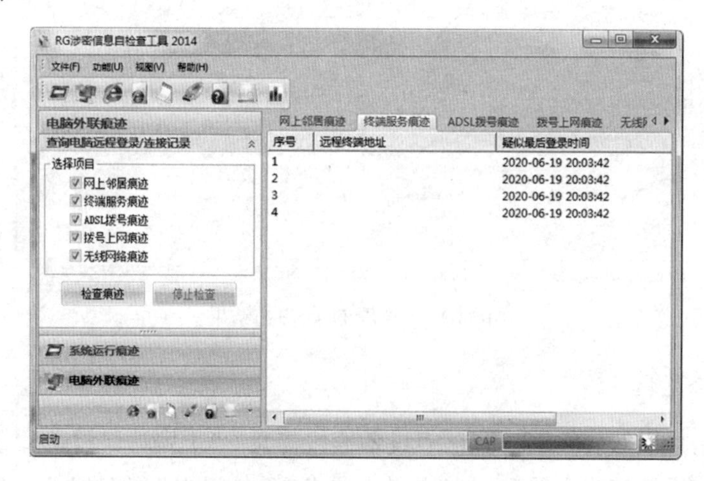

图 14-17　电脑外联痕迹

（3）上网行为痕迹。

上网行为痕迹主要包括IE地址栏网址记录、IE历史访问记录、Cookie文件和收藏夹记录，如图14-18所示。当取证人员需要掌握网页访问相关记录时，可以使用该功能模块。

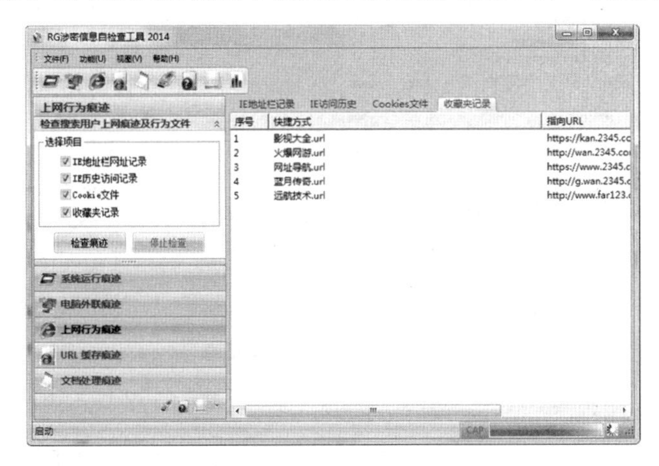

图 14-18　上网行为痕迹

（4）URL缓存痕迹。

URL缓存痕迹与上网行为痕迹相类似，不过它的内容更详细，将URL访问记录全部进行保存，如图14-19所示。

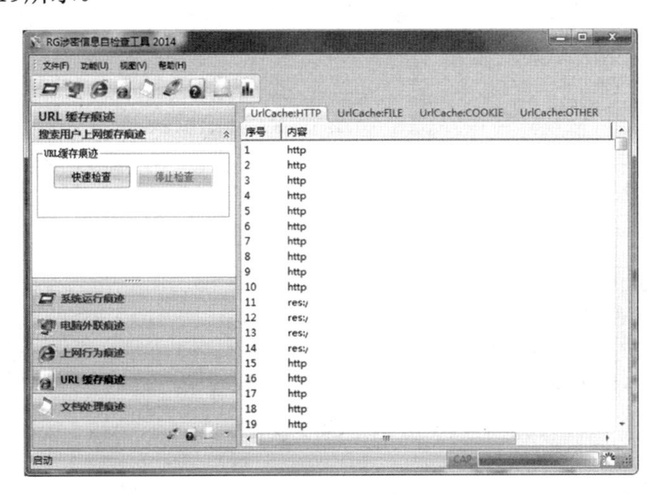

图 14-19　URL 缓存痕迹

（5）文档处理痕迹。

文档处理痕迹包括最近访问的文档、资源管理器访问痕迹、最近打开/保存文档痕迹和应用程序最近选择的文件夹，如图14-20所示。取证人员可以通过查看文档处理痕迹，判断目标设备的哪些文档最近被处理过。

图 14-20　文档处理痕迹

（6）USB设备痕迹。

USB设备痕迹是指USB设备曾插入目标设备的记录，如图14-21所示。取证人员可以通过查看USB设备痕迹，查看曾有哪些USB设备连接过目标设备，判断目标设备是否存在通过U盘连接被攻击的可能性。

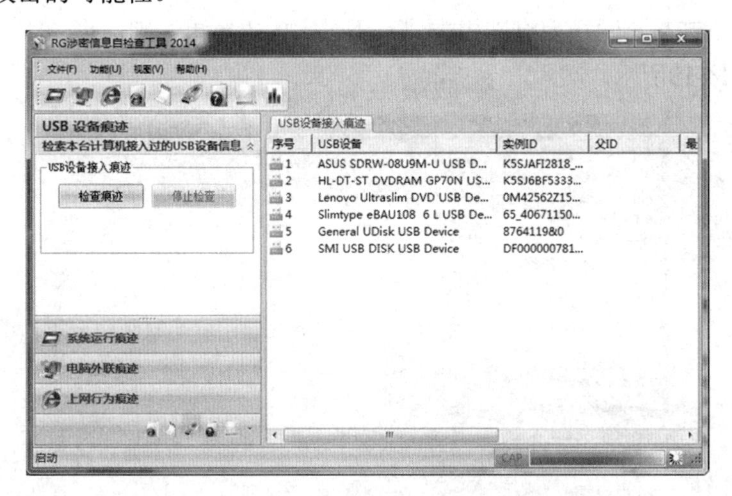

图 14-21　USB 设备痕迹

（7）文档内容审查。

文档内容审查是指根据关键词对各类文档的内容进行检索，与FileLocatorPro工具的功能相近，如图14-22所示。

图 14-22　文档内容审查

（8）深度痕迹检索。

深度痕迹检索包括深度上网缓存痕迹、USB存储设备接入痕迹、已删除文件（夹）痕迹和深度开关机痕迹，如图14-23所示。可以看到，USB存储设备的接入记录多达93条，深度痕迹检索的检索结果与其他功能模块的结果相比，更为详尽。

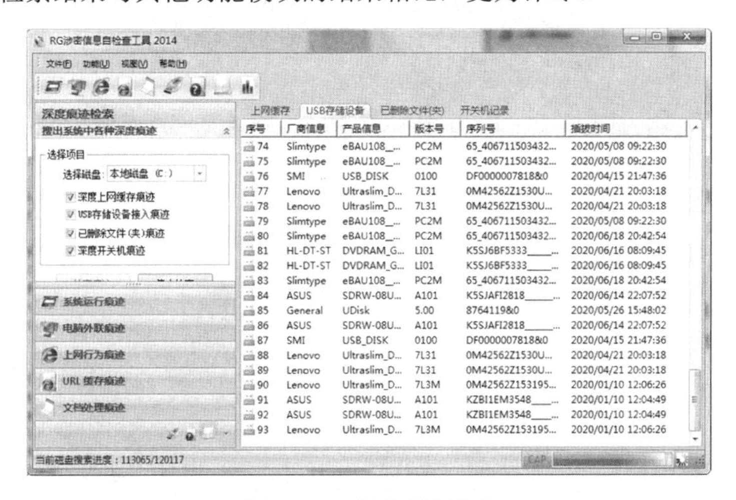

图 14-23　深度痕迹检索

4．恶意代码查杀工具

恶意代码查杀工具有很多，如360杀毒、火绒、卡巴斯基等，这些恶意代码查杀工具能够安装在目标设备上，在进行安全防御的同时，能够查杀各类恶意代码，挖掘并消除潜在的威胁。

此类工具的功能大同小异，以360杀毒为例进行介绍，主要功能界面如图14-24所示。360杀毒能够对目标设备进行扫描，并提供防黑加固、系统救急、隔离沙箱、文件堡垒等多项功能，使用者可根据实际情况灵活运用；为了保证360杀毒工具能够应对恶意代码威胁的实时变化，使用者要定期更新病毒库。

图 14-24　360 杀毒主要功能界面

进行“全盘扫描”，能够查找目标设备内的安全威胁。以360杀毒软件当前的运行环境为例，全盘扫描的结果如图14-25所示。当前运行环境为虚拟机，系统本身纯净，所以仅查出一个安全威胁，提示“优化移动设备的运行方式”。

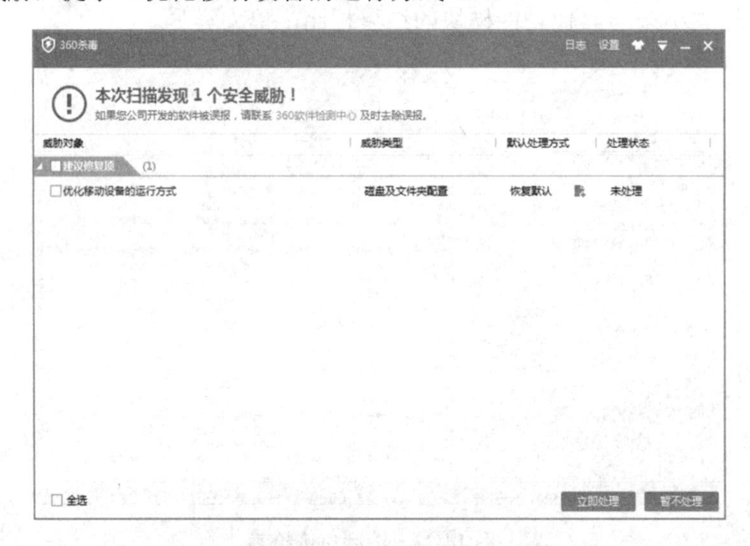

图 14-25　360 杀毒全盘扫描的结果

需要注意的是，不同厂商研制的杀毒软件的病毒库不尽相同，针对恶意代码的查杀能力和结果也存在差异。所以，部分用户希望安装多个杀毒软件，完善恶意代码的查杀能力；从理论上讲，这样是可行的，但是要注意各种杀毒软件之间可能会存在冲突，导致杀毒软件无法稳定运行。

5．流量采集分析工具

市面上有很多可用的流量采集工具，此处抽选一些主流工具进行介绍，清单如表14-3所示。

表 14-3　流量采集分析工具清单

具体功能	工具名称					
	Wireshark	TcpTrace	QPA	Tstat	CapAnalysis	Xplico
可分析离线报文	√	√	√	√	√	√
支持实时数据处理	√	×	√	√	×	√
流量可视分析	√	√	×	√	√	√
可查看内容特征	√	√	√	√	√	√
可标识目标 IP 的地理位置	×	×	×	×	√	√
监控特定媒体流量	×	×	√	√	×	√
过滤报文功能	√	√	√	√	√	√
界面风格	窗口应用	命令行界面	窗口应用	Web	Web	Web
实时数据采集源	PC 硬件或者数据采集卡	×	基于进程	PC 硬件或者数据采集卡	×	PC 硬件或者数据采集卡
运行环境	Windows/Linux	Linux	Windows	Linux/Mac OS/Android	Linux	Linux

以Wireshark为例，用户打开Wireshark，能够在图14-26的左上方发现人工标记的方框，方框内包含Wireshark启动和停止的功能按钮。

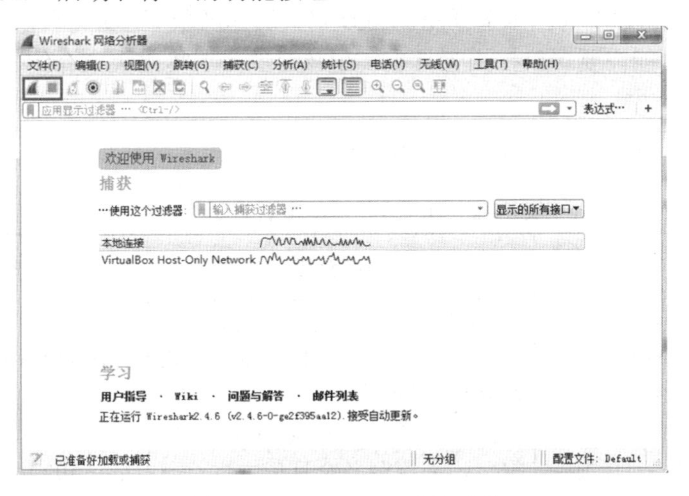

图 14-26　Wireshark 功能界面

在启动捕获网络流量包的功能之前，需要首先设置“捕获”选项，如图14-27所示，此处，我们选择“本地连接”作为捕获接口。在捕获持续一段时间之后，可以单击停止的功能按钮，并将捕获到的所有包进行存储，存储格式为“.pcapng”，存储结果可以随时打开查看；对取证人员而言，将流量数据采集并进行存储，是非常关键的环节，能够为后续的分析研判提供第一手的材料。

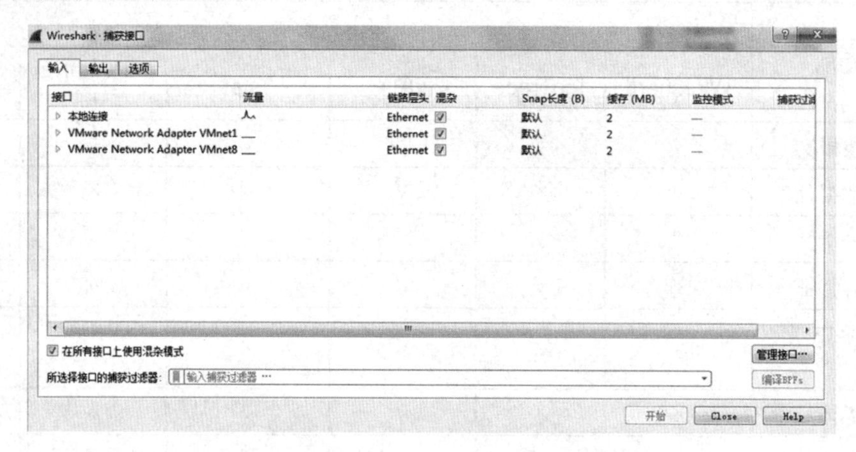

图 14-27　Wireshark 的捕获接口设置

除了上面介绍的流量采集分析工具，还有一些厂商专门研制流量采集分析工具。科来、深思等厂商对网络的流量有较深的理解，并研制了一批流量分析的设备，这些产品的存储能力和分析能力都比较强大。

但是，无论是清单内提供的工具，还是厂商研制的产品，其基本原理是一致的。通过流量采集与分析，能够保证取证人员对取证时间段内的流量有深入的分析，从而排查问题、查找线索。

6. 端口扫描工具

一般情况下，安全取证人员需要掌握目标设备所在网络的拓扑、网内部署的各类设备。此时，取证人员可能需要端口扫描工具来实现该目的，这里为大家介绍一款开源的端口扫描工具Nmap。

Nmap工具的主要命令和功能如表14-4所示。

表 14-4　Nmap 工具的主要命令和功能

命　　令	功能介绍	详细介绍	举　　例
nmap 目的 IP	简单扫描	nmap 默认发送一个 ARP 的 PING 数据包，来探测目标主机 1～10000 范围内的所开放的端口	nmap 192.168.23.1
nmap 目的 IP1，IP2	多目标扫描	nmap 默认发送一个 ARP 的 PING 数据包，来探测多个目标主机 1～10000 范围内的所开放的端口	nmap 192.168.23.1 192.168.38.1
nmap -vv 目的 IP	详细输出	nmap 对结果返回详细的描述输出	nmap -vv 192.168.23.1
nmap -p（端口范围） 目的 IP	自定义扫描	端口范围为要扫描的端口范围，端口大小不能超过 65535	nmap -p50-80 192.168.23.1 nmap -p80,21,23 192.168.23.1

（续表）

命　　令	功能介绍	详细介绍	举　　例
nmap -sP 目的 IP	ping 扫描	nmap 可以利用类似 Windows/Linux 系统下的 ping 方式进行扫描	nmap -sP 192.168.23.1
nmap -sP IP/子网掩码	网段扫描	nmap 可以对某一网段下的主机进行扫描	nmap -sP 192.168.23.1 /24
nmap -O 目的 IP	操作系统扫描	nmap 可以对某一主机的操作系统进行扫描	nmap -O 192.168.23.1
nmap -vv -p1-100 -O 目的 IP	命令混合式扫描	上述命令的混合，用来细化使用者的需求	nmap -vv -p1-100 -O 192.168.23.1

下面在Nmap软件内对上表中的一些功能进行实验验证。

以Nmap简单扫描为例，Nmap默认发送一个ARP的PING数据包，来探测目标主机1～10000范围内的所开放的端口。语法命令为nmap <target ip address>，其中，target ip address是扫描的目标主机的IP地址。如图14-28所示是执行“nmap 192.168.1.136”命令的结果。

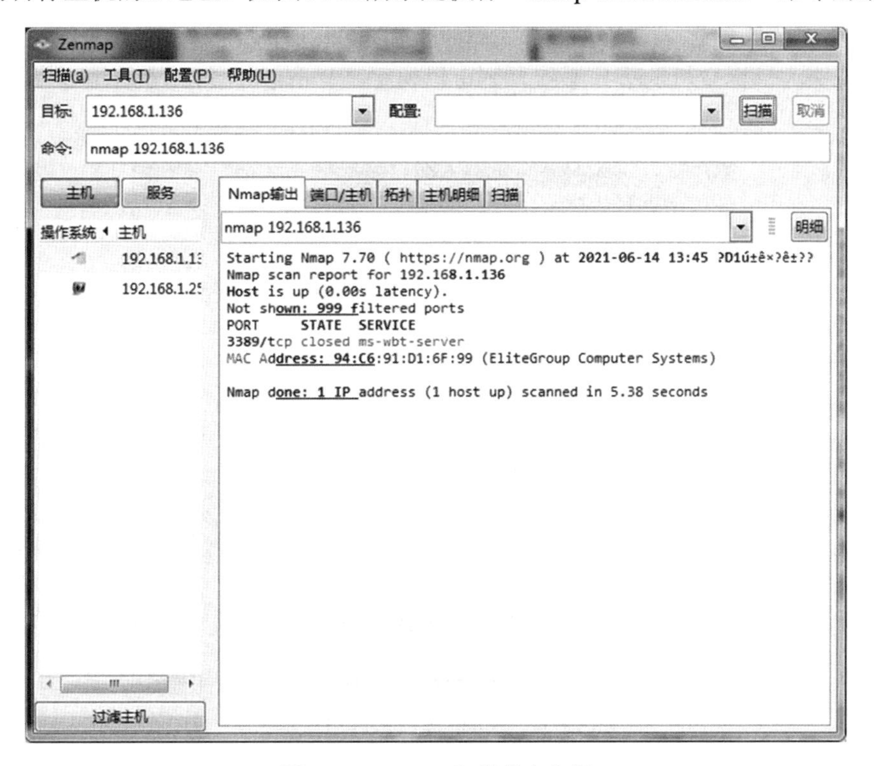

图 14-28　Nmap 扫描单台主机

另外，Nmap还能够扫描多个目标。如nmap 192.168.1.136 192.168.1.253，如图14-29所示。

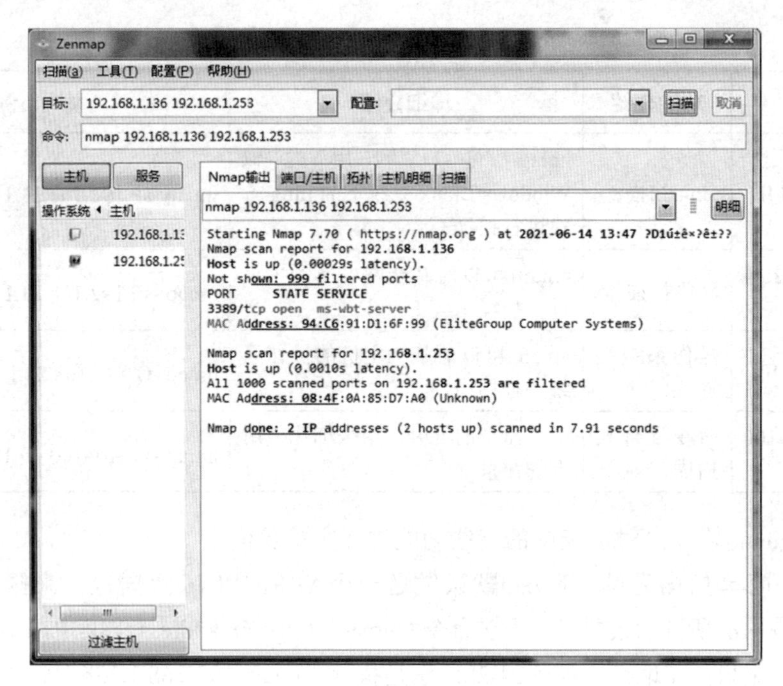

图 14-29　Nmap 扫描多台主机

如果想探测目标主机的操作系统，则可以执行 “nmap -O 192.168.1.136”命令，如图14-30所示。

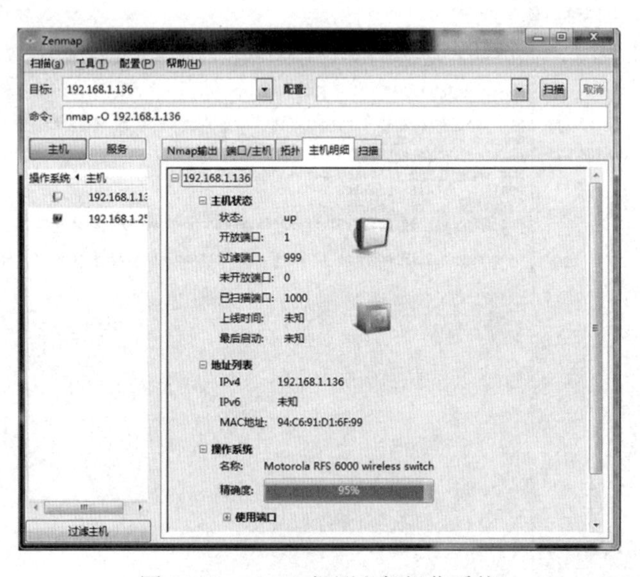

图 14-30　Nmap 探测主机操作系统

7．漏洞扫描工具

Nessus是一款漏洞扫描产品，是一款开源产品。专门做漏洞扫描的厂商还有绿盟（全称为绿盟科技集团股份有限公司）等。读者需要注意，不同产品的扫描引擎会有所区别，但是大部分的漏洞库还是一致的。以Nessus为例，它的主要功能是完成漏洞扫描，主界面如图14-31所示。

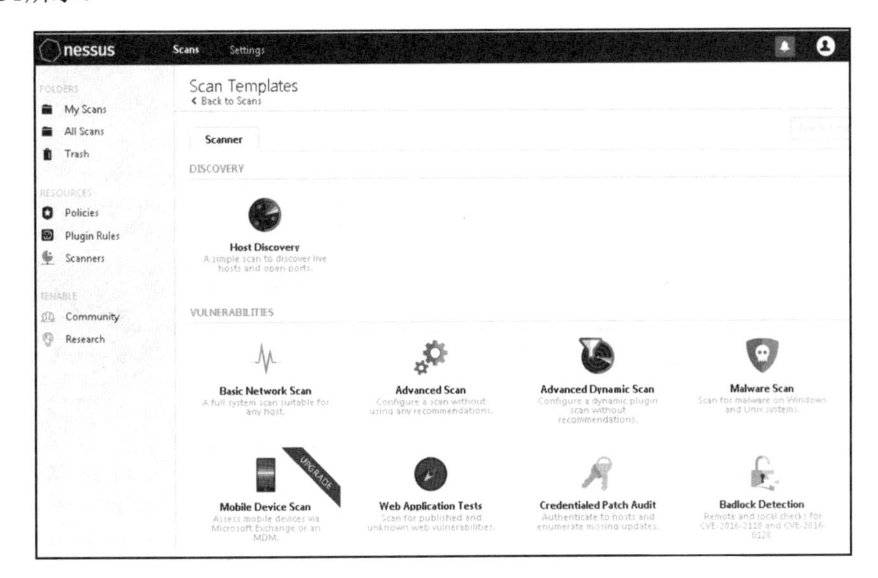

图 14-31　Nessus 主界面

选取局域网内的多台主机，设置漏洞扫描任务并执行，扫描结果的整体情况如图14-32所示。

图 14-32　漏洞扫描结果的整体情况

针对某台主机，单击该主机对应的“Vulnerabilities”条目，某台主机的漏洞扫描结果如图14-33所示。

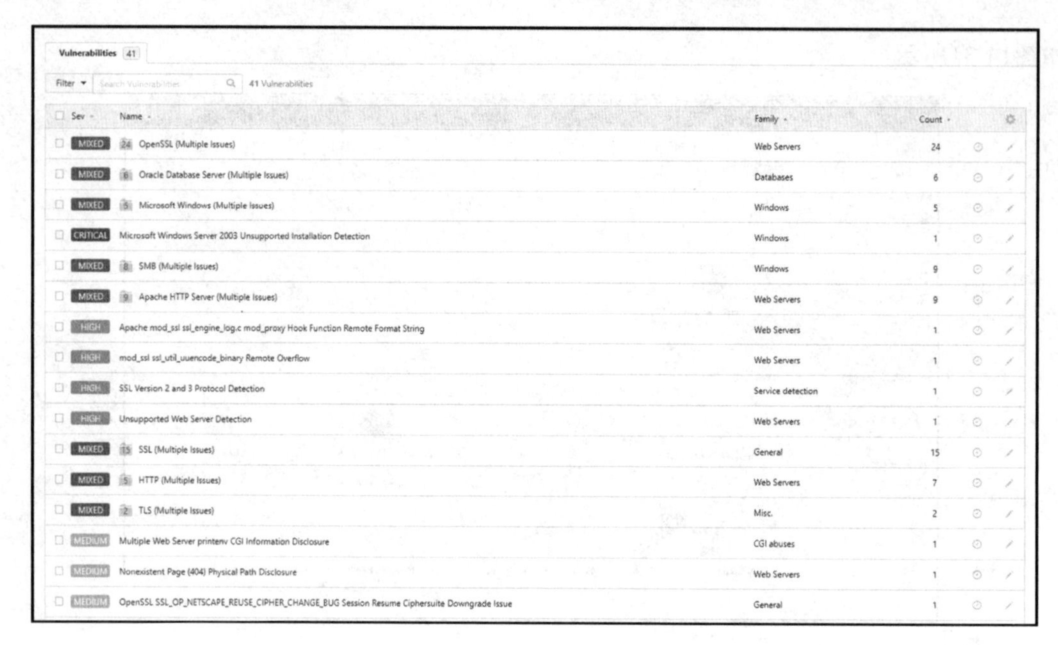

图 14-33　某台主机的漏洞扫描结果

单击某一漏洞，即可查看详情。以漏洞“OpenSSL Unsupported”为例，可以查看漏洞详情及相应的解决方案，如图14-34所示，该漏洞表明当前OpenSSL的版本过低，发布者已不再维护更新，其中很有可能存在安全漏洞，建议用户及时将OpenSSL更新到可支持的版本。

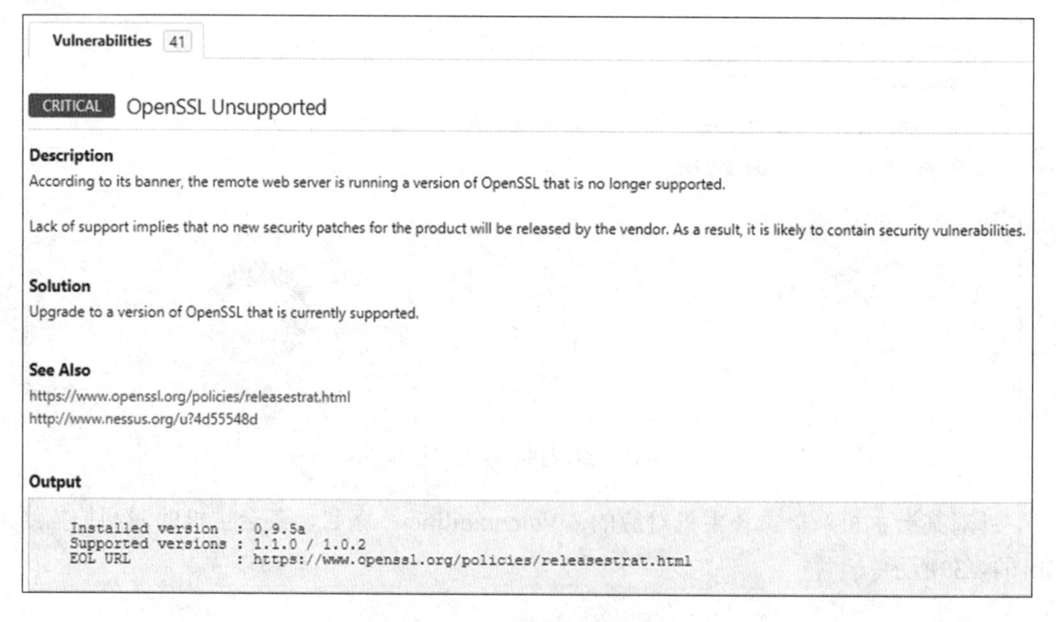

图 14-34　OpenSSL 漏洞详情

8. 日志采集工具

日志采集其实是一项比较简单的任务，因为各类操作系统或者专用设备已将日志以专门的格式存储在指定位置。目前在奇安信的盘古石产品或者美亚柏科的取证工具内，都已经将日志采集功能作为一个小的模块添加进去了；读者也可以自行编写脚本，从指定位置提取所需日志。这并不是一项复杂的技术。真正的难点在于如何从日志中分析出有用的信息，这需要长期的经验积累和较高的技术投入。

14.4.3　厂商研制工具

本节仅介绍厂商研制工具，读者可在互联网上自行查找相关工具，并不局限于本章提及的厂商研制工具。厂商研制工具的优点就是全面和专业，缺点是不够灵活，难以满足所有用户的不同需求。

美亚柏科、奇安信、南京拓界、启明星辰、安天等厂商提供了大量的安全取证工具，我们仅试用过其中的部分产品，难以比较各种产品的优劣，读者如果对开源的工具有一定的了解，建议根据实际需求采购具备专业功能的工具；科来、深思等厂商则是专注于流量分析。需要注意的是，无论是何种工具，都是在实际需求的牵引下逐步研发出来的，如果对此感兴趣，甚至可以自己做一些小工具，将其包装完善，最后做成成品并在市面上销售。

无论何种工具，不管是开源的还是厂商研制的，都要遵循取证的原理，紧扣科技发展的前沿。只要能够有效地支撑安全事件的取证，我们绝不会固步自封，而应不断拓展眼界，汲取知识，把取证工作做实，助力网络安全。

14.5　安全取证案例剖析

纸上谈兵是不行的，只有通过剖析实际案例，才能对安全取证有更加深刻的理解，下面我们举两个例子。

14.5.1　勒索病毒爆发

某天，某互联网公司的运维人员小王，在进行日常检查的过程中，发现一台计算机突然弹出一个报警框，如图14-35所示，使用鼠标、键盘时，都没有任何反应。

小王急忙向同事小李请教，才得知小李也遇到了类似的问题，并且为了恢复文档，小李已经按照报警框的要求，支付了恢复文档所需的费用。但是，直觉告诉小王，即使支付了费用，也很有可能无法恢复被加密的文档。

图 14-35　勒索病毒报警框

小王便通过正规途径聘用专门的安全技术人员，技术人员进行了以下操作：（1）通过硬盘拷贝的方式将所有文件备份；（2）针对备份文件，使用Rstudio工具查找被删除的文件；（3）使用解密工具对被加密的文件进行恢复，如图14-36所示；（4）查看小王所需文件是否在其他设备上存有备份；（5）溯源查找病毒源头，向病毒传播者索要解密密钥。

图 14-36　360 勒索病毒解密

最终，小王通过恢复被删除的文件，找回了一部分的文件，在其他未被勒索病毒感染的设备上找到了部分的备份文件，避免了大量的损失；可惜的是小李虽然破费了一些钱财，但是却没有如愿恢复被加密的文件。

在该案例中，通过查找每台感染主机的具体情况，综合利用各种取证工具，采集U盘插拔记录、终端的病毒查杀情况、网内流量行为的记录，发现病毒最早出现在某一台经常需要导出、导入文件的主机中，起因是公司内部人员在互联网上搜索材料，误将包含病毒的U盘插入网内设备；病毒入网之后，利用“永恒之蓝”漏洞进行传播，加密病毒文件，严重影响到了用户的正常使用。

在这个案例中，小王综合运用硬盘拷贝工具、解密工具、硬盘查看工具、文件扫描工具、保密检查工具、恶意代码查杀工具及流量采集分析工具，最终比较圆满地解决了该问题。

但是，这并不意味着以后就可以高枕无忧了，小王聘用的安全技术人员为小王提供了加固方案：（1）所有终端安装杀毒软件并将病毒库升级至最新，并利用防火墙封堵终端的445端口，如图14-37所示；（2）严格U盘使用，不随意下载或传输不被信任的文件；（3）加强学习，提高安全事件的处置和预防能力。

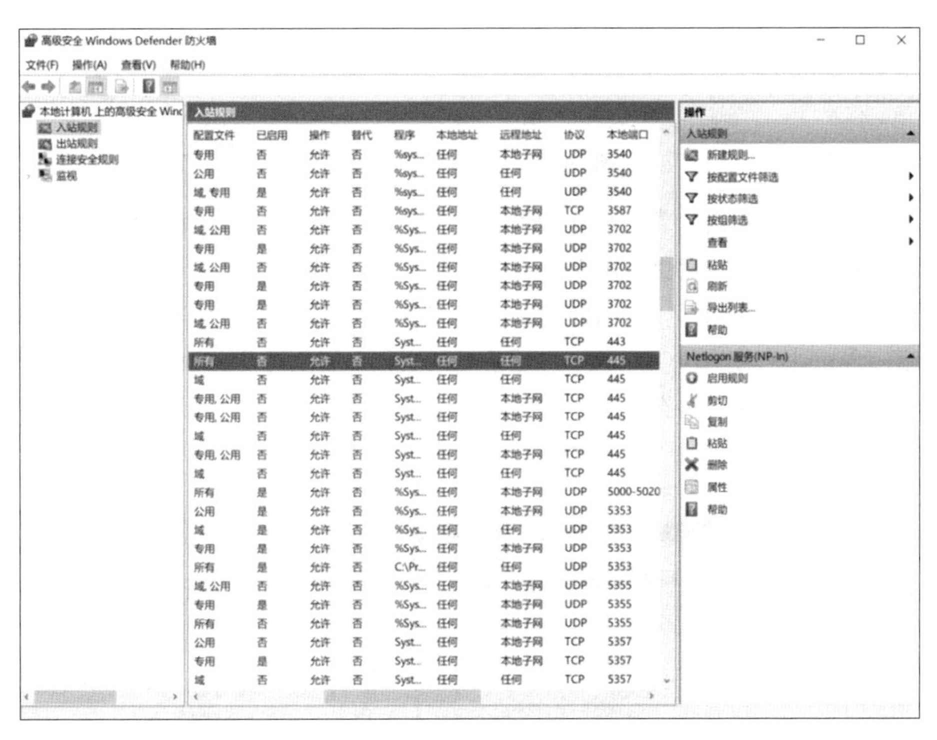

图 14-37　终端 445 端口封堵

当取证的经验越来越丰富之后，加固方案可以看作取证结果的附属品。所以，做好取证工作，不仅能对问题本身有清醒的认识，还能解决问题、预防类似问题的发生。

14.5.2　网络攻击

在经过上次的勒索病毒事件之后，小王苦学网络安全知识，参加专业学习班，了解了很多网络攻击防护的知识。这天，他正在公司内部使用的网络安全态势平台前分析网内的安全状况，结果发现一条告警信息，提示网内设备正在遭受异常扫描，如图14-38所示。告警信息内显示进行扫描的主机地址为136.2.25.7，这不正是子公司的地址吗？小王迅速拨打电话，联系子公司的安全负责人，经过沟通，了解到近期有几名公司的内部人员一直在机房内加班，晚上工作，白天休息，但是并不了解他们的具体工作。

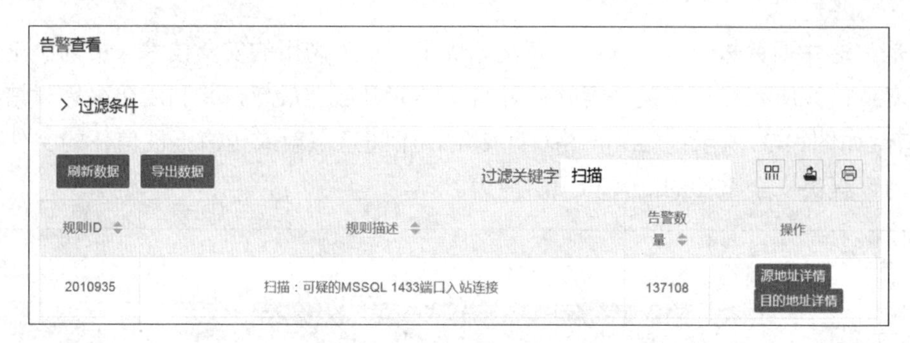

图 14-38　异常扫描告警信息

小王迅速联系公司内的其他安全防护人员，制定了以下策略：（1）要求大家将自己负责的设备进行整体摸排，收集设备上的日志信息；（2）在防火墙内，将136.2.25.7加入黑名单，如图14-39所示，以主机防火墙为例；（3）查看各局域网入口处部署的流量采集设备，观察是否有异常通信行为；（4）加固终端策略。安装部署杀毒防护软件，加固策略配置，避免弱口令、高危漏洞的存在，如图14-40所示。

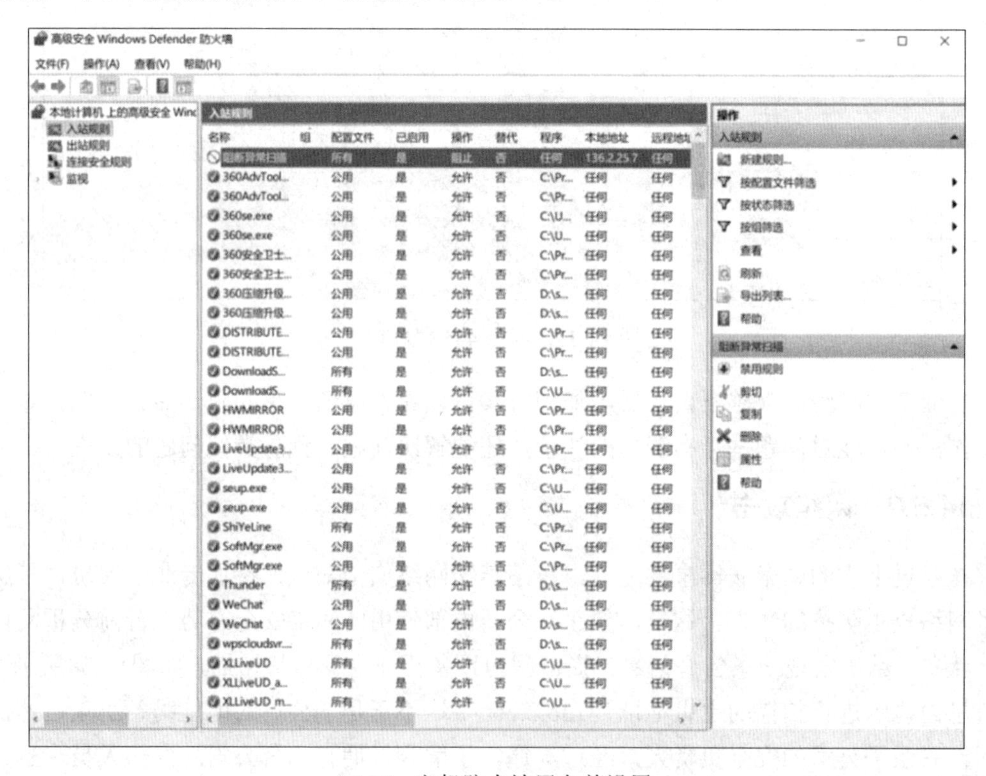

14-39　主机防火墙黑名单设置

图 14-40　主机策略问题修复及核查

同时，小王将该情况向公司高管汇报，公司高管指示“积极应对”。小王立刻投身到积极的网络攻击应对工作中，通过分析日志，发现网络攻击者已经成功登录部分防护能力弱的主机，并将这些主机作为跳板机，入侵其他主机，传播恶意代码；在流量中，发现了与136.2.25.7相关的大量通信记录。通过防火墙及终端的安全策略调整，最终避免了攻击的进一步深入，网内资料面临的泄露丢失问题得以缓解。

但是，小王并没有就此满足，而是展开“社工取证”，经过多方打探，才得知这是一次“有预谋”的网络攻防演练，目的就是检验公司安全防护人员的防护能力如何，且仅有少数人知情。

经过这次的攻防演练，小王仍心有余悸，若是当时自己没有查看网络内的安全状况，可能就无法及时捕捉到这些异常的扫描行为，如果不是演练，而是真实的网络攻击行为，那将是非常可怕的事情。于是，最后小王撰写了一份情况说明，上交给公司内的高管，在说明此次网络攻击防护情况的同时，提出了一些针对性意见：

（1）建立常态化的安全运维机制，需有专人每天查看网内安全的态势情况。

（2）制定网络攻击防护预案，指导公司内安全人员熟悉操作流程。

（3）定期对网内设备进行检查，查找问题，督促整改，避免不必要的损失。

根据上述意见，公司制定了相关的预案、手册等材料，如图14-41所示，为安全运维和管理提供了理论支撑。

名称	修改日期	类型	大小
安全防护设备管理手册	2021/7/3 23:46	Microsoft Word ...	0 KB
安全事件应急响应手册	2021/7/3 23:46	Microsoft Word ...	0 KB
安全运维手册	2021/7/3 23:46	Microsoft Word ...	0 KB
网络攻击防护预案	2021/7/3 23:46	Microsoft Word ...	0 KB
网络设备检查方案	2021/7/3 23:46	Microsoft Word ...	0 KB
网络设备运行状态定期维护登记表	2021/7/3 23:46	Microsoft Word ...	0 KB

图 14-41　安全运维和管理材料

第 15 章　计算机病毒事件应急响应

在《国家网络安全事件应急预案》中，网络安全事件被分为有害程序事件、网络攻击事件、信息破坏事件、信息内容安全事件、设备设施故障、灾害性事件和其他网络安全事件。其中，有害程序事件分为计算机病毒事件、特洛伊木马事件、僵尸网络事件、混合型程序攻击事件、网页内嵌恶意代码事件和其他有害程序事件等。

本章将针对计算机病毒的基础知识和处置方法进行介绍，并结合一些计算机病毒事件处置案例进行说明。

15.1　计算机病毒事件处置

网络安全应急响应通常是指一个组织为了应对突发/重大信息安全事件的发生所做的准备，以及在事件发生后所采取的措施。一方面为应对重大安全事件要做好准备，如制定安全预案、部署安全预警手段等；另一方面要在事件发生后采取措施，降低安全事件造成的损失、恢复网络的正常运行状态、追踪溯源并针对发现的问题进行加固修复。要做好计算机病毒事件应急响应处置，首先需要对计算机病毒有所了解[54]。

15.1.1　计算机病毒分类

“计算机病毒”的概念最早是由美国计算机专家弗雷德•科恩博士提出的。计算机病毒是一种程序，破坏计算机功能或是毁坏数据，影响计算机使用，并具有隐藏性、传染性、潜伏性、破坏性等特点。随着技术的发展，计算机病毒产生了多种分类标准，根据不同的分类标准有许多不同的分类[55]。

1．按行为分类

按行为分类，计算机病毒包括蠕虫病毒、逻辑炸弹、后门程序、木马、流氓软件等。其中，蠕虫病毒是一种可以通过网络进行传播和自身复制的恶意程序；逻辑炸弹是嵌在合法程序中的、只有当特定的事件出现或在某个特殊的逻辑条件下才会产生破坏行为的一组程序代码；后门程序是指存在于一个程序模块中未被登记的秘密入口，通过它，用户可以不按照常规的访问步骤就能获得访问权；木马在计算机中潜伏执行非授权功能，作为一个独立的应用程序，一般不具备自我复制能力，常常有更大的欺骗性和危害性；流氓软件是介于病毒和正规软件之间的软件，有些流氓软件只是为了达到广告宣传等目的，当用户启动浏览器的时候会多弹出一个网页，用于广告宣传和快速链接，有些流氓软件可能会跟踪用户的上网行为并将用户的个人信息反馈给软件后台以窃取隐私。

2．按破坏力分类

按破坏力分类，计算机病毒可以分为良性病毒和恶性病毒。

良性的计算机病毒是指那些只表现自己、而不对计算机系统产生直接破坏作用的病毒。它们只是不停地进行传播，以某种恶作剧的方式如文字、图像或奇怪的声音等表现自己的存在。这类病毒的制造者往往是为了显示他们的技巧和才华。但是这种病毒会干扰计算机系统的正常运行。

恶性的计算机病毒是指在代码中包含破坏计算机系统的操作，在其传染或发作时会对系统产生直接破坏作用的病毒。这种类型的病毒有很多，如一些文件夹病毒，感染后会将用户文件夹更换为病毒文件，造成用户文件丢失，有的病毒还会对硬盘进行格式化操作。

3．按寄生方式分类

按寄生方式分类，计算机病毒可以分为引导型病毒、文件型病毒、宏病毒、脚本病毒。

引导型病毒也称为启动型病毒，它利用操作系统的引导模块放在某个固定的区域，并且控制权的转接方式以物理地址为依据，而不以操作系统引导区的内容为依据，因而病毒占据该物理位置便可取得控制权。

文件型病毒感染计算机内的文件。早期的文件型病毒一般只感染磁盘上的COM和EXE等可执行文件。在用户运行病毒的可执行文件时，病毒会同时运行并伺机感染其他文件。其特点是必须借助载体程序才能将文件型病毒引入内存。随着技术发展，文件型病毒能够感染多种类型的文件，包括可执行文件、数据文件、文档文件、图形图像文件、声音文件和HTML文件等。

宏病毒一般寄存在Office文档或模板的宏中。打开感染宏病毒的文档并允许文档运行宏时，宏病毒就会被激活，转移到计算机并驻留在Normal模板上。后续所有自动保存的文档都会感染这种宏病毒，在文档相互拷贝和传输的过程中，其他计算机用户打开了感染病毒的文档，宏病毒又会扩散到其他计算机上。

脚本病毒是主要采用脚本语言设计的计算机病毒，利用JavaScript和VBScript等语言均可进行编写。由于脚本语言的易用性，脚本病毒在互联网网站等系统服务中较为常见。

很多病毒都具备一定的传播能力，可以通过移动存储设备、文件复制、网页、邮件、通信与数据传输、共享、主动放置、软件漏洞等方式传播。例如，有些病毒的载体可以是移动存储设备或光盘等，常见的是通过U盘、光盘或移动硬盘传入计算机系统，感染系统及其他文件后，病毒再通过文件共享、主动放置、文件拷贝等方式传播到其他系统中。有些病毒则主动通过网络传播到其他系统中，如通过计算机网络的协议、网页、邮件等方式进行传播，或利用操作系统、软件、网络服务等存在的漏洞进行传播。

了解病毒的传播途径和寄生的方式有助于我们了解病毒的特点，从而进一步指导我们进行病毒查杀。对于不同类型的病毒，清除的方法也有所不同。

15.1.2 计算机病毒检测与清除

我们通常使用杀毒软件进行计算机病毒防护，通过文件检测发现病毒并进行查杀，不同的病毒检测技术具有不同的病毒发现能力和防护能力，下面介绍病毒的检测技术与清除方法。

1. 计算机病毒检测与防护

目前，计算机病毒的检测和防护主要通过防病毒软件来实现。病毒的检测和防护技术主要有特征匹配、行为特征、EDR技术。

（1）基于特征匹配的计算机病毒检测。

基于特征匹配的病毒检测需要获取病毒的样本，分析后提取出每一种病毒有别于正常代码或文本的病毒特征用于病毒的检测，利用提取的特征码建立病毒特征库，即病毒库。杀毒软件根据病毒特征库在扫描文件时进行匹配操作，查找病毒文件并进行查杀。为了直观了解病毒特征码，我们可以做一个实验，在文本文件里输入字符串"X5O!P%@AP[4\PZX54(P^)7CC)7}$EICAR-STANDARD-ANTIVIRUS-TEST-FILE!$H+H*" 并保存，使用火绒杀毒软件进行查杀，结果如图15-1所示。

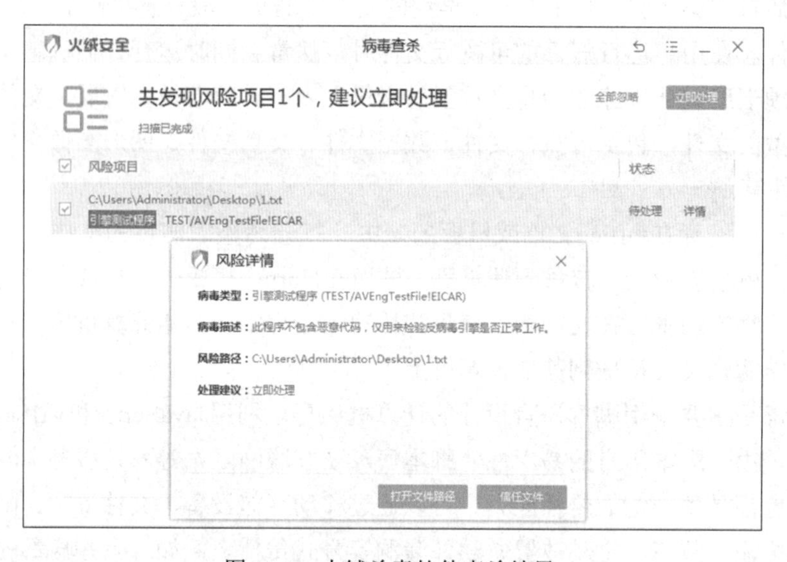

图 15-1 火绒杀毒软件查杀结果

这段字符串是欧洲计算机防病毒协会开发的一种病毒代码，其中的特征码已经包含在各种杀毒软件的病毒代码库里了，可以用作测试病毒扫描引擎。

基于特征匹配的病毒检测方法准确度较高，速度较快，但是仅限于检测已知病毒，同时，如果正常文件的特征码与病毒特征码一致也会产生误报，病毒也可以通过加壳或重新编译的方式改变特征码，防止被杀毒软件查杀。

（2）基于行为特征的计算机病毒检测。

基于行为特征的病毒检测主要通过对病毒的观察研究和数据统计，总结出病毒的行为特征用于病毒检测，通过监控样本的动态行为进行匹配分析，找出病毒文件。

大部分病毒运行时都存在与正常程序不一样的恶意行为，如释放PE文件、结束杀毒软件进程、建立自启动项、安装系统服务程序、加载驱动、枚举进程等，因此可以将这些行为作为病毒代码的行为特征。

有的病毒会在注册表内修改某一键值或通过修改系统计划任务的方式实现开机启动，比如修改注册表以下三个主键：HKLM\Software\Microsoft\Windows\CurrentVersion\RunOnce、HKLM\Software\Microsoft\Windows\CurrentVersion\Run、HKLM\Software\Microsoft\Windows\CuiTentVersion\RunServices。

有的病毒为了隐藏自己，会将自身伪装成一个系统服务程序，并设置为开机自启动。当用户开机时，系统会加载并开启此项系统服务，病毒程序就会运行。早期流行的灰鸽子病毒就是以服务启动的方式隐藏自身并对目标机器进行控制。

病毒一般会破坏系统可执行文件、文件资料、系统配置信息，例如篡改浏览器默认主页、修改文件默认打开方式、删除文件或隐藏文件等。

还有的病毒会创建系统进程或是将自己的功能模块注入到系统进程中，占用系统资源，并通过网络传播扩散，从而扩大破坏的规模。

由于计算机病毒的行为特征与其特征码并无关联，只要程序具备病毒的类似行为就可以被检测出来。因此基于行为特征的病毒检测能够有效解决传统的特征码检测技术无法检测的未知病毒问题，但是存在一定的误报率，也无法准确判断病毒的名称。

（3）EDR技术。

目前，EDR（Endpoint Detection & Response）即终端威胁检测与响应，逐渐成为终端防护的主流手段。EDR技术是一种主动的安全防护手段，通过实时记录终端与网络事件，结合已知的入侵指标、行为分析和机器学习等技术来检测任何可能的安全问题。理想的EDR技术能够记录用户的行为习惯，对用户的异常行为进行感知，发现异常行为时会进行告警，通过记录的异常行为方便用户追踪攻击者或恶意代码的攻击方法、策略和过程。

很多终端防护软件采用了EDR技术的思想，结合用户配置的安全策略和软件自身的安全知识对异常行为进行检测，更容易识别病毒的异常行为，从而在病毒发作时及时发现并消除病毒。但是EDR技术能力取决于分析算法，完全依靠分析算法可能会存在一定的误报，也需要用户具有一定的计算机网络相关知识，才能更好地发挥EDR产品的实际效能。

（4）其他检测方法。

除了在终端侧进行病毒检测防护，也可以通过部署防毒墙等系统在网络侧进行防护。防毒墙一般部署在网络节点处，阻止病毒通过网络侵入内网。防毒墙会对通过网络节点的数据包进行病毒扫描，如果是病毒，可以将其清除。

随着计算机技术的发展，病毒也在不断更新换代，从技术上来看，我们没有绝对的把握来防止未来可能出现的计算机病毒感染，除了通过防病毒软件或相关安全防护系统，我们还需要通过计算机的运行状态来分辨系统是否存在异常，通过系统的异常行为来帮助我们检测计算机是否感染病毒。

如果计算机出现以下情况，计算机可能被病毒感染了：

① 系统启动速度比平时慢。

② 系统运行卡顿。

③ 文件的大小和日期发生变化或丢失。

④ 没做写操作时出现“磁盘有写保护”信息。

⑤ 有可疑进程或服务在运行。

⑥ 有特殊文件自动生成。

⑦ 系统异常死机的次数增加。

⑧ 有可疑的自启动程序或计划任务。

⑨ 其他系统异常情况等。

出现上述现象并不能肯定地说系统已经感染了病毒，但应该提高警惕，并采取一定的检测措施，如使用软件检测或手工检查重要的系统文件等。如果系统确实感染了病毒，应立即隔离被感染的系统和网络，并进行处理。

2. 计算机病毒清除方法

计算机病毒的清除是指根据不同类型的病毒对感染对象所做的修改，按照病毒的感染特性对感染对象进行恢复，还原病毒感染前的原始信息。清除病毒可以通过杀毒软件、病毒专杀工具或通过手动的方式进行清除。不同类型的病毒，清除方法也有所不同，引导型病毒可以通过重写引导区的方法予以清除，文件型病毒可以通过删除文件或删除病毒代码的方式恢复文件。

作为一般的计算机用户，建议安装杀毒软件并及时更新病毒库进行病毒防护，同时定期备份重要文件，防止被病毒损坏。

15.1.3 计算机病毒事件应急响应

随着国家对网络安全的重视，许多地区、企业和单位建立了网络安全预警机制，设计了基于自身网络情况的信息安全应急预案，建立了相应的制度流程和保障队伍。

病毒事件的应急响应需要依靠完善的安全防护手段建设，注重建立集网络安全管理、动态监测、预警、应急响应于一体的网络安全综合管理能力。通过开展日常应急演练、安全管理等工作，完善安全工具库、专家库、事件案例库、应急响应预案库等应急响应数据资源。

大规模病毒事件可能涉及较大的网络规模，需要相关的涉事单位、安全运维团队和专家力量进行有效协同，同时需要协调必要的应急资源进行支撑保障，重大的病毒传播事件需要及时和国家相关部门进行沟通和报备。

病毒事件的应急处置流程可以参照PDCERF网络安全应急响应模型，包括准备（Preparation）、检测（Detection）、抑制（Containment）、根除（Eradication）、恢复（Recovery）、跟踪总结（Follow-up）六个阶段，如图15-2所示。下面我们结合该应急响应模型对病毒事件应急处置的流程进行介绍。

图 15-2　PDCERF 模型

1．准备阶段

准备阶段需要根据网络的实际情况部署适当的防病毒手段，并做好病毒事件应急响应工具的准备工作。病毒事件处置需要准备病毒样本提取工具、分析工具和分析环境，还要准备相关系统的恢复工具，如系统PE盘、文件恢复工具等。

2．检测阶段

检测阶段主要是发现终端或网络可疑迹象或安全防护系统产生告警后进行的一系列初步处理工作，查找病毒文件进行分析并确定病毒行为的特征。

通过终端杀毒软件发现病毒时，可以通过杀毒软件提取病毒样本并做进一步分析，如果是通过特征码检测方式发现的病毒则说明杀毒软件具备该病毒的查杀能力，如果是通过行为检测等方式发现的病毒则需要对“病毒样本”进一步分析，确认是否误报。

通过终端或网络异常现象发现疑似病毒的文件时，可以在联网的杀毒软件中提交病毒样本做进一步分析，或是使用相关工具进行分析，如对样本文件进行逆向分析或进行沙盒测试等。

在病毒检测的过程中还需要结合操作系统、网络相关日志进行分析，尽量查找病毒的来源，以便做好后续相关防护。

3．抑制阶段

抑制阶段主要任务是限制病毒事件扩散和影响的范围。抑制阶段一般是在病毒事件发生后，通过初步分析的结果迅速做出的应急反应，在具备病毒清除能力之前进行的止损工作。为避免病毒进一步传播或对网络造成破坏，可以通过抑制手段进行控制，常见的方法包括关闭染毒终端、关闭病毒利用的服务功能、停用或删除异常的系统登录账号、断开涉事网络、临时修改网络控制策略等。

4. 根除阶段

根除阶段主要是在明确病毒机理和查杀方式后，通过升级后的杀毒软件、专杀工具或手动的方式进行病毒清除。

5. 恢复阶段

恢复阶段主要是把被破坏的网络、信息系统及数据还原到正常状态，包括被病毒损坏的操作系统、文件数据等，还要恢复抑制阶段所做的相关控制，如打开关闭的系统和应用服务、恢复系统网络连接等。为保证系统和数据安全，建议使用纯净的操作系统进行安装，并定期进行备份。另外，对病毒事件中发现的网络或系统安全漏洞进行修复，并进行全面的安全加固。

6. 跟踪总结阶段

跟踪总结阶段主要是回顾并整合病毒事件应急响应过程的相关信息，进行事后分析总结、完善病毒事件预案、优化安全防护策略、进行安全防护训练以防止再次感染病毒。根据病毒事件的影响可以指导我们进一步认识网络中不同资产的重要程度，整理和统一管理网络资产有助于我们更好地应对网络安全事件。

以上是应对病毒事件的一般处置流程，在实际应急响应过程中，还要根据病毒的实际情况采用合适的处置流程和方法。在实际病毒事件处置过程中，病毒是本地病毒还是大范围网络传播病毒、是已知病毒还是未知病毒都需要采取不同的措施。例如，如果是本地病毒事件，所采取的抑制手段较为简单，病毒事件的影响范围也是可控的；如果是已知病毒事件，则可以通过升级病毒库或使用专杀工具进行直接查杀清除，省去了病毒分析的过程；如果是大范围病毒传播事件或未知病毒事件，处理起来就需要全面考虑分析，采取所有必要手段。

15.2 计算机病毒事件处置工具示例

本节主要介绍计算机病毒事件处置过程中常用的安全工具，这些工具用于病毒事件处置的不同阶段，能够很好地辅助我们进行病毒事件的分析和清除。病毒事件处置的工具选择一般根据实际处置的需要和处置人员的使用习惯，下面选取了几种典型的工具进行介绍。

15.2.1 常用系统工具

在病毒事件处置的准备阶段，一般需要了解网络拓扑、系统状态配置等信息，有助于我们了解现场环境。我们可能会用到网络扫描的相关工具，如Nmap；用到系统检测工具，如PCHunter等。

Nmap工具在第14章已进行了介绍，本章不再赘述。病毒事件处置前，可以通过Nmap工具扫描染毒网络环境，了解网络中存在的资产信息，包括终端、服务器、网络设备的数量、操作系统版本、服务和应用情况，掌握可能染毒的资产，确定需要排查的目标。

PCHunter是一个Windows系统信息查看软件，具有强大、全面的系统配置信息查看和修改功能，能够辅助用户手工进行病毒查杀，软件打开后会直接显示系统相关信息，系统界面如图15-3所示。

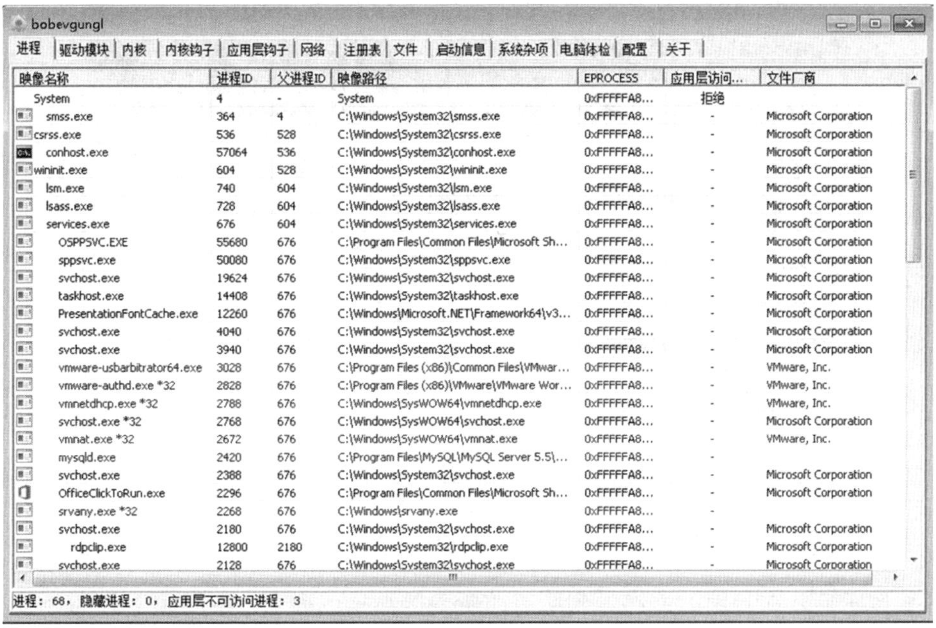

图 15-3　PCHunter 系统界面

PCHunter能够查看进程、驱动模块、内核、内核钩子、网络、注册表、文件、启动信息等内容，还能够将系统信息收集生成系统体检报告。

在病毒事件处置过程中可以通过PCHunter工具查看系统相关信息，查找系统是否存在病毒。如上图所示，通过PCHunter查看进程信息，包括进程ID、映像路径等信息，通过比对系统常用进程和常用应用程序进程，能够发现系统是否存在异常或可疑进程，通过进一步比对，能够发现系统是否存在病毒。

15.2.2　计算机病毒分析工具

病毒分析工具有多种，能够帮助我们分析恶意代码的行为，我们可以通过系统进程等工具分析系统是否存在病毒，通过逆向分析工具分析病毒行为，通过流量分析工具分析病毒传播情况，下面我们选择一些常用的分析工具进行介绍[56]。

1. 流量分析工具

Wireshark是一款常用的网络数据包分析软件，使用Winpcap作为接口，直接与网卡进行数据报文交换。网络管理员可以使用Wireshark来检测网络问题，但是该软件不是入侵检测系统，对于网络上的异常流量行为不会产生告警或任何提示，需要用户对网络协议有一定的基础知识。

Wireshark软件界面如图15-4所示，在数据包采集前需要选择要监听的网卡，并配置数据包捕获相关参数，包括需要抓取的数据包协议类型、IP地址、端口号等。

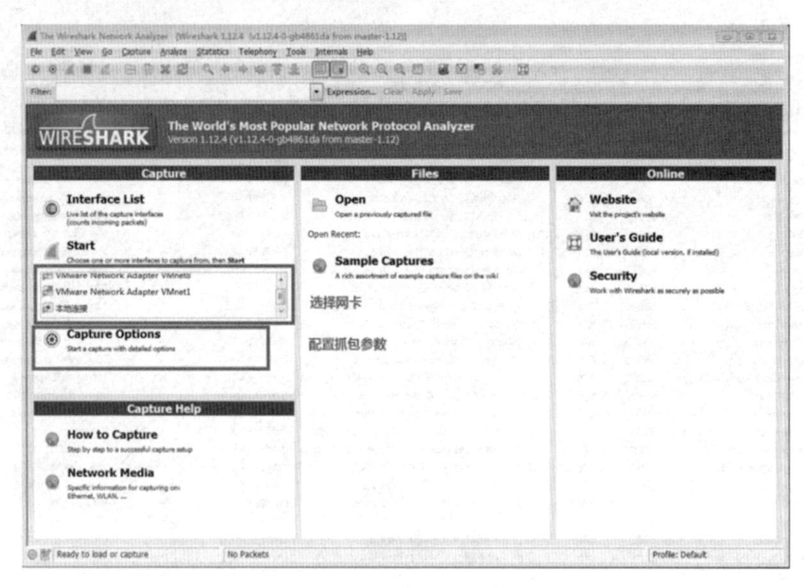

图 15-4 Wireshark 软件界面

开始监听后，在界面上能够看到所有监听到的数据包列表，中间和下方部分显示的是数据包内容，包括根据网络协议进行解析的数据包字段和数据包原始十六进制代码，如图15-5所示。

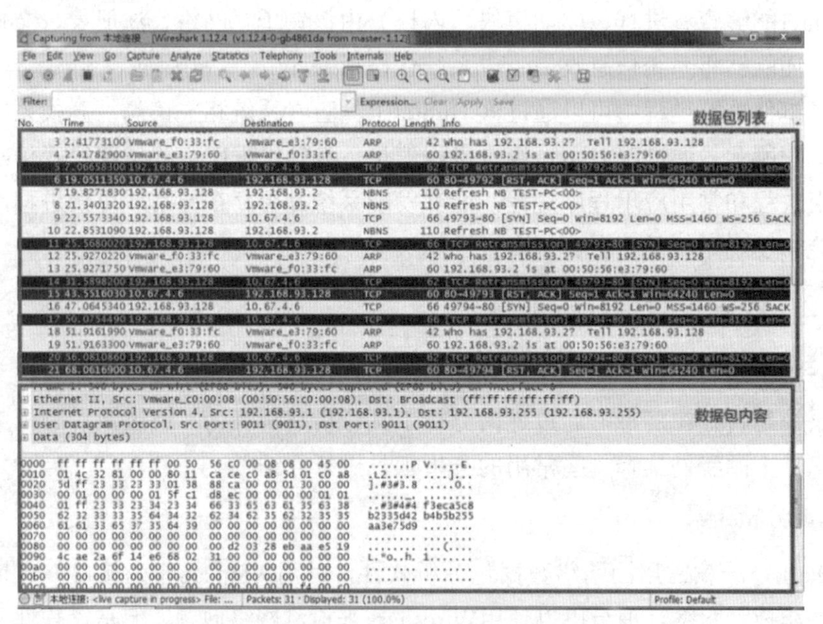

图 15-5 Wireshark 数据包抓取

在操作面板上可以使用Filter（过滤器）进行数据包过滤，在实际使用中通过设置过滤参数查看感兴趣的网络通信报文。

在病毒处置过程中，我们可以在染毒网络中镜像核心交换机的流量，通过流量分析软件进行网络内的流量分析。例如，“永恒之蓝”勒索病毒通过TCP 445端口进行传播，我们可以通过流量查看网络中是否存在异常的TCP 445端口流量来发现病毒传播行为。具体操作如图15-6所示。

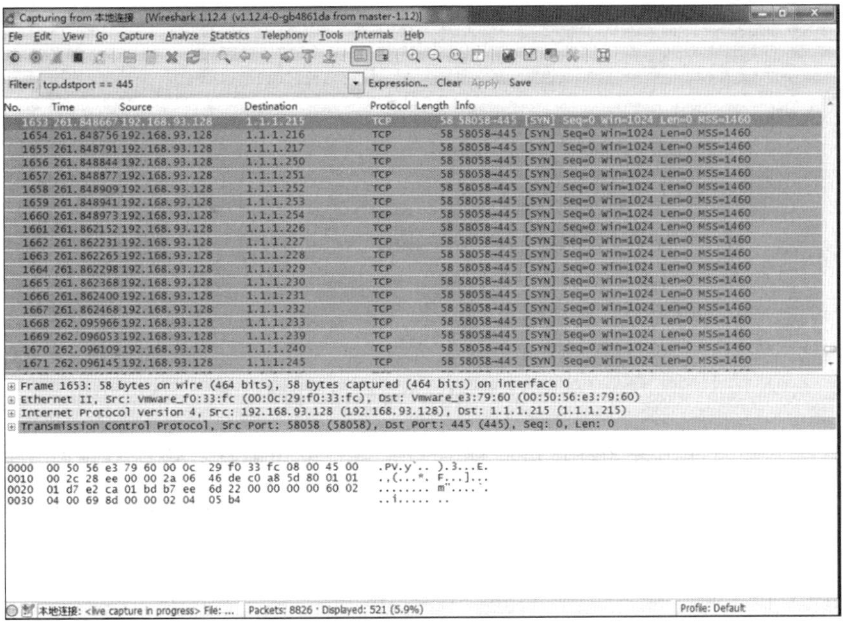

图 15-6　TCP 445 端口流量监听

我们在过滤器中添加过滤表达式“tcp.dstport == 445”，表示过滤显示目的端口为TCP 445的网络数据包，在界面上显示了我们的测试数据包。通过过滤发现，网内存在大量扫描并尝试连接TCP 445端口的数据包，说明网内可能存在病毒传播行为。

2．逆向分析工具

IDA Pro（简称IDA）是一款交互式反汇编工具，它功能强大、操作复杂，使用者需要掌握汇编语言、基础编程等知识。用户可以通过对IDA的交互来指导IDA更好地反汇编。IDA并不自动解决程序中的问题，但它会按用户的指令找到可疑之处，因此用户的工作是通知IDA怎样去做。例如，人工指定编译器类型，对变量名、结构定义、数组等定义，这样的交互能力在反汇编大型软件时显得尤为重要。IDA具有多处理器特点，即IDA可支持常见处理器平台上的软件产品。IDA支持的文件类型非常丰富，除了常见的PE格式，还支持Windows、DOS、UNIX、Mac、Java、.NET等平台的文件格式。

软件界面如图15-7所示，主要窗口中标签IDA View-A是反汇编窗口，显示目标程序逆向分析后的汇编代码，标签Hex View-1是十六进制格式显示的窗口，标签Imports是导入表（程序中调用到的外面的函数），标签Structures是目标程序结构，标签Enums是枚举信息。

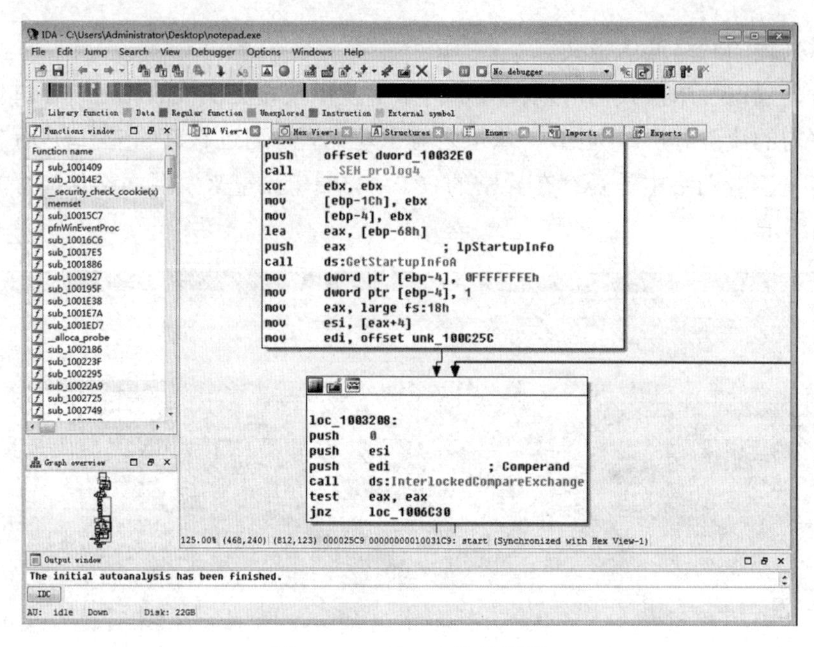

图 15-7 IDA Pro 软件界面

逆向分析工具对使用者的计算机原理、汇编语言等知识具有较高的要求，专业的病毒分析师可以通过逆向分析工具，分析病毒的运行机制，了解病毒危害，同时提取特征用于病毒查杀。

3. 系统分析工具

火绒剑是火绒杀毒软件自带的安全工具，也支持独立使用，是一款用于分析、处理恶意程序的安全工具软件，支持系统程序行为监控、进程管理、启动项管理、内核信息、钩子扫描（系统钩子可以截获系统或进程中的各种事件消息并进行处理，有些恶意代码会使用钩子）、服务管理、驱动管理、网络管理、文件管理和注册表管理。功能与PCHunter相近，但是使用起来更为方便，启动项、服务、驱动、网络行为的信息中包含安全状态检查，如图15-8所示，启动项检查中能够查看所有启动项信息和安全状态，确定启动项是否为系统文件、是否具有数字签名，帮助用户快速查找异常的启动项，工具还能够进行启动项文件溯源、删除和禁用等操作。

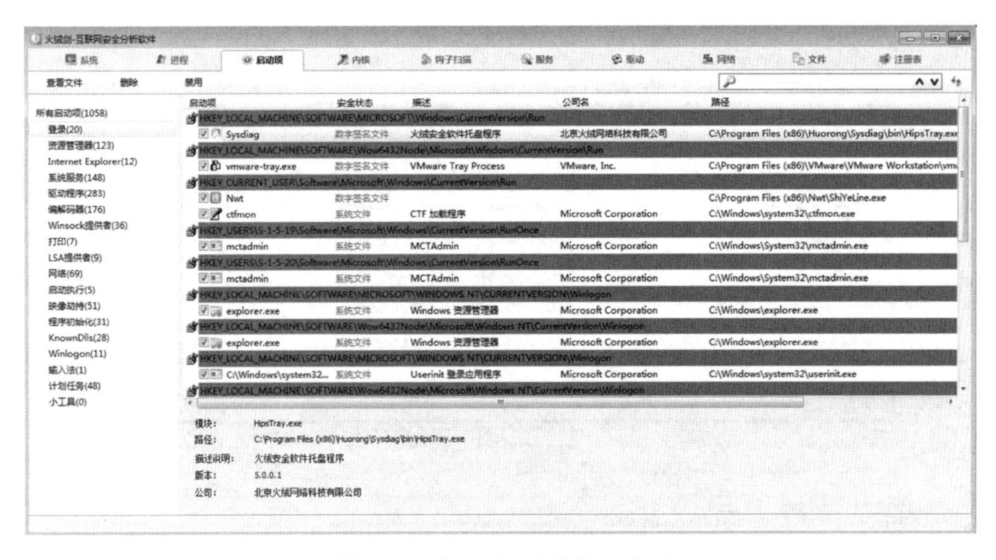

图 15-8　火绒剑工具分析启动项

该工具还可以通过系统程序行为监控帮助我们分析程序是否存在异常行为。在系统选项卡中配置过滤规则，包括执行监控、文件监控、注册表监控、进程监控、网络监控和行为监控，如图15-9所示。

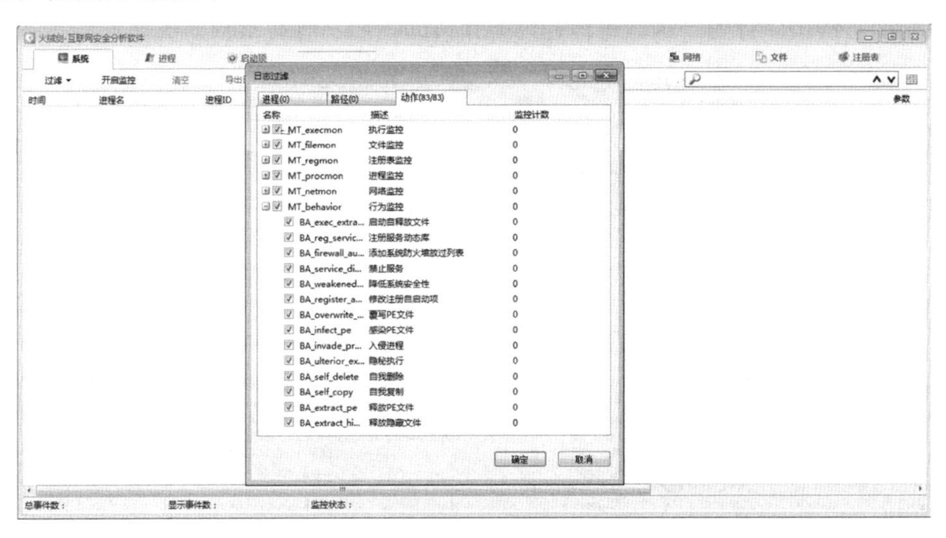

图 15-9　火绒剑工具分析程序行为

我们运行一个sality病毒并进行行为监控，如图15-10所示，病毒样本文件开始运行，进程ID为3704，通过火绒剑工具对病毒行为进行监控。

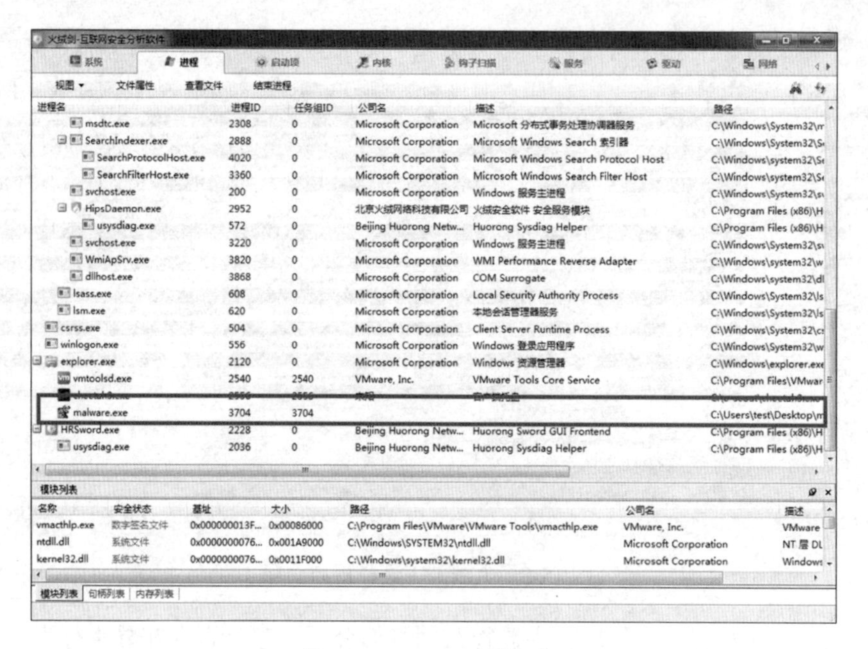

图 15-10　sality 病毒运行

对病毒行为进行过滤分析，如图15-11所示，sality病毒样本运行后存在注册表信息修改、调用系统动态链接库行为，这些进程行为能够帮助我们了解病毒行为机理。

火绒剑-互联网安全分析软件

系统　进程　启动项　内核　钩子扫描　服务　驱动　网络

过滤　开启监控　清空　导出日志

进程名	进程ID	任务组ID	动作	路径
malware.exe	3704:0	3704	EXEC_create	C:\Users\test\Desktop\malware.exe
malware.exe	3704:2748	3704	REG_openkey	HKEY_LOCAL_MACHINE\SOFTWARE\MICROSOFT\WINDOWS NT\CURRENTVERSION\Image File Exec
malware.exe	3704:2748	3704	REG_openkey	HKEY_LOCAL_MACHINE\System\CurrentControlSet\Control\SESSION MANAGER
malware.exe	3704:0	3704	FILE_open	C:\Windows\System32\wow64.dll
malware.exe	3704:0	3704	FILE_open	C:\Windows\System32\wow64win.dll
malware.exe	3704:0	3704	FILE_open	C:\Windows\System32\wow64cpu.dll
malware.exe	3704:2748	3704	REG_openkey	HKEY_LOCAL_MACHINE\SOFTWARE\MICROSOFT\WINDOWS NT\CURRENTVERSION\Image File Exec
malware.exe	3704:2748	3704	REG_openkey	HKEY_LOCAL_MACHINE\System\CurrentControlSet\Control\SESSION MANAGER
malware.exe	3704:2748	3704	REG_openkey	HKEY_LOCAL_MACHINE\System\CurrentControlSet\Control\Terminal Server
malware.exe	3704:2748	3704	REG_getval	HKEY_LOCAL_MACHINE\System\CurrentControlSet\Control\Terminal Server\TSUserEnabled
malware.exe	3704:2748	3704	REG_openkey	HKEY_LOCAL_MACHINE\SOFTWARE\Policies\Microsoft\Windows\safer\codeidentifiers
malware.exe	3704:0	3704	FILE_open	C:\Windows\SysWOW64\sechost.dll
malware.exe	3704:0	3704	FILE_open	C:\Windows\SysWOW64\wsock32.dll
malware.exe	3704:2748	3704	REG_openkey	HKEY_LOCAL_MACHINE\System\CurrentControlSet\Control\Nls\CustomLocale
malware.exe	3704:2748	3704	REG_openkey	HKEY_LOCAL_MACHINE\System\CurrentControlSet\Control\Nls\ExtendedLocale
malware.exe	3704:2748	3704	REG_openkey	HKEY_LOCAL_MACHINE\System\CurrentControlSet\Control\Nls\Sorting\Versions
malware.exe	3704:2748	3704	REG_getval	HKEY_LOCAL_MACHINE\System\CurrentControlSet\Control\Nls\Sorting\Versions\
malware.exe	3704:2748	3704	REG_openkey	HKEY_LOCAL_MACHINE\System\CurrentControlSet\Control\Terminal Server
malware.exe	3704:2748	3704	REG_getval	HKEY_LOCAL_MACHINE\System\CurrentControlSet\Control\Terminal Server\TSUserEnabled
malware.exe	3704:2748	3704	REG_openkey	HKEY_LOCAL_MACHINE
malware.exe	3704:2748	3704	REG_openkey	HKEY_LOCAL_MACHINE\System\CurrentControlSet\Control\SESSION MANAGER
malware.exe	3704:0	3704	FILE_open	C:\Windows\SysWOW64\imm32.dll
malware.exe	3704:0	3704	FILE_open	C:\Windows\SysWOW64\imm32.dll
malware.exe	3704:0	3704	FILE_open	C:\Windows\SysWOW64\imm32.dll
malware.exe	3704:2748	3704	REG_openkey	HKEY_LOCAL_MACHINE\SOFTWARE\MICROSOFT\WINDOWS NT\CURRENTVERSION\GRE_Initialize
malware.exe	3704:2748	3704	REG_openkey	HKEY_LOCAL_MACHINE\SOFTWARE\Wow6432Node\Microsoft\Windows NT\CurrentVersion\Compat
malware.exe	3704:2748	3704	REG_openkey	HKEY_LOCAL_MACHINE\SOFTWARE\Wow6432Node\Microsoft\Windows NT\CurrentVersion\Window
malware.exe	3704:2748	3704	REG_getval	HKEY_LOCAL_MACHINE\SOFTWARE\Wow6432Node\Microsoft\Windows NT\CurrentVersion\Window

修改注册表

调用系统动态链接库

总事件数：4756　显示事件数：165　监控状态：停止

图 15-11　sality 病毒行为分析

通过进程行为我们还发现，sality病毒修改了系统动态链接库SYSLIB32.dll文件，如图15-12所示，一般正常的程序不会进行这样的修改操作，通过进程行为监控能够帮助我们确定可执行程序是否为恶意程序。

火绒剑-互联网安全分析软件

系统　进程　启动项　内核　钩子扫描　服务　驱动　网络

过滤　停止监控　清空　导出日志

进程名	进程ID	任务组ID	动作	路径
malware.exe	5064:4976	5064	REG_openkey	HKEY_LOCAL_MACHINE\System\CurrentControlSet\Control\MUI\UILanguages
malware.exe	5064:4976	5064	REG_openkey	HKEY_LOCAL_MACHINE\System\CurrentControlSet\Control\MUI\UILanguages\zh-CN
malware.exe	5064:4976	5064	REG_getval	HKEY_LOCAL_MACHINE\System\CurrentControlSet\Control\MUI\UILanguages\zh-CN\Type
malware.exe	5064:4976	5064	REG_getval	HKEY_LOCAL_MACHINE\System\CurrentControlSet\Control\MUI\UILanguages\zh-CN\DefaultFallbac
malware.exe	5064:4976	5064	REG_getval	HKEY_LOCAL_MACHINE\System\CurrentControlSet\Control\MUI\UILanguages\zh-CN\en-US
malware.exe	5064:4976	5064	REG_getval	HKEY_LOCAL_MACHINE\System\CurrentControlSet\Control\MUI\UILanguages\zh-CN\LCID
malware.exe	5064:4976	5064	REG_getval	HKEY_LOCAL_MACHINE\System\CurrentControlSet\Control\MUI\UILanguages\zh-CN\DefaultFallbac
malware.exe	5064:4976	5064	REG_getval	HKEY_LOCAL_MACHINE\System\CurrentControlSet\Control\MUI\UILanguages\zh-CN\en-US
malware.exe	5064:4976	5064	REG_getval	HKEY_LOCAL_MACHINE\System\CurrentControlSet\Control\MUI\UILanguages\zh-CN\Type
malware.exe	5064:4976	5064	REG_openkey	HKEY_USERS\S-1-5-21-1116367765-2585063501-498206044-1000
malware.exe	5064:4976	5064	REG_openkey	HKEY_LOCAL_MACHINE\System\CurrentControlSet\Control\MUI\Settings\LanguageConfiguration
malware.exe	5064:4976	5064	REG_openkey	HKEY_USERS\S-1-5-21-1116367765-2585063501-498206044-1000
malware.exe	5064:4976	5064	REG_openkey	HKEY_USERS\S-1-5-21-1116367765-2585063501-498206044-1000\Control Panel\Desktop\Language
malware.exe	5064:4976	5064	REG_openkey	HKEY_USERS\S-1-5-21-1116367765-2585063501-498206044-1000
malware.exe	5064:4976	5064	REG_openkey	HKEY_USERS\S-1-5-21-1116367765-2585063501-498206044-1000\Control Panel\Desktop
malware.exe	5064:4976	5064	REG_openkey	HKEY_USERS\S-1-5-21-1116367765-2585063501-498206044-1000
malware.exe	5064:4976	5064	REG_openkey	HKEY_USERS\S-1-5-21-1116367765-2585063501-498206044-1000\Control Panel\Desktop\MuiCache
malware.exe	5064:4976	5064	REG_getval	HKEY_USERS\S-1-5-21-1116367765-2585063501-498206044-1000\Control Panel\Desktop\MuiCache
malware.exe	5064:4976	5064	FILE_touch	C:\Windows\SysWOW64\SYSLIB32.DLL
malware.exe	5064:0	5064	FILE_open	C:\Windows\SysWOW64\SYSLIB32.DLL
malware.exe	5064:4976	5064	FILE_write	C:\Windows\SysWOW64\SYSLIB32.DLL
malware.exe	5064:0	5064	FILE_modified	C:\Windows\SysWOW64\SYSLIB32.DLL
malware.exe	5064:0	5064	BA_extract_hid...	C:\Windows\SysWOW64\SYSLIB32.DLL
malware.exe	5064:0	5064	FILE_open	C:\Windows\SysWOW64\SYSLIB32.DLL
malware.exe	5064:0	5064	EXEC_module_...	C:\Windows\SysWOW64\SYSLIB32.DLL
malware.exe	5064:4196	5064	REG_openkey	HKEY_USERS\S-1-5-21-1116367765-2585063501-498206044-1000
malware.exe	5064:4196	5064	REG_openkey	HKEY_USERS\S-1-5-21-1116367765-2585063501-498206044-1000\Software\Microsoft\Windows\Cur
malware.exe	5064:4196	5064	REG_openkey	HKEY_LOCAL_MACHINE\SOFTWARE\Wow6432Node\Microsoft\Windows\CurrentVersion\Run

修改系统动态链接库

总事件数：15786　显示事件数：292　监控状态：开启

图 15-12　sality 病毒恶意行为

15.2.3　计算机病毒查杀工具

病毒查杀工具能够帮助我们进行病毒清除，一般包括杀毒软件和病毒专杀工具，常用的杀毒软件有360杀毒等，下面我们选择一些常用的病毒查杀工具进行介绍。

火绒安全是一款集病毒查杀与安全防护于一体的安全软件，分为个人用户和企业用户版本，软件小巧，占用资源较少，并且自带很多安全工具。火绒安全软件界面如图15-13所示。

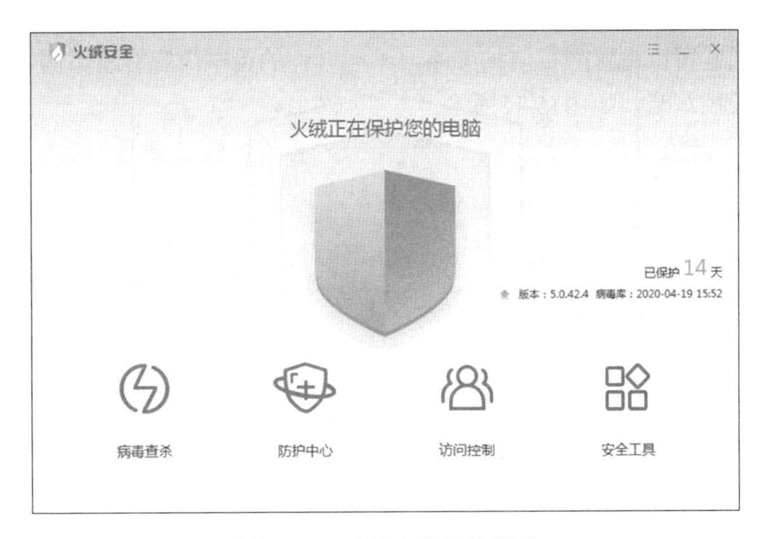

图 15-13　火绒安全软件界面

病毒查杀时，可以进行全盘查杀和快速查杀，能够针对引导区、系统进程、启动项、服务与驱动、系统组件、系统关键位置、全盘文件进行查杀。病毒文件查杀后能够在隔离区里进行恢复和病毒文件提取操作。

使用杀毒软件进行病毒查杀时，一般需要根据安全防护的实际需求进行病毒查杀策略配置和文件监控策略配置。如图15-14所示，可以设置压缩包文件查杀策略。在默认情况下，杀毒软件不对压缩包内的文件进行检查，容易留下安全隐患，但是查杀较大压缩包文件时会占用大量系统资源，需要用户根据实际情况自行选择。

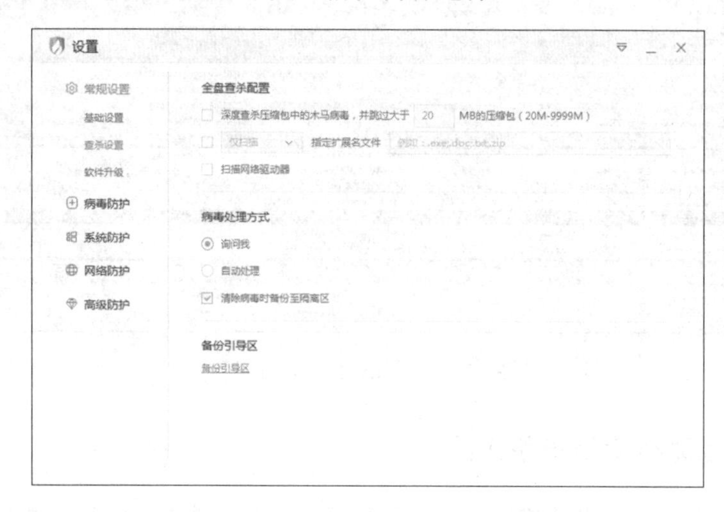

图 15-14　火绒安全软件病毒查杀设置

用户还可以设置查杀的文件类型、是否扫描网络驱动器和发现病毒后的处置方式。如果用户对计算机知识了解不多，可以选择由杀毒软件自动处理，确保系统安全，如果用户具备一定的计算机知识，可以选择由用户选择处置方法。病毒查杀后，可以保存在隔离区，方便找回文件或进行病毒文件提取。

杀毒软件通常可以设置病毒防护策略，不同软件的策略内容有所不同，但是一般需要设置文件实时监控策略，如图15-15所示。

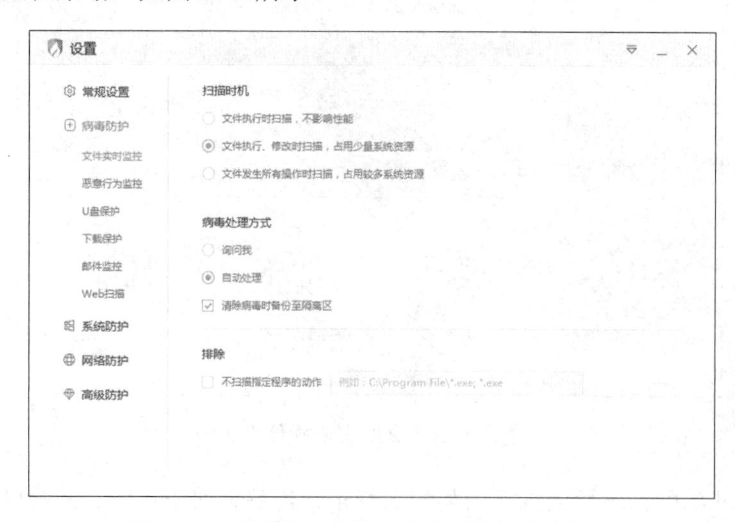

图 15-15　火绒安全软件文件实时监控策略设置

文件实时监控策略是杀毒软件防护的重要策略，设置实时监控策略能够保证杀毒软件在第一时间对病毒进行查杀，避免系统和文件受到病毒破坏。但是，实时监控策略会占用一定的系统资源，一般设置为文件执行时进行扫描，也可以对部分程序添加白名单。

除了常用的防病毒软件，对于一些危害较大或顽固的病毒也可以通过病毒专杀工具进行查杀，专杀工具一般只能够查杀少量特定的病毒，但是自带相关病毒的检测和加固工具。例如，勒索病毒爆发时，有多家杀毒软件公司提供了勒索病毒专杀工具，如图15-16所示。

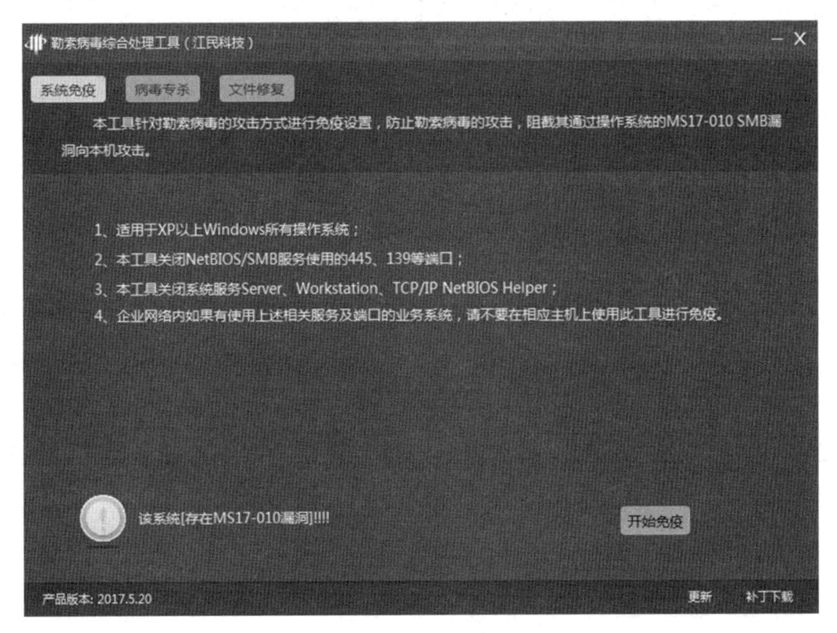

图 15-16　勒索病毒综合处理工具（江民科技）

该工具是江民科技公司（全称为北京江民新科技术有限公司）设计的勒索病毒专杀工具，支持勒索病毒利用的漏洞检测和漏洞修复，无法安装补丁时也可以通过关闭相关服务或打开防火墙进行防护。该专杀工具还支持勒索病毒查杀和部分加密文件修复。

15.2.4　系统恢复及加固工具

系统恢复及加固工具能够帮助我们在病毒事件处置后进行数据恢复和安全加固，下面我们选择一些常用的系统恢复及加固工具进行介绍。

1. 数据恢复工具

R-Studio是一款功能强大的数据恢复软件，能够恢复FAT12/16/32、NTFS、NTFS5和ExtFS等格式的分区磁盘，还支持本地和网络磁盘恢复。R-Studio界面如图15-17所示，左侧显示本地磁盘分区情况，右侧显示磁盘相关信息。

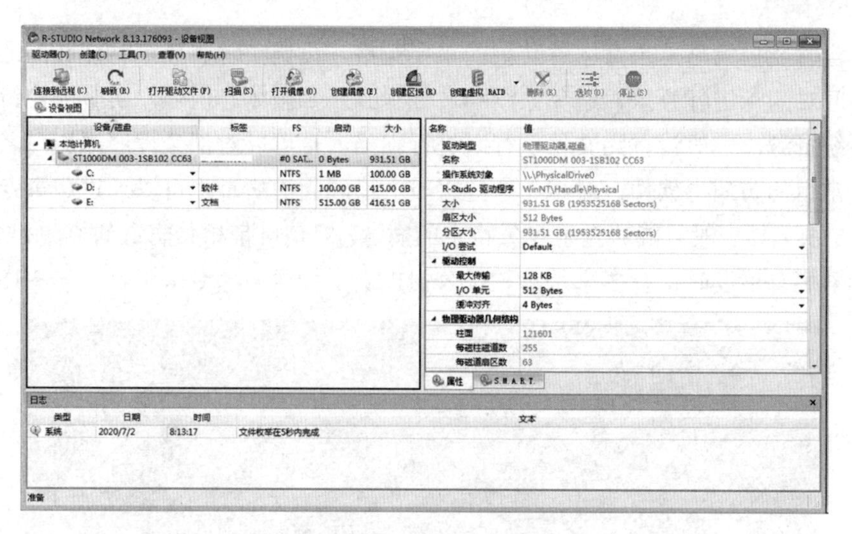

图 15-17　R-Studio 界面

部分病毒会在感染系统后，破坏或删除系统文件、用户数据，如果这些被删除的数据在磁盘上没有被覆盖，可以通过该工具进行文件恢复，如图15-18所示，选择C盘进行扫描，在软件右侧界面能够查看到C盘分区中所有的文件，包括已有文件和被删除的文件，其中被删除的文件图标上有一个叉号，右键可以进行文件恢复操作，并选择文件恢复的位置，为保证不破坏其他被删除的文件，一般选择恢复到其他分区或磁盘。

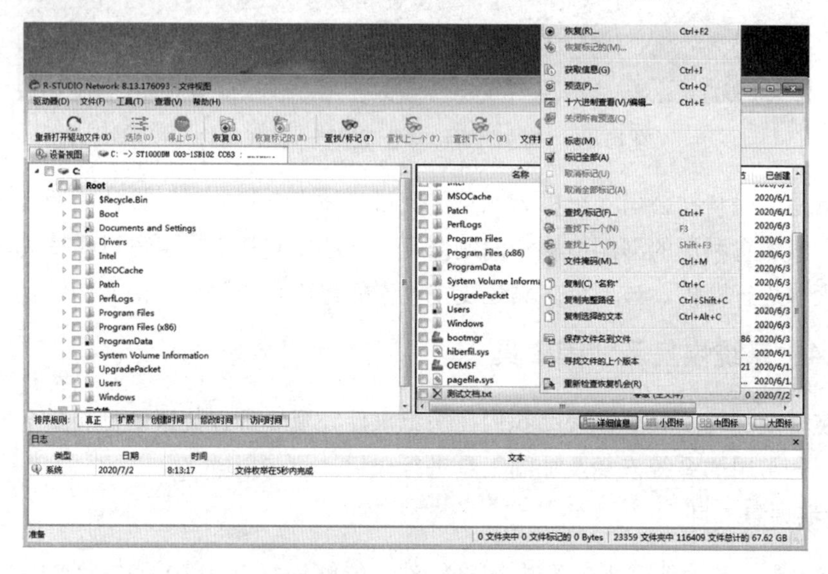

图 15-18　R-Studio 数据恢复

2．安全加固工具

系统安全加固主要是对系统进行补丁修复、安全策略配置等操作，很多终端杀毒软件都具备一定的安全加固能力，如360安全卫士、火绒安全软件等。

我们以火绒安全软件为例，可以进行系统漏洞扫描和补丁修复，如图15-19所示。在系统修复时，建议优先修复高危漏洞和中危漏洞，按需修复低危和一般性漏洞。

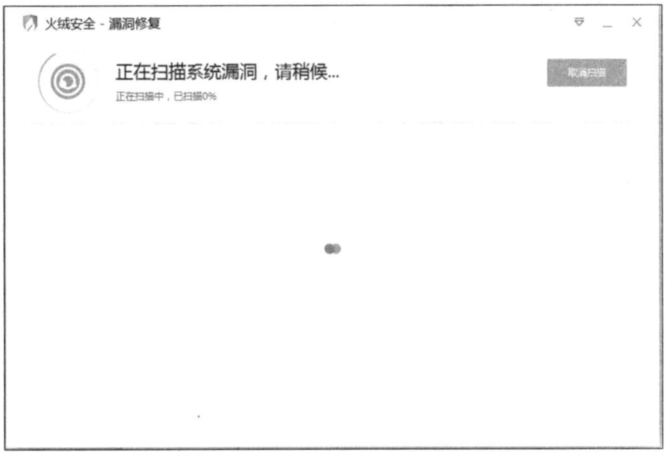

图 15-19 火绒安全软件漏洞修复

安全加固一般还需要进行系统不必要服务的裁剪、安全策略配置、防火墙策略配置等。我们可以通过火绒安全防护策略添加病毒防护、系统防护、网络防护等策略，例如添加IP协议控制规则。如图15-20所示，在IP协议控制中添加TCP 445端口阻断策略，需要配置数据包进出的方向、协议类型、源地址及端口、远端地址及端口等信息，配置生效后能够有效防护针对TCP 445端口的网络攻击和病毒传播。用户可以将一些其他的高危的端口服务进行阻断，保护系统。

图 15-20 火绒安全软件配置 IP 协议控制策略

还可以通过火绒安全软件设置上网时段、网站内容、程序执行、U盘使用等控制策略，如图15-21所示，其中U盘使用控制能够防止未知U盘接入，避免通过移动存储设备感染病毒。

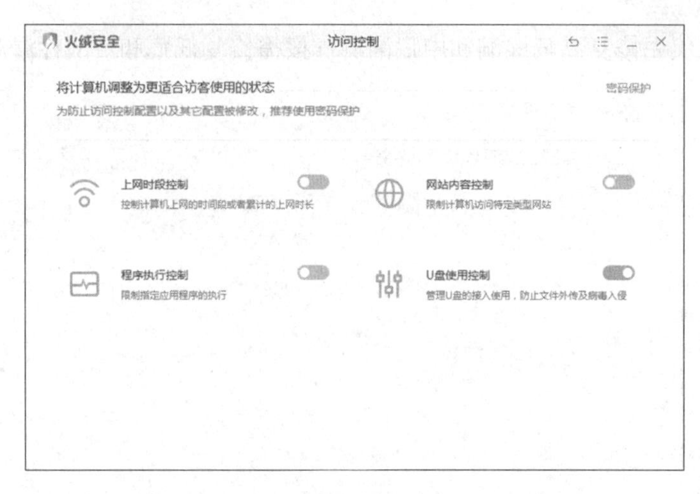

图 15-21　火绒安全软件其他控制策略设置

15.3　计算机病毒事件应急响应处置思路及案例

本节主要介绍计算机病毒事件应急响应处置的一些思路、原则，并结合一些病毒事件实际处置案例进行说明。

15.3.1　计算机病毒事件应急响应思路

病毒事件根据病毒的感染范围、传播性和危害性的不同，处置的方法也不同。一般感染数量少、无网络传播能力、危害较小的病毒，可以通过杀毒软件直接进行查杀。当发生大规模病毒传播事件时，需要进行应急响应行动。

病毒传播事件应急响应一般要考虑以下三个方面：

一是在发现大规模病毒爆发时，首先需要考虑在短时间内抑制病毒传播，通过网络隔离、关机等方式阻断病毒传播范围扩大；

二是在进行病毒清除时，要根据事件处置的要求按需保留电子证据。如需保留电子证据，可以通过磁盘克隆等方式留存病毒样本、系统日志等电子证据；

三是病毒清除后，要根据病毒传播机理，完善网络、系统的安全配置策略和防护手段，升级病毒库，确保不再感染病毒。

15.3.2　勒索病毒处置案例

1．病毒简介

2017年5月12日，WannaCry病毒在全球范围大爆发，该病毒由不法分子利用NSA（美国国家安全局）泄露的危险漏洞“EternalBlue”（永恒之蓝，MS17-010漏洞）进行传播，给全球计算机网络造成严重的危害。该病毒利用Windows操作系统存在的TCP 445端口漏洞进行攻击，成功后对终端上的所有文档进行加密，用户需缴纳一定比特币才能对文档解密。

2. 事件背景

2018年，通过网络安全监测手段发现某学校发生勒索病毒大规模传播事件。该学校接到通知后，迅速将涉及勒索病毒传播的两个校区断网，组织病毒查杀，在初步处置后，该学校邀请应急响应小组协助处置该病毒传播事件，以确认病毒传播是否已经控制，是否具备网络恢复的条件。

3. 病毒处置

（1）准备与检测阶段。

应急响应小组到达现场后，迅速了解病毒传播爆发的情况。经确认，网络安全监控部门通过流量监测发现该学校存在大量TCP 445端口扫描行为，经判断后确定为勒索病毒传播，该勒索病毒的加密部分未加载，只存在传播和感染主机的情况，未造成数据加密等损失。学校在两个校区断网后，组织安装防病毒软件进行查杀，发现并查杀染毒终端几十台。

应急响应小组确认初步情况后，首先通过学校了解这两个校区的网络拓扑、网络资产和应用服务情况，以及防火墙等相关网络安全防护配置情况。发现该学校登记的网络资产清单与实际情况存在较大差距，应急响应小组通过Nmap工具分别对两个校区局域网进行扫描，结合登记的资产清单核对局域网内实际在用的主机。同时，在各校区的核心交换机上进行流量镜像，监测局域网内是否仍有染毒主机。

（2）抑制阶段。

病毒爆发前期，学校及时接到通知进行断网处置，已实现了病毒传播的初步抑制工作。为避免病毒在局域网内再次扩散，局域网内未开机的终端、服务器在处置后再接入网络。

（3）根除阶段。

由于已经确认病毒为勒索病毒，当前版本的杀毒软件已具备查杀能力，直接通过安装杀毒软件和专杀工具的方式进行病毒根除。结合局域网内镜像流量监控情况，发现两台服务器存在染毒和传播的行为，对染毒服务器进行病毒查杀。对未开机的终端和服务器，先断网再开机，并安装杀毒软件确认无病毒感染情况后再接入网络。经过排查后，确认两个校区内已无染毒终端。

（4）恢复与总结阶段。

在根除病毒后，应急响应小组尝试分析病毒来源，经检查两个校区边界防火墙发现，已封堵TCP 135、TCP 445等高危端口，基本排除通过外部网络传播感染的情况。但是校区内对于移动存储设备不做限制，病毒可能通过移动存储介质进入内网。另外发现校区局域网内未配置防火墙，终端、服务器的补丁修复不及时，该校使用的某软件系统使用操作系统自带的网络共享服务实现文件传输，即使用TCP 445端口进行网络通信，导致局域网内终端、服务器普遍开放TCP 445端口。这些情况导致病毒进入局域网后迅速传播开来。

在确认病毒传播事件处置完毕后，应急响应小组结合事件处置情况，建议校区进行防病毒软件推广安装、增加终端防火墙、及时安装系统补丁、修改软件系统文件传输机制等建议，并协助校方恢复网络。

15.3.3 某未知文件夹病毒处置案例

1. 病毒简介

文件夹病毒是一种比较古老的病毒，一般通过移动存储介质进行传播，通过隐藏或删除用户移动存储介质中的文件夹，并创建与该文件夹同名的病毒文件，诱导用户点击并感染用户计算机。本案例中的病毒行为与文件夹病毒相近，在发现时杀毒软件还不具备查杀能力。

2. 事件背景

某单位在工作中发现员工通过U盘拷贝的文件无法打开，部分文件丢失，文件夹被篡改为可执行文件，而且无法通过杀毒软件进行查杀。经过一段时间后，单位内部更多终端出现类似情况，极大影响了正常工作，该单位邀请应急响应小组协助处置该文件夹病毒事件。

3. 病毒处置

（1）准备与检测阶段。

应急响应小组到达现场后，迅速了解该病毒传播的情况。经确认，该单位中多个移动存储介质上存在文件夹病毒，同时多台终端上存在异常进程，经判断后确定为一种新型的文件夹病毒且该单位所使用的杀毒软件不具备查杀能力。

应急响应小组确认初步情况后，首先通过该单位了解单位内部的网络拓扑和网络资产情况。同时，采集终端上的异常进程和移动存储介质上的病毒文件样本进行逆向分析。通过逆向分析发现，该文件夹病毒共包含三个病毒文件体，其中两个文件进程相互守护，当检测到有移动存储介质介入后会在移动存储介质中释放第三个文件，并修改移动存储介质中的文件夹，诱导用户点击病毒文件，从而感染新的终端。应急响应小组将病毒样本文件进行分析，结果和哈希值提交至该单位所使用的杀毒软件公司，申请升级杀毒软件病毒库。

（2）抑制阶段。

在杀毒软件病毒库更新前，该单位通过移动存储介质格式化，或减少移动存储介质使用的方式降低病毒传播概率，并通过手动的方式清除染毒终端中的病毒进程。

（3）根除阶段。

在杀毒软件病毒库更新后具备该未知文件夹病毒的查杀能力，应急响应小组对该单位内终端、服务器进行了病毒库升级，对感染病毒的终端进行再次查杀。对移动硬盘、U盘等存储介质进行了查杀或格式化处理，对染毒的光盘进行了销毁。

（4）恢复与总结阶段。

在根除病毒后，应急响应小组与杀毒软件公司尝试分析病毒来源，无法确定病毒的最初来源，可能通过单位员工的移动存储介质带入公司内部。本次文件夹病毒传播事件主要是通过移动存储介质传播的，反映出该单位内部移动存储介质使用缺少规范化管理的问题，同时需要加强员工的安全防护意识教育，对可疑文件需要留意文件的后缀名，避免误点击病毒文件。

第 16 章　分布式拒绝服务攻击事件应急响应

近年来，随着计算机和互联网的大规模普及，大量社交、娱乐、购物和工作等场景从线下转到线上，互联网已经成为个人生活不可或缺的一部分，与此同时，在网络安全领域也延伸和发展出新的网络攻击方式，DDoS攻击便是一种经典的攻击类型。

DDoS是分布式拒绝服务攻击（Distributed Denial of Service）的简称。分布式拒绝服务攻击是一种可以使很多计算机在同一时间内遭受攻击，而无法正常提供网络服务和进行网络通信的网络攻击方式。DDoS攻击在互联网上已经出现过大量案例，甚至连Google、微软这些大公司也曾遭受过类似攻击。

目前如何应对DDoS攻击仍然是业界难题。网络安全人员可以在攻击的各个环节上做好防范措施，通过增大网络带宽、网络清洗、引流等方式提高网络的健壮性。

本章将对DDoS攻击的原理、类型、分类、步骤、防范措施进行详细介绍，以方便读者更快地学习和掌握DDoS攻击相关知识，为DDoS的应急响应处置打下理论基础。

16.1　DDoS 攻击介绍

DDoS是指处于不同位置的多个攻击者同时向一个或数个目标发动攻击，或者一个攻击者控制了位于不同位置的多台机器并利用这些机器对受害者同时实施攻击。为了讲清楚DDoS，我们首先从DoS攻击讲起。

16.1.1　DoS 攻击

拒绝服务攻击（Denial of Service，DoS）是一种利用TCP/IP协议的缺陷，通过大量占用、消耗被攻击目标的资源，使得被攻击目标无法提供正常服务的攻击方式。被攻击目标的资源包括网络带宽资源、计算资源和存储资源。DoS攻击通常依靠大量合法的访问去瘫痪目标，由于DoS攻击是利用网络协议自身的安全缺陷，难以被监测和阻断，因而很容易成为黑客的攻击手段。

16.1.2　DDoS 攻击

DoS攻击早期依靠单一机器便能发起攻击。但随着信息技术的发展，一方面硬件性能不断提高，点对点的攻击方式对目标越来越难以产生明显效果；另一方面，物联网和云计算技术的发展，使得攻击工具越来越容易获得，这导致DoS攻击逐步向分布式模式发展。

分布式拒绝服务攻击是一种依靠大规模、分布式的傀儡机协同实施DoS攻击的攻击方式，其攻击原理如图16-1所示。相对于DoS攻击，DDoS攻击破坏性更强、涉及范围更广，具有以下特点：

（1）大量傀儡协同攻击。攻击者需要控制网络里大量的傀儡机，这些主机在攻击者的控制下同时对目标发起攻击，通过大量的请求消耗目标的资源，导致目标崩溃。

（2）攻击方法多样化。不同于单一主机只能采用一种方法，DDoS可以采用多种DoS攻击方式，可以在带宽型攻击中混杂应用型攻击，导致防御起来更加困难。

（3）攻击目标多。当目标是服务器集群时，DDoS攻击可以对傀儡机进行分工，同时对多个目标主机发起攻击。

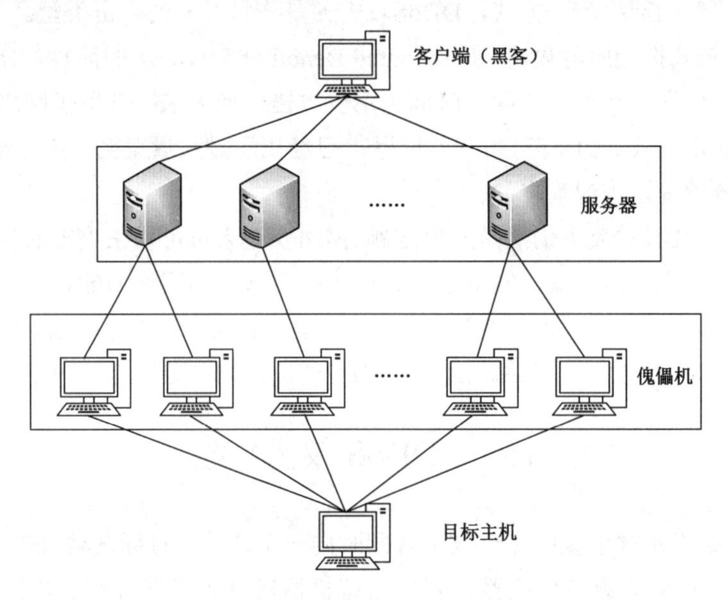

图 16-1　DDoS 攻击原理

16.1.3　DDoS 攻击分类

现阶段，研究人员对DDoS攻击提出了多种分类方法，目前较为普遍的分类方法是依据攻击目标使用的网络协议进行分类。以下分别从网络层/传输层和应用层两个层面对DDoS攻击进行分类介绍。

1. 网络层/传输层的 DDoS 攻击

网络层/传输层的DDoS攻击通过耗尽网络带宽达到攻击效果，攻击者向目标网络发送大量的垃圾流量占用带宽资源，使得可用带宽大幅降低，导致目标主机无法和外界正常通信。这种攻击方式通常会使用TCP、UDP、ICMP等协议的数据包。常见的攻击方法有以下五种类型。

（1）Smurf攻击。

Smurf攻击是以最初发动这种攻击的程序名“Smurf”来命名的，这种攻击方法结合了IP欺骗和ICMP回复功能，使大量ICMP包充斥目标网络，引起目标系统拒绝为正常请求服务。

ICMP用于在IP主机和路由器之间传递控制消息，可以用来确定网络上的某台主机是否响应，其攻击流程如图16-2所示。用户可以向某个单一主机发起ICMP包，也可以向局域网的广播地址发送ICMP包。攻击者向网关发送目的地址为广播地址，源地址为受害主机IP的ICMP ECHO_REQUEST包，路由器在接收到该数据包时，发现目的地址是广播地址，就会将该数据包广播出去，局域网内所有主机都会收到该ICMP请求包，并且向受害主机IP返回ICMP ECHO_REPLY响应包，受害主机就会收到该网络内所有主机发来的ICMP应答报文，最终导致网络拥塞，无法提供正常服务。

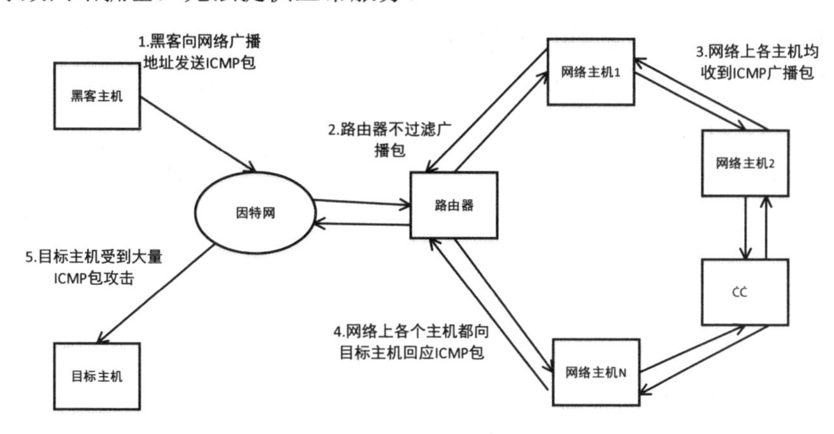

图 16-2　Smurf 攻击流程

Smurf攻击是比较早期的攻击，目前防范措施有：

① 路由器过滤IP广播包，禁止广播包进入局域网。

② 对局域网主机进行配置，禁止对目的地址为广播地址的ICMP包响应。

③ 被攻击目标与ISP协商，由ISP暂时阻止这些流量。

④ 对于从本网络向外部网络发送的数据包，网关应过滤源地址为其他网络的数据包。

（2）SYN Flood攻击。

SYN Flood是互联网上最经典的DDoS攻击方式之一。SYN Flood攻击利用了TCP三次握手协议的缺陷，通过向网络服务所在端口发送大量的伪造源地址的攻击报文，造成目标服务器中的半开连接队列被占满，从而阻止其他合法用户进行访问，能够以较小代价使目标服务器无法响应，且难以追查。

实施SYN Flood攻击，首先需要理解TCP的握手流程，标准的TCP三次握手过程如图16-3所示。

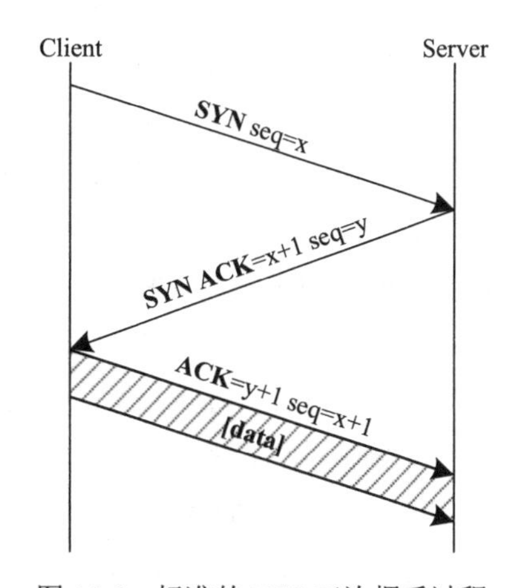

图 16-3　标准的 TCP 三次握手过程

① 客户端发送一个包含SYN标志的TCP报文，SYN即同步（Synchronize），同步报文会指明客户端使用的端口以及TCP连接的初始序号；

② 服务器在收到客户端的SYN报文后，将返回一

个SYN+ACK（即确认）的报文，表示客户端的请求被接收，同时TCP初始序号自动加1；

③ 客户端也返回一个确认报文ACK给服务器端，同样TCP序列号被加1。

经过这三步，TCP连接就建立完成了。但在实际情况下，网络可能会不稳定，造成丢包现象，使得握手消息不能正常到达某方，因此TCP协议为了实现可靠传输在三次握手的过程中设置了一些异常处理机制：在第三步中如果服务器没有收到客户端的最终ACK报文，会一直处于半连接的SYN_RECV状态，并将客户端IP加入等待列表，并重发第二步的SYN+ACK报文。重发一般进行3～5次，大约间隔30秒。服务器在自己发出了SYN+ACK报文后，会预分配资源为即将建立的TCP连接存储信息做准备，这个资源在等待重试期间一直保留，直到重试超过一定次数时才会释放资源。由于服务器资源有限，当可以维护的SYN_RECV状态超过极限后，服务器将拒绝新的TCP连接建立。

SYN Flood攻击正是利用了上文中TCP协议的设定，达到攻击的目的。SYN Flood的攻击发生在三次握手过程中的第一步，攻击者伪装大量的IP地址向服务器发送SYN报文，由于伪造的IP地址几乎不可能存在，也就没有设备会给服务器返回任何应答。因此，服务器将会维持一个庞大的等待列表，不停地重试发送SYN+ACK报文，占用着大量的资源无法释放。更为关键的是，被攻击服务器的SYN_RECV队列被恶意的数据包占满，不再接收新的SYN请求，合法用户无法完成三次握手建立起TCP连接。

针对SYN Flood攻击，目前防范措施有：

① 将攻击IP列入黑名单，但该方法不适用于不停变化的源IP地址。

② 无效连接监视释放，这种方法不停监视系统的半开连接和不活动连接，当达到一定阈值时拆除这些连接，从而释放系统资源。

③ 延缓资源分配，当正常连接建立后再分配资源，则可以有效地减轻服务器资源消耗。

④ 使用SYN代理防火墙，对试图穿越的SYN请求进行验证，只有验证通过的才放行。

（3）ACK Flood攻击。

ACK Flood攻击也利用TCP三次握手过程，但与SYN Flood攻击有所区别，ACK Flood攻击利用的是握手协议的第三步，而SYN Flood攻击利用的是握手协议的前两步。这里ACK Flood攻击可以分为两种。

第一种：攻击者伪造大量的SYN+ACK包发送给目标主机，目标主机每收到一个SYN+ACK数据包时，都会去本机的TCP连接缓存表中查看有没有与ACK包的发送者建立连接，如果有则回送ACK包完成TCP连接，如果没有则发送ACK+RST断开连接。但是在查询过程中会消耗一定的CPU资源。如果瞬间收到大量的SYN+ACK数据包，服务器将会消耗大量的CPU资源接收报文、判断报文和回应报文，导致正常的连接无法建立或增加延迟，甚至造成服务器瘫痪、死机。

第二种：利用TCP三次握手的SYN+ACK应答，攻击者向不同的服务器发送大量的SYN请求，这些SYN请求数据包的源IP均为受害主机IP，这样就会有大量的SYN+ACK应答数据包发往受害主机，从而占用目标的网络带宽资源，导致拒绝服务。

（4）UDP DNS查询Flood攻击。

作为互联网最基础、最核心的服务，DNS自然也是DDoS攻击的重要目标之一。打垮DNS服务能够间接打垮一家公司的全部业务，或者打垮一个地区的网络服务。例如，黑客组织Anonymous也曾经宣布要攻击全球互联网的13台DNS根服务器，不过最终没有得手。UDP攻击是最容易发起海量流量的攻击手段，而且源IP随机伪造难以追查。但过滤比较容易，因为大多数IP并不提供UDP服务，直接丢弃UDP流量即可。所以现在纯粹的UDP流量攻击比较少见了，取而代之的是UDP协议承载的DNS Query Flood攻击。简单地说，越是针对上层协议发动的DDoS攻击越难以防御，因为协议越上层，与业务关联越大，防御系统面临的情况越复杂。

（5）Land Attack攻击。

攻击者发动Land Attack攻击时，需要先发出一个SYN数据包，并将数据包的源IP与目的IP都设置成要攻击的目标IP，这样目标在接收到SYN数据包后，会根据源IP回应一个SYN+ACK数据包，即和自己建立一个空连接，然后到达idle超时时间时，才会释放这个连接。攻击者发送大量这样的数据包，从而耗尽目标的TCP连接池，最终导致拒绝服务。

2．应用层的 DDoS 攻击

（1）攻击模式。

对于应用层的DDoS攻击，根据攻击方式的不同，可以分为三种模式：

① 海量请求攻击模式。在客户端应用层攻击模式中，不法分子会利用傀儡攻击主机发送海量的资源请求，一般而言，这类请求与普通的正常请求没有区别，所以服务端会按照正常请求进行响应，但是，海量的请求会导致服务端无法及时处理请求，导致处理状态不稳定，时间请求压力过大，最终服务无法继续正常运行，从而导致拒绝服务。海量请求造成的拥堵往往会呈指数增长的趋势，导致服务端疲于处理请求。

② 非对称性攻击模式。不法分子会利用已有的硬件攻击，发送恶意的网络请求。但是与海量请求模式不同的是，这类的请求并不只是单纯地针对资源的访问和读写，而是挑战服务端的逻辑处理能力。对于普通的逻辑处理而言，服务端会快速得到输出结果返回至客户端，而如果逻辑处理运算复杂，或者逻辑处理程序不够健壮，会导致服务端运算性能下降。所以，该模式通常不会像海量请求那样，不法分子不需要发动大量的傀儡攻击主机，也可以达到服务端拒绝服务的目的。所以，对于服务端而言，除了海量的备用资源存储端作为后盾，还要有健壮的、可以持久运行、处理高效的逻辑处理程序作为支撑，这样才可以有效地避免非对称性攻击模式发生，从而避免或者减小不必要的经济损失。

③ 多次会话模式。相对于前两种攻击模式，还存在一种攻击模式，即多次会话的攻击模式。我们知道，在客户端和服务端进行通信之前，会建立网络通信握手，而后建立会话。在这个过程中，客户端和服务端相互确认对方身份，从而实现安全通信。但是建立会话往往需要复杂的验证过程，这就使得逻辑处理更加复杂，从而在一定程度上产生时间开销。如果在短时间内，不法分子通过傀儡攻击主机发送大量的会话请求，会使服务端在还

没来得及处理后续请求的情况下，继续建立新的会话连接，从而导致真正有效的数据处理逻辑受到影响，最终导致服务端拒绝服务。

（2）攻击方法。

目前应用层的DDoS网络攻击一般是基于HTTP协议实施攻击的，常见的有以下两种方法：

① HTTP Get攻击。

HTTP Get攻击是针对使用MSSQLServer、MySQLServer、Oracle等数据库的网站系统而设计的，特征是和服务器建立正常的TCP连接，并不断地向脚本程序提交查询、列表等大量耗费数据库资源的调用，是典型的以小博大的攻击方法。一般来说，提交一个GET或POST指令对客户端的耗费和带宽的占用是几乎可以忽略的，而服务器为处理此请求却可能要从上万条记录中去查出某条记录，这种处理过程对资源的耗费是很大的，常见的数据库服务器很少能支持数百个查询指令同时执行，而这对于客户端来说却是轻而易举的，因此攻击者通过Proxy代理向主机服务器大量提交查询指令，只需数分钟就能把服务器资源消耗掉而导致拒绝服务，常见的现象就是网站慢如蜗牛、ASP程序失效、PHP连接数据库失败、数据库主程序占用CPU偏高。这种攻击的特点是可以完全绕过普通的防火墙防护，找一些Proxy代理就可实施攻击，缺点是对付只有静态页面的网站效果会大打折扣，并且有些Proxy代理会暴露攻击者的IP地址。

② 慢连接攻击。

在POST提交方式中，允许在HTTP的头中声明Content-Length，也就是POST内容的长度。在提交了头以后，将后面的body部分卡住不发送，这时服务器在接收了POST长度以后，就会等待客户端发送POST的内容，攻击者保持连接并且以10S～100S一个字节的速度去发送，就达到了消耗资源的效果，因此不断地增加这样的链接，就会使得服务器的资源被消耗，最后可能宕机。

16.1.4 DDoS攻击步骤

DDoS攻击通常需要经过了解攻击目标、攻占傀儡机和实施攻击三个主要步骤。

1. 了解攻击目标

了解攻击目标就是对所要攻击的目标有一个全面和准确的了解，以便对将来的攻击做到心中有数。主要关心的内容包括被攻击目标的主机数目、地址情况，目标主机的配置、性能，目标的带宽等。

不法分子往往会利用系统漏洞或者软件漏洞获取目标傀儡机器的权限，在得到最高权限后，便安装木马或者执行非法指令运行恶意程序，类似的程序包括蠕虫、木马等病毒程序或代码文件。

2. 攻占傀儡机

攻占傀儡机就是控制尽可能多的机器，然后安装相应的攻击程序，在主控机上安装控制攻击的程序，而攻击机则安装攻击的发包程序。在早期的攻击过程中，攻占傀儡机这一步主要是攻击者自己手动完成的，亲自扫描网络，发现安全性比较差的主机，将其攻占并且安装攻击程序。但是后来随着攻击和蠕虫的融合，攻占傀儡机变成了一个自动化的过程，攻击者只要将蠕虫放入网络中，蠕虫就会在不断扩散中不停地攻占主机，这样所能联合的攻击机数量将变得巨大。

在得到傀儡机器的控制权之后，不法分子会大范围扫描存在安全漏洞的机器，以同样的方法注入病毒程序至系统当中。这类病毒程序往往不易被及时发现和处理，最主要的原因包括两个方面，其一，不法分子会安插守护进程至系统中，有些病毒程序会被注入到系统级服务或者驱动程序，在目标傀儡机器系统启动时，病毒程序会随之运行；其二，不法分子会通过加壳等手段使病毒查杀工具无法正确识别病毒特征，导致病毒程序可以在短期内合法运行。这样一来，不法分子会定期更新病毒，以使得傀儡机可以稳定地为其服务。当积累了大量的傀儡攻击主机之后，就具备了DDoS攻击的硬件条件，从而可以在短时间内发送大量的资源请求。

3．实施攻击

在攻击执行时，攻击者通过主控机向攻击机发出攻击指令，或者按照原先设定好的攻击时间和目标，攻击机不停地向目标或者反射服务器发送大量的攻击包，来吞没被攻击者，达到拒绝服务的最终目的。

在满足硬件条件后，不法分子会利用傀儡机发送指令，使得傀儡攻击主机执行恶意指令，并且这些操作都具有很好的隐蔽性，使得傀儡攻击主机自身无法及时地对恶意操作进行有效察觉。网络安全不法分子只需要发送一些简单的操作指令，就可以操纵大量的傀儡攻击主机为其工作，从而达到DDoS拒绝服务攻击活动的破坏目的。

16.2　DDoS攻击应急响应策略

16.2.1　预防和防范（攻击前）

首先是攻击发生前的阻止和防范，例如及早发现系统存在的安全漏洞、及时安装系统补丁程序、禁止不必要的网络服务、利用网络安全设备如防火墙来加固网络的安全性、与网络服务提供商协调让其帮助实现路由的访问控制和对带宽总量的限制、依据某类攻击控制消息的特征预先发现将要发生的攻击行为并采取相应的措施等。但是系统漏洞还在不断出现，人为的疏忽往往难以避免，而且攻击发生之前的行为表现千变万化，所以还会有大量的攻击发生。目前常见的一些预防方法包括：

1．增强容忍性

（1）随机释放。在TCP协议的三次握手中，对于未完全正式建立连接的连接请求，会使用堆栈存储半开连接。当收到SYN攻击时，如果半开连接堆栈已用完，可以释放部分未完成的半打开连接。

（2）SYN Cookies方法。这是由国外学者D.J.Bernstain和EricSchenk提出的一种方法，该方法是对TCP服务器端的三次握手协议做一些修改。在接收到TCP SYN包并返回TCP SYN+ACK包时，不分配一个专门的数据区，而是根据这个SYN包计算出一个Cookie值，这个Cookie作为将要返回的SYN ACK包的初始序列号。当客户端返回一个ACK包时，根据包头信息计算Cookie，与返回的确认序列号（初始序列号+1）进行对比，如果相同，则建立正常连接。

（3）TCP代理服务器。在用户和受保护的服务器中间放置TCP代理服务器，TCP代理服务器首先验证客户端的请求是否为SYN攻击，验证通过后客户端和服务器之间才允许建立TCP连接，从而阻止SYN攻击。

（4）增加验证码。类似于增加TCP代理服务器对TCP连接进行验证，增加验证码通常适用于应用层DDoS攻击防御。对用户的应用层连接请求进行验证，会损害一部分用户的体验，但是能够有效地阻止自动化的重放攻击行为。

（5）优化服务器性能。DDoS攻击是针对服务器性能的一种攻击方式，因此可以使用高性能的服务器或者利用负载均衡进行分流，避免用户流量集中在单台服务器上。

2．提高主机系统和网络的安全性

（1）主机加固。通过设置主机的防火墙策略以控制主机的通信流量，通过关闭闲置的服务和端口、安装杀毒软件、安装补丁对主机进行安全加固，防止主机被远程控制成为僵尸主机后对其他主机发起攻击。

（2）经常性的攻击测试。对网络中的主机等设备进行攻击测试和端口扫描，以检查网络的健壮性。

3．网络节点入口处过滤

（1）合理编排防火墙规则和路由器访问控制列表，对IP地址、通信端口与网络协议进行过滤。

（2）配置边界路由，禁止转发广播地址数据包。

16.2.2 检测和过滤（攻击时）

攻击发生时的检测和过滤，即尽快发现攻击并对攻击包实施有效的过滤。在目前的实际运用中，通常是在网络入口处部署入侵检测防御系统、防火墙等边界防护产品用于检测和过滤DDoS攻击。在技术研究上，这是目前热门的方向，也是对付攻击的关键所在。但摆在所有研究者面前的巨大挑战是单个数据包是正常的，而由这些数据包组成的流却可能具有攻击性。如何从一个检测方法得出一个有效的过滤方法也是需要仔细思考和认真推敲的，而且有的检测方法可能无法得到相应的过滤方法。

1. 按模式分类的检测方法

当前DDoS攻击检测方法主要分为三大类：基于误用的DDoS攻击检测，基于异常的DDoS攻击检测和基于混合模式的DDoS攻击检测。

基于误用的DDoS攻击检测首先搜集DDoS攻击的各种特征，如流量特征、请求数据包特征等加入特征库。接着将当前的网络特征与特征库作比较，若发现特征匹配，则判断是DDoS攻击，因此该方法也叫作特征匹配法，主要利用各种DDoS的特征进行匹配检测。如发生TCP SYN泛洪攻击，受害者的主机上有着大量的TCP半开连接，将捕获的数据包通过特征匹配就可以发现攻击的蛛丝马迹。

基于异常的DDoS攻击检测是目前最主要的一种检测方法。目前大多数的DDoS攻击检测方法属于基于异常的检测方法，该方法首先建立系统及用户的正常行为模型，通过监测各种网络指标是否偏离正常行为模型，进而判断是否存在DDoS攻击。例如设置计算机网络正常情况时流量的阈值，利用当前网络流量是否超出阈值来判断是否发起了DDoS攻击。基于异常的DDoS攻击检测有着较高的检测率，能检测出未知的攻击，但是对于网络中发生大流量的拥堵情况，异常检测无法做出正确的判断，因此误报率较高。

基于混合模式的DDoS攻击检测是将基于误用的DDoS攻击检测和基于异常的DDoS攻击检测结合在一起使用的攻击检测方法，也是两种方法相辅相成、取长补短的结果。通常使用机器学习、数据挖掘等算法进行异常检测，从攻击中发现攻击特征，并将攻击特征加入误用检测的特征库中，将当前网络的数据特征与特征库匹配检测DDoS攻击。

2. 按网络分层分类的检测方法

由网络的七层架构可知，客户端与服务器之间数据的传输需要经过网络的七层架构，包括应用层、表示层、会话层、传输层、网络层、数据链路层、物理层，应用层在最高层，物理层在最底层，每一层都有着各自的协议。攻击者可随意地从网络的某一层进行攻击，因此，攻击检测的方法也可按网络分层进行划分。

数据链路层的检测。数据链路层的攻击主要针对ARP协议，ARP协议是一种缺乏认证机制的协议，ARP欺骗就是其中一种攻击方式，攻击者向受害主机发送伪造的ARP应答，改变受害主机的ARP缓存，使受害主机本要发送给目标主机的数据，实际上发给了攻击者。数据链路层的检测主要是基于ARP攻击的检测。

网络层的检测。网络层的DDoS攻击主要基于IP协议、ICMP协议，是利用网络层协议的漏洞发起的攻击，网络层DDoS攻击检测的研究已经相对成熟，主要包括流量变化的检测方法、同种协议但不同类型数据包的统计比例变化检测方法、源地址及分布的变化的检测方法等。

传输层的检测。传输层的DDoS攻击最常见的是TCP泛洪攻击和UDP泛洪攻击，与网络层的检测较相似。传输层的检测方法的研究相对成熟，应用较为广泛。

应用层的检测。网络底层的检测防御技术发展迅速，黑客将攻击方向向高层协议发展，即应用层。应用层的DDoS利用了高层协议和服务的复杂性，攻击手段变化莫测，因此更加难以检测和防御。不少学者也针对应用层的DDoS攻击展开了研究，取得了一定的成果，但与底层的检测方法相比，应用层的检测方法有待进一步的提高。

3．按部署位置分类的检测方法

按照DDoS攻击检测的部署位置，我们把DDoS检测分为攻击端检测、中间网络检测、受害者端检测和其他混合式检测。

攻击端检测是源端检测，就是将入侵检测系统部署在发出DDoS攻击包的攻击主机所处的边界网络路由上，检测数据包的有效性，进而阻止攻击数据包送出网络。

中间网络检测是指检测系统部署在整个网络设备上，即网络节点上，包含路由器、交换机或者其他的网络设备，通常是一种协同的检测方法，但对网间合作提出了更高的要求。

受害者端检测就是部署在目标主机和相关网络设备上，是目前应用最多的一种部署方式。

混合式检测的方法是在源端、中间端、目的端这三者中至少有两个位置要部署检测系统，这种部署方式能提高检测率，等于加了双重保障，但是增加了算法的难度。

16.2.3 追踪和溯源（攻击后）

在攻击发生时以及攻击发生后，对攻击源的追查和认定。该方向也是当前研究的一个热点，各种追查方法相继提出，如链路检测法、ICMP追踪法、包标记等。

ICMP追踪法引入了一种新的消息“iTrace消息”，该消息包含发送该消息的路由器的地址及诱发它的数据包的相关信息，加载了跟踪机制的路由器能够产生这种消息帮助受害主机识别假冒源的数据包。如果收到足够多的ICMP追踪消息，就可以构造出完整的攻击路径。为了节省带宽，只能以极小的概率产生ICMP追踪消息，因此这种方法只有在收到很多数据包的时候才能有效。但该方法会产生大量额外负载，影响网络性能并且容易被网络安全策略堵塞，且来自远端路由器的ICMP包非常有限。

包标记的主要思想是在路由器处以一定的概率向过往的数据包中填塞部分的路径信息。当受害者收到大量的来自攻击者或受攻击者控制的机器的数据包时，受害者能收集数据包中的路径信息，然后重构出完整的、攻击数据包所经过的路径。

16.3 DDoS常见检测防御工具

考虑DDoS攻击和防御两个角度，笔者在此将DDoS攻击的工具分为攻击测试工具和监测防御工具两大类。目前互联网上的DDoS攻击测试工具日益增多，类型广泛且使用成熟，多数为开源或者免费工具。相比较而言，监测防御工具则较少，主要由网络安全公司提供针对性的有偿商业服务或定制解决方案。下面简要介绍这两类工具。

16.3.1 DDoS攻击测试工具

（1）Slowloris。

Slowloris是发起DoS攻击最有效的工具。该工具通过打开多个连接到目标Web服务器并尽可能保持打开状态来工作。它通过不断发送部分HTTP请求来攻击，而这些请求都没有完成。被攻击的服务器被动打开更多的连接进程，等待每个攻击请求完成。由于这种攻击简单，它只需要很小的带宽就可以实现影响目标服务器的Web服务器，而对其他服务和端口几乎没有任何副作用。

Slowlories是一个Python库，用户可以直接使用Python的Pip工具进行安装，或者使用Git克隆从GitHub上安装，如图16-4和图16-5所示。

```
sudo pip3 install slowloris
slowloris example.com
```

图 16-4　通过 Pip 安装 Slowlories

```
git clone https://github.com/gkbrk/slowloris.git
cd slowloris
python3 slowloris.py example.com
```

图 16-5　通过 GitHub 安装 Slowlories

使用Slowlories库进行攻击时，其攻击命令如下：

slowloris.py [-h] [-p PORT] [-s SOCKETS] [-v] [-ua] [-x][--proxy-host PROXY_HOST] [--proxy-port PROXY_PORT][--https][host]

其中[host]参数为必选参数，其他参数为可选参数，各参数含义如表16-1所示。

表 16-1　Slowlories 命令参数含义

参 数 名	含　义
-h，--help	显示此帮助信息并退出
-p PORT，--port PORT	网络服务器的端口，默认 80
-s SOCKETS，--sockets SOCKETS	测试中使用的套接字数量，默认 150
-v，--verbose	增加日志记录
-ua，--randuseragents	用每个请求随机化用户代理
-x，--useproxy	使用 SOCKS5 代理进行连接
--proxy-host PROXY_HOST	SOCKS5 代理主机，默认 127.0.0.1
--proxy-port PROXY_PORT	SOCKS5 代理端口，默认 8080
--https	对请求使用 HTTPS

当攻击某个网站的80端口时，可以参照图16-6的命令。

```
python slowloris.py 192.168.40.110
```

图 16-6　使用 Slowlories 攻击网站的 80 端口

当攻击某个网站的HTTPS 443端口时，可以参照图16-7的命令。

```
python slowloris.py -p=443 --https 192.168.40.120
```

图 16-7 使用 Slowlories 攻击网站的 443 端口

当攻击生效时，网站就会出现网站打不开，如图16-8所示的情况。

图 16-8 Slowlories 攻击效果

（2）HOIC。

HOIC可以帮助未经身份验证的远程攻击者进行DDoS攻击。HOIC由黑客集体的流行团体Anonymous开发。它是一款基于HTTP协议开源的DDoS攻击工具，通过使用垃圾HTTP GET和POST请求来攻击目标。该工具可以同时打开多达256个攻击会话，通过发送连续的垃圾流量来关闭目标系统，直到合法请求不再能够被处理。HOIC的欺骗和变异技术使得传统的安全工具和防火墙难以确定和阻止DDoS攻击。该工具可以在Windows、MAC和Linux平台上运行。HOIC具有以下特点：

- 高速多线程的HTTP洪水攻击。
- 一次可同时洪水攻击高达256个网站。
- 内置脚本系统，允许自行修改设置脚本，用来阻挠DDoS攻击的防御措施，并增加DOS输出。
- 简单且易于使用的界面。
- 可移植到Linux、MAC平台。
- 能够选择攻击的线程数。
- 可设置三种攻击强度：低，中，高。
- 用REALbasic这种极其书面的语言写成，简单易修改。

其Windows版本上的软件界面如图16-9所示。界面列表包括已经添加的攻击目标URL信息、强度等级、脚本信息和状态。“THREADS”为线程数量，可以在“THREADS”处单击左右箭头调整并发线程数，通常建议有几个CPU或有几个核，就设几个并发线程数。

“TARGETS”为目标信息，用于配置攻击参数，单击该按钮，其界面如图16-10所示。

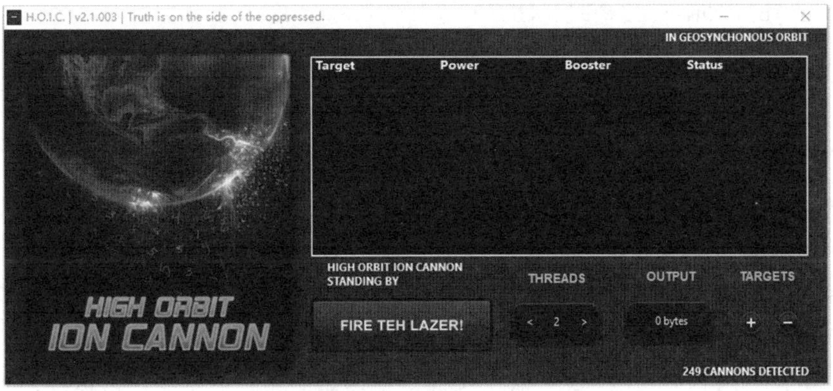

图 16-9　HOIC 图形界面

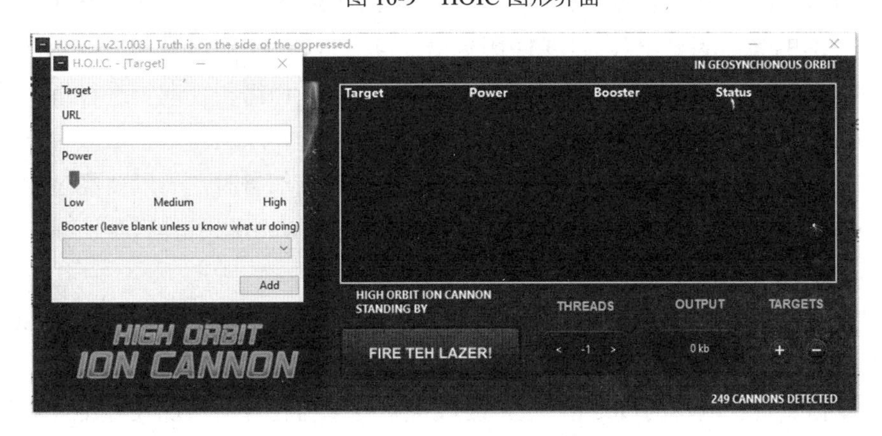

图 16-10　HOIC Target 功能界面

“URL”为攻击目标的地址，必须为“http://”和https://”格式。“Power”为攻击强度，为发包的速率。“Booster”为攻击模板，均为.hoic格式文件。HOIC 2.1版自带了四个.hoic文件：DutchFreedom.hoic、GenericBoost.hoic、user-agent-test.hoic、visa_stress.hoic。DutchFreedom.hoic是用来攻击特定的司法网站http://www.om.nl/。GenericBoost.hoic相当于一个HOIC模板，黑客们可以在此基础上编写自己的.hoic文件。user-agent-test.hoic用来演示通过.hoic指定的“User-Agent”。visa_stress.hoic用来攻击特定网站http://visa.via. infonow.net/。

黑客可以建立一个网站向外发布各种.hoic文件，别人只要下载黑客编写的.hoic文件并加载到HOIC中，就可以不用输入目标URL，进行相应的DoS攻击。如果用户设置添加的攻击URL与脚本中指定的目标URL不一样，此时发起攻击后，会先去访问用户设置添加的攻击URL，提交6次同样的HTTP请求，然后再去DOS脚本中设定的地址，此时会抑制前述对话框中用户输入的URL。因此用户在使用手动添加的URL时，不要选择HOIC模板。

（3）DDOSIM-Layer。

DDOSIM-Layer通过模拟控制僵尸主机，从而执行DDoS攻击的一种比较流行的DoS攻击工具，由C++语言编写，可运行在Linux系统上。具备模拟几个僵尸攻击、随机IP地址、

tcp-connection-based攻击、应用层DDoS攻击、TCP洪水攻击连随机端口等攻击特点。除上述工具外，还有PyLoris、黄金眼、HULK等其他流行工具。

16.3.2 DDoS 监测防御工具

1. Nagios

（1）Nagios基本介绍。

Nagios是一款开源免费的网络监视工具，能有效监控Windows、Linux和UNIX的主机状态，交换机路由器等网络设备，打印机等。在系统或服务状态异常发出邮件或短信报警的第一时间通知网站运维人员，在状态恢复后发出正常的邮件或者短信通知。

Nagios可以通过检查HTTP服务器来确保网站或者Web服务器的正常运行，如果服务器不能正常运行，监控软件会给出实时通知。大多数的DDoS攻击目标是一个Web服务器或者应用端程序，监控软件可能会发现HTTP服务器速度变慢、CPU高负荷利用或者彻底崩溃的问题，但是这些情况并不能100%确定遭遇了DDoS攻击，仍需要管理员进行进一步判断。Nagios以C/S模式部署收集数据，用户以B/S模式进行查看。Nagios Server从客户端采集过来数据加以分析，然后以网页形式呈现给用户。在终端侧部署时，一般要经过安装支持套件、安装Nagios、安装Nagios插件等程序，其监控端通过Web形式访问。

Nagios主要功能包括：

- 网络服务监控（SMTP，POP3，HTTP，NNTP，ICMP，SNMP，FTP，SSH）。
- 主机资源监控（CPU load，disk usage，system logs），也包括Windows主机。
- 可以指定自己编写的Plugin通过网络收集数据来监控任何情况（温度，警告）。
- 可以通过配置Nagios远程执行插件，远程执行脚本。
- 远程监控支持SSH或SSL加通道方式进行监控。
- 简单的Plugin设计允许用户很容易地开发自己需要的检查服务，支持多开发语言（Shell Script，C++，Perl，Ruby，Python，PHP，C#等）。
- 包含很多图形化数据Plugins（Nagiosgraph，Nagiosgrapher，PNP4Nagios等）。
- 可并行服务检查。
- 能够定义网络主机的层次，允许逐级检查，就是从父主机开始向下检查。
- 当服务或主机出现问题时发出通告，可以通过email、pager、sms或任意用户自定义的Plugin进行通知。
- 能够自定义事件处理机制重新激活出问题的服务或主机。
- 自动日志循环。
- 支持冗余监控。
- 包括Web界面可以查看当前网络状态、通知、问题历史、日志文件等。

（2）Nagios工作原理。

Nagios的功能是监控服务和主机，但是它自身并不包括这部分功能，所有的监控、检测功能都是通过各种插件来完成的。启动Nagios后，它会周期性地自动调用插件去检测服务器状态，同时Nagios会维持一个队列，所有插件返回来的状态信息都进入队列，Nagios每次都从队首开始读取信息，并进行处理后，把状态结果通过Web显示出来。

Nagios提供了许多插件，利用这些插件可以方便监控很多服务状态。安装完成后，在Nagios主目录下的/libexec里放有Nagios自带的可以使用的所有插件，如check_disk是检查磁盘空间的插件，check_load是检查CPU负载的插件等。每一个插件可以通过运行./check_xxx_-h来查看其使用方法和功能。

Nagios监控原理如图16-11所示，分为被动监控和主动监控两种方式。

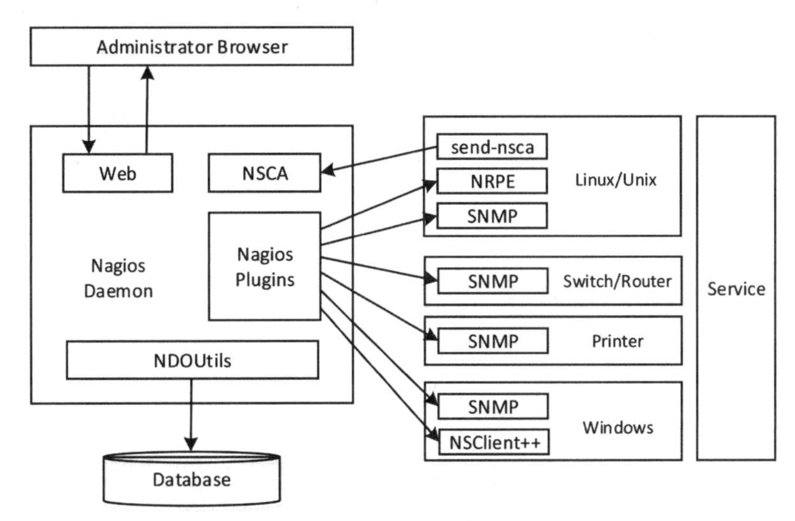

图 16-11　Nagios 监控原理

被动监控是指由被监测的服务器主动上传数据到Nagios监控系统中，这种监测方式提高了实时性。NSCA就是可以实现Nagios被动监测的一个程序，SNMP插件只能用于对Linux/UNIX服务器进行被动监控。

主动监控是Nagios按照检测周期主动地获取远程主机的数据。Nagios通过NRPE插件和SNMP协议实现了对Linux/UNIX服务器进行主动监控，同时通过SNMP协议实现了对Windows服务器、交换机、打印机等的主动监控。另外，Nagios通过NSClient++客户端也可以对Windows进行主动监控。

这里特别说明一下Nagios系统提供的NRPE插件工作原理，Nagios通过NRPE来远端管理服务：

① Nagios执行安装在监控终端上的check_nrpe插件，并告诉check_nrpe去检测哪些服务。

② 通过SSL，check_nrpe连接服务端的NRPE daemon。

③ NRPE运行监控终端上的各种插件去检测本地的服务和状态（check_disk,..etc）。

④ 最后，NRPE把检测的结果传给check_nrpe，check_nrpe再把结果送到Nagios状态队列中。

⑤ Nagios依次读取队列中的信息，再把结果显示出来。

Nagios可以识别四种状态返回信息，即0（OK）表示状态正常/绿色，1（WARNING）表示出现警告/黄色，2（CRITICAL）表示出现严重错误/红色，3（UNKNOWN）表示未知错误/深黄色，如表16-2所示。Nagios根据插件返回的值，来判断监控对象的状态，并通过Web显示出来，以供管理员及时发现故障。

表 16-2　Nagios 可以识别四种状态返回信息

状　　态	代　　码	颜　　色
正常	OK	绿色
警告	WARNING	黄色
严重	CRITICAL	红色
未知错误	UNKNOWN	深黄色

（3）Nagios服务端安装配置。

Nagios服务端安装，是指基本平台，也就是Nagios软件包的安装，它是监控体系的框架，也是所有监控的基础。Nagios基本上没有什么依赖包，只要求系统是Linux或者其他Nagios支持的系统。如果没有安装Apache（HTTP服务），那么就没有那么直观的界面来查看监控信息了，所以Apache姑且算是一个前提条件。

安装Nagios之前通常需要安装一些基础套件，包括OpenSSL组件、Apache组件和Php组件等，Apache和Php不是安装Nagios所必须的，但是Nagios提供了Web监控界面，通过Web监控界面可以清晰地看到被监控主机、资源的运行状态，因此，安装一个Web服务是很必要的。需要注意的是，Nagios在Nagios3.1.x版本以后，配置Web监控界面时需要Php的支持。

Nagios主要用于监控一台或者多台本地主机及远程的各种信息，包括本机资源及对外的服务等。默认的Nagios配置没有任何监控内容，仅是一些模板文件。若要让Nagios提供服务，就必须修改配置文件，增加要监控的主机和服务。Nagios安装完毕后，默认的配置文件在/usr/local/nagios/etc目录下，如图16-12所示。

图 16-12　/usr/local/nagios/etc 目录下的配置文件

配置文件含义如表16-3所示。

表 16-3　配置文件含义

文 件 名	含　　义
cgi.cfg	控制 CGI 访问的配置文件
nagios.cfg	Nagios 主配置文件
resource.cfg	变量定义文件，又称为资源文件，在此文件中定义变量，以便由其他配置文件引用，如$USER1$
objects	objects 是一个目录，在此目录下有很多配置文件模板，用于定义 Nagios 对象
objects/commands.cfg	命令定义配置文件，其中定义的命令可以被其他配置文件引用
objects/contacts.cfg	定义联系人和联系人组的配置文件
objects/localhost.cfg	定义监控本地主机的配置文件
objects/printer.cfg	定义监控打印机的一个配置文件模板，默认没有启用此文件
objects/switch.cfg	定义监控路由器的一个配置文件模板，默认没有启用此文件
objects/templates.cfg	定义主机和服务的一个模板配置文件，可以在其他配置文件中引用
objects/timeperiods.cfg	定义 Nagios 监控时间段的配置文件
objects/windows.cfg	监控 Windows 主机的一个配置文件模板，默认没有启用此文件

在配置完成Nagios文件后，只需通过以下命令即可完成对配置文件的验证。

/usr/local/nagios/bin/nagios –v /usr/local/nagios/etc/nagios.cfg

执行上述命令后，即可在显示器上看到如图16-13所示的信息。

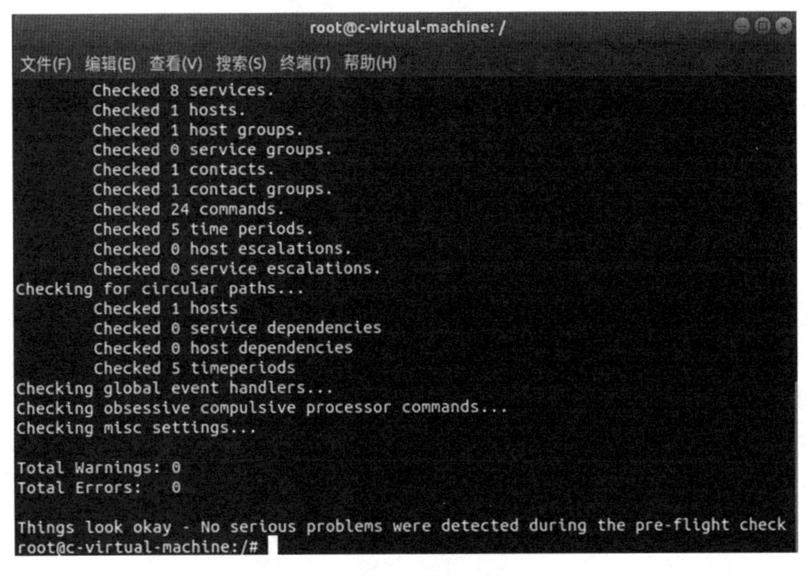

图 16-13　配置文件的验证信息

看到上面这些信息就说明没问题了，然后启动Nagios服务，可以通过Nagios命令的“-d”参数来启动Nagios守护进程。

/usr/local/nagios/bin/nagios -d /usr/local/nagios/etc/nagios.cfg

启动完成之后，登录Nagios Web界面查看相关信息。单击左面的Current Status ->Hosts可以看到所定义的主机已经UP了，如图16-14所示。

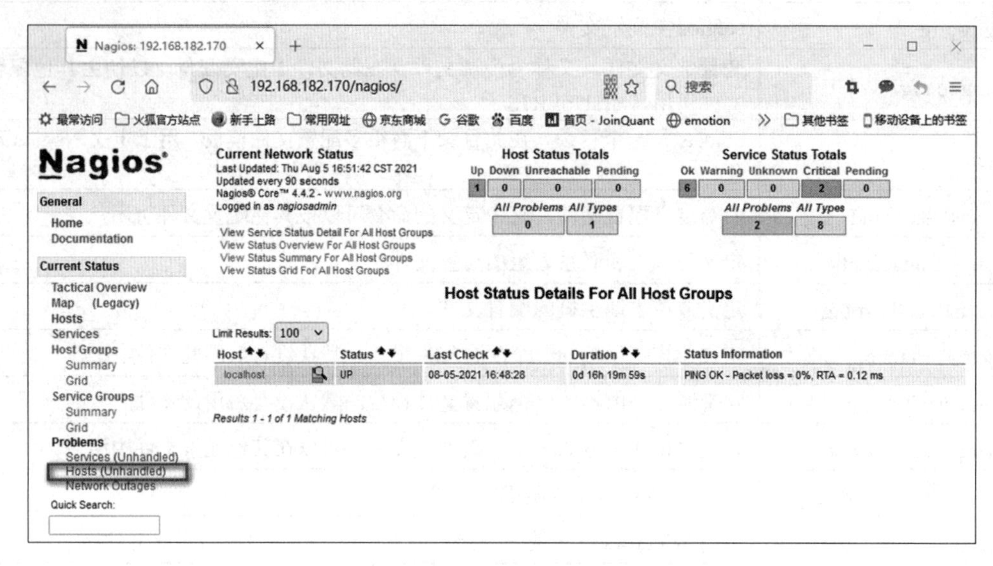

图 16-14 Nagios Web 界面

单击Current Status -> Services就能查看服务监控情况，如图16-15所示。

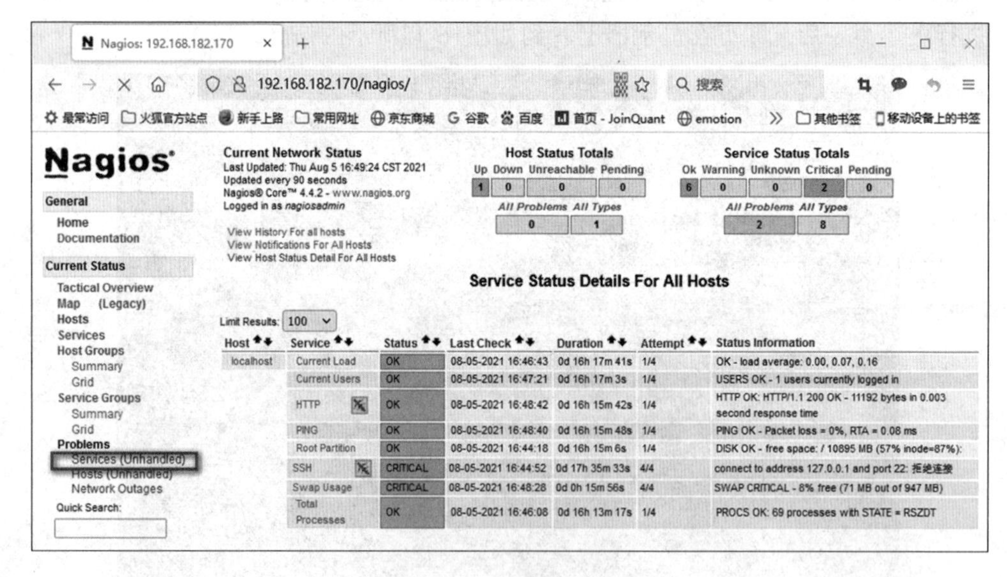

图 16-15 Nagios 服务监控界面

2. Netflow

Netflow由Cisco公司开发，部署应用在路由器和交换机等产品上，用于收集IP流量信息，支持多个平台。管理员可以通过一段时间内统计的网络数据来定义一个正常状态，从而建立基线，建立低、中、高的阈值，一旦超过相应等级设定的阈值，管理员就能收到邮件、电话或者其他方式的报警，从而检测到DDoS。该方法目前被很多网络安全服务商的解决方案所采用。由于篇幅所限，在此不再详细介绍。

16.4　DDoS 攻击事件处置相关案例

16.4.1　GitHub 攻击（2018 年）

史上最严重的一次DDoS攻击事件发生在2018年，当时作为最大代码分发平台的GitHub遭受了大规模的拒绝服务攻击，GitHub的网络监控系统监测到最高1.35Tb/s的流量峰值，这直接导致网络拥塞，造成GitHub两次间歇性不可访问，导致用户端会出现如图16-16所示的拒绝访问界面。

无法访问此网站

github.com 拒绝了我们的连接请求。

请试试以下办法：

- 重新加载网页
- 检查网络连接
- 检查代理服务器和防火墙

ERR_CONNECTION_REFUSED

图 16-16　拒绝访问界面

这次攻击事件的攻击者并没有直接攻击目标服务IP，而是通过冒充攻击目标向放大器发送构造的请求报文，这里的放大器指的是互联网开放的某些特殊服务的服务器，其请求协议具有脆弱性，易被攻击者利用。该服务器会将数倍于请求报文的回复数据发送到被攻击IP，导致被攻击目标收到大量的响应包。在攻击足够大的情况下，受害目标会因网络拥塞而导致中断风暴，进而间接形成DDoS攻击。这种攻击手段是DDoS攻击手段中的反射型DDoS攻击。攻击者可以利用有限的资源，有效地扩大DDoS攻击的流量。

在反射型DDoS攻击中，攻击者利用了网络协议的缺陷或者漏洞进行IP欺骗，主要是因为很多协议（例如ICMP、UDP等）对源IP不进行认证。攻击者选择具有放大效果的协议服务进行反射和放大攻击，从而达到四两拨千斤的效果。下面以UDP请求协议为例，简要概述整个攻击过程。

（1）攻击者首先向被攻击者发送虚假的UDP请求包，并将请求包中的源IP地址伪装成被攻击者的IP地址。

（2）包都发往一个随机的反射服务器，这个反射服务器可以将每个请求包进行拷贝并成倍反馈给被攻击者。

（3）反射服务器接收到这些虚假的请求包，遵从约定的协议规则，将向被攻击者发送响应，然而这个响应数据包将会被放大倍数。

响应数据包被放大的倍数被称为DDoS攻击的“放大系数”。而这次针对GitHub的攻击则实现了高达5万多倍的放大系数，使其成为历史上首次出现的超高倍数DDoS攻击事件。针对GitHub的攻击，在这次攻击事件中被利用的反射服务器就是Java开发人员很熟悉的Memcached，Memcached是一个开源的、分布式对象内存缓存系统。用于动态Web应用以减轻数据库负载。它通过缓存数据库查询结果，减少数据库访问次数，从而提高动态、数据库驱动网站的速度、提高可扩展性。经过Memcached缓存技术处理的动态网页应用可以减轻网站数据库的压力。世界上很多大型网站，例如Facebook、Flickr、Twitter、Reddit、YouTube、GitHub都使用了这种技术。

攻击者之所以会选用Memcached作为DDoS放大器。一是因为Memcached作为企业应用组件，具有较高的上传带宽，用户不需要认证即可进行交互，通过Memcached的反射倍数可达到数万倍；二是低于1.5.6版本的Memcached默认监听UDP，而很多用户将服务监听在0.0.0.0，且未进行iptables规则配置，这导致可以被任意来源IP请求。

针对这次的GitHub攻击，攻击者首先将自己的IP地址伪装成GitHub的IP地址，然后向Memcached缓存服务器的11211端口发出大量虚假的UDP请求包，Memcached对请求包做出响应，大量的并发响应报文汇聚到被伪造的IP地址源（也就是GitHub），形成反射型分布式拒绝服务攻击，如图16-17所示。

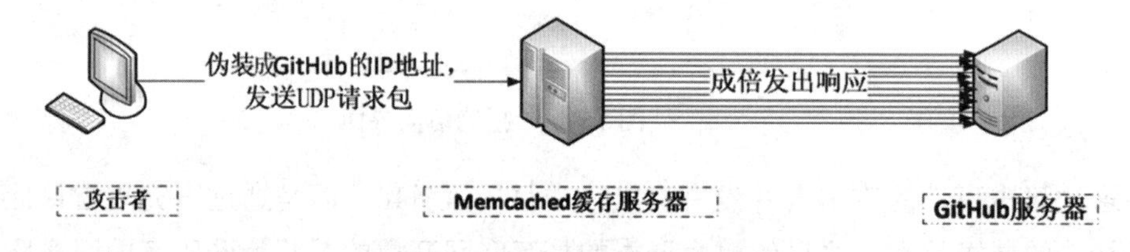

图 16-17　反射型分布式拒绝服务攻击

做到以下四点可以避免自己的Memcached被执行DDoS反射攻击：一是在Memcached服务器或者其上联的网络设备上配置防火墙策略，仅允许授权的业务IP地址访问Memcached服务器，拦截非法访问，将服务器放置于可信域内；二是禁用或限制11211的UDP端口号，将Memcached服务的监听端口改为11211之外的其他大端口，避免针对默认端口的恶意利用；三是升级到最新的Memcached软件版本，配置启用SASL认证等权限控制策略；四是有特殊需求可以设置ACL（访问控制列表）或者添加安全组。

16.4.2　Dyn 攻击（2016 年）

Dyn是一家为美国众多公司提供网络域名解析服务的公司，并一直专注于DNS服务，2016年10月21日接连遭受了三次大规模DDoS攻击。经调查发现其位于美国东海岸的DNS

基础设施遭遇了来自全球范围内的DDoS攻击，此次攻击事件直接导致Twitter、GitHub、PayPal等美国大型网站与在线服务陷入暂时无法访问的境地。Dyn公司称此次DDoS攻击涉及千万个IP地址（攻击中UDP/DNS攻击源IP几乎皆为伪造IP，因此该数量并不代表僵尸主机数量），其中部分重要的攻击来源于IoT设备。这是一次跨越多个攻击向量以及互联网位置的复杂攻击。有数千万个隶属于攻击组成部分的离散IP地址来自Mirai僵尸网络，通过利用Mirai僵尸网络控制下的IoT设备，以高达1.2Tb/s的峰值流量淹没了Dyn公司的DNS服务，令其无法响应对客户网站的DNS请求。

僵尸网络是指采用一种或多种传播手段，让大量主机感染僵尸病毒，从而在控制者和被感染主机之间形成可一对多控制的网络。之所以被称为“僵尸”网络，是因为众多被感染的计算机在不知不觉中被人控制和指挥，成为被利用的一种工具，如同传说中的僵尸群一样。现如今，越来越多的物联网设备开始接入互联网，物联网的安全性问题不得忽视，由于物联网设备里的应用程序较为脆弱，一些漏洞极易被攻击者发现并加以利用。在攻击者眼中，IoT传感器就是完美的僵尸网络节点。因为它无处不在、需要联网、普遍采用默认设置、软件漏洞成堆，而且人们很容易遗忘它们的存在。IoT僵尸网络利用路由器、摄像头等设备的漏洞，将僵尸程序传播到互联网，感染并控制大批在线主机，从而形成具有规模的僵尸网络。其中Mirai僵尸网络就是首个大规模依赖于IoT僵尸网络进行攻击的案例，且自2016年Dyn攻击事件出现以来，此类攻击就源源不断地出现。

下面简要描述攻击者在Mirai僵尸网络中进行DDoS攻击的过程：

（1）首先将一个物联网设备感染上Bot僵尸程序，使用已感染的Bots进行随机扫描。它以异步和“无状态”的方式将TCP SYN探针发送到除硬编码IP黑名单中的地址以外的Telnet TCP/22和TCP/23上的伪随机IPv4地址。硬编码是将数据直接嵌入到程序或其他可执行对象的源代码中，与从外部获取数据或在运行时生成数据不同。

（2）如果Mirai识别出一个潜在的受害者，它就会执行暴力登录并建立Telnet连接，一旦暴力破解弱口令成功，Bots会将暴力破解成功的设备信息发送给Report Server。

（3）然后进入恶意代码加载阶段，由Report Server向Loader Server发送加载恶意代码的命令，加载成功后会将易感染的设备作为新的Bots去进行随机扫描感染下一批设备。一个单独的加载程序通过登录、确定底层系统环境，最后下载并执行特定于体系结构的恶意软件，异步地影响这些易受攻击的设备。

（4）成功感染后，Mirai会删除下载的二进制文件并将其进程名融合到伪随机字母数字字符串中来隐藏自身的存在。因此，Mirai感染不会在系统重启期间持续存在。为了增强自身能力，恶意软件还杀死了绑定到TCP/22或TCP/23的其他进程，以及与竞争感染相关的进程，此时，Bots从命令和控制服务器监听攻击命令，同时扫描新的受害者。

为避免造成Dyn攻击，除了网络边界锁定不必要的协议、设置防火墙和服务器规则等常规防护策略，还应进行DNS冗余备份，采用多个域名服务器来解析一个域名，这样即使一个域名服务器宕机了，也不会造成很大的影响。

16.4.3 Spamhaus 攻击（2013 年）

自2013年3月18日起，一家致力于反垃圾邮件的非营利组织Spamhaus频繁遭受了DDoS攻击。攻击者通过僵尸网络和DNS反射技术进行攻击，攻击流量从10GB不断增长，最大流量达到300GB，成为当时最大规模的DDoS攻击事件。实际上这是一场名副其实的报复性攻击。Spamhaus是一个国际性非营利组织，其主要任务是跟踪国际互联网的垃圾邮件团伙，实时黑名单技术会将发过垃圾邮件的IP列在它的黑名单中，有的邮件服务器会采用它的数据来拦截垃圾邮件。此次争议的开端是该组织将一家荷兰公司CyberBunker列入了黑名单，因此在CyberBunker公司的秘密支持下，一家在荷兰经营的由虚拟主机托管的网站发起了对Spamhaus的大规模攻击。

在本次攻击事件中攻击者使用的主要攻击技术是DNS反射技术及ACK反射技术，如图16-18所示，简要概述了利用DNS反射技术攻击的过程。

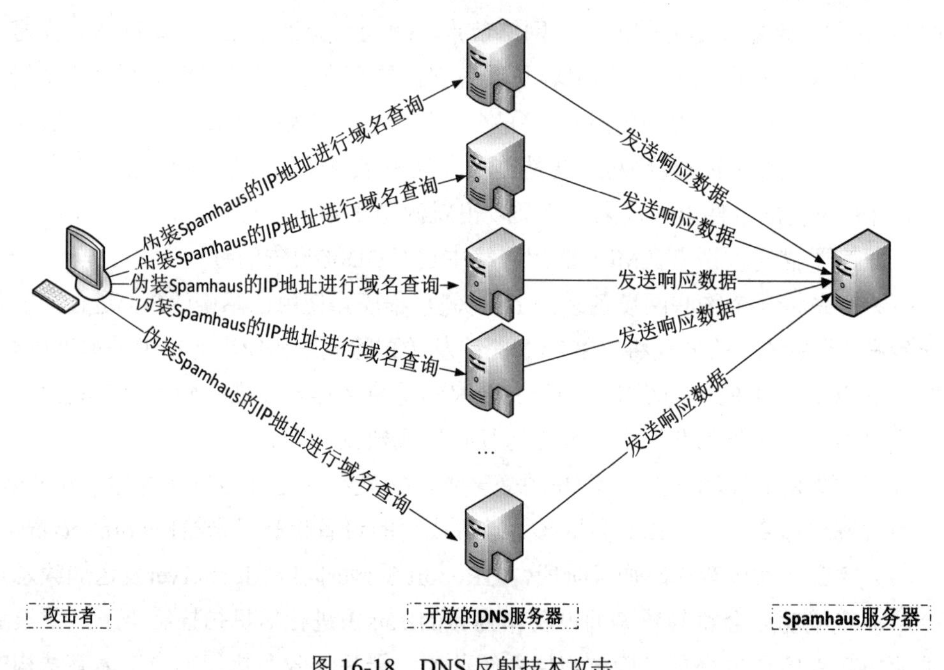

图 16-18　DNS 反射技术攻击

（1）攻击者向开放的DNS服务器发送对ripe.net域名的解析请求，并将该DNS请求的源IP地址伪造成Spamhaus的IP地址。

（2）当开放的DNS服务器对该请求进行解析查询后，将大范围查询响应数据发送给Spamhaus，一般情况下一个响应数据只有3000字节，攻击者通过控制一个可以产生750MB流量的僵尸网络将响应数据放大，造成高达75GB的流量攻击。

如图16-19所示，简要概述利用ACK反射技术进行攻击的过程。

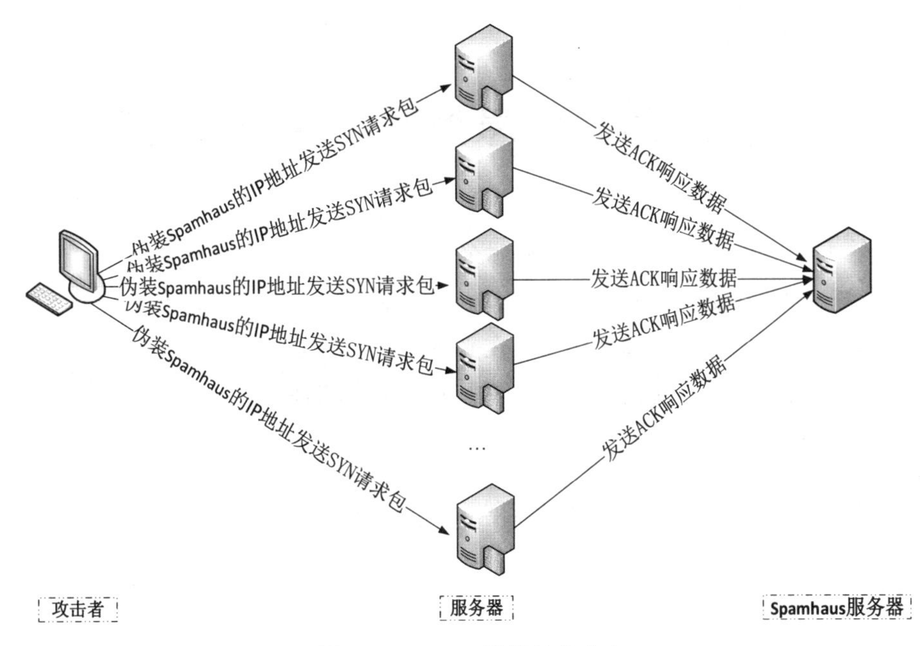

图 16-19　ACK 反射技术攻击

（1）攻击者向大量服务器发送SYN包，同样将源IP地址伪造成Spamhaus的IP地址。

（2）服务器向Spamhaus发送大量的ACK响应包，造成网络拥塞。

由此看来，ACK反射攻击与DNS反射攻击类似，都是通过伪装攻击来源，在服务器端看起来是合法的，不同的是DNS反射攻击存在利用僵尸网络对攻击流量进行放大的操作，因此带来更大的影响。

第 17 章　信息泄露事件处置策略

当前，数据安全已成为网络安全领域的重点，信息防泄露是数据安全的焦点，直接关系到国家安全和个人隐私。数据安全已成为网络安全应急响应领域，攻防双方反复争夺的新高地，加强数据安全防护体系建设势在必行。

本章首先总结分析目前信息泄露事件的基本概念和理论，并对信息防泄露技术和信息防泄露策略进行了详细介绍。

17.1　信息泄露事件基本概念和理论

信息泄露事件是在信息存储、传输、使用过程中，由于软硬件设备存在安全问题或管理手段不完善，引发的非授权用户恶意访问、非法使用和信息暴露等事件[57]。

目前，信息泄露事件呈现“两增两新”的特点，“两增”是指信息泄露事件数量增加、危害程度增强;“两新”是指信息泄露内容包含个人生物识别信息的新特征、勒索攻击与信息泄露相合并的新特征。目前，由于信息的高价值性和物联网万物互联的高暴露性，导致了信息泄露的形式、手段和渠道多种多样，已经衍生出一条从内鬼黑客到中间商，再到销售人员、调查公司、中介机构甚至诈骗团伙的庞大灰色产业链。一旦被窃取的信息被传播，将成为犯罪分子实施各类犯罪活动的工具，进而产生商业秘密泄露、个人隐私曝光、网络水军、敲诈勒索等社会危害，给政府、企业、个人造成严重损失。

根据泄露途径不同，可将信息泄露事件分为三类：存储泄露事件、传输泄露事件、使用泄露事件。

存储泄露事件是指在信息存储过程中，由于软硬件漏洞或管理不当导致的信息泄露事件。主要包括数据中心、服务器和数据库的数据被恶意用户越权访问、更改或删除；离职人员未做离职审查，通过U盘、光盘等移动存储介质擅自带走公司机密信息；移动终端被盗、丢失或在维修过程中导致硬盘数据被拷贝等。

传输泄露事件是指在信息传输过程中，传输信道被监听、拦截，导致的信息泄露事件。主要包括海底光缆被搭线监听、伪造假基站或无线热点、拦截或监听信号、伪造虚假信息进行诈骗等。

使用泄露事件是指在信息使用过程中，由于被植入后门程序导致信息使用过程被监视或社会工程攻击导致的信息泄露事件。主要包括键盘输入被监控、录屏等[58]。

17.2　信息防泄露技术介绍

17.2.1　信息存储防泄露技术介绍

信息存储防泄露的主要技术有两种[59]：

一是秘密分割。秘密分割的基本原理是将重要信息由多人或多角色分工掌管。由于一些重要信息，如果集中由某一人管理，更容易被集中破坏、篡改、泄漏和非法利用，所以秘密分割技术就是将数据以适当方式进行拆解，拆解后的每一部分由不同的人或角色进行管理，使得单个人或角色都无法还原完整信息，只有当全部人或角色共同协作才能还原使用，达到风险分摊和容忍入侵的目的。主要的应用场景有银行或政府机要库门开启、导弹发射等，都需要双人、双口令、双解码或双按钮操作。该技术采用“存用分离”的安全机制，一方面有利于防止权力过于集中缺乏监督而导致滥用，另一方面有利于数据的防伪造和防篡改，确保单个用户无法进行泄密。

二是数据加密。数据加密技术是信息存储防泄露领域应用较多的解决方案，按照加密粒度可分为文件加密、数据库加密、存储介质加密和主机应用加密。文件加密属于文件级别的信息泄露防护技术，主要在网络附加存储（NAS）这一层嵌入实现，但可能对存储性能产生不良影响；数据库加密，主要部署在数据库前段，针对结构化数据实现加密保护，但由于数据库操作中设计大量查询修改语句，可能会对数据库系统造成一定的影响；存储介质加密，主要通过在控制器或磁盘柜的数据控制器上实现静态的数据加密算法，主要保护存储在硬件介质上的数据不会因为物理盗取而泄露秘密，但在阵列之外所有的数据均以明文处理、传输和存储，风险犹在；主机应用加密，主要部署在主机端，目前大多整合在备份产品之中，作为其中的一项功能以实现数据备份的安全策略，主机应用的加密负载主要由主机自身承担，对网络及后台存储的影响较小，但主机在面对海量数据的加密处理时对性能要求高、成本较高。

17.2.2　信息传输防泄露技术介绍

信息传输防泄露的主要技术思路是对传输通道、传输节点和传输数据进行加密，防止明文数据传输被黑客截获所带来的安全隐患。主要技术包括端加密、信道加密和相关审计制度。端加密主要对传输通道两端的主体身份进行鉴别和认证，采用的主要技术包括基于口令的身份认证、基于证书的认证、基于令牌的物理标识和认证以及基于生物测定学的认证等；信道加密采用的技术手段主要包括SSL/TLS通信通道协议以及GnuPG、MailCloak、PGP等邮件加密产品；监察审计主要包括对传输安全策略、密钥管理系统进行审计监察，采用的技术手段主要包括Syslog、SNMP Trap、Agent等方式接收网络中所有设备、软件、应用的日志信息。

17.2.3 信息使用防泄露技术介绍

信息使用防泄露的主要技术有四种[60]：

一是内容过滤。内容过滤主要通过预先制定安全策略，定义需要保护的具体内容、存储位置等，进而进行深度内容扫描，建立所需保护的机密信息样本库，在终端、网络出口部署扫描和控制设备，实时监测包含机密信息在内的文件操作，如复制、上传、拷贝和邮件发送等，依据安全策略进行拦截预警，从而避免信息泄露。该技术的主要问题是难以权衡误报和漏报的平衡，因此现已很少使用内容过滤技术，而是直接禁用终端设备USB接口、蓝牙接口、禁止邮件服务器直接与内网互通等更严的策略，强制隔离对外数据交互，实现信息防泄露。

二是数据加密。数据加密主要通过加密算法和加密密钥将信息转为无意义的密文，信息使用者需将此密文经过解密函数、密钥还原成原始信息。该技术的主要问题是密钥管理比较复杂，且解密后的文件也失去了保护措施，无法实现全生命周期的信息防护，因此，在整个信息防泄露体系中，通常仅用于小范围单个文件的数据加密，由用户根据个人需要自行选择加密与否。

三是权限控制。权限控制一方面通过用户权限控制用户能够操作的信息范围，并在访问日志中记录用户访问痕迹；另一方面在用户界面中使用隐写术嵌入用户身份信息，实现数据扩散溯源追责定责。该技术通过强化用户可信身份鉴别与安全日志审计等技术，加强身份防伪造和操作防抵赖；也可以通过在数据中嵌入身份水印的方式来增强溯源能力，以防范通过拍摄屏幕、打印、复印等系统外部复制数据的方式进行信息的泄密。

四是秘密分割。秘密分割主要是将信息分割成多个不同的保密数据包，单个数据包是无意义的，实现对信息的离散化管理和全生命周期防护。主要实现方式是在终端设备上安装数据安全沙盒，完成对数据的分割和组装，同时存储这些加密数据包，加密信息在终端设备上被分割存储，仅能在安全沙盒中使用，脱离了安全沙盒将被二次加密，实现对数据主权保护、数据回撤与自毁、数据轨迹溯源及数据时空围栏。

17.2.4 信息防泄露技术趋势分析

趋势一：在总体技术路线上以秘密分割技术为替代

早期应用较多的主要是数据加密防泄露技术，但缺点明显，主要影响数据加密技术进一步发展的根本性问题是密钥管理问题。由于密钥管理包括从密钥的产生到密钥的销毁等众多环节，涉及管理体制、协议和密钥的生成、保存、分发、更换和注入等各个方面，给数据加密技术大规模应用带来了较高的成本和难度，成为制约数据加密技术应用的障碍。

秘钥分割解决了密钥管理的可靠性问题，将秘钥分割成若干秘密份额（也称子密钥），并安全地分发给若干管理者掌控，同时规定哪些管理者合作可以恢复该秘密。从管理者的角度，秘钥分割克服了以往保存密钥备份数量越来越多、泄露风险越大的障碍瓶颈，也有利于防止权力过于集中导致被滥用或密钥丢失的风险；从安全部门的角度，秘钥分割在不增加风险的前提下，提高了系统的可靠性，使得攻击者必须获取足够多的子密钥才能恢复完整密钥，保证了密钥的安全性和完整性。

未来在网络云存储、大数据等需要大规模数据集中存储的应用场景下，采用秘钥分割的技术路线，建立角色分工、职责分离、数据分割、运维分管、安全分治的“分布式”“离散化”安全技术机制成为信息防泄露技术的未来大趋势。

趋势二：在防护体系建设上以严格管控数据为目标

安全管理的首要任务是管控数据，防止数据泄露。聚焦数据严控，其实现途径是建立设备强管控、文档强管控、行为强审计的防护体系纵深。

设备强管控是在公司涉及商业机密的区域禁用终端设备的USB、蓝牙、红外端口，阻断U盘、移动硬盘、光盘等多种数据存储和交换手段，禁止邮件服务器与外部网络直接互联，确保数据在安全范围内部存储和传输；文档强管控是对具体数据文件实施加密和权限控制，控制方式从更细粒度对数据文档进行分类、分级、加密、授权与管理，提供内容源头级的防御能力；行为强审计是利用相关关键词对数据操作行为进行审计，主要包括对员工工作时间内的网络访问行为的审计，以及对关键数据文件的操作行为的审计，提供风险发现、识别能力。

趋势三：在人员安全管理上以落实技术手段为支撑

人员安全管理的重点是抓住接触核心信息关键人的管理，主要加强数据存储平台管理人员和关键数据应用岗位人员。

针对数据集中存储的平台，重点防范平台管理人员从存储和备份设备上导出数据、窃取存储和备份设备、篡改数据、非法利用数据等行为造成数据大规模泄露安全风险。

针对各类关键数据应用岗位人员，应重点使用权限控制防泄露技术，从访问控制与留痕方面，强化使用用户可信身份鉴别与安全日志等方面的技术配套，加强身份防伪造和操作防抵赖验证；从防扩散溯源方面，应强化使用数字水印身份溯源技术，加强防范通过拍摄屏幕、打印、复印等系统外部复制数据的方式扩散敏感或涉密信息，通过在信息中嵌入身份水印等方式强化扩散溯源能力。

趋势四：在网络可靠传输上以综合集成方案为保障

传输防泄露技术主要采用VPN技术，按照VPN加密的颗粒度分为基于数据加密的VPN技术和基于秘密分割的VPN技术。基于数据加密的VPN技术应用广泛，技术标准成熟，但安全性较低；基于秘密分割的VPN技术是目前发展较成熟的新一代VPN技术，其安全性更高，但尚缺乏统一的技术标准。信息传输防泄露防护体系建设应优先选择集成了数据加密和秘密分割两种技术的VPN产品和解决方案，充分利用两种技术的长处，强化信息传输的安全性。

17.3　信息防泄露策略分析

随着我国全面信息化的持续深入，电子化的数据已成为个人、企业乃至国家的重要资产，信息安全关系到政府威信、企业竞争力，以及个人财产安全。在大数据时代，数据利用和挖掘是主旋律，如何兼顾数据安全隐私与信息共享互通，是摆在新时代信息安全从业者的新使命、新课题。本节主要从法、人、术三个层面浅析信息安全防护策略：法，即立法，通过法规制度进行引导和规范是整体安全策略的根本遵循；人，即人的管控，在法规制度健全的前提下，人的管理是核心；术，即信息防泄露技术，是实现安全策略、防止信息泄露的保障和支撑。

17.3.1 立法

在世界各国的个人信息与数据安全相关立法中，欧州联盟（简称为欧盟）的《通用数据保护条例》（General Data Protection Regulation，GDPR）可谓是开先河之作。

欧盟2018年实施“大而全”的GDPR，2019年全面开启罚款收割模式，对企业违法行为轻微的要罚款1000万欧元或全年营收的2%，行为严重的则要罚款2000万欧元或全年营收的4%（两者取最高）。欧盟各国执法和司法机构逐步加大了对数据保护违规行为处罚的频率和力度，其中英国在脱欧前的执法力度更大，2019年分别对英航（全称为英国航空公司）和万豪（全称为万豪国际酒店集团公司）开出巨额罚单，以处罚两家公司由于保护措施不力而导致的两起大规模数据泄露事件。

我国国家互联网信息办公室于2019年5月发布了《数据安全管理办法（征求意见稿）》，对个人信息与重要数据的安全进行具体的规定和约束。虽然目前的法规中没有引入明确的罚款机制，但对个人信息数据泄露的形式处罚机制已经逐步建立与完善。同年《最高人民法院、最高人民检察院关于办理非法利用信息网络、帮助信息网络犯罪活动等刑事案件适用法律若干问题的解释》（简称为《解释》）于6月3日由最高人民法院审判委员会第1771次会议、9月4日由最高人民检察院第十三届检察委员会第二十三次会议通过，自2019年11月1日起实施，依据《中华人民共和国刑法》第二百八十六条，对拒不履行信息网络安全管理义务、致使用户信息泄露，按照情节严重程度对直接负责的主管人员和其他直接责任人员定罪处罚，并对单位判处罚金[66]。《解释》彰显了对网络犯罪的严惩立场，规制为网络犯罪提供技术支持和其他帮助的行为，对网络犯罪“全链条”惩治，进一步加大职业禁止、禁止令和财产刑的适用力度，防止犯罪分子“重操旧业”。

17.3.2 管控

信息安全领域，人是最大的漏洞，黑客利用人的好奇心、贪婪、认知偏差等心理弱点，诱导、欺骗用户泄露个人或者企业内部信息，从而在一个坚实的防护体系内部打开缺口，造成内陷式崩盘。

针对社会工程学攻击，首先，数据保护人员应当制定相关数据保护制度。明确相关数据访问权限及审批流程，包括账户密码强度、访问审批程序，以及纸质资料的控制和外来人员陪同监视等；及时对离开公司的员工账号进行删除，防止他们利用这些账号窃取并买卖个人信息等。

其次，安全运维人员应加强巡视审计。对系统存在漏洞及时、定期修复，定期对系统进行检测、升级；对数据库的漏洞实时检查，实现对数据库安全状况的监控，包括相关安全配置、连接状况、用户变更状况部分、权限变更状况、代码变更状况等方面的安全状况评估；对数据库进行分级分类的梳理、在系统内部的数据分布，确定敏感数据是如何被访问的；加强对输入法等公共使用软件的监管，软件在使用前进行入网安全测试，对发现的漏洞及时进行修复；做好网络设备资产和数据安全管理，关闭不必要的网络服务和端口，降低入侵风险。

最后，广大用户应提高隐私保护意识。其一，尽量减少网站实名认证，在互联网时代，为用户提供定制化的消费体验，往往需要收集用户的个人信息，比如性别、年龄、喜好等。但使用实名认证、身份证截图等涉及个人敏感信息时，要特别注意登录了网站或者渠道的可信程度，务必检查其公司或机构资质。如果不确定是否安全或不认证也不影响正常使用，尽量减少实名认证，避免被用于非法意图；其二，不随意打开链接或扫描二维码，钓鱼网站作为黑客盗取个人信息的主要方式，综合运用了社会工程学和信息技术，通过发送短信、邮件或论坛链接以及常见的二维码，伪造高仿网站，诱骗用户输入账号、密码以及个人信息，导致个人社交账号被攻击者利用进行诈骗活动，以此进行非法牟利，因此在收到含有未知链接的信息时，首先向对方确认来源是否可信，其次对于有一定网络安全意识的用户可核对链接转到的页面网址是否正确，最后尽量避免在陌生网站登录个人账号信息。

17.3.3　技术

信息防泄露是一项系统性工程，仅依靠单点防御不足以应对复杂的网络攻击环境，需要谋求数据防泄露技术与防御体系的两点突破。

对于数据防泄露技术，首先，在定密环节，采用IDM（指纹文档比对）和SVM（向量机分类比对）等技术进行更细颗粒度的定密，但又各有侧重。其中，IDM主要通过对敏感文件的学习和训练，提取需要学习和训练的敏感信息文档的指纹模型，通过比对被检测文档指纹信息与指纹模型的相似度，判定是否为敏感信息文档；SVM是机器学习领域，在处理小样本、非线性、数据高维条件下的模式识别技术，通过将被检测文档向量化拆分，细分文档权限和策略。其次，在保密环节，硬件层面，可以实现磁盘级智能动态加解密，通过在操作系统与硬盘之间加装数据加解密程序，对于用户而言无感，完全自动化地实现数据加解密；网络层面，目前比较前沿的是网络级智能动态加解密技术[67]，结合防火墙、VPN、网络准接入等产品，实现对网络传输协议及网络应用协议数据的过滤和控制；文件层面，采取文件级过滤驱动编成技术，通过实时拦截文件系统的读/写请求，对文件进行动态跟踪和透明加/解密处理，其显著特点是加密强制性、使用透明性、保密彻底性、应用无关性、灵活拓展性，目前市场上多数内核及加密厂商局采用单缓存过滤驱动技术，少量厂商发展到双缓存过滤驱动技术，而发展到虚拟文件系统技术并实现产品化的厂商屈指可数[68]。

对于构造防护体系，采取主动防御技术加纵深防护。目前主流的网络防御技术主要基于先验知识（包括规则库、漏洞补丁等）和精确识别（特征码比对）构建防御体系，应对已知攻击威胁尚可，但对抗未知攻击时则后知后觉、力不从心。① 主动防御是综合运用网络诱捕、网络变形、网络隐身等新理念新技术，在攻击行为对信息系统发生影响之前，干扰攻击者认知、捕获早期攻击侦察特征、动态调整防御策略，从而改变“被动应对”的不利局面。② 纵深防御就是将信息网络安全防护措施有机组合起来，针对保护对象，部署合适的安全措施，形成多道保护线，各安全防护措施能够相互支持和补救，尽可能地阻断攻击者的威胁。纵深防御往往贯穿信息网络全生命周期，而非简单的系统堆砌。

第 18 章　高级持续性威胁

现代社会已经进入了信息化时代，互联网技术作为一种社会生产力，带来了生产关系和上层建筑的变革，在国家经济发展和社会治理建设方面发挥了重要的推动作用。随着全球信息化的飞速发展，大量建设的信息化系统已经成为国家的关键基础设施，众多企业、组织和政府部门都在组建自己的网络，利用网络共享信息和资源，谋求竞争和治理优势，整个世界正在迅速地融为一体。

网络空间已成为国家和各种利益团体之间的新的竞争维度，部分利益团体和组织会利用其拥有的技术资源和情报优势，对特定关注的目标发动网络攻击，窃取目标信息资产，破坏目标系统可用性，获取不正当的竞争优势和经济利益。在这种背景下，高级持续性威胁（APT，Advanced Persistent Threat）概念开始出现在网络安全领域中。

18.1　APT 攻击活动

目前，网络空间对抗与博弈、国家背景的APT活动有着更加明显的网络战争趋势，呈现地缘政治特征的国家背景黑客组织发动的APT攻击，穿插在现实国家政治和军事博弈的过程中，网络空间威胁或已成为各国情报机构和军事行动达到其情报获取或破坏目的所依赖的重要手段之一。

18.1.1　活跃的 APT 组织

1. 海莲花组织

海莲花组织多次对中国发动网络攻击，成功攻破多个中国重要部门的终端主机。海莲花攻击的特点是擅长钓鱼邮件攻击，以中华人民共和国外交部（简称为中国外交部）邮箱账号为跳板，窃取重要部门的敏感信息。海莲花最初主要对中国政府、科研院所、海事机构等行业领域实施攻击，但在近年来的攻击活动中，其目标地域延伸至柬埔寨、菲律宾等东南亚国家。海莲花擅长将定制化的公开攻击工具、技术和自制的恶意代码相结合，例如Cobalt Strike和fingerprintjs2是其常用的攻击武器之一。经过多年的发展，海莲花形成了非常成熟的攻击战术技术特征，并擅长于利用多层ShellCode和脚本化语言混淆其攻击载荷来逃避终端威胁检测，往往能够达到较好的攻击效果[69]。

公开资料显示，2019年上半年，国内某网络安全公司检测到海莲花针对中国的政府机构、商务部门、研究机构的攻击活动，且该组织还在不断地更新它的攻击武器库，如钓鱼的诱饵形式、payload的加载、横向移动等。海莲花针对不同的机器下发不同的恶意模块，使得恶意文件即便被安全厂商捕捉到，也会因为无相关机器特征而无法解密最终的

payload，无法知晓后续的相关活动。

从攻击方式分析，海莲花恶意文件投递的方式依然是较常用的鱼叉攻击的方式，钓鱼关键字包括“干部培训”“绩效”“工作方向”“纪检监察”等；从诱饵类型分析，2019年上半年海莲花投递的恶意诱饵类型众多，包括lnk、doc文件、带有WinRAR ACE（CVE-2018-20250）漏洞的压缩包等；从恶意文件植入分析，海莲花会在所有投递的压缩包里都存放一个恶意的lnk文件，但是所有的lnk文件都类似（执行的地址不同，但是内容一致），lnk文件的图标伪装成Word图标；从下发文件分析，在攻击者攻陷机器后，还会持续对受控机进行攻击，例如会通过脚本释放新木马与该机器绑定，此木马主要通过两种加载器实现，只能在该机器上运行，加载器也使用“白加黑”技术；从提权和横向移动分析，海莲花还会不断对被攻击的内网进行横向移动，以此来渗透到更多的机器，例如利用nbt.exe扫描内网网段，其可能通过收集凭据信息或暴力破解内网网络共享的用户和密码。

2. 蔓灵花组织、白象组织

蔓灵花、白象这些组织主要对我国党政机关与“一带一路”建设有关的部门开展网络攻击，目标直指中国外交部等部门。蔓灵花主要针对外交相关部门、军工、核能等企业进行攻击，窃取敏感资料，具有强烈的政治背景。从历史活动来看，其向重要人士投递钓鱼邮件、伪造敏感单位网页，甚至攻击政府网站并在政府网站上挂载木马，攻击手法多变，多以渗透配合钓鱼攻击为主；白象组织则针对政府机构、科研教育领域进行攻击。目前，这些组织所用的工具和手法有相似和重叠的迹象，但也出现了分化，趋向于形成多个规模不大的小型攻击团伙的趋势，但它们具备一些共性：

（1）同时具备攻击PC和智能手机平台的能力。

（2）中国和巴基斯坦是主要的攻击目标。

（3）政府、军事目标是其攻击的主要目标，并且投放的诱饵文档大多也围绕该类热点新闻。

蔓灵花曾被发现疑似对中国发动网络攻击，该组织冒充中国外交部电子邮件服务的登录页面。当访问者尝试登录到欺诈页面时，会向他们弹出一条验证消息，要求用户关闭其窗口并继续浏览。类似的冒充网站还有很多，主要是在线邮件登录或包含账号验证的主题网站。2019年上半年，虽然白象组织频繁针对巴基斯坦等目标进行了攻击活动，但是针对中国的攻击相对比较少。

3. 方程式组织

方程式组织为世界上最尖端的网络攻击组织之一，同震网（Stuxnet）和火焰（Flame）病毒的制造者紧密合作且在幕后操作。该组织的攻击方式大多从重要目标的防火墙、路由器等入手，通过漏洞层层植入木马，技术手段十分高超，因此长时间未被发现。从方程式组织被曝光之后，该组织未被发现有明显证据的最新活动迹象，可能是该组织另起炉灶，完全使用新的木马进行攻击，也可能是使用更先进的技术使得自己更加隐蔽。

4. 隐士组织

隐士组织的主要攻击目标为区块链、数字货币、金融、外交实体等领域，曾对中国某大型国企发起攻击，造成了数据泄露。该组织的攻击手段为最常用的鱼叉式钓鱼攻击，通过发送带有恶意文档的邮件针对相应的目标进行攻击。执行恶意文档后，需要用户执行宏后，触发恶意软件。

18.1.2 典型的 APT 攻击案例

1. 震网病毒事件

震网病毒（Stuxnet蠕虫病毒）是世界上首个针对关键工业基础设施编写的恶意代码，并且达成了延迟伊朗核武器进程的攻击目的[70]。

震网病毒事件是一起经过长期规划准备的网络入侵作业，具有极强的潜伏性。其主要攻击目标是西门子公司的WinCC工业控制软件，该软件主要用于工业控制系统的数据采集与监控，一般部署在专用的内部局域网中，并与外部互联网实行物理上的隔离曾被广泛运用于伊朗核设施的工业控制系统之中。为了实现攻击，震网病毒借助高度复杂的恶意代码和微软操作系统中的4个漏洞（包括3个全新的零日漏洞），采取多种手段进行渗透和传播，抵达安装WinCC软件的主机，进入核设施的控制程序展开攻击，最终导致离心机批量损坏和改变离心机转数导致铀无法满足武器要求，成功延迟了伊朗核武器进程。

震网病毒事件在信息技术发展史上具有重要的里程碑意义，其证实了通过网络空间手段进行攻击，可以达成与在传统物理空间进行军事打击等价的战略目标。将现代战争与震网病毒事件进行对比分析可以看出，通过大量复杂的军事情报和成本投入才能达成的物理攻击效果仅通过网络空间作业就可以达成，从生命周期的成本角度看，它们比其他的武器系统更具优越性。

2. 韩国平昌冬奥会 APT 攻击事件

韩国平昌冬奥会APT攻击事件是由McAfee在2018年伊始公开披露的，据相关新闻报道，其导致了奥运会网站的宕机和网络中断。卡巴斯基实验室将该事件背后的攻击组织命名为Hades。

韩国平昌冬奥会APT攻击事件最为疑惑的是其攻击者的归属问题，但至今仍未有定论。在事件中使用的植入载荷Olympic Destroyer，其用于破坏文件数据的相关代码与过去Lazarus使用的载荷有部分相似。该事件再一次展现了APT攻击者利用和模仿其他组织的攻击技术和手法特点，制造false flag以迷惑安全人员，并误导其做出错误的攻击来源归属的判断，而似乎制造false flag是Hades组织惯用的攻击手法。

攻击事件采用的主要攻击战术有：

（1）鱼叉邮件投递内嵌恶意宏的Word文档。

（2）利用PowerShell实现的图片隐写技术，其使用开源工具Invoke-PSImage实现。

（3）利用失陷网站用于攻击载荷的分发和控制回传。

（4）伪装成韩国国家反恐中心的电子邮件地址发送鱼叉邮件，以及注册伪装成韩国农业和林业部的恶意域名。

3．VPNFilter：针对乌克兰 IOT 设备的恶意代码攻击事件

VPNFilter事件是2018年最为严重的针对IOT设备的攻击事件之一，并且实施该事件的攻击者疑似具有国家背景。

VPNFilter恶意代码被制作成包含复杂而丰富的功能模块，实现多阶段的攻击利用，并被编译成支持多种CPU架构，使用已知公开的漏洞利用技术获得控制权。

乌克兰特勤局后续也公开披露其发现VPNFilter对其国内的氯气蒸馏站的攻击。

攻击事件采用的主要攻击战术有：

（1）使用多阶段的载荷植入，不同阶段的载荷功能模块实现不同。

（2）使用针对多种型号IOT设备的公开漏洞利用技术和默认访问凭据获得对设备的控制权。

（3）实现包括数据包嗅探、窃取网站登录凭据以及监控Modbus SCADA工控协议。

（4）针对多种CPU架构编译和执行。

（5）使用Tor浏览器或SSL加密协议进行C2通信。

4．Slingshot：一个复杂的网络间谍活动

Slingshot是由卡巴斯基实验室在2018年早些发现和披露的网络间谍活动，并且披露其是一个新的、高度复杂的攻击平台的一部分，其在复杂度上可以与Project Sauron和Regin相媲美。

卡巴斯基实验室披露Slingshot至少影响了约100名受害者，主要分布于非洲和中东地区国家（如阿富汗、伊拉克、肯尼亚、苏丹、索马里、土耳其等）。其同时针对Windows和MikroTik路由器平台实施持久性的攻击植入。

攻击事件采用的主要攻击战术有：

（1）初始loader程序将合法的Windows库scesrv.dll替换为具有完全相同大小的恶意文件。

（2）包括内核层的加载器和网络嗅探模块，自定义的文件系统模块。

（3）可能通过Windows漏洞利用或已感染的MikroTik路由器获得受害目标的初始控制权。

18.2 APT 概述

18.2.1 APT 含义与特征

高级持续威胁（Advanced Persistent Threat），是指经有组织的黑客团体策划，利用充

足的技术手段和资源，对具有高价值的政治、经济、军事、科研等目标进行的长期持续、隐蔽的网络攻击行为。APT攻击的特征可归纳为以下三点：

1．针对性

典型的APT攻击一定是由有组织的黑客团体发起的，其通常具有国家、政府或情报机构背景。出于支持其行为的背景力量的利益需要，APT攻击行动也一定具有明确的目标定位，通常针对特定目标的重要价值资产，一般军工、能源、金融、政府最容易遭到APT攻击。攻击组织会结合背景力量的情报信息（部门、人员、职能、社交关系等）以及针对特定网络群体收集到的内部网络信息（网络架构、网络防御手段及策略、软硬件信息、配置信息等），利用或编写可以绕过目标系统现有防护体系检查的攻击代码，实施长久性的情报刺探、收集和监控以及关键设施的破坏活动。

2．持续性

为了长期控制重要目标获取更多利益，APT攻击组织会进行长期的准备与策划，分析研究目标对象的特征习惯和社会关系，在系统内部不断挖掘找出应用程序的弱点和所要获取的文件位置，并长期地隐藏在被攻击系统中，慢慢地收集敏感信息，不断地提升自己的权限，同时为了应对新的系统漏洞及防御体系的更新，动态调整攻击手段，最后将收集到的信息存储在本地的隐蔽文件或服务器中，并伺机将信息数据从被攻击系统中传输到通过外部被控制的命令与控制（Command and Control，C&C）服务器。

3．隐蔽性

为了避免被安全防护系统检测到，APT攻击代码的编写者使用了各种伪装、隐藏手段，通过修改系统程序，隐藏病毒进程、隐藏文件、隐藏目录的方式实现长期潜伏；通过对恶意程序压缩、加密、变体及加壳等技术手段降低其被检测到的概率；运用动态域名解析实现C&C服务器的隐藏与长期生存；通过合法的加密数据通道、加密技术或信息隐藏技术隐蔽地传输数据。

18.2.2　APT 攻击流程

网络攻击对网络和信息系统的危害非常大，有必要对网络攻击的过程等进行研究，并建模和分析，然后进行针对性防御。网络攻击通常有多个阶段，攻击者逐阶段地获得了更多的特权、信息和资源，以在目标系统内更深入地渗透。

1．目标选择

支持攻击组织的背景力量会根据持有的情报信息，综合考虑政治、经济、外交、军事、金融或知识产权等利益需求，制定战略需求，选择攻击目标，将攻击活动获得的利益最大化。

2．情报收集

选定攻击目标后，通过开源情报、文档和图像中的元数据以及供给链等渠道，利用网络扫描、网络爬虫、社会工程学等技术，获取目标系统的网络环境（应用软件信息、网络架构、IP地址、Web服务器信息、虚拟机信息以及硬件信息等）、防御体系（如防火墙、入侵检测系统、杀毒软件等）、人员组织架构以及核心资产的存储位置等信息，准确判定用户安装的各种应用环境，特别是客户端的安全防护软件和一些常见的本地应用，这些都可以用来指导攻击者精确攻击和绕开常规检测的信息。

上述收集到的情报用于指导制定入侵方案，以及开发特定的攻击工具、恶意代码。信息收集贯穿整个攻击生命周期，攻击者在攻击过程中每获得一个新的控制点，就能掌握更多的信息，指导后续的攻击。

3. 武器构建

根据收集的目标情报，针对受攻击者特定的网络环境、软硬件信息、防御体系以及已掌握的漏洞等，搭建针对攻击目标的仿真环境，开发测试并改进恶意代码。攻击武器包括一些公开的漏洞利用程序、木马和攻击框架，或攻击组织自己独有的恶意代码，或是开发对目标软件和系统有针对性的攻击代码。这些针对性开发的恶意代码都是防护体系所不知道的未知威胁，具备绕过检测的能力。

4. 载荷投递

通过鱼叉式网络攻击、水坑攻击、供应链攻击、社会工程学等方式将恶意代码和恶意文件传递到目标主机。

5. 单点突破

恶意代码被植入和执行后，会开始建立命令与数据传输通道，在合适的时机与外部网络设施进行通信。之后会在被攻击设备上安装后门程序，以便长期性地控制这些设施和进行攻击。通过恶意代码直接释放出后门程序或者通过传输通道从远程服务器下载后门程序，并通过计划任务或服务等方式来启动这些后门程序。通过替换系统程序Rootkit实现恶意代码的隐藏。最后清理现场，通过自删除技术删除恶意代码，并清理攻击痕迹。

6. 持续性渗透与信息挖掘

攻击者开始扩大攻击范围，攻击目标内部的网络。挖掘失陷目标的重要数据，将数据传输到外部服务器。从外部服务器下载下一阶段的攻击工具进行横线渗透。攻击方式包括端口嗅探、弱口令密码破解、漏洞利用、内部网络数据窃听、中间人攻击等。通过内网穿透技术攻击内网主机，控制更多的设备。

18.2.3 APT 技术手段

1. 鱼叉式网络攻击

鱼叉式网络攻击是充分将社会工程学与恶意代码攻击结合起来的APT攻击技术，具有很强的针对性。它的核心包括两个部分，社会工程学和恶意代码。在攻击实施中，攻击者会充分利用社会工程学收集被攻击人员的情报，假冒个人、企业、政府或国际组织的名义，发送为被攻击人员精心构造的邮件。这些邮件在邮件头、邮件正文和附件中都会应用到社会工程学，具有很强的欺骗性，即使是有安全背景的研究人员也不能较为容易地直接看出邮件的恶意攻击性。

鱼叉邮件通过在正文或附件中嵌入恶意链接和恶意代码来实施攻击，这些恶意代码的技术水平高于大部分常见的恶意代码，通过现有的杀毒软件或沙箱检测技术仅能对部分攻击代码进行识别，对比较复杂的恶意代码的检测效果有限。这些恶意代码通过多种攻击方式如漏洞利用、DLL劫持来实施攻击，通过免杀技术和隐藏技术来躲避杀毒软件的检测。在受害者不知情的情况下控制被攻击设备，在合适的时机从C&C服务器上分多个阶段下载攻击载荷，进行内网渗透、横向攻击并控制更多的网络设备并窃取机密。由于鱼叉式网络攻击具有定制化、精准化的特征，不仅受害者容易被诱骗中招，传统的检测方式也难以防御这种攻击。

2．水坑攻击

在APT攻击的前期，攻击者主要通过鱼叉式网络攻击进行精准钓鱼，然而，随着安全产品对钓鱼邮件侦测能力的不断提高和人们安全意识的不断增强，通过发送包含恶意链接的邮件、引诱用户点击包含木马的网页或者社会工程学方式的攻击效果正在减弱。为此，攻击者不再直接攻击最终目标而是转向对方信任并经常访问的网站，当受害目标前往该网站时，木马病毒就会植入对方的终端，形成“水坑攻击”。

“水坑攻击”是指黑客通过大量的信息收集攻击目标的信息，分析攻击目标的网络活动规律和经常浏览的网站，寻找这些网站存在的漏洞，先攻陷那些网站并植入恶意代码，长时间监视被挂马网站等待受害目标来访时实施对目标的攻击。水坑攻击一般通过以下三种途径进行攻击：第一，在常用的网站上购买广告位置，掩饰暗藏恶意的攻击代码；第二，利用正常网站中未修复的漏洞，感染和攻击合法网站；第三，在合法网站中投放诱导信息引诱受害目标点击和下载。

3．供应链攻击

供应链攻击，也叫第三方攻击，一般是指在软件设计、开发、分法、升级、修复等过程中，植入恶意程序或者恶意代码，对系统造成不同程度的损坏。与传统行业供应链类似，互联网行业的产品通常从供应商到消费者使用，期间经历开发、分发、安装、使用、更新等环节，黑客通过攻击以上各环节的漏洞植入恶意病毒木马等，实现供应链攻击。

供应链攻击具备天然的扩散属性，往往一次攻击就会引起后期大规模的网络攻击事件。发生在软件设计、开发阶段等供应链上游的攻击一般比较困难，但是攻击一旦成功，整个供应链的中下游均会受到影响，攻击效果会被放大很多倍，可能影响上亿用户。

4．免杀技术

病毒木马要免于被杀毒软件查杀，必须利用一些特殊技巧。杀毒软件进行查杀的基本方式就是通过特征码来检测恶意代码的特征。混淆、加壳和加密是最常见的免杀技术。它们通过隐藏、修改特征码，使得杀毒软件不能将其识别为病毒木马。

DLL劫持是另一种免杀技术。恶意代码以动态链接库文件的形式存在，内部使用同名DLL相同的接口，但行为却是恶意的。将该恶意DLL放置于优先加载的位置，利用系统程序会加载同名DLL的机制，通过合法进程加载并执行恶意动态库。杀毒软件通常不会对系统进程进行查杀，因而能通过杀毒软件检测。还有恶意代码会携带合法的可执行文件，使用同样的方式，让这些合法程序加载并执行恶意动态库文件。

5．隧道传输技术

隧道传输技术是一种在网络实体间建立通道传输数据的方式。攻击者在获取目标外围主机的控制权后，通过植入恶意程序与C＆C服务器进行通信，攻击者借助C＆C服务器对木马下达各种指令，通过合法的加密隧道下载恶意代码及攻击工具到被控制的外围主机，安装远程控制工具并隐匿攻击痕迹，回传大量的敏感文件，为后续攻击做好准备。APT中使用隧道技术是为了抵抗流量检测和异常分析。通常使用DNS隧道、SSL隧道、SSH隧道、HTTP隧道、ICMP隧道等方式进行通信。因为这些协议基本会被防火墙和安全检测软件直接放行，经常出现在网络攻击中用来传输数据。

18.3　APT攻击的检测与响应

随着人们对APT攻击的研究不断深入，已经出现一些有效的检测和响应技术来对抗APT攻击，这些技术主要包括异常流量分析技术、大数据分析技术、深度沙箱检测技术、信誉技术、全流量回溯分析技术。

1．异常流量分析技术

异常流量分析技术通过建立正常流量的行为模型和学习模型，分析流量与正常行为模式的偏离从而来识别异常流量，是一种基于统计学和机器学习的技术。异常流量分析技术是IDS与深度/动态流量检测（Deep/Dynamic Flow Inspection，DFI）技术的结合，增强了已知特征库的检测能力。但异常流量分析技术依然存在如下问题：针对已知攻击类型的检测，不能准确判断未知类型的异常流量；网络流量剧增，需要依靠大数据存储和处理技术。

2．大数据分析技术

APT攻击防御离不开大数据分析技术，无论是网络系统本身产生的大量日志数据，还是SOC安管平台产生的大量日志信息，均可以利用大数据分析技术进行数据再分析，运用数据统计、数据挖掘、关联分析、态势分析等从记录的历史数据中发现APT攻击的痕迹，以弥补传统安全防御技术的不足。

当然，大数据分析技术需要强大的数据采集平台和数据分析能力，并结合大范围的统一监控和快速的全自动响应系统，以克服信息孤岛所带来的调查分析困难问题。

3．深度沙箱检测技术

深度沙箱检测技术是对APT攻击的在线检测与实时防御，通过构造一个模拟执行环境，让可疑文件在这个模拟环境中运行，监控可疑文件触发的行为以及程序内部调用系统的行为，来判断其是否为恶意文件。沙箱技术能发现大多数的未知威胁，对于利用零日漏洞植入未知恶意代码具有非常有效的检测效果，但同时也存在如下问题：如果沙箱的执行环境的配置不够全面，和实际运行环境存在差异，可能会导致无法精确检测出恶意代码；目前已经出现了沙箱逃逸技术，首先判断当前恶意代码是否存在于沙箱中，如果是，则停止执行，以此躲避沙箱的检测；即使能够检测出恶意代码，也无法确定该行为是否属于APT攻击。

4. 信誉技术

安全信誉是对网络资源和服务相关实体安全可信性的评估和看法，建立包括Web URL信誉库、文件MD5码库、僵尸网络地址库、威胁情报库等，可以为新型病毒、木马等APT攻击的检测提供强有力的技术辅助支撑，实现网络安全设备对不良信誉资源的阻断或过滤。

5. 全流量回溯分析技术

全流量回溯分析技术是建立在海量历史数据的保存和处理基础上的威胁检测技术，对原始全流量数据包进行一段时间的完整保存，保全证据，能快速回溯所有流量，进行事后的回溯分析。有了原始流量的存储，就能够将当前检测到的攻击行为与历史流量进行关联，实现完整的攻击溯源和取证分析，能够利用历史数据对APT攻击过程进行完整的回放溯源，能够明确定性APT攻击行为。但是该技术同样存在以下问题：该技术属于事后追溯，发现的APT攻击属于已经发生过的攻击行为，而无法做到有效的实时防御；对海量历史数据进行回溯和关联分析，要求检测系统具有强大的存储能力和计算能力；此外，该技术需要非常完备的历史数据，否则可能因为其部分缺失而无法对APT攻击过程进行完整溯源，甚至可能无法检测到APT攻击。

18.4 APT行业产品和技术方案

现在主流的安全防护机制，往往由防火墙、入侵检测、网闸以及防病毒软件构建起核心能力，只能依靠攻击特征码进行模式匹配来检测已知的网络攻击，但过往的安全事件早已证明，传统的安全防护手段（防病毒或者入侵防御系统）存在很多不足，对于高级可持续性攻击没有招架之力。分析APT攻击的技术特点、传统检测技术的差距，我们迫切需要新一代高级可持续威胁防御产品。

以下介绍的两款产品（绿盟威胁分析系统和天融信高级威胁检测系统）能够通过系统联动实现实时检测、报警和动态响应，帮助网络管理员对特定威胁、未知威胁、隐秘通道等进行深度识别，快速找到网络存在的隐患。

18.4.1 绿盟威胁分析系统

绿盟威胁分析系统（NSFOCUS Threat Analysis Center，TAC），该系统采用多核、虚拟化平台，通过并行虚拟环境检测及流处理方式达到更高的性能和更高的检测率。可有效检测通过网页、电子邮件或其他的在线文件共享方式进入网络的已知和未知的恶意软件，发现利用零日漏洞的APT攻击行为，保护客户网络免遭零日攻击等造成的各种风险，如敏感信息泄露、基础设施破坏等。

该系统共四个核心检测组件：信誉检测引擎、病毒检测引擎、静态检测引擎（包含漏洞检测及ShellCode检测）和动态沙箱检测引擎，通过多种检测技术的并行检测，在检测已知威胁的同时，可以有效检测零日攻击和未知攻击，进而能够有效地监测高级可持续威胁。绿盟威胁分析系统拥有以下技术特点。

1. 多种应用层及文件层解码

从高级可持续威胁的攻击路径上分析，绝大多数的攻击来自Web冲浪、钓鱼邮件以及文件共享，基于此监测系统提供以上相关的应用协议的解码还原能力，具体包括HTTP、SMTP、POP3、IMAP、FTP。

为了更精确地检测威胁，监控系统考虑到高级可持续威胁的攻击特点，对关键文件类型进行完整的文件还原解析，系统支持Office类、Adobe类、不同的压缩格式、图片类文件解码。

2. 独特的信誉设计

NSFOCUS TAC信誉交互过程，如图18-1所示。

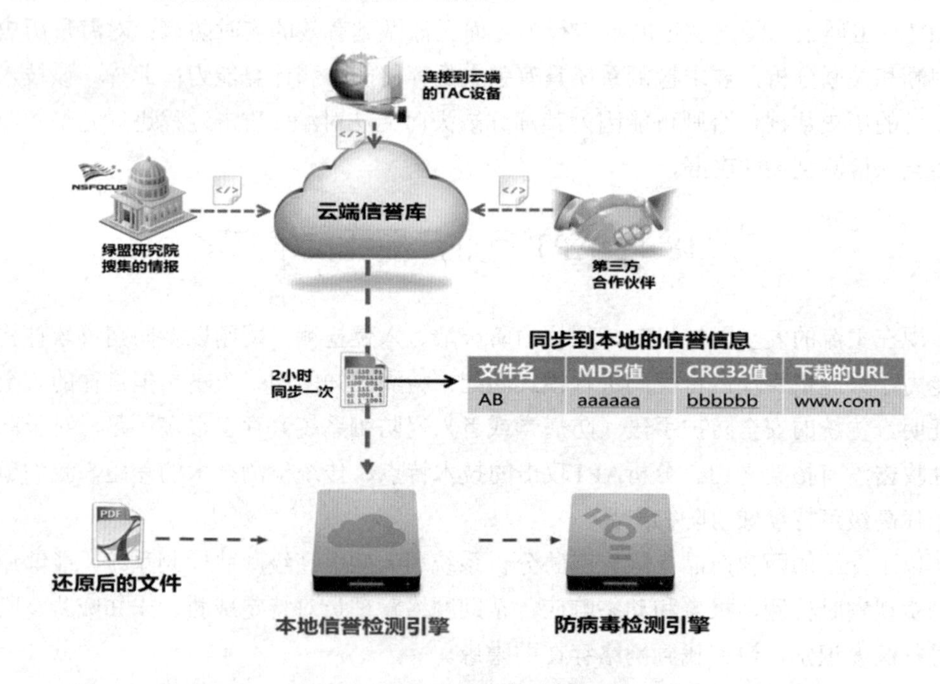

图 18-1 NSFOCUS TAC 信誉交互过程

当文件被还原出来后，首先进入信誉检测引擎，利用全球信誉库的信息进行一次检测，如果文件命中则提升在非动态环境下的检测优先级但不放到动态检测引擎中进行检测，如有需求可手动加载至动态检测引擎用以生成详细的报告。目前的信誉值主要有文件的MD5、CRC32值和该文件的下载URL地址、IP等信息。

3．集成多种已知威胁检测技术

该系统为更全面地检测已知、未知恶意软件，同时内置AV检测模块及基于漏洞的静态检测模块。

AV检测模块采用启发式文件扫描技术，可对HTTP、SMTP、POP3、FTP等多种协议类型的百万种病毒进行查杀，包括木马、蠕虫、宏病毒、脚本病毒等，同时可对多线程并发、深层次压缩文件等进行有效控制和查杀。

基于漏洞的静态检测模块，不同于基于攻击特征的检测技术，它关注于攻击威胁中造成溢出等漏洞利用的特征，虽然需要基于已知的漏洞信息，但是检测精度高，并且针对利用同一漏洞的不同恶意软件，可以使用一个检测规则做到完整的覆盖，也就是说不但可以针对已知漏洞和恶意软件，对部分的未知恶意软件也有较好的检测效果。

4．智能 ShellCode 检测

恶意攻击软件中具体的攻击功能实现是一段攻击者精心构造的可执行代码，即ShellCode。一般是开启Shell、下载并执行攻击程序、添加系统账户等。由于通常攻击程序中一定会包含ShellCode，所以可以检测是否存在ShellCode作为监测恶意软件的依据。这种检测技术不依赖特定的攻击样本或者漏洞利用方式，可以有效地检测已知、未知威胁。

需要注意的是由于传统的ShellCode检测已经被业界一些厂商使用，因此攻击者在构造ShellCode时，往往会使用一些变形技术来规避。主要手段就是对相应的功能字段进行编码，达到攻击客户端时，解码字段首先运行，对编码后的功能字段进行解码，然后跳到解码后的功能字段执行。在这样的情况下，简单地匹配相关的攻击功能字段就无法发现相关威胁了。

系统在传统ShellCode检测基础上，增加了文件解码功能，通过对不同文件格式的解码，还原出攻击功能字段，从而在新的情势下，依然可以检测出已知、未知威胁。在系统中，此方式作为沙箱检测的有益补充，使系统具备更强的检测能力，提升攻击检测率。

5．动态沙箱检测

动态沙箱检测，也称虚拟执行检测，它通过虚拟机技术建立多个不同的应用环境，观察程序在其中的行为，来判断是否存在攻击。这种方式可以检测已知、未知威胁，并且因为分析的是真实应用环境下的真实行为，因此可以做到极低的误报率和较高的检测率。

检测系统具备指令级的代码分析能力，可以跟踪分析指令特征以及行为特征。指令特征包括了堆、栈中的代码执行情况等，通过指令运行中的内存空间的异常变化，可以发现各种溢出攻击等漏洞利用行为，发现零日漏洞。系统同时跟踪进程、服务、注册表、文件访问、程序端口、网络访问等行为特征，并根据以上行为特征，综合分析找到属于攻击威胁的行为特征，进而发现零日木马等恶意软件。

系统发现恶意软件后，会持续观察其进一步的行为，包括网络、文件、进程、注册表等，作为报警内容的一部分输出给安全管理员，方便追查和审计。而其中恶意软件连接C&C服务器（命令与控制服务器）的网络特征也可以进一步被用来发现、跟踪Botnet网络。

NSFOCUS TAC虚拟执行过程图，如图18-2所示。

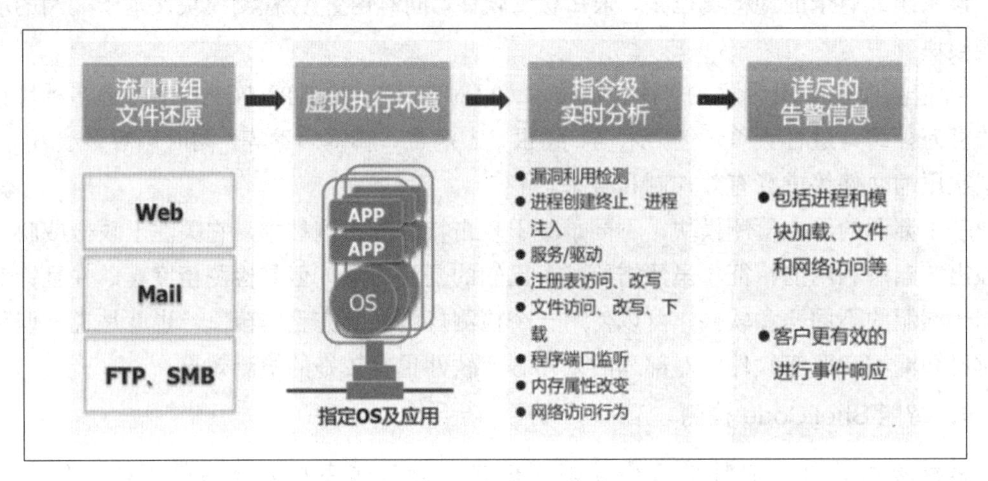

图 18-2　NSFOCUS TAC 虚拟执行过程图

6. 完备的虚拟环境

目前典型的APT攻击多是通过钓鱼邮件、诱惑性网站等方式将恶意代码传递到内网的终端上，绿盟TAC支持HTTP、POP3、SMTP、IMAP、SMB等典型的互联网传输协议。受设备内置虚拟环境的影响，会存在部分文件无法运行，绿盟TAC内置静态检测引擎，通过模拟CPU指令集的方式来形成轻量级的虚拟环境，以应对上述问题。

很多APT安全事件都是从防御较薄弱的终端用户处入手的，绿盟TAC支持WinXP、Win7、安卓（即将发布）等多个终端虚拟操作系统。

NSFOCUS TAC虚拟环境图，如图18-3所示。

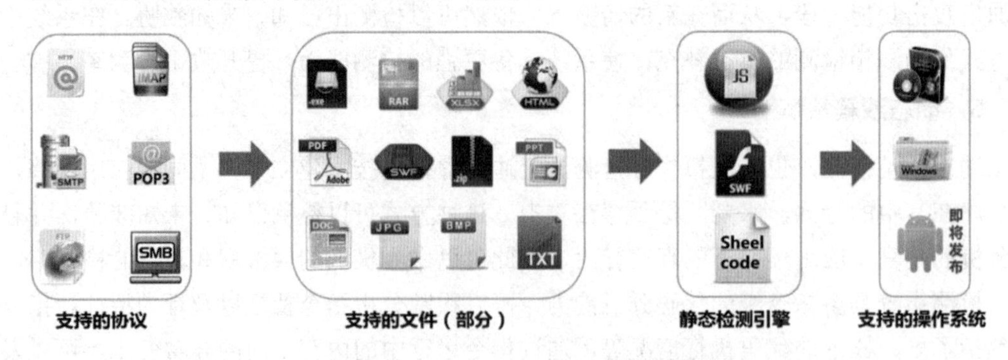

图 18-3　NSFOCUS TAC 虚拟环境图

7. 多核虚拟化平台

系统设计在一台机器上运行多个虚拟机，同时利用并行虚拟机加快执行检测任务，以达到一个可扩展的平台来处理现实世界的高速网络流量，及时、有效地进行威胁监测。

通过专门设计的虚拟机管理程序来执行威胁分析的检测策略，管理程序支持大量并行的执行环境，即包括操作系统、升级包、应用程序组合的虚拟机。每个虚拟机利用包含的环境，识别恶意软件及其关键行为特征。通过这种设计，达到了同时多并发流量、多虚拟执行环境的并行处理，提高了性能及检测率。

18.4.2 天融信高级威胁检测系统

天融信高级威胁检测系统（Topsec Advanced Threat Detection System，以下简称TopATD）是天融信自主研发的全能沙箱类产品，系统主要检测文件行为的安全威胁，使用动静结合的鉴定方式和先进的机器学习引擎，可深度分析文档类、可执行类、压缩类、脚本类等文件的安全威胁。通过系统软件模块化设计，基于沙箱的恶意代码检测技术、机器学习检测技术、反逃逸行为检测技术等多种高级检测技术，精准检测文件的病毒、木马、蠕虫、勒索等已知和未知的恶意程序。可通过内容详实的分析报告呈现威胁鉴定结果，并提高客户对高级可持续性威胁的防御能力。天融信高级威胁检测系统拥有以下技术特点：

1. 全能沙箱

该系统集成Windows、UNIX、Linux、Android所有主流操作系统环境，能够深度检测可执行文件、文档文件、压缩文件、脚本文件、图片、音频、视频等百余种文件类型，检测已知和未知的恶意程序，如图18-4所示。

2. 七大鉴定器

TopATD内置七大鉴定器，包含黑白名单鉴定器、NSRL索引鉴定器、证书信誉鉴定器、病毒引擎鉴定器、TAI-2智慧鉴定器、YARA规则鉴定器、动态行为鉴定器，如图18-5所示，采用动静结合的技术手段进行多维分析，从而准确地鉴定已知和未知的恶意程序。

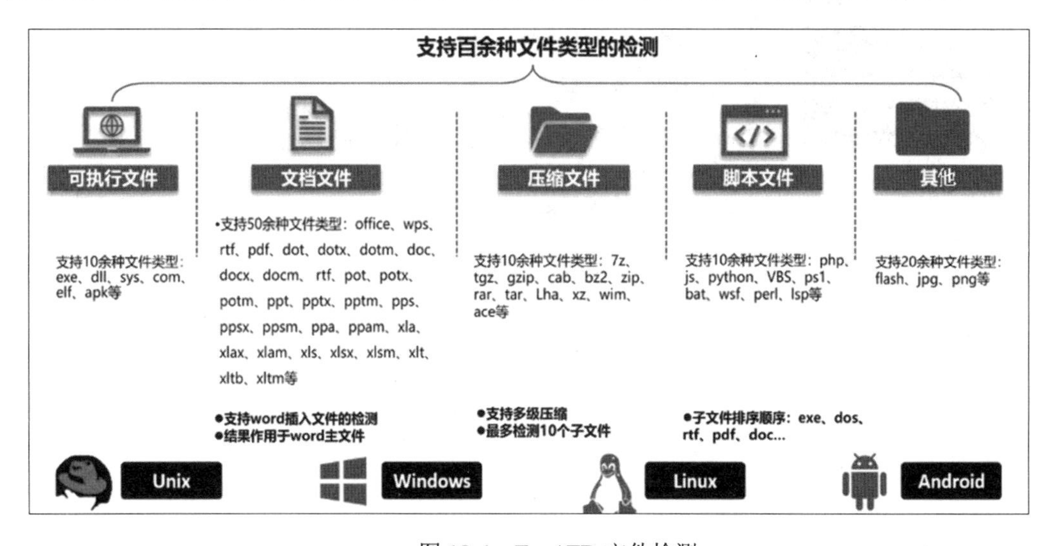

图 18-4 TopATD 文件检测

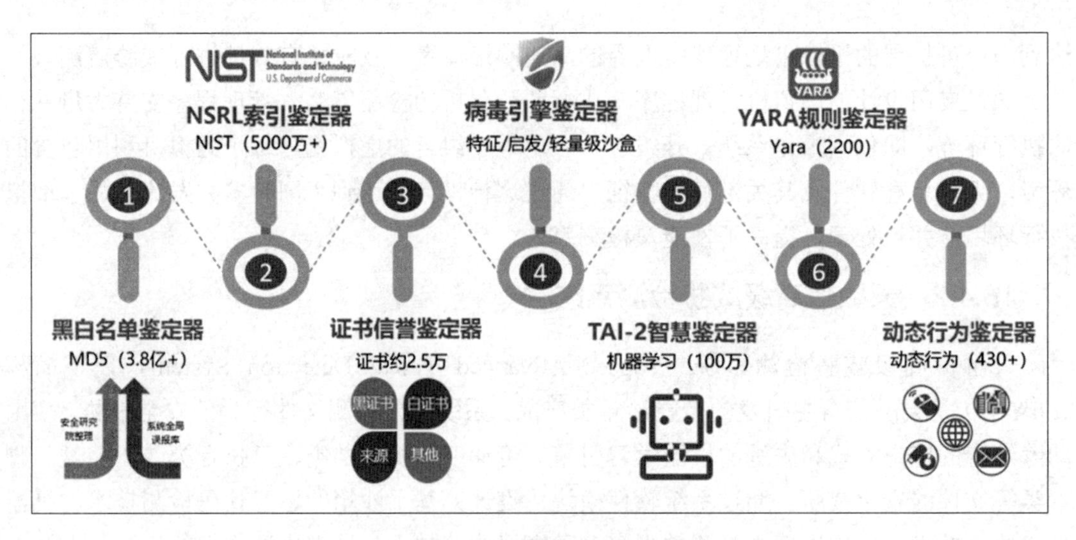

图 18-5　TopATD 鉴定系统

3. APT 挖掘

TopATD利用TAI-2智慧鉴定器和动态行为分析方法，并结合DGA域名检测，发现高价值恶意程序样本，通过深度挖掘技术最终获得APT线索，如图18-6所示。

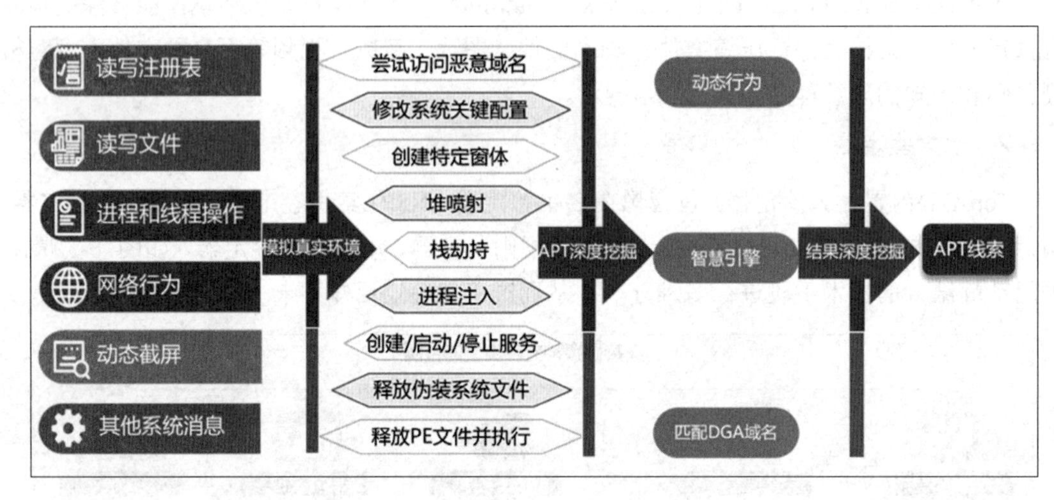

图 18-6　APT 挖掘

参 考 文 献

[1] 霍彦宇．基于杀伤链和模糊聚类的 APT 攻击场景生成方法的研究与设计[D]．北京邮电大学，2018.

[2] 尹发．基于攻防行动链的网络对抗推演技术研究[D]．中国电子科技集团公司电子科学研究院，2019.

[3] 平国楼，叶晓俊．网络攻击模型研究综述[J]．信息安全研究，2020.

[4] 肖新光．网络安全技术创新发展思考[J]．信息技术与标准化，2018.

[5] 刘惠．基于网络安全滑动标尺的教育考试网络安全体系构建探析[J]．数字通信世界，2019.

[6] 郇敏华．重大活动网络安全保障研究与实践[J]．信息安全研究，2017.

[7] 许暖，韩志峰．基于重大活动网络安全保障情景下的应急体系研究[J]．信息通信，2020.

[8] 王宸东，郭渊博，甄帅辉，等．网络资产探测技术研究[J]．计算机科学，2018.

[9] 郑磊．计算机网络威胁检测与防御关键技术分析[J]．信息技术与信息化，2020.

[10] 段炼．面向重大活动的网络安全保障体系研究与实践[J]．网络空间安全，2020.

[11] 谢丰，孟金，丁炜，等．基于重大活动保障的网络架构改造与网络安全建设综述[J]．电脑与电信，2020.

[12] 罗炜．湖南省检察院信息安全保障系统研究[D]．中南大学，2010.

[13] 曾裔红．空间数据库安全访问方案的研究与实现[D]．电子科技大学，2007.

[14] 王希忠，王智，黄俊强．安全审计在信息安全策略中的作用[J]．信息技术，2010，34(03):171-172.

[15] 汤飞．基于信息安全等级保护思想的云计算安全防护技术研究[D]．中国铁道科学研究院，2015.

[16] 姜誉，孔庆彦，王义楠，等．主机安全检测中检测点与控制点关联性分析[J]．信息网络安全，2012.

[17] 李小红．涉密网络安全策略研究——基于 WIN2003SERVER 域的视角[J]．管理工程师，2012.

[18] 佚名．账户锁定策略分析与设置[J]．网管员世界，2008，(19):2.

[19] 胡旭．计算机口令设置的要求与技巧[J]．辽宁省交通高等专科学校学报，2010.

[20] 姜虹．如何保障操作系统安全[J]．网友世界，2014.

[21] 吴晓东，王晓燕，张捷．公安交通管理信息系统安全加固实战技术之 Windows 和 UNIX 操作系统服务器篇[J]．道路交通管理，2012.

[22] 王铭杉．计算机系统漏洞特性分析及防范措施研究[J]．黑龙江科学，2016.
[23] 孙守胜．基于国产可信计算平台的涉密终端的应用研究[D]．北京交通大学，2011.
[24] 李潇，刘俊奇，范明翔．WannaCry 勒索病毒预防及应对策略研究[J]．电脑知识与技术，2017.
[25] 贾召鹏．面向防御的网络欺骗技术研究[D]．北京邮电大学，2018.
[26] 石乐义，李阳，马猛飞．蜜罐技术研究新进展[J]．电子与信息学报，2019.
[27] 诸葛建伟，唐勇，韩心慧，等．蜜罐技术研究与应用进展[J]．软件学报，2013.
[28] 曹秀莲，钟祥睿．蜜场在网络安全防护中的应用[J]．信息与电脑（理论版），2010.
[29] 朱建忠．网络安全中的蜜网技术研究及应用[J]．网络安全技术与应用，2017.
[30] 王瑶，艾中良，张先国．基于蜜标和蜜罐的追踪溯源技术研究与实现[J]．信息技术，2018.
[31] 焦宏宇．基于 Openstack 的新型蜜场系统[D]．南京邮电大学，2018.
[32] 王天啸，李万河，任俊博．面向防御的网络欺骗技术[J]．中国应急管理，2020.
[33] 案例来源于长亭科技“谛听”伪装欺骗系统白皮书[J].
[34] 郝尧，陈周国，蒲石，等．多源网络攻击追踪溯源技术研究[J]．通信技术，2013.
[35] 陈周国，蒲石，郝尧，等．网络攻击追踪溯源层次分析[J]．计算机系统应用，2014.
[36] 张凤．基于 OpenFlow 的 SDN 网络攻击溯源策略研究[D]．电子科技大学，2018.
[37] 任丹妮，贾雪松，孙国梓．一种面向 SDN 的网络溯源系统研究[J]，2015.
[38] 宋文纳，彭国军，傅建明等．恶意代码演化与溯源技术研究[J]．软件学报，2019.
[39] 寿芒利．基于包标记的攻击源定位技术研究[D]．电子科技大学，2009.
[40] 案例来源于科来软件官网科来网络回溯分析系统教学案例[J].
[41] 张倩倩．反射型分布式拒绝服务攻击中攻击源追踪的研究[D]．济南大学，2012.
[42] 白象的舞步——来自南亚次大陆的网络攻击[J]．中国信息安全，2016.
[43] 祝世雄．网络攻击追踪溯源[J]．国防工业出版社，2015.
[44] 安天实验室．《“破壳”漏洞相关恶意代码样本分析报告_V1.9——“破壳”相关分析之二》[J]．https://www.antiy.com/response/Analysis_Report_on_Sample_Set_of_Bash_ Shell shock.html.
[45] 林晓东，杨义先．网络防火墙技术[J]．电信科学，1997.
[46] 盛承光．防火墙技术分析及其发展研究[J]．计算机与数字工程，2006.
[47] 郝海龙．浅述计算机网络安全[J]．机械管理开发，2007.
[48] 古权，胡家宝．自适应代理防火墙的分析和研究[J]．现代计算机（专业版），2001.
[49] 陈明．有关防火墙若干技术的探讨[J]．微型电脑应用，2001.
[50] 张旻溟．恶意代码行为动态分析技术研究与实现[D]．电子科技大学，2009.
[51] 覃丽芳．恶意代码动态分析技术的研究与实现[D]．电子科技大学，2009.
[52] 朱信宇，褚乾峰，刘功申．恶意代码脱壳技术综述[J]．通信技术，2017，50(08):1768-1775.

[53] Grance T K B，Scarfone K. NIST Special Publication 800-61 Computer Security Incideng Handling Guide[J]，2004.
[54] GB/Z 20986—2007，信息安全技术．信息安全事件分类分级指南.
[55] 莫樱．基于病毒行为分析的特征码的提取与检测[D]．电子科技大学，2011.
[56] 徐云峰．加强数据安全防护体系建设的四点思考[N]．2019.
[57] 胡晓荷．21 世纪啥最贵?信息，信息安全——解读现时代数据加密与安全存储[J]．信息安全与通信保密，2009.
[58] 徐云峰．几种常用的数据安全防泄漏技术[N]．2019.
[59] 王永．可验证多秘密共享的研究及应用[D]．苏州大学，2010.
[60] 王张超．铁路网络安全监控平台的设计与实现[D]．中国铁道科学研究院，2017.
[61] 张琦，徐健淞．应急响应:CIO 的锦囊[J]．中国计算机用户，2007.
[62] 钟何源．计算机取证管理系统的研究[D]．华南理工大学，2012.
[63] 李筱炜．认识企业数据防泄漏系统的本质[J]．中国电子商情：通信市场，2011.
[64] 晏池飕．个人信息泄露防不胜防[J]．法制与社会（锐视版），2016.
[65] 最高人民法院、最高人民检察院公告[J]．中华人民共和国最高人民检察院公报，2020.
[66] 单美静．隐私窃取及其防范：基于人工智能技术的思考[J]．犯罪研究，2020.
[67] 康雅萍，陈熠，赵永安．移动终端数据资产安全管理系统的研究与实现[J]．信息通信，2019.
[68] 宋汀．2019 年涉华 APT 态势简析[J]．中国信息安全，2019.
[69] 奇安信威胁情报中心．2018 年全球十大 APT 攻击事件盘点[J]，2019.

反侵权盗版声明

举报电话：（010）88254396；（010）88258888

传　　真：（010）88254397

E-mail：　dbqq@phei.com.cn

通信地址：北京市万寿路南口金家村288号华信大厦

电子工业出版社总编办公室

邮　　编：100036